Die **Kurs-Seiten** vermitteln die mathematischen Inhalte.
In der Fußzeile stehen Querverweise z. B. zur **Formelsammlung** oder **Mathematischen Werkstatt**.

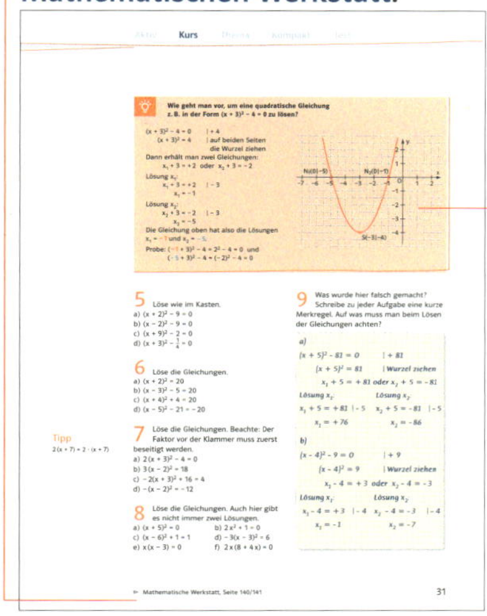

Die **roten Kästen** zeigen dir verschiedene Tipps und Methoden die du brauchst, um Aufgaben zu lösen:

- Diskutieren, argumentieren und präsentieren.
- Eigene Wege finden, Ergebnisse vergleichen, Probleme lösen.
- Mathematische Modelle entwickeln und für die Problemlösung nutzen.
- Werkzeuge wie Geodreieck, Computer, Bücher u.a. verwenden.

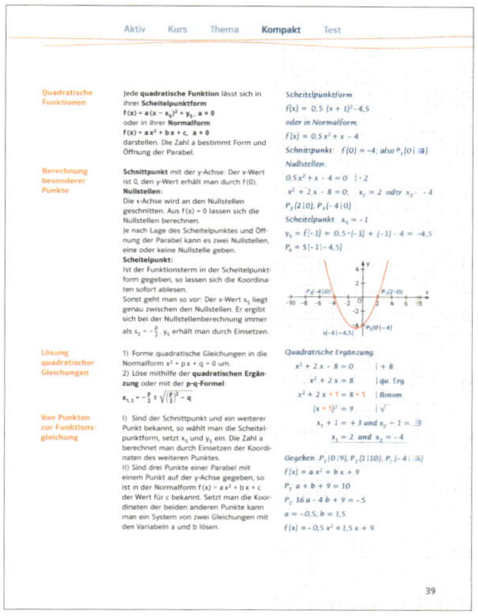

Am Ende jedes Kapitels kannst du auf der **Kompakt-Seite** noch einmal das Wichtigste im Überblick nachlesen.

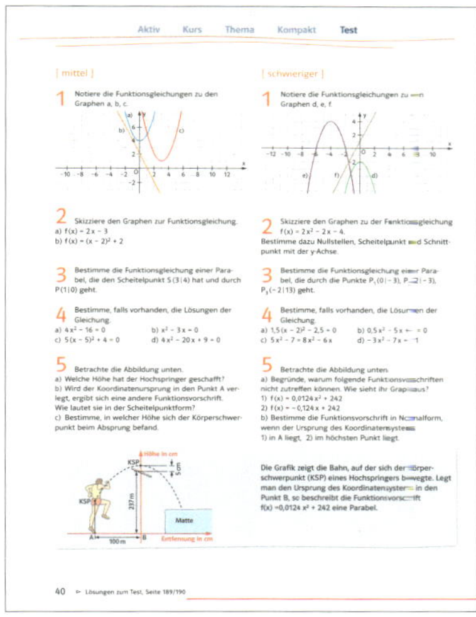

Die **Test-Seite** bietet dir Aufgaben mit unterschiedlichem Niveau. Je nachdem wie sicher du dich fühlst, kannst du auch von einer Spalte in eine andere wechseln. In den dazugehörigen **Lösungen** findest du Hilfestellungen und Tipps.

Das Kapitel **Querbeet – fit in Mathe** enthält Aufgaben zur Abschlussprüfung. Deine bisher erworbenen Kenntnisse und Fähigkeiten kannst du anhand von Basisaufgaben und komplexen Aufgaben prüfen und mithilfe der Lösungen kontrollieren.

Erweiterungskurs 10

mathe live

Mathematik für Sekundarstufe I

Heinz Böer
Sabine Kliemann
Ingo Lämmerhirt
Regina Puscher
Wolfram Schmidt
Michael Trapp
Rüdiger Vernay

Ernst Klett Verlag
Stuttgart · Leipzig

mathe live 10 E, Mathematik für Sekundarstufe I

Begleitmaterial
Arbeitsheft mit zahlreichen Übungen plus Lösungsheft und Lernsoftware (ISBN: 978-3-12-720365-3)
Arbeitsheft mit zahlreichen Übungen plus Lösungsheft (ISBN: 978-3-12-720364-6)
Lehrerband mit Lösungen und Kopiervorlagen; CD-ROM mit editierbaren Kopiervorlagen und interaktiven Arbeitsblättern (ISBN: 978-3-12-720373-8)
Kompakt, Klasse 9/10, die wichtigsten Formeln und Merksätze mit Beispielen (ISBN: 978-3-12-720382-0)
Kompetenztest 3, Klasse 9/10, Arbeitsheft zur Vorbereitung auf zentrale Prüfungen (ISBN: 978-3-12-740407-4)

1. Auflage 1 7 6 | 2014 13

Autorinnen und Autoren: Heinz Böer, Sabine Kliemann, Ingo Lämmerhirt, Regina Puscher, Wolfram Schmidt, Michael Trapp, Rüdiger Vernay
Am Gesamtwerk weiterhin beteiligt: Rainer Pongs, Udo Kietzmann, Hartmut Wellstein

Redaktion: Sonja Orf, Martina Müller
Herstellung: Ulrike Glauner, Nadine Yesil

Gestaltung: KOMA AMOK, Stuttgart
Illustrationen: Rudolf Hungreder, Leinfelden; Uwe Alfer, Waldbreitbach
Satz: topset, Nürtingen
Reproduktion: Meyle + Müller, Medien-Management, Pforzheim
Druck: Stürtz GmbH, Würzburg

Printed in Germany
ISBN 978-3-12-720370-7

9 783127 203707

Kompetenzentwicklung im Mathematikunterricht

Ein Wort an die Lehrerinnen und Lehrer und interessierte Eltern

Die Kernlehrpläne betonen, dass eine umfassende mathematische Grundbildung nur dann erreicht wird, wenn neben den inhaltlichen (fachmathematischen) Kompetenzen auch personale und soziale Kompetenzen entwickelt werden. Diese werden unter dem Stichwort „prozessbezogene Kompetenzen“ subsumiert.
Diese prozessbezogenen Kompetenzen können nicht isoliert behandelt und geübt werden, sondern entwickeln sich erst in der aktiven Auseinandersetzung mit konkreten inhaltlichen Fragen der Mathematik. Dies geschieht in hohem Maß vor allem auf den aktiv-Seiten. Umgekehrt werden sich die inhaltsbezogenen Kompetenzen nur dann entfalten, wenn übergreifende, prozessbezogene Kompetenzen aktiviert werden können.
Deswegen sind in mathe live die inhalts- und die prozessbezogenen Kompetenzen eng miteinander verwoben. So werden in den Aufgaben immer wieder Fähigkeiten der vier prozessbezogenen Kompetenzbereiche aufgegriffen und geübt. Zusätzlich wurden rot hinterlegte Kästen geschaffen, die den Schülerinnen und Schülern situationsgebunden eine Kompetenz näher erläutern. Die Zuordnung zum Kompetenzbereich erfolgte je nach Schwerpunktsetzung der angesprochenen Kompetenzen.

Daneben enthält das Unterrichtswerk zwei Kapitel, die im hohen Maße eine prozessbezogene Kompetenzentwicklung fördern: In „Mathematik aus der Zeitung“ findet durch die Arbeit mit authentischen Zeitungsartikeln eine ständige Vernetzung von inhaltsbezogenen und prozessbezogenen Kompetenzen statt. Das Kapitel „Was kostet das Leben?“ am Anfang des Buches wiederholt und vertieft alltagsrelevante Kompetenzen. Es ist sinnvoll, die Inhalte dieser Kapitel bedarfsorientiert im Unterricht einzusetzen.

Die folgende Aufstellung beschreibt die den Kompetenzen untergeordneten Fähigkeiten und verweist auf die im Buch auftretenden prozessbezogenen Kästen:

Argumentieren und Kommunizieren	Problemlösen	Modellieren	Werkzeuge
Die Schülerinnen und Schüler …			
teilen mathematische Sachverhalte zutreffend und verständlich mit und nutzen sie als Begründung für Behauptungen und Schlussfolgerungen.	strukturieren und lösen inner- und außermathematische Problemsituationen, in denen ein Lösungsweg nicht unmittelbar erkennbar ist.	nutzen Mathematik als Werkzeug zum Erfassen von Phänomenen der realen Welt.	setzen klassische mathematische und elektronische Werkzeuge sowie Medien situationsangemessen ein.
Kap. 0: Seite 18	**Kap. 1:** Seite 31, 32, 34, 35	**Kap. 2:** Seite 55, 56	**Kap. 1:** Seite 24
Werkstatt: Seite 168 – 174	**Kap. 2:** Seite 48	**Kap. 3:** Seite 70	**Kap. 3:** Seite 75
	Kap. 3: Seite 67		**Kap. 5:** Seite 113
	Kap. 4: Seite 101, 102, 103		
	Kap. 5: Seite 112, 118		

Inhaltsverzeichnis

Was kostet das Leben?

1 Parabeln genauer betrachtet

2 Verpackungen

3 Wachstum und Prognosen

Mathematik aus der Zeitung

4 Chancen und Strategien

5 Messen im Gelände

6 Potenzen genauer betrachtet*

Mathematische Werkstatt

Querbeet – fit in Mathe

* Dieser Inhalt ist in der Gesamtschule in Nordrhein-Westfalen fakultativ

Was kostet das Leben?

Die meisten Menschen verbringen viel Zeit damit, Geld zu verdienen und es auszugeben. Im Alltag beschäftigt man sich oft damit, wie viel man verdient und wie viel man ausgeben kann.

Jedes Jahr wird in Lohnverhandlungen neu um das Einkommen gekämpft. Jeden Monat informieren die Nachrichten über die aktuelle Inflationsrate. Das ist Grund genug die Löhne und Preise genauer zu beleuchten – Mathematik hilft dabei.

In diesem Kapitel lernt ihr,

- aus einem Bruttogehalt das Nettogehalt zu berechnen.
- die Prozentrechnung im Umgang mit den Begriffen Sozialversicherungsbeiträge und Inflation zu trainieren.
- für eine Jahresplanung die Kosten für Miete, Versicherungen, Urlaub, Kredit, Fahrschulkosten u.ä. zu berechnen.
- den Umgang mit Kreisdiagramm, Boxplot, Tabellenkalkulation und Mindmap in Anwendungsaufgaben zu vertiefen.
- in Gruppenarbeit und im Rollenspiel zu argumentieren.

Ausbildung und Gehaltsunterschiede

Vanessa ist 22 Jahre alt. Sie hat nach der 10. Klasse eine Lehre in Essen als Bauzeichnerin gemacht und arbeitet seit 2 Jahren in ihrem Beruf. Jetzt möchte sie endlich ihren Führerschein machen.
Ihr jüngerer Bruder **Michael** fragt sie, warum sie den Führerschein nicht schon längst hat und wie viel sie in der ganzen Zeit verdient hat. Vanessa sucht im Internet die aktuellen Daten zur Ausbildungsvergütung heraus und zeigt ihm eine Tabelle.

Online Link
720370-0081

Gehalt in Euro pro Monat in einzelnen Ausbildungsbereichen

Ausbildungsberuf	Alte Bundesländer				Neue Bundesländer			
	1. AJ	2. AJ	3. AJ	gesamt	1. AJ	2. AJ	3. AJ	gesamt
Bauzeichner/-in	469	624	785	626	456	579	737	591
Beton- und Stahlbetonbauer/-in	571	887	1120	859	490	684	864	679
Drucker/-in (alle Fachrichtungen)	797	849	900	849	797	849	900	849
Hotelfachmann/-frau	494	555	631	560	364	447	521	444
Mediengestalter/-in Digital und Print	756	813	871	813	keine Angaben			
Restaurantfachmann/-frau	500	561	636	566	370	451	525	448

(Quelle: Bundesagentur für Arbeit 2008)

1 a) Was hat Vanessa laut der Tabelle im ersten, zweiten und dritten Ausbildungsjahr (AJ) als Bauzeichnerin verdient?

b) Erkläre in der Tabelle die Spalten mit der Überschrift „gesamt". Welche Überschrift wäre hier passender?
c) Um wie viel Prozent steigt der Verdienst vom ersten zum zweiten und vom zweiten zum dritten Jahr?
d) [Gruppenarbeit] Gebt den Ausbildungsberuf und die Steigerungsrate an, in dem die prozentuale Steigerung zwischen dem ersten und letzten Ausbildungsjahr am höchsten ist. Überlegt, warum die Unterschiede innerhalb der Ausbildungsberufen im dritten Ausbildungsjahr so groß sind.

2 Michael tippt einige Zahlen aus der Tabelle ab und stellt sie als Säulendiagramm dar.

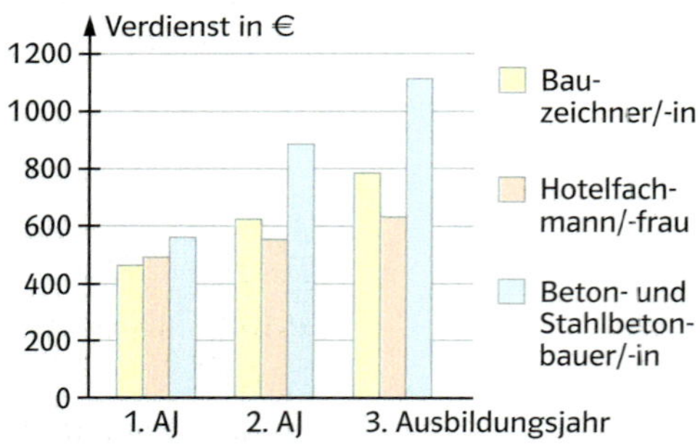

a) Beschreibe das Diagramm. Vergleiche die Entwicklung der Bezahlung im Verlauf von drei Ausbildungsjahren.
b) [Computer] Erstelle selbst das Diagramm am Computer und ergänze dabei als vierte Säule das Gehalt im Beruf Drucker/-in.

3 In welchen der in der Tabelle angegebenen Berufe ist der Einkommensunterschied in der Ausbildung zwischen den alten und neuen Bundesländern am größten und bei welchen am niedrigsten? Gib den Unterschied in Prozent an.

▻ Mathematische Werkstatt, Seite 142, 143, 152, 154, 164, 166

4 Während der Ausbildung hat Vanessa zusätzlich in einem Nebenjob gearbeitet. So konnte sie sich eine eigene kleine Wohnung leisten. Für den Autoführerschein hat sie ab dem ersten Ausbildungsgehalt 25 € pro Monat gespart. Nach dem 3. Ausbildungsjahr hat sie eine Festanstellung in einem Architekturbüro bekommen. Dort arbeitet sie bereits seit zwei Jahren und konnte pro Monat 50 € sparen.

a) Wie viel Euro hat sie in den fünf Jahren insgesamt gespart? Überschlage erst und berechne dann.

b) Vanessa erhält folgende Angebote von zwei Fahrschulen.

Fahrschule Schnell
Grundgebühr 215,- €, Normale Fahrt 41,- €
Sonderfahrten 51,- €

Fahrschule Hurtig
Grundgebühr 199,- €
Standardfahrt 47,- €
Sonderfahrten 50,- €

Zusätzliche Kosten: Straßenverkehrsamt, Bücher, Praktische Prüfung und Erste Hilfe Kurs ca. 280,- €

Welches Angebot soll Vanessa in Anspruch nehmen? Sie rechnet mit ca. 25 normalen Fahrten und 12 Sonderfahrten.

c) In anderen Bundesländern sind die Fahrschulpreise bis zu 20 % billiger. Nimm den Preis von Fahrschule „Schnell" und berechne für 25 normale Fahrten und 12 Sonderfahrten die um 20 % günstigeren Kosten.

d) Stell dir vor, du möchtest in Zukunft eines der beiden Angebote in Anspruch nehmen. Erstelle einen individuellen Sparplan für 3 Jahre und für 4 Jahre, mit dem die notwendige Summe zusammenkommt.

5 Vanessa glaubt, sie hätte schon früher etwas dazu verdienen können. Sie hat als Schülerin aber gerne Zeit mit Internet und Fernsehen verbracht. Jetzt fragt sie sich, wie viele Stunden das wohl waren und was sie bei 4 € Stundenlohn insgesamt verdient hätte. Triff passende Annahmen und berechne eine mögliche Lösung.

6 Frauen und Männer verdienen noch nicht in allen Berufen gleich viel.
Im Allgemeinen verdienen Frauen in gleichen Berufen immer noch weniger.
Die Tabellen geben die Gehaltsdifferenz (DIFF) zwischen Männern und Frauen nach Beruf und Alter sowie alten und neuen Bundesländern an.

a) Welche Berufsgruppe ist von den Unterschieden am stärksten betroffen?

b) Welche Berufsgruppe ist von den Unterschieden am wenigsten betroffen?

Beruf (Auswahl)	DIFF
Gesundheits-, Veterinär-, und Sozialwesen	−25 %
Handel, Instandhaltung und Reparatur von Kraftfahrzeugen und Gebrauchsgütern	−25 %
Kredit- und Versicherungsgewerbe	−29 %
Bergbau, Gewinnung von Steinen und Erden	−5 %

Alter	DIFF
≦ 24	−4 %
25 bis 29	−10 %
45 bis 49	−27 %
≧ 60	−31 %

Bundesgebiet	DIFF
alte Bundesländer	−25 %
neue Bundesländer	−6 %
Durchschnittswert	−24 %

(Stand: 2006)

c) Beurteile die Richtigkeit des Satzes:
In den alten Bundesländern ist die Gehaltsdifferenz mehr als viermal so hoch wie in den neuen Bundesländern.

d) Wähle eine Berufsgruppe und lege einen Stundenlohn fest. Zeige daran, wie hoch der Gehaltsunterschied pro Jahr sein kann.

e) Stelle eine Aufgabe zu den Angaben und gib die Lösung an.

▻ Mathematische Werkstatt, Seite 142, 143, 152, 154, 164, 166

Brutto und Netto

Michael sieht **Vanessas** Kontoauszüge auf dem Schreibtisch liegen. Er weiß, dass er sich die Zahlen anschauen darf. Fragend schaut er **Vanessa** an: „Du hast mir erzählt, dass du über 2000 Euro verdienst. Hier steht aber, dass es nur 1300,– € sind."
Vanessa antwortet: „Das erste ist das Bruttogehalt! Netto ist das viel weniger."
Mithilfe ihrer Gehaltsabrechnung zeigt sie ihm, woher der Unterschied kommt.

Tipp

Werft zur Verbesserung der Gruppenarbeit einen Blick in die Werkstatt, S. 170 und nutzt zum Beispiel die Methode „Platzdeckchen".

Vermögenswirksame Leistungen des Arbeitgebers						
Bemessungsgrundlage	Bruttoverdienst	2030	00			
	Lohnsteuer-Freibetrag	–				
Abzüge Lohnsteuer Kl ____ aus		2030	00	–	263	33
Solidaritätszuschlag				+	14	48
Kirchensteuer ev kath				+	23	70
Sozialversicherungsbeiträge	Krankenversicherung			+	160	37
	Rentenversicherung			+	201	99
	Arbeitslosenversicherung			+	28	42
	Pflegeversicherung			+	19	79
Vorschuss/Abschlagszahlungen						
Vermögenswirksame Leistungen an						

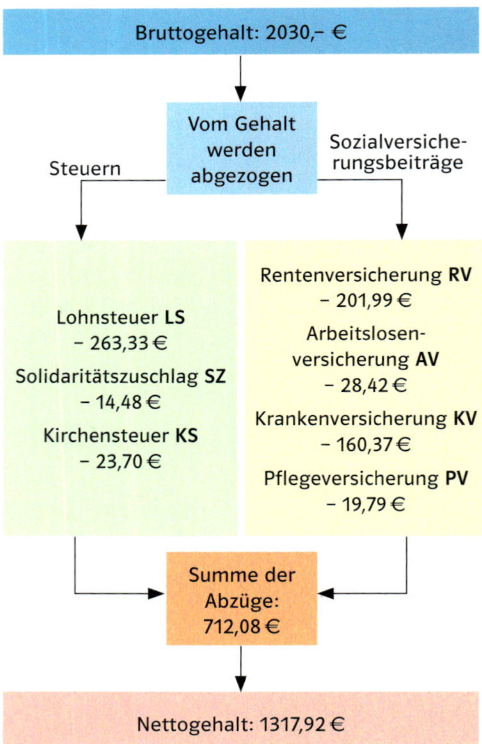

1 [Gruppenarbeit] Erinnert euch an die letzte Gruppenarbeit, an der ihr beteiligt wart. Einigt euch, worauf ihr heute achten möchtet.

a) – Erklärt euch gegenseitig die Grafiken.
– Berechnet die Summe der Sozialversicherungsbeiträge. Wie viel Prozent machen sie bezogen auf den Bruttogehalt aus?
– Der Solidaritätszuschlag und die Kirchensteuer sind abhängig von der Höhe der Lohnsteuer.
Berechnet jeweils den Prozentanteil.
– Wie hoch ist Vanessas Nettogehalt?

b) [@] Recherchiert die einzelnen Begriffe aus der Gehaltsabrechnung. Erklärt jeden Begriff in einem Satz.

c) Wie hoch ist die Summe der Sozialversicherungsbeiträge, wenn sich Vanessas Bruttogehalt um 3,9 % erhöht hat? Berechnet die fehlenden Daten.

Bruttogehalt um 3,9 % erhöht		?
LS	?	284,83 €
SZ 5,5 % von der **LS**	?	15,67 €
KS 9 % von der **LS**	?	25,63 €
Summe Steuern	?	326,12 €
RV	9,95 %	?
AV	1,4 %	?
KV	?	166,62 €
PV	0,975 %	20,56 €
Summe der Sozialversicherungsbeiträge	20,53 %	?
Nettogehalt		?

d) [@] Überprüft, ob sich die Prozentangaben verändert haben.

e) Überprüft die Vollständigkeit eurer Arbeit und das Erreichen der Gruppenarbeitsvereinbarungen.

▻ Mathematische Werkstatt, Seite 142, 143, 152, 154, 164, 166

Michael war beeindruckt, wie viele verschiedene Bereiche es gibt, für die so viel Geld gebraucht wird. „Die bekommen durch meine Arbeit noch viel mehr!“ grinst **Vanessa**. „Der sogenannte Arbeitgeberanteil kommt noch dazu.“ „Ach so, völlig klar ...“ **Michael** klingt genervt. „Nun, die Summe der Sozialversicherungsbeiträge, die mir abgezogen werden, legt der Arbeitgeber noch einmal oben drauf.“ „Das ist ja einfach.“ Jetzt lehnt sich **Michael** entspannt zurück. „Fast,“ sagt **Vanessa**, „der Arbeitnehmerbeitrag zur Krankenversicherung beträgt 7,0 % plus 0,9 %. Die 0,9 % muss der Arbeitgeber nicht zahlen. Jetzt weißt du alles.“

Übrigens

– *Arbeitgeber* ist, wer eine *Arbeitsstelle gibt* und für geleistete Arbeit Gehalt auszahlt.
– *Arbeitnehmer* ist, wer angebotene *Arbeit nimmt*, diese Arbeit ausführt und dafür Gehalt bekommt.

2 [Gruppenarbeit] a) Bezieht euch auf den oben stehenden Text. Formuliert mindestens eine Frage, die man mit einer Rechnung beantworten kann.
Notiert die Frage und den Lösungsweg. Tauscht eure Frage mit einer anderen Gruppe und löst deren Aufgabe. Wenn es die gleiche Aufgabe ist, überlegt, welche Fragen noch möglich wären.
b) Klärt, warum im Infokasten die 0,9 % in Klammern stehen.
c) Wie hoch sind die Sozialversicherungsbeiträge für den Arbeitnehmer insgesamt? Nenne den Prozentsatz.

Die Zusammensetzung der Sozialversicherungsbeiträge

Versicherung für		Arbeitnehmer	Arbeitgeber
Rente	19,9 %	9,95 %	9,95 %
Arbeitslosigkeit	2,8 %	1,4 %	1,4 %
Krankheit	14,0 (+ 0,9) %	7,9 %	7,0 %
Pflege	1,95 %	0,975 %	0,975 %

(Stand: Juli 2009)

Der **Arbeitnehmeranteil** wird vom Bruttogehalt abgezogen.
Der **Arbeitgeberanteil** wird zusätzlich vom Arbeitgeber bezahlt.

3 a) Wie hoch ist der Sozialversicherungsbeitrag wenn das Bruttogehalt 2956,– € beträgt? Schätze ab, welche Angabe stimmt.
1) 589,12 € 2) 606,72 € 3) 597,85 €
b) Wie hoch ist der Arbeitgeberanteil?
1) 580,12 € 2) 571,25 € 3) 605,82 €

4 [Computer] Überlege dir erst ein geeignetes Werkzeug und berechne dann.
a) Berechne für die Berufe die Sozialversicherungsbeiträge des Arbeitnehmers.

Beruf	Gehalt	Lohnsteuer Klasse I
Bäckergeselle	2100 €	282,33 €
Bauingenieurin	4726 €	1176,25 €
Gärtner	2765 €	475,16 €
Pilotin	5100 €	1328,25 €
Redakteur	4444 €	1063,25 €
Unternehmensberater	8333 €	2683,41 €
Verbraucherberaterin	3200 €	613,58 €

b) Berechne das Nettogehalt für die ausgewählten Berufe.
c) Gib an, wie viel Prozent vom Bruttogehalt jeweils übrig bleiben. Was fällt dir auf?

5 Im Kreisdiagramm sind die einzelnen Abgaben und das Nettogehalt eines ICE-Lokführers dargestellt, der ein Bruttogehalt von 2500 € bekommt. Berechne die Winkel im Kreisdiagramm für die Rentenversicherung und den Solidaritätszuschlag. Die Lohnsteuer beträgt 395,58 €.

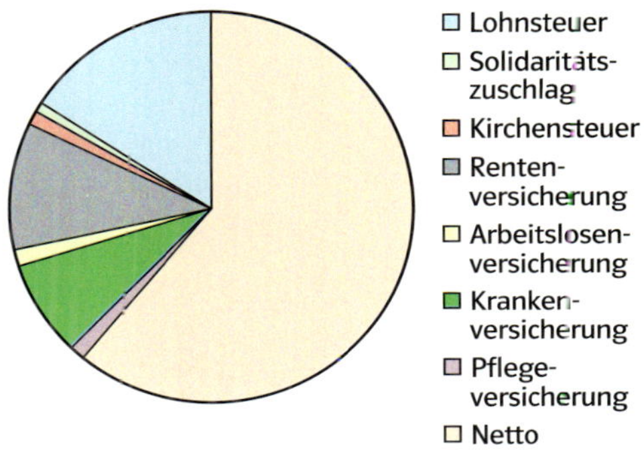

▻ Mathematische Werkstatt, Seite 142, 143, 152, 154, 164, 166

6 [💻] Bearbeite mithilfe eines Tabellenkalkulationsprogramms.
a) Eine Assistenzärztin verdient 4369 € brutto. Berechne Steuern, Sozialversicherungsbeträge und das Nettogehalt. Die Lohnsteuer beträgt 1033,83 €. Mache die Werte in einem Kreisdiagramm sichtbar und beschrifte es sinnvoll.
b) [👥] Die Kreissegmente können auf verschiedene Weise verteilt werden:
- mit auf- oder absteigenden Werten
- in alphabetischer Reihenfolge der Begriffe zu den Werten
- nach Thema sortiert: Steuern, …

Begründe zuerst alleine, welche Verteilungen sinnvoll sind. Einige dich danach in der Gruppe auf gemeinsame Aussagen.

Tipp
1 € ≈ 1,9558 DM
1 DM ≈ ☐ €

7 [●✎] Die Partei A möchte den Arbeitslosenversicherungsbeitrag von 2,8 % auf 3,8 % erhöhen: je 0,5 % für den Arbeitnehmer und den Arbeitgeber. Die Partei B möchte lieber den Solidaritätszuschlag um den gleichen Prozentsatz erhöhen. Eine Zeitschrift berichtet darüber und nimmt als deutsches Durchschnittsgehalt 3077 € und 543,50 € Lohnsteuer an.
Wie könnte der Artikel lauten? Der Artikel soll die jeweiligen Auswirkungen auf das jährliche Nettogehalt verdeutlichen.

8 a) Beurteile die Richtigkeit folgender Aussagen zum Diagramm unten.
1) Die Beitragssätze zur Arbeitslosenversicherung sind seit 1970 um 223 % gestiegen.
2) Die Zunahme der Beitragssätze zur Renten- und Arbeitslosenversicherung ist gleich, also mehr als 200 %.
b) [👥] Stellt euch gegenseitig eine Aufgabe zum Diagramm und löst diese.
c) Durchschnittliche Monatsgehälter betrugen im Jahr 1970 rund 1117 DM und 2007 rund 3077 €. Verwende die Information für eine eigene Aufgabe.

Entwicklung der Beitragssätze in den Zweigen der Sozialversicherung 1970 – 2007[1)]
in % des Bruttoarbeitsentgelts

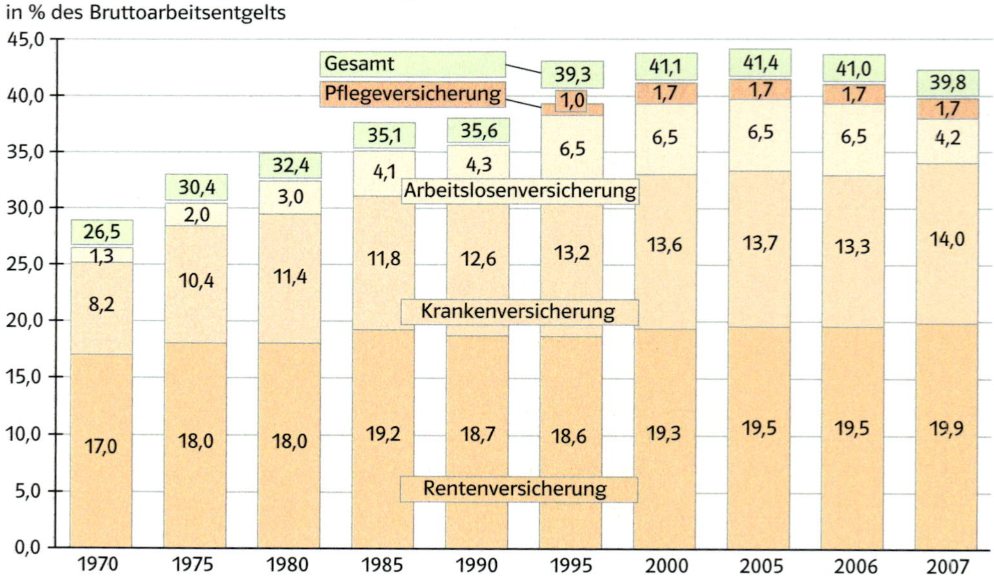

1) vor 1990 alte Bundesländer. ab 1990 Deutschland

▻ Mathematische Werkstatt, Seite 142, 143, 152, 154, 164, 166

Ausgaben

Auf dem Weg zu seinem Freund Vladimir überlegt **Michael**, wie viel man mindestens verdienen muss, um eine 50 m² große Wohnung bezahlen zu können. Als er **Vanessa** nach Mietkosten gefragt hat, da hatte sie nur gelacht: „Das sind nicht die einzigen Kosten, die du haben wirst. Lass dir dafür noch etwas Zeit!“
Aber es interessierte ihn doch. Also informierte er sich.

Mietpreise pro Quadratmeter			
Stadt	Kleinster Wert	Höchster Wert	Differenz
Aurich	4,48 €	5,46 €	0,98 €
Bremerhaven	3,65 €	6,75 €	
Essen		6,80 €	1,55 €
Freiburg	6,14 €	7,77 €	1,63 €
Hamburg	5,54 €	7,65 €	
Kiel	4,59 €	6,97 €	2,38 €
Köln	6,35 €		2,50 €
München	8,98 €	9,88 €	0,90 €

1 Je nach Wohnort sind die Mietpreise für Wohnungen unterschiedlich hoch.
a) Berechne die fehlenden Werte in der Tabelle oben.
b) Berechne den ungefähren Mietpreis für eine 50 m² große Wohnung.
Wähle dafür eine Stadt aus der Tabelle.

2 Das Kreisdiagramm zeigt, wie viel von 1000 € für die angegebenen Bereiche im Durchschnitt ausgegeben wird.
a) Gib für alle Bereiche den Prozentsatz an.
b) Berechne für 1800 € Nettogehalt die durchschnittlichen Ausgaben.

3 Die Nebenkosten einer Wohnung können zusätzlich 40 % bis 60 % betragen.
a) Ermittle die günstigste und die teuerste Variante für die „Miete plus Nebenkosten“ innerhalb einer ausgewählten Stadt für 30 m² und für 50 m².
b) Dein ermitteltes Ergebnis entspricht laut unten stehendem Kreisdiagramm ca. 30 % der Gesamtausgaben eines Haushaltes. Welches Nettogehalt müsste einem Durchschnittshaushalt für die günstigste Miete zur Verfügung stehen?

4 Überlege, was hat eine größere Auswirkung: Eine Verteuerung der Kosten um 6,2 % im Bereich Miete/Energie, um 15,6 % im Bereich Kleidung oder um 16,2 % im Bereich Nahrungsmittel?

Übrigens

An den Vermieter gehen die *Mietnebenkosten*, bestehend u. a. aus: Müllgebühren, Straßenreinigung, Grundsteuern und Wasserentsorgung. Dazu kommen die Kosten für Strom, Heizung (Gas, Öl …) und Wasser.

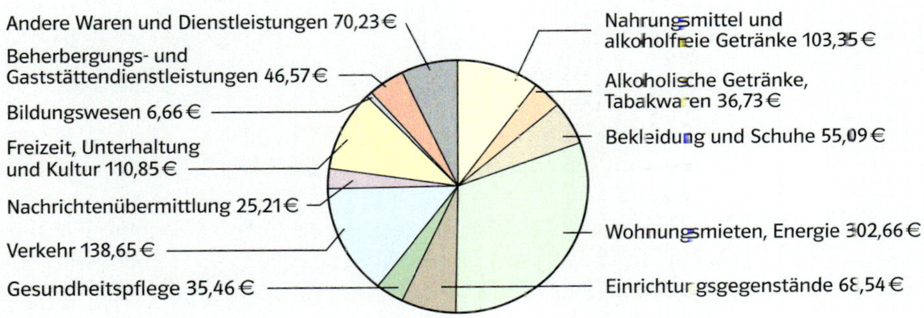

▻ Mathematische Werkstatt, Seite 142, 143, 152, 154, 164, 166

Vor dem Schaufenster der Verbraucherberatung bleibt **Michael** stehen ***„Strom und Gas – alles aus einer Hand?“*** liest er. Er erschrickt, als ihm seine Klassenkameradin Gülsoy auf die Schulter tippt: „Na, was hast du denn vor?“ „Ich frag‘ mich nur, was ‘ne eigene Wohnung mit allem drum dran kostet.“ Gülsoy grinst: „Also mir kommt später nur Ökostrom ins Haus. Wenn du dich gut informierst, kannst du viel sparen.“

STROM PLUS

Strom-Paket 1	Einheit	
Arbeitspreis	ct/kWh	**18,62**
Grundpreis	€/Monat	**6,31**

Strom-Paket 2	Einheit	
Arbeitspreis	ct/kWh	**18,04**
Grundpreis	€/Monat	**8,33**

Strom-Paket Green – zusätzlich zu Paket 1 oder 2

Anteil Umweltbeitrag in %		**100,00**	**75,00**	**50,00**	**25,00**
zusätzlicher Strompreis	ct/kWh	**4,76**	**3,57**	**2,38**	**1,19**

Grüne Welle

Mit ausschließlich „grünem Strom“		
Arbeitspreis	ct/kWh	**19,99**
Grundpreis	€/Monat	**7,95**
Mit 84% Kohle und Atomstrom		
Arbeitspreis	ct/kWh	**21,5**
Grundpreis	€/Monat	**0**

Gasanbieter ihrer Region	ct/m³	Grundgebühr in €/Monat
Extra-Billig: Wir schützen ihren Geldbeutel	8,03	11,07
Extra-Billig: Mit Kohlenstoffdioxidausgleich	12,79	2,00
Warm und Gut und Klimaneutral	7,65	9,90
Wechselverführer: Hauptsache der Preis stimmt	7,01	11,07
Stadtwerke: Das Geld bleibt in der Stadt	7,69	13,03

5 [ ] In einem Ein-Personen-Haushalt werden jährlich 1500 kWh bis 2000 kWh Strom und 4000 m^3 bis 6000 m^3 Gas benötigt.

a) Entscheidet, welche Tarife und Anbieter ihr wählen würdet. Stellt eure Berechnungen mithilfe geeigneter Darstellungen und Berechnungsmethoden in einem Kurzreferat verständlich dar.

b) [@] Recherchiert die aktuellen Preise für euren Wohnort. Um wie viel Prozent unterscheidet sich der recherchierte, günstigste Preis für Strom und Gas von dem, für den ihr euch oben entschieden habt?

6 Was ist teurer?

a) Wenn sich im „Strom-Paket 1“ bei 2000 kWh jährlichem Verbrauch der Grundpreis um 4 % oder der Arbeitspreis um 2 % erhöht?

b) Wenn sich bei 5000 m^3 Gasverbrauch im Jahr entweder der Preis pro kWh oder der Grundpreis um 2,5 % erhöht? Berechne für die beiden „Extra-Billig“ Angebote.

7 Das Umweltbundesamt meldet:

„Allein die Leerlaufverluste bei Elektrogeräten – wie Fernsehern und Computern – betragen derzeit in den Privathaushalten 17 Milliarden kWh pro Jahr.“

Es gibt 40 Millionen Privathaushalte. Berechne für einen Haushalt die durchschnittlichen Kosten für „ausgeschaltete“ Stand-By-Geräte.

▷ Mathematische Werkstatt, Seite 148 und 150

Inflation

„Ich finde es nicht lustig!“ **Vladimir** guckt **Michael** wütend in die Augen. Dieser blickt amüsiert zurück: „Mensch guck dich doch an! Ich bin jetzt endlich hier, gleich kommen noch die anderen vorbei und du redest nicht darüber, welchen Film wir nachher gucken, sondern du redest über IN — FLA — TION – wegen der Kinokarten-Preiserhöhung um 10 Cent!? Das ist doch zum Totlachen.“ **Vladimir** startet einen weiteren Versuch: „Es regt mich auf, dass sich keiner aufregt …! Fünf Jahre Desinteresse können dich 1000 € kosten …“

Online Link
720370-0151

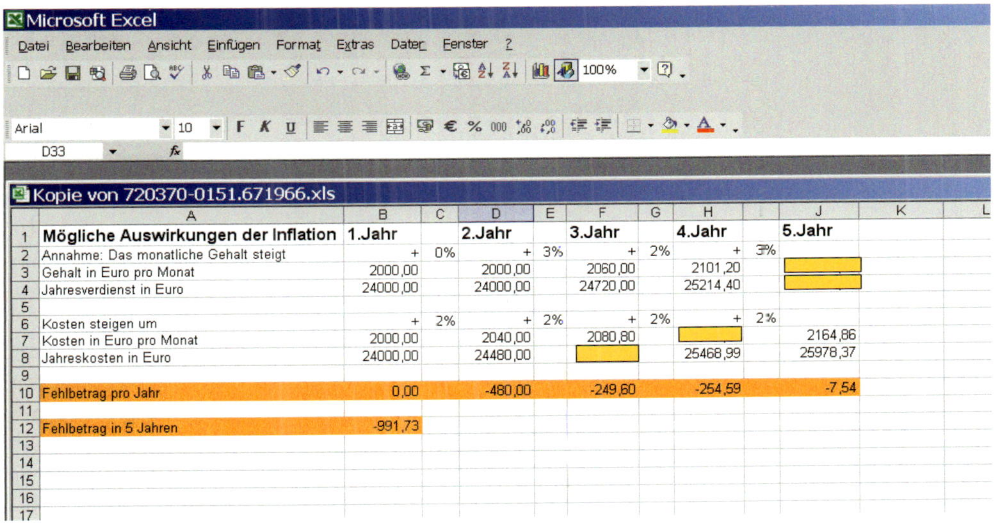

Microsoft Excel

Kopie von 720370-0151.671966.xls

	A	B	C	D	E	F	G	H		J
1	**Mögliche Auswirkungen der Inflation**	**1.Jahr**		**2.Jahr**		**3.Jahr**		**4.Jahr**		**5.Jahr**
2	Annahme: Das monatliche Gehalt steigt	+	0%	+	3%	+	2%	+	3%	
3	Gehalt in Euro pro Monat	2000,00		2000,00		2060,00		2101,20		
4	Jahresverdienst in Euro	24000,00		24000,00		24720,00		25214,40		
5										
6	Kosten steigen um	+	2%	+	2%	+	2%	+	2%	
7	Kosten in Euro pro Monat	2000,00		2040,00		2080,80				2164,86
8	Jahreskosten in Euro	24000,00		24480,00				25468,99		25978,37
9										
10	Fehlbetrag pro Jahr	0,00		-480,00		-249,60		-254,59		-7,54
11										
12	Fehlbetrag in 5 Jahren	-991,73								

Übrigens

Inflation bedeutet *Preissteigerung* und/oder *Geldentwertung*: Für den gleichen Geldbetrag kann man sich weniger kaufen. Man spricht hier auch vom *„Kaufkraftverlust“*.

1 [👥] a) Erklärt euch gegenseitig die Tabellenfelder E2, H4, F10 und B12.

b) Berechnet die fehlenden Eintragungen in F8, H7 und J3.

c) Berechnet den Fehlbetrag für den gleichen Zeitraum und die gleichen Bedingungen für ein Gehalt von 3000 €.

d) Notiert die Formeln aus F8, D10 und B12.

e) Die Gehalts- und die Kostensteigerungen betragen insgesamt jeweils 8 %. Warum kommt trotzdem ein Fehlbetrag zustande?

f) [● 💻] Erstelle eine Datei, in der B3 beliebig geändert werden kann und weitere Angaben automatisch berechnet werden.

2 [●] Die Inflation betrug 2008 im Durchschnitt 2,6 %. Ein Altenpfleger bekam 2008 durchschnittlich 2533,21 € brutto. Als Kirchenmitglied und bei einer Lohnsteuer von 405,33 € blieben insgesamt 1549,17 € Nettogehalt übrig.
Die Gewerkschaft des Altenpflegers behauptet: Das Bruttogehalt muss um 3,6 % steigen, damit im Januar 2008 und 2009 die gleichen Waren und Dienstleistungen gekauft werden können.
Für das neue Gehalt wären 432,50 € Lohnsteuer fällig.

a) Überprüfe, ob die Forderung gerechtfertigt oder übertrieben ist. Benutze zur Lösung der Aufgabe die Angaben von Seite 10 und 11.

b) Stimmt es, dass bei ausbleibender Gehaltserhöhung, einer sogenannten *Nullrunde*, dem Pfleger über 500 € im kommenden Jahr fehlen?

▻ Mathematische Werkstatt, Seite 164 und 166

Auskommen mit dem Einkommen

„**Michael**, nerv' mich jetzt nicht!" **Vanessas** Stimme am Telefon klingt aufgeregt. „Du kannst mir gern ein anderes mal von deinen Problemen erzählen, aber ich versuche jetzt das Problem von meinem Freund **Lars** zu lösen. Ihm wurde der Strom abgestellt, weil ständig nicht genug auf seinem Konto ist und die Bank ihm das Konto sperren möchte. **Lars** braucht jetzt jede Hilfe die er kriegen kann und ich brauche jetzt Zeit zum Rechnen."

Bruttogehalt: 1797,25 €	
Abzüge: Lohnsteuer	202,08 €
Weitere Abzüge: SZ, KS, RV, AV, KV, PV?	
Nettogehalt:	

private Ausgaben:

Neuer Laptop (April)	*699,-*
1 Spiel pro Monat	*30,-*
Urlaub (September)	*1299,-*

Kreditrate Auto	163 € mtl.
Versicherung	35 € mtl.
Sparen für Reparaturen	20 € mtl.
Benzinkosten für 26 Liter Benzin pro Woche, bei ca. 1,45 €/Liter	

Kontoauszug

	Monatliche Abzüge	Kontostand
Bankkredit (TV)	21,00 €	−2031,94 €
Fitnessstudio	19,80 €	

Monatliche Ausgaben (Wohnung 45 m²):	
Wasser (bei 125 Liter/Tag)	13,60 €
Strom (bei 2000 kWh/Jahr)	32,60 €
Heizung (Gas ca. 7000 kW/h)	46,00 €
Telefon/Internet	28,00 €
Mobiltelefon	15,00 €
Fernsehen und Radio (GEZ)	17,03 €
Kabelanschluss	17,90 €
Kaltmiete (pro m²)	5,50 €
Mietnebenkosten	48,93 €

1 [Team] Zur Finanzsituation von Lars (22 Jahre):

- Verschafft euch einen Überblick: Welche Aufgaben sind zu erledigen?
- Strukturiert eure Arbeitsweise im Team.
- Wechselt zwischen Rechen-Phasen und dem Vergleich von Zwischenlösungen.
- Wählt euch geeignete Werkzeuge zur Berechnung und Darstellung aus.
- Benutzt das Buch als Nachschlagewerk.

a) Wie hoch ist das Netto-Jahreseinkommen von Lars?
b) Wie hoch sind die Jahresausgaben?
c) Wie viel bleibt pro Woche und pro Tag übrig für Lebensmittel, Kleidung, Geschenke, Freizeit (Theater, Disko, Kino), Einrichtungsgegenstände, Anschaffungen (DVDs, CDs, Bücher ...)?
d) Einigt euch auf zwei Vorschläge zur Verbesserung der Finanzsituation. Überlegt dafür auch, ob alle Zahlen glaubwürdig und realistisch sind.
e) Nehmt an, die Inflation für das kommende Jahr beträgt 1,6 %. Um diesen Prozentsatz werden sich die Ausgaben erhöhen. Lars´ Gehalt bleibt dagegen unverändert. Wie viel Geld steht ihm jetzt noch pro Tag zur Verfügung?

▻ Mathematische Werkstatt, Seite 168 – 171

Argumentieren mit Daten

Übrigens

Der *Betriebsrat* setzt sich aus Personen zusammen, die von den Beschäftigten gewählt werden, um ihre Interessen gegenüber der Geschäftsleitung zu vertreten.

Sabine, eine Freundin von **Vanessa**, arbeitet als Diplom-Chemikerin in der Medixt AG. Sie ist in der Firma auch im Betriebsrat tätig. **Sabine** kommt gerade von einer Betriebsratssitzung und macht ihrem Ärger Luft. Sie holt eine Mitarbeiterzeitung heraus. „Ich komme gerade von einer Betriebsratssitzung. Die Geschäftsleitung sagte uns vor einem Jahr, wir Mitarbeiter in der Medizinherstellung wären zu häufig krank. Das wurde nach Anonymisierung unserer Namen durch Buchstaben in Listen und einem Boxplot veröffentlicht.“

Fehlzeiten-Bilanz der MEDIXT AG

Erhebung 1 (1. Jahr)

Urliste 1

Person	Fehltage
A	15
B	29
C	0
D	51

Person	Fehltage
E	54
F	0
G	9
H	21

Person	Fehltage
I	20
J	98
K	17
L	1

Person	Fehltage
M	6
N	18
O	9
P	79

Rangliste

Person	C	F	L	M	G	O	A	K	N	I	H	B	D	E	P	J
Platz	1	2	3	4	5	6	7	8	9	10	11	12	13	14	15	16
Fehltage	0	0	1	6	9	9	15	17	18	20	21	29	51	54	79	98

Boxplot

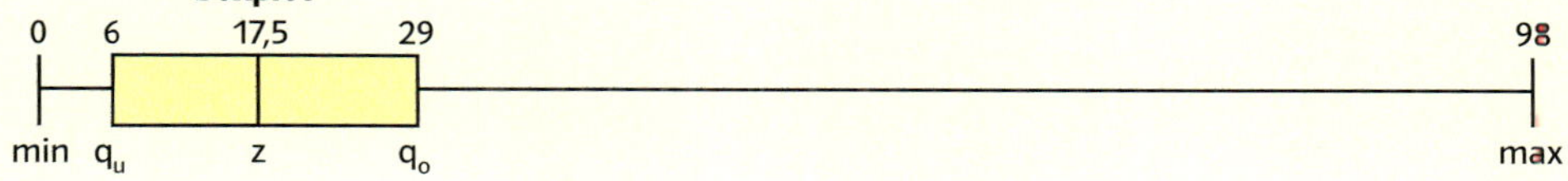

Zur Verbesserung der Situation wurden zwei Vorschläge gemacht:

Vorschlag 1:
Jede Person mit Fehltagen > q_o bekommt 3 % Gehaltskürzung.
Jede Person mit Fehltagen < q_u bekommt 5 % Gehaltserhöhung.

Vorschlag 2:
Jede Person, die zum zweiten Mal Fehltage < z hat, bekommt 1 % mehr Gehalt.
Jede andere Person mit Fehltagen < z bekommt 2 % Gehaltserhöhung.

1 a) Lies in der Erhebung 1 die Werte für das Minimum, das Maximum, sowie w, q_u, z, q_o und die zentrale Hälfte ab.
b) Fertige einen Boxplot zur Erhebung 2 an.
c) Nenne die Personen aus Erhebung 2, die in der zentralen Hälfte liegen.
d) Bestimme die Personenbuchstaben, die in Vorschlag 1 und 2 betroffen sind. Was fällt dir auf?
e) Um wie viel hat sich die Zahl der ausgefallenen Arbeitsstunden vom 1. zum 2. Jahr verändert, wenn man von einem Achtstundentag ausgeht?
f) Um wie viel Prozent haben sich die Fehlzeiten im zweiten Jahr verringert?
g) Berechne die möglichen Auswirkungen der beiden Vorschläge auf das Bruttogehalt von Angestellten, die 1200,– € verdienen.

Fehlzeiten-Bilanz der MEDIXT AG

Erhebung 2 (2. Jahr) **Urliste 2**

Person	Fehltage
A	2
B	17
C	3
D	12

Person	Fehltage
E	3
F	7
G	4
H	3

Person	Fehltage
I	20
J	62
K	16
L	0

Person	Fehltage
M	6
N	16
O	6
P	41

2 Lest euch den Kasten auf dieser Seite durch.
Teilt euch in zwei Gruppen auf. Eine Gruppe übernimmt die Rolle des Betriebsrates.
Die andere Gruppe die Rolle der Unternehmensleitung. Aus jeder Gruppe werden 1–2 Personen bestimmt, die als Presse die Diskussion beobachten.
Führt nun das Rollenspiel durch.

3 Die Firma Medixt AG zeigt ihren Aktionären die Entwicklung des Krankenstandes. Was meinst du?

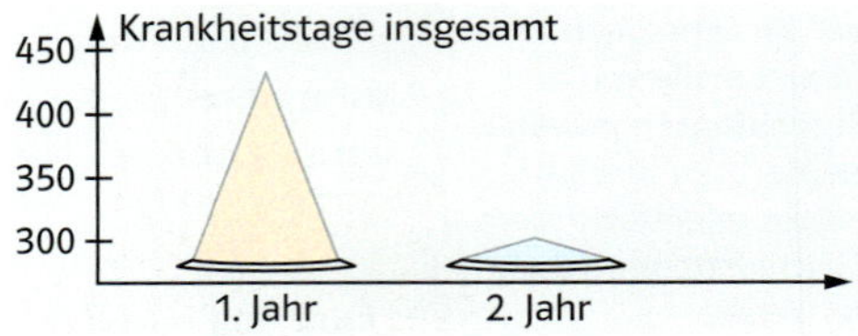

Mögliche Sitzordnung beim Rollenspiel:

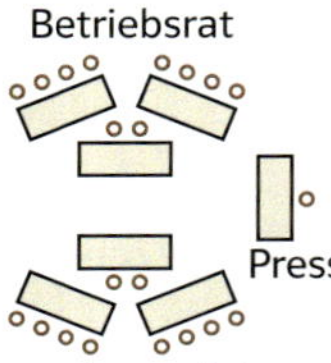

Streitgespräch als Rollenspiel zwischen zwei Gruppen

In einem Streitgespräch soll die Position einer Rolle sachlich und überzeugend vertreten werden. Persönliche Angriffe und Beleidigungen zählen nicht als sachliches Argument und können die Disqualifizierung nach sich ziehen.

Beachtet **beim Argumentieren**:
- Stellt euch auf mögliche Gegenargumente ein.
- Einigt euch schon vor der Diskussion, wer die Argumente vertritt, wer mitschreibt usw.
- Fehlende Daten müssen sinnvoll geschätzt oder recherchiert werden.
- Jede Gruppe sollte (vorher und zwischendurch) genügend Zeit haben sich zu beraten. Einigt euch auf ein Zeichen für die Auszeit.
- Am Ende der Diskussion sollte es zu einer Einigung kommen.

Beispiel:
Die Rollenverteilung beim Streitgespräch Betriebsrat und Unternehmensleitung
Betriebsrat: Sammelt Argumente gegen die Umsetzung der Vorschläge (siehe S. 17) der Unternehmensführung die Fehlzeiten zu verringern. Macht eigene Vorschläge.
Unternehmensleitung: Macht Vorschläge wie Fehlzeiten der Mitarbeiter verringert werden können (siehe z. B. Angebote auf S. 17).
Presse: Beobachtet den Ablauf des Streitgesprächs und macht euch Notizen. Gebt am Ende Rückmeldung über die beobachteten Arbeitsweisen und Zielorientierung der beiden Gruppen.

„Ich gebe zu, dass die Interpretation einer Statistik durchaus angreifbar ist. Aber für welchen Vorschlag habt ihr euch eigentlich entschieden?" will **Vanessa** wissen. „Nun," **Sabine** muss grinsen, „die Anwälte der Firma haben unseren Chefs aus arbeitsrechtlichen Gründen von der Durchsetzung einer der Vorschläge abgeraten."

Parabeln genauer betrachtet

Parabeln begegnen uns in der Umwelt und im Alltag an vielen Stellen.
Parabeln, die auch als solche sichtbar sind, sind z. B. bei manchen Brückenbögen oder Hochspannungsleitungen zu erkennen.
Parabeln, die durch Zeitaufnahmen sichtbar gemacht werden können, sind beispielsweise Bahnkurven von Wasserfontänen und Kurvenverläufe bei Würfen und Sprüngen.
Es gibt aber auch Funktionen, die durch einen parabelförmigen Verlauf beschrieben werden können und nicht sichtbar sind.
Beispiele hierfür sind das Fallgesetz oder der Brems- und Anhalteweg.

In diesem Kapitel lernt ihr,

- wie man zu beliebigen Parabeln die quadratische Funktionsgleichung bestimmt.
- wie man zu einer quadratischen Funktionsgleichung schnell die Parabel skizziert.
- wie man quadratische Gleichungen löst.
- wie man Sachzusammenhänge durch quadratische Funktionen beschreibt und dadurch neue Ergebnisse gewinnt.

Check-in

Über diese Dinge solltest du Bescheid wissen, bevor du dich mit dem Thema „Parabeln genauer betrachtet" beschäftigst. Lege ein Blatt auf die Buchseite und kreuze an, wie du dich einschätzt.
Mit den Aufgaben auf der rechten Seite kannst du deine Einschätzung überprüfen.

Wenn du nach dieser Überprüfung noch Kreuzchen in der dritten oder vierten Spalte hast, arbeite deine Lücken auf:
Du findest in der Mathematischen Werkstatt am Ende des Buches Zusammenfassungen und Übungsaufgaben zu vielen Themen. Du kannst aber auch Mathe-Bücher aus den vorherigen Schuljahren oder die Formelsammlung benutzen oder jemanden fragen, der sich mit damit auskennt.

Checkliste	*Kann ich schon*	*Da bin ich fast sicher*	*Ich bin noch unsicher*	*Kann ich noch nicht*
1 *Ich kann Graphen, Wertetabellen und Funktionsterme einander zuordnen.*	☐	☐	☐	☐
2 *Ich kann quadratische Funktionen der Form $f(x) = ax^2 + c$ beschreiben und deren Graphen skizzieren.*	☐	☐	☐	☐
3 *Ich kann den Computer zum Zeichnen von Funktionsgraphen nutzen.*	☐	☐	☐	☐
4 *Ich kann einfache quadratische Gleichungen lösen.*	☐	☐	☐	☐
5 *Ich kann zwei lineare Gleichungen mit zwei Variablen lösen und ein Lösungsverfahren beschreiben.*	☐	☐	☐	☐
6 *Ich kenne die Binomischen Formeln und kann mit ihnen umgehen.*	☐	☐	☐	☐

In der Mathematischen Werkstatt findet Ihr:

- ▻ **Terme und Gleichungen, Seite 144 – 147**
- ▻ **Funktionen, Seite 148 – 151**
- ▻ **Dynamische Geometriesoftware, Seite 165, 167**

Aufgaben zur Checkliste

1 Graphen, Wertetabellen und Funktionsterme zuordnen

Welche Wertetabelle passt zu welchem Graphen und zu welcher Funktionsgleichung?

	x	−3	−2	−1	0	1	2	3
a)	f(x)	−11	−8	−5	−2	1	4	7
b)	f(x)	4,5	2	0,5	0	0,5	2	4,5
c)	f(x)	−6	−1	2	3	2	−1	−6

A) $f(x) = 0{,}5\,x^2$ B) $f(x) = 3\,x - 2$

C) $f(x) = -x^2 + 3$

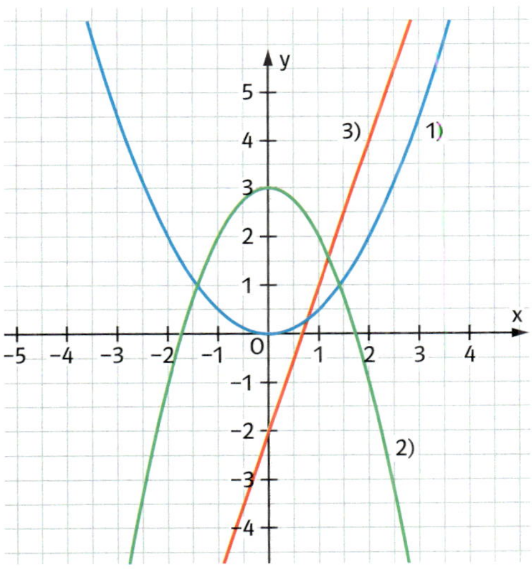

2 Quadratische Funktionen der Form $f(x) = a\,x^2 + c$ beschreiben und zeichnen

Wie unterscheiden sich die Graphen zu folgenden Funktionsgleichungen zu dem Graph der Normalparabel? Beschreibe erst und skizziere dann die Graphen.

a) $f(x) = 1{,}5\,x^2$ b) $f(x) = -x^2$

c) $f(x) = 0{,}5\,x^2 + 1$ d) $f(x) = -0{,}5\,x^2 - 1$

Übrigens

Der Graph zu $f(x) = x^2$ wird **Normalparabel** genannt.

3 Zeichnen mit dem Computer

1) $f(x) = 2\,x^2 + 2$ und $g(x) = 2\,x^2 + 3$

2) $f(x) = 3\,x^2 + 2$ und $g(x) = 1{,}5\,x^2 + 2$

a) [ ] Zeichne die Graphen mithilfe eines Geometrieprogramms.

b) Wie ändert sich der Graph, wenn a und c verändert wird?

4 Quadratische Gleichungen lösen

a) Bestimme die Lösungen zur Gleichung $x^2 - 8 = 1$.

b) Berechne die rot gekennzeichnete Strecke.

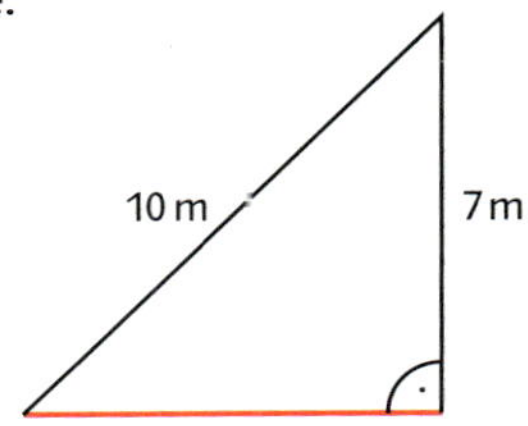

c) Berechne die x-Werte, an denen die Funktion zu $f(x) = x^2 - 5$ den Wert Null hat. Findest du zwei Stellen?

5 Lineare Gleichungssysteme lösen

a) Erläutere schrittweise, wie das Gleichungssystem gelöst wurde.

$$
\begin{array}{ll}
\text{I)} & 3x + 2y = 14 \\
\text{II)} & 5x - 3y = -2 \\
\hline
 & 15x + 10y = 70 \\
 & 15x - 9y = -6 \\
\hline
 & 19y = 76 \\
 & y = 4 \\
\hline
 & 3x + 2 \cdot 4 = 14 \\
 & 3x = 6 \\
 & x = 2
\end{array}
$$

b) Löse das lineare Gleichungssystem. Bestimme a und c.

I) $5a + 2c = 16$

II) $8a - 3c = 7$

6 Binomische Formeln anwenden

a) Löse die Klammern auf.

1) $(a + b)^2$ 2) $(2p - 3q)^2$ 3) $(5a + z)^2$

b) Ergänze im Heft.

1) $4a^2 + \square + b^2 = (2a + b)^2$

2) $\square - 4ab + b^2 = (2a - b)^2$

3) $\square - 6x + 9 = (x - \square)^2$

c) Was ist hier falsch? Korrigiere die Gleichungen in deinem Heft.

1) $(3a + b)^2 = 6a^2 + 6ab + b^2$

2) $(2a - 2b)^2 = 4a^2 - 8ab - 4b^2$

3) $(2a + 3b)^2 = 4a^2 + 6ab + 9b^2$

▻ Lösungen, Seite 185

Untersuchung mit Dynamischer Geometriesoftware

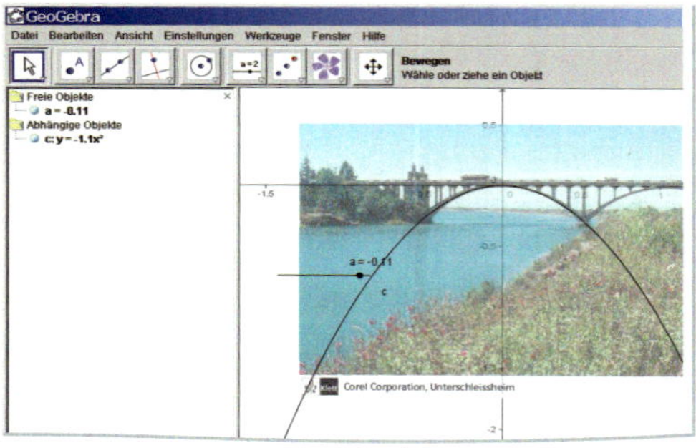

Ihr habt bisher Graphen zu quadratischen Funktionen mit der Funktionsgleichung $f(x) = ax^2$ und $f(x) = ax^2 + c$ kennengelernt. Hier geht es darum, euer Wissen auf **beliebige quadratische Funktionen** zu erweitern.

Bearbeitet die Aufgaben mit einem grafikfähigen Taschenrechner oder einem Geometrieprogramm.
Haltet eure Ergebnisse schriftlich fest.

Online Link 720370-0221

Tipp
Bearbeitet die Aufgaben mit der Methode: **Denken – Austauschen – Vorstellen** (S. 170)

1 [ ] Gegeben ist die Funktionsgleichung $f(x) = -2 + 5x^2$.
a) Ändert den Funktionsterm durch Setzen von Klammern. Notiert möglichst viele Terme und vergleicht eure Ergebnisse. Wie viele Möglichkeiten findet ihr?
b) Um die Unterschiede zu verdeutlichen berechnet jeweils f(2).
c) [ ] Zeichnet die zugehörigen Graphen.

2 a) [ ] Zeichnet Graphen zu $f(x) = (x+2)^2$ und $f(x) = (x-4)^2$.
b) Zeichnet Graphen zu Funktionen der Form $f(x) = (x+b)^2$.
c) Beschreibt, wie sich der Graph verändert, wenn ihr b ändert.
d) Welche Koordinate hat jeweils der Scheitelpunkt?

3 Lies den Scheitelpunkt S ab und notiere die Funktionsgleichung.

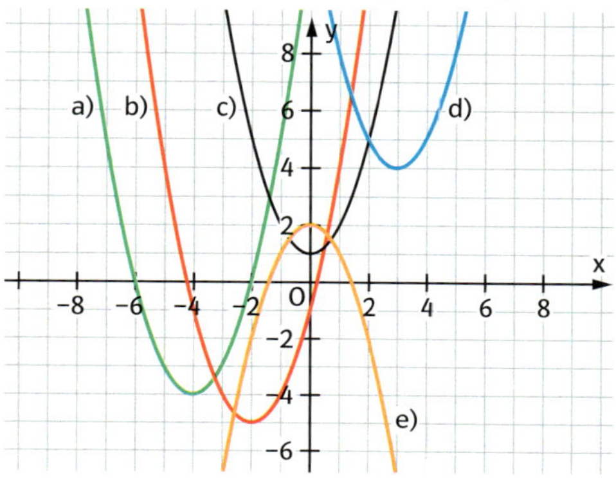

4 [ ] Zeichnet Graphen zu folgenden Funktionen. Notiert jeweils die Koordinaten des Scheitelpunktes S.
a) $f(x) = (x-3)^2 + 2$ und $f(x) = (x-3)^2 + 4$.
b) $f(x) = (x+4)^2 - 2$ und $f(x) = (x-1)^2 - 2$.
c) $f(x) = (x+b)^2 + c$.

5 Bei der *Müngstener Brücke* hat die Parabel, mit der sich der obere Bogen beschreiben lässt, die Gleichung $f(x) = -\frac{1}{90}x^2$.
Der Bogen ist 69 m hoch.

a) Notiere eine passende Funktionsgleichung, die den Brückenbogen „vom Boden aus" beschreibt.
b) [ ] Überprüfe die Funktionsgleichung mit einem Geometrieprogramm. Nimm dazu das am Rand angegebene Online-Arbeitsblatt zur Hilfe.

▻ Mathematische Werkstatt, Seite 165, 167

Verschobene Normalparabeln

Jede Verschiebung im Koordinatensystem setzt sich aus einer Verschiebung entlang der x-Achse und einer Verschiebung entlang der y-Achse zusammen.
Erläutere, wie man die Normalparabel verschieben muss, um eine Parabel mit Scheitelpunkt in P(2|1) zu erhalten.
Woran erkennst du die Verschiebung am Funktionsterm?

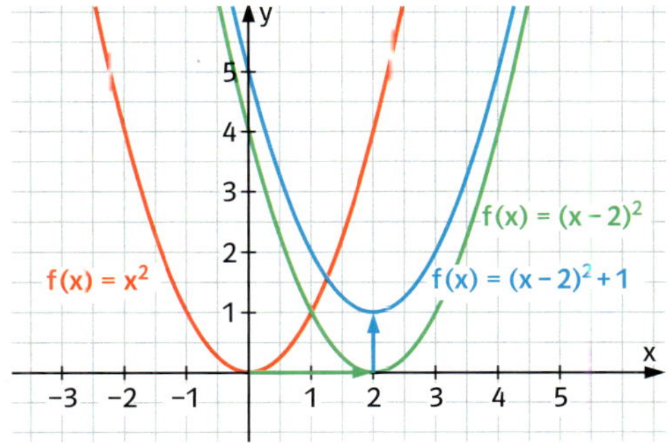

Tipp

Präge dir das Problem mit dem „falschen" Vorzeichen gut ein. Vielleicht hilft dir die folgende Darstellung: $f(x) - y_S = (x - x_S)^2$

In der Funktionsvorschrift $f(x) = (x-2)^2 + 1$ taucht ein negatives Vorzeichen auf, obwohl der Scheitelpunkt bei S(2|1) liegt. Überlege dazu, an welcher Stelle die Parabeln von $f(x) = (x-2)^2$ und $f(x) = (x-2)^2 + 1$ ihren kleinsten Wert haben.
An welcher Stelle hat die Parabel zu $f(x) = (x+2)^2 - 1$ ihren kleinsten Wert?

Die **quadratische Funktion** mit der Gleichung $\mathbf{f(x) = (x - x_S)^2 + y_S}$ hat als Graph eine **verschobene Normalparabel**.
Der **Scheitelpunkt** der Parabel liegt im Punkt mit den Koordinaten $(\mathbf{x_S | y_S})$.

Beispiele

a) $f(x) = (x-1)^2 + 3$

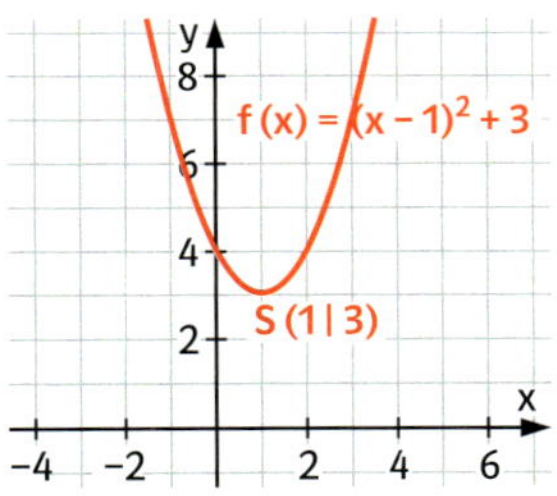

$x_S = 1$, $y_S = 3$ bedeutet: Verschiebung um 1 Einheit in positive x-Achsenrichtung, 3 Einheiten in positive y-Achsenrichtung.

b) $f(x) = (x+1)^2$

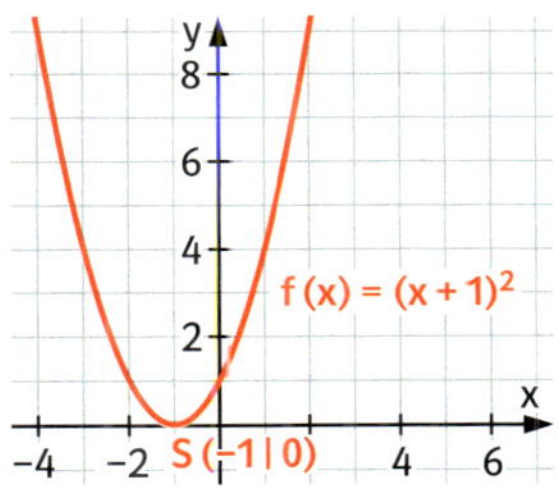

$x_S = -1$, $y_S = 0$ bedeutet: Verschiebung um 1 Einheit in negative x-Achsenrichtung, keine Verschiebung in y-Achsenrichtung.

c) $f(x) = x^2 - 2$

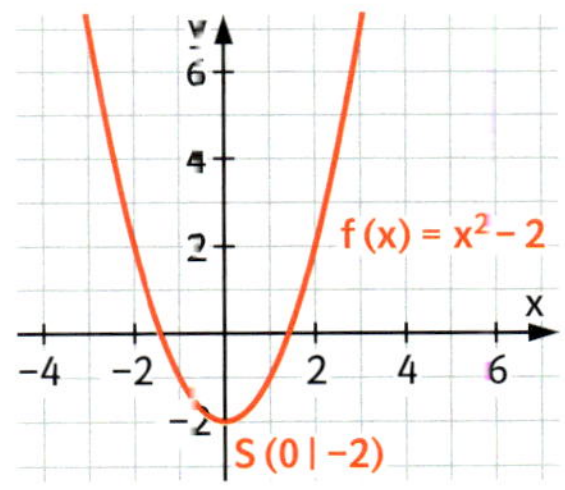

$x_S = 0$, $y_S = -2$ bedeutet: keine Verschiebung in x-Achsenrichtung, 2 Einheiten in negative y-Achsenrichtung.

1 Wo liegt der Scheitelpunkt der zugehörigen Parabel?

a) $f(x) = (x+2)^2 + 1$
b) $f(x) = (x-3)^2 + 3$
c) $f(x) = (x+5{,}5)^2 - 3$
d) $f(x) = (x-4)^2 - 1{,}5$

2 S ist der Scheitelpunkt einer verschobenen Normalparabel. Bestimme die Funktionsvorschrift.

a) S(2|4)
b) S(1|−5)
c) S(0|9)
d) S(−3|3)
e) S(−4|0)
f) S(−5|−3)

▷ Mathematische Werkstatt, Seite 149, 151

3 Zeichne mithilfe einer Wertetabelle den Graphen. Gib die Koordinaten des Scheitelpunktes an.

a) $f(x) = (x - 1)^2 + 1$ b) $f(x) = (x + 2)^2 + 3$
c) $f(x) = (x - 3)^2 + 4$ d) $f(x) = (x - 2)^2 - 5$

4 Zeichne mithilfe einer Wertetabelle den Graphen. Warum ist es günstig, zuerst den Scheitelpunkt zu bestimmen? Wie kannst du dir bei der Berechnung der y-Werte viel Arbeit sparen?

a) $f(x) = (x - 1{,}5)^2 + 3$
b) $f(x) = (x + 0{,}5)^2 + 1{,}5$
c) $f(x) = (x - 5)^2 - 5{,}5$
d) $f(x) = (x + 6{,}5)^2 + 1$

5 Liegt der Punkt P auf der Parabel?

a) $f(x) = (x - 4)^2$, $P(0|4)$
b) $f(x) = (x - 2)^2 - 1$, $P(0|3)$
c) $f(x) = (x + 3)^2 - 3$, $P(0|0)$

6 P liegt auf dem Graphen von $f(x) = (x - 1)^2 - 2$. Bestimme die fehlende Koordinate.

a) $P(0|\square)$ b) $P(-1|\square)$
c) $P(0{,}3|\square)$ d) $P(\square|-2)$

7 Skizziere für die x-Werte von −5 bis 5 einen geeigneten Graphen.

a) $f(x) = -6(x + 1)^2$ b) $f(x) = 4(x-2)^2+6$

Graphen von quadratischen Funktionen zeichnen

Nicht so, …:

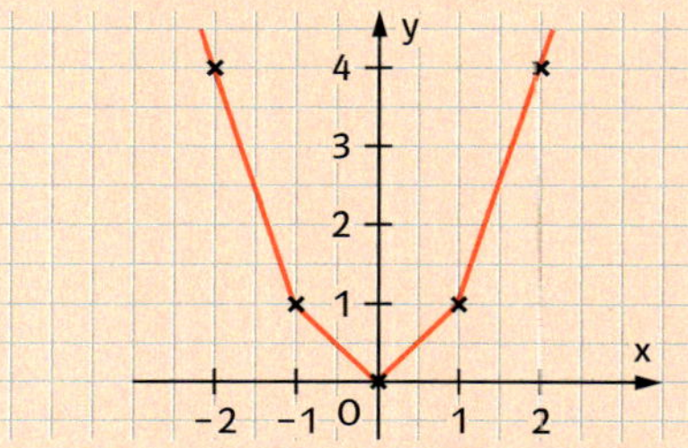

sondern so:

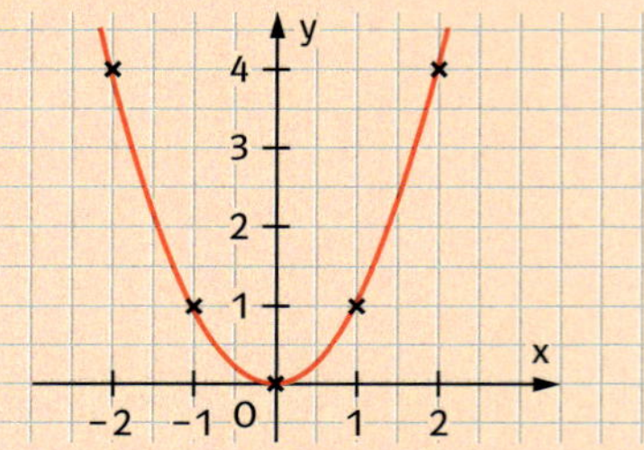

Beim **Zeichnen von Parabeln** ist einiges zu beachten:
1) Graphenpunkte nicht durch gerade Linien, sondern durch eine Parabelkurve verbinden.
2) Vor dem Zeichnen muss die Einteilung der Koordinatenachsen überlegt werden. Die Einteilung auf der x- und y-Achse können verschieden sein, auf einer Achse müssen jedoch die Abstände gleich sein.
3) Die Achsensymmetrie der Parabeln nutzen.

Schnellzeichenregel für verschobene Normalparabeln
Wenn man von einer verschobenen Normalparabel den Scheitelpunkt kennt, kann man ihren Verlauf recht schnell skizzieren.
1) Scheitelpunkt eintragen, von dort ausgehend ergeben sich zwei weitere Punkte wie folgt:
   – 1 Einheit nach rechts, 1 nach oben
   – 2 Einheiten nach rechts, 4 nach oben
2) Anschließend kann die Achsensymmetrie des Graphen ausgenutzt werden.

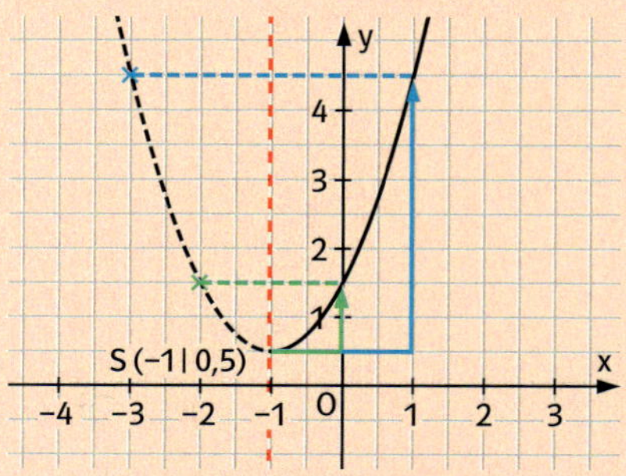

Beispiel: $f(x) = (x + 1)^2 + 0{,}5$

Allgemeine Scheitelpunktform

Ordne die Funktionsvorschriften den Graphen rechts zu.
Welche Auswirkung haben die Faktoren vor und die Zahlen hinter dem Klammerterm?

a) $f(x) = \quad (x+1)^2 + 1$
b) $f(x) = \quad 2\,(x+1)^2 + 1$
c) $f(x) = -2\,(x+1)^2 + 1$
d) $f(x) = -2\,(x+1)^2 - 1$

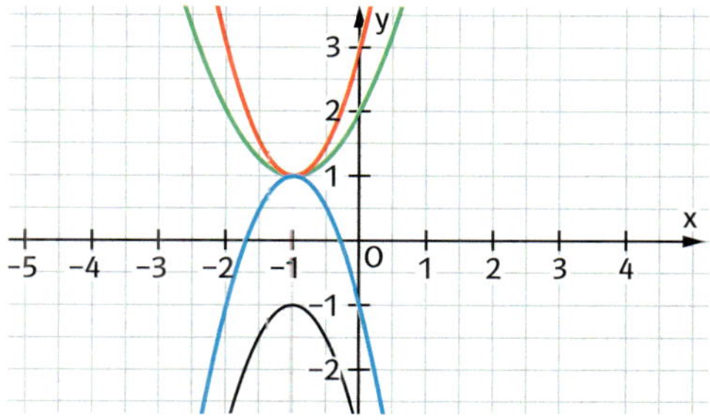

Beachte

x_S und y_S können auch negative Werte annehmen.

Jede quadratische Funktion lässt sich in **Scheitelpunktform $f(x) = a \cdot (x - x_S)^2 + y_S$** darstellen.
Hierbei muss $a \neq 0$ sein, denn sonst ergibt sich keine quadratische Funktion.
Der **Scheitelpunkt** der Parabel liegt im Punkt mit den Koordinaten **$(x_S \mid y_S)$**.
Die **Zahl a** bestimmt Form und Öffnung der Parabel.

Ist **$a > 1$**, so ist die Parabel schmaler als die Normalparabel.
Liegt **a zwischen 0 und 1** ($0 < a < 1$), ist die Parabel breiter als die Normalparabel.
Ist **a positiv**, so ist die Parabel nach oben geöffnet.
Ist **a negativ**, dann ist sie nach unten geöffnet.

Beispiel

Die Parabel mit der Funktionsgleichung $f(x) = \frac{1}{2} \cdot (x-2)^2 + 1$ geht in zwei Schritten aus der Normalparabel hervor:

1. **Verbreiterung** der Normalparabel durch Multiplikation mit $a = \frac{1}{2}$ führt zu $f(x) = \frac{1}{2}x^2$.
2. **Verschiebung** der Parabel. Der Scheitelpunkt wird von $(0 \mid 0)$ in den Punkt $(2 \mid 1)$ verschoben.

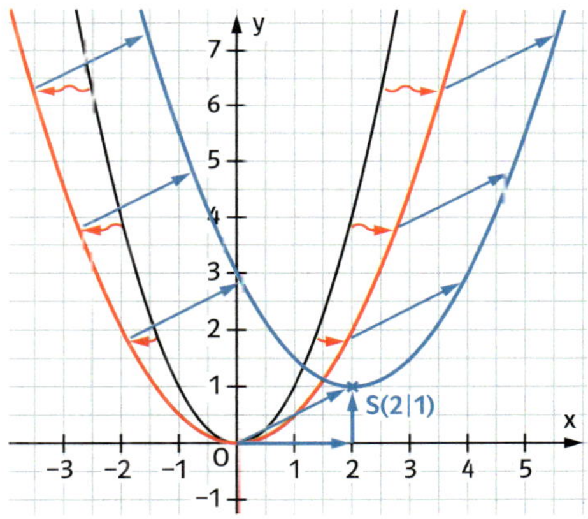

1 Beschreibe Scheitelpunkt, Öffnung und Form der Parabel.

a) $f(x) = 2 \cdot (x-3)^2 + 1$
b) $f(x) = -2 \cdot (x-3)^2 + 1$
c) $f(x) = \frac{1}{2} \cdot (x-3)^2 + 1$
d) $f(x) = \frac{1}{2} \cdot (x-3)^2 + 2$
e) Wie unterscheiden sich die Parabeln von a) und b), a) und c), c) und d)?

2 Lies an der Gleichung den Scheitelpunkt ab und skizziere die Parabel.

a) $f(x) = (x+1)^2 - 2$
b) $f(x) = -1 \cdot (x+1)^2 - 2$ [$= -(x+1)^2 - 2$]
c) $f(x) = (x-0)^2 + 2$ [$= (x^2 + 2)$]
d) $f(x) = -x^2 + 2$
e) Wie lautet die Schnellzeichenregel (siehe Kasten auf Seite 24) für die Teilaufgaben b) und d)?

▻ Mathematische Werkstatt, Seite 149, 151

Tipp

Skizzieren bedeutet, den Verlauf des Graphen so zu zeichnen, dass seine wesentlichen Eigenschaften erkennbar sind. Eine Wertetabelle dazu muss nicht umfangreich sein.

3 Erstelle eine Wertetabelle und skizziere den Graphen.

a) $f(x) = 2(x - 3)^2 - 2$

b) $f(x) = -3(x + 1{,}5)^2 + 1$

c) $f(x) = 1{,}5(x - 1)^2 - 1{,}5$

d) $f(x) = -1{,}2(x + 2{,}1)^2 + 3{,}4$

4 Die Graphen gehören zu Funktionen der Form $f(x) = a x^2$. Bestimme a. Wähle dazu einen Punkt auf dem Graphen mit gut ablesbaren Werten und setze seine Koordinaten in die Gleichung ein.

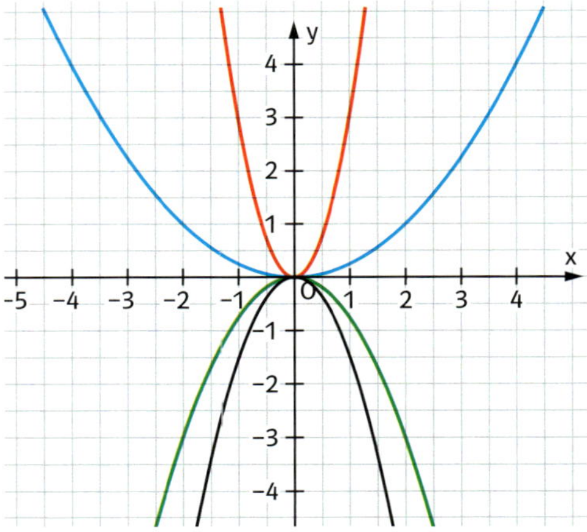

5 [👥] Die Graphen gehören zu Funktionen der Form $f(x) = a \cdot (x - x_S)^2 + y_S$. Bestimme a, x_S und y_S. Beschreibe, wie du vorgehst. Tausche die Beschreibung zu einem Beispiel mit deinem Nachbarn aus.

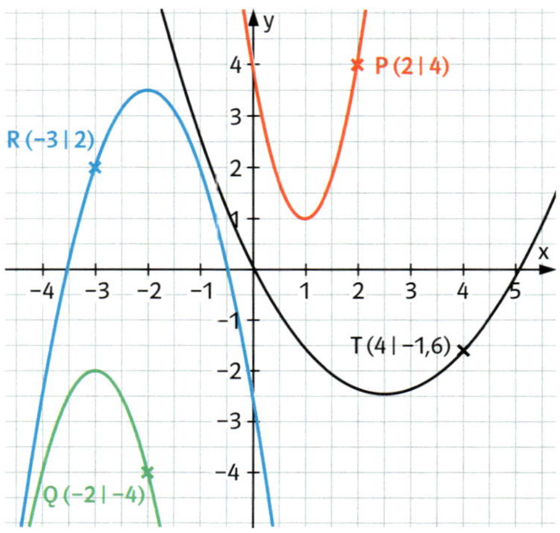

6 a) Wie lautet allgemein die Funktionsgleichung einer Parabel-Hängebrücke, wenn man den Scheitelpunkt in den Ursprung des Koordinatensystems legt?

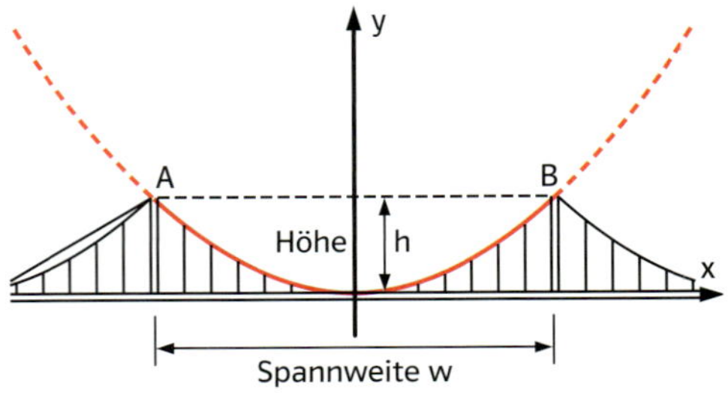

Brooklyn Bridge: w = 486 m; h = 88 m
Golden Gate Bridge: w = 1280 m; h = 144 m
Verrazano Narrows Bridge: w = 1298 m; h = 122 m

b) Ermittle jeweils die Koordinaten der Punkte A und B und bestimme die Gleichung der Parabel.

7 Bei dieser Bogenbrücke ist die Fahrbahn am Hauptbogen aufgehängt.

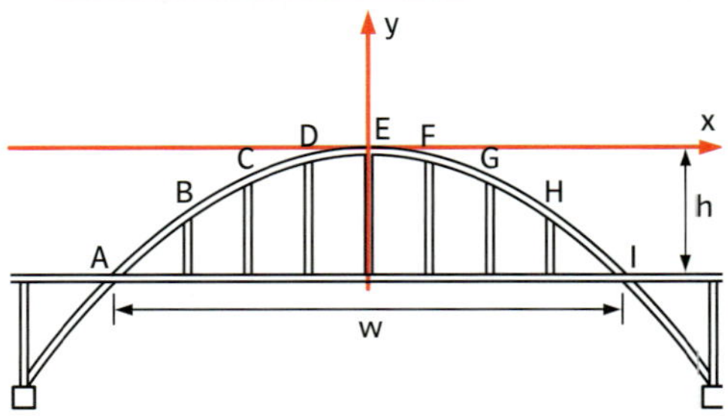

Bestimme die Funktionsgleichung für w = 80 m und h = 20 m, wenn der Ursprung des Koordinatensystems in folgendem Punkt liegt.

a) in E (siehe Skizze) b) in A

c) genau zwischen A und I

d) [●] in einem anderen benannten Punkt

Tipp: Bestimme zunächst die Koordinaten des Punktes mit der Funktionsvorschrift aus Aufgabenteil a).

▷ Kasten, Seite 24; Mathematische Werkstatt, Seite 149, 151

Normalform der Funktionsgleichung

Lege im Heft Wertetabellen zu den Funktionen $f(x) = 3(x-2)^2$ und $g(x) = 3x^2 - 12x + 12$ an. Vergleiche die Funktionswerte und Funktionsterme. Was fällt dir auf?

x	-3	-2	-1	0	1	2	3
f(x)							
g(x)							

Liegt die Funktionsgleichung einer quadratischen Funktion in der Scheitelpunktform vor, kann man durch **Ausmultiplizieren** die **Normalform** $\mathbf{f(x) = a x^2 + b x + c}$ (mit $a \neq 0$) erhalten.

Beispiel

Überführung von der Scheitelpunktform in die Normalform durch Ausmultiplizieren

Funktionsgleichung in Scheitelpunktform

$f(x) = 2(x+3)^2 + 1$

Termumformung

$2(x+3)^2 + 1$	Binomische Formel anwenden
$= 2(x^2 + 6x + 9) + 1$	Ausmultiplizieren
$= 2x^2 + 12x + 18 + 1$	Zusammenfassen

Funktionsgleichung in Normalform

$f(x) = 2x^2 + 12x + 19$

1 Wandle die Scheitelpunktform in die Normalform wie im Beispiel um.

a) $f(x) = 3(x-2)^2$

b) $f(x) = (x+3)^2 + 1$

c) $f(x) = (x-1)^2 + 4$

d) $f(x) = -1{,}5(x+2)^2 - 3$

e) $f(x) = 0{,}3(x+1{,}2)^2 - 1{,}4$

2 [💻] Experimentiere mit einem Geometrieprogramm. Was geschieht, wenn in der Normalform

a) nur a verändert wird?

b) nur c verändert wird?

c) nur b verändert wird?

d) Welche Änderungen aus den Teilaufgaben a), b) oder c) bewirken am meisten?

Online Link 720370-0271

3 Skizziere die Parabel zu der quadratischen Funktion. Du benötigst eine Wertetabelle.

a) $f(x) = 3x^2 + 12x + 11$

b) $f(x) = -2x^2 + 4x + 0{,}5$

c) $f(x) = 1{,}5x^2 - 6x + 6$

4 [●] Der Anhalteweg s_A für einen Pkw besteht aus dem Reaktionsweg s_R (lineare Funktion) und dem Bremsweg s_B (quadratische Funktion).

$s_A = s_R + s_B = t_R \cdot v + \frac{1}{2b} \cdot v^2$

v in m/s; b: Güte des Bremsens;

t_R: Reaktionszeit in s;

s_R, s_B und s_A in m

a) Notiere die quadratische Funktion für $t_R = 1{,}5$ und $b = 7$.

b) Skizziere den Graphen für Geschwindigkeiten von 0 bis $100\,\frac{km}{h}$. Beachte $x\,\frac{km}{h} = \frac{x}{3{,}6}\,\frac{m}{s}$.

$v\,[\frac{km}{h}]$	0	10	20	…
$v\,[\frac{m}{s}]$	0	2,78	5,56	…
s_A [m]	0	4,72	…	…

c) Wie ändert sich der Anhalteweg eines Autos, wenn es anfängt zu regnen? Welche Größe im Term verändert sich dann? Skizziere einen möglichen Graphen in das Koordinatensystem zu Teilaufgabe b).

▻ Mathematische Werkstatt, Seite 149, 151

Von Punkten zum Term

Eine Parabel verläuft durch die Punkte A(0|5), B(1|3) und C(−2|21).
Setze die Punktkoordinaten in die Normalform $f(x) = ax^2 + bx + c$ ein. c ist sofort bekannt. Versuche die Werte zu a und b zu berechnen.

Eine Parabel ist durch **drei Punkte eindeutig** bestimmt. Durch **Einsetzen** der Punktkoordinaten in die **Normalform** ergeben sich **drei Gleichungen** zur Bestimmung von a, b und c. Ihre Lösung liefert die Funktionsgleichung.

Beispiel

Die Punkte A(0|−5), B(2|11) und C(−1|−7) liegen auf einer Parabel.
Bestimme die zugehörige Funktionsgleichung.

1) Setze die **Punktkoordinaten** in die allgemeine **Normalform f(x)** $= ax^2 + bx + c$ ein.
Du erhältst **drei Gleichungen**.

I) $f(0) = a \cdot 0^2 + b \cdot 0 + c = -5$; also: $f(0) = c = -5$; hieraus ergibt sich $c = -5$.

Der nun bekannte c-Wert kann in die folgenden zwei Gleichungen eingesetzt werden.

II) $f(2) = a \cdot 2^2 + b \cdot 2 - 5 = 11 \quad | + 5$

$4a + 2b = 16$

III) $f(-1) = a \cdot (-1)^2 + b \cdot (-1) - 5 = -7 \quad | + 5$

$a - b = -2$

2) Aus II) und III) erhältst du **zwei Gleichungen** mit zwei Variablen. Diese kannst du mit den bekannten Methoden lösen. Hier bietet sich das **Additionsverfahren** an.

I) $4a + 2b = 16$
II) · 2: $2a - 2b = -4$ } +

$6a = 12 \quad | : 6$

$a = 2$

a in I) einsetzen: $4 \cdot 2 + 2b = 16 \quad | - 8$

$2b = 8$

$b = 4$

3) Die berechneten a-, b- und c-Werte werden eingesetzt: $f(x) = 2x^2 + 4x - 5$

Übrigens

Die Zahlen a, b, c werden **Koeffizienten** genannt.

1 Bestimme die Gleichung der Parabel, die durch folgende Punkte verläuft.

a) A(0|4), B(−1|2,5), C(2|10)
b) A(0|1), B(2|7), C(3|13)
c) A(0|1), B(2|−1), C(3|−5)

2 Skizziere die Parabeln. Woran erkennst du, dass ein Koeffizient Null ist?

a) A(4|−32), B(3|−15), C(0|0)
b) A(0|−5), B(2|−1), C(3|1)
c) A(−2|3,5), B(2|3,5), C(0|−2,5)
d) Formuliere jeweils einen Merksatz für $a = 0$; $b = 0$ und $c = 0$.

3 Eine Parabel verläuft durch die Punkte A(20|0), B(40|−60) und C(0|−60).

a) Skizziere den Graphen.
b) Wähle einen anderen Punkt als Ursprung und notiere die Funktionsvorschrift.

4 [●] Die Höhe einer Kugel, die senkrecht nach oben geschossen wird, setzt sich zusammen aus ihrer Anfangshöhe h_0, ihrer Anfangsgeschwindigkeit v_0 und dem Fallweg: $h(t) = h_0 + v_0 \cdot t - 5t^2$. Nach 2 s wird eine Höhe von 22 m und nach 3 s eine Höhe von 17 m gemessen.

5 Der Schwerpunkt des Snowboardspringers bewegt sich in etwa auf einer Parabel.

Nach 6 m ist er wieder auf der Höhe des Absprunges, zwischendurch war er maximal 2 m höher als beim Absprung.
Notiere drei Punktkoordinaten, wenn der Ursprung des zu wählenden Koordinatensystems

a) im Absprungpunkt liegt.
b) im höchsten Punkt liegt.
c) Berechne die Funktionsvorschriften.
d) Nach 7 m Sprungsweite landet der Snowboardfahrer. Berechne mit beiden Ansätzen, wie tief der Landepunkt liegt.
e) Passen die Ergebnisse zueinander?

6 Der *Ätna* hält Sizilien mit dem Auswurf von Lava und Asche immer wieder in Atem. Nimm an, ein glühendes Teil erreicht nach Verlassen des Kraters 20 m weiter rechts seine Maximalhöhe von 35 m.

a) Du kannst den „Parabel"-Flug in dem Koordinatensystem beschreiben, dessen Ursprung im „Anfangspunkt" des Fluges liegt.
b) Wo landet das Teil, wenn es erst 50 m rechts vom Ausgangspunkt auf den Hang prallt? Beschreibe den Hang.

7 Die Flugbahn eines Golfballes ist in etwa parabelförmig.

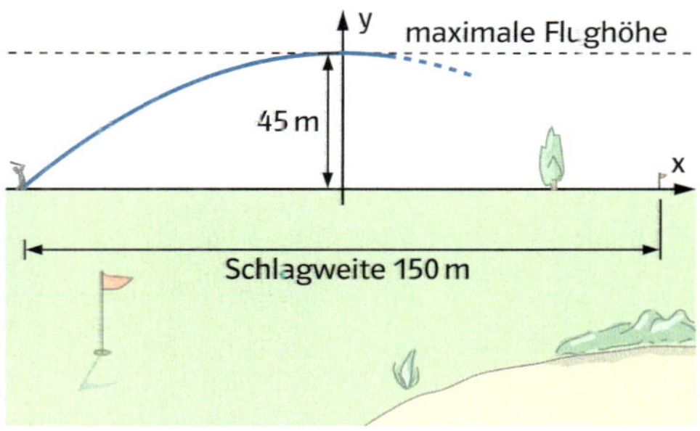

a) Welche der folgenden Funktionsgleichungen passt zu der oben dargestellten Parabel?

I) $f(x) = -0{,}008\,x^2 + 1{,}2\,x$
II) $f(x) = -0{,}05\,x + 7{,}5$
III) $f(x) = -0{,}008 \cdot (x - 75)^2 + 45$
IV) $f(x) = 0{,}008\,x^2 - 1{,}2\,x$

b) Begründe, warum die anderen Funktionsgleichungen nicht zu der Parabel gehören können.
c) Ein anderer Golfball erreicht seine maximale Höhe über der 80-m-Markierung. In welcher Entfernung vom Abschlagplatz landet er?
Notiere eine Begründung.
d) Nimm für Aufgabenteil c) eine maximale Höhe an und bestimme die Funktionsvorschrift. Notiere deinen Lösungsweg.
e) [👥] Tausche deine Lösung mit jemandem aus der Klasse, der in Teilaufgabe d) eine andere Höhe angenommen hat als du. Überprüft eure Lösungswege.

8 [@ ●] a) Ein Zylinder hat eine Höhe von 10 cm. Nimm für den Radius die variable Größe x cm an. Notiere die Formel für die Zylinderoberfläche als Funktionsvorschrift O(x). Beschreibe die Zylinder.
b) Skizziere die zugehörige Parabel.
c) Lies die y-Koordinaten der Punkte mit den x-Koordinaten 2, 4 und 6 ab.
d) [●●] Gilt hier der Satz: Verdopplung des Radius führt zur Vervierfachung der Oberfläche? Begründe.

Nullstellen berechnen

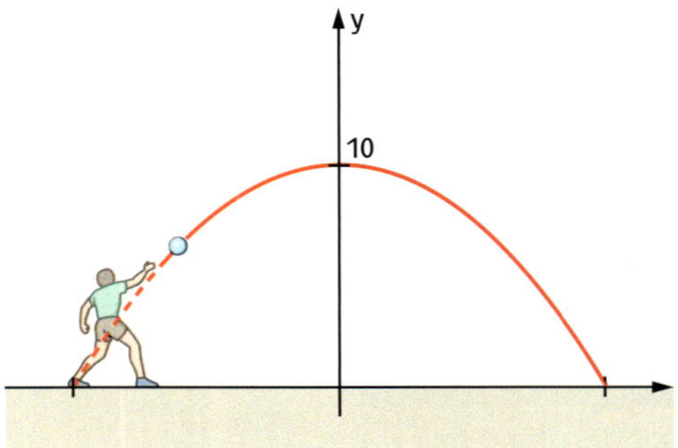

a) Ein Ball wird geworfen. Seine Flugbahn lässt sich näherungsweise mit der Gleichung $f(x) = -x^2 + 10$ beschreiben. In welcher Entfernung vom Abwurfpunkt trifft er auf dem Boden auf?

b) Die quadratische Funktion $f(x) = -x^2 + 10$ hat zwei Punkte, bei denen die Kurve die x-Achse schneidet. Wie könnte man diese bestimmen?

Übrigens

Stelle ist ein anderes Wort für x-Wert.

An den **Schnittstellen des Graphen** einer quadratischen Funktion mit der x-Achse ist der **Funktionswert f (x) gleich Null.**
Man nennt diese Schnittstellen deshalb **Nullstellen** der Funktion.
Diese Punkte lassen sich auch rechnerisch ermitteln:
Man löst eine **quadratische Gleichung**. Dazu setzt man **f (x) = 0**.

Beispiele

a) Suche die Nullstellen der Funktion $f(x) = x^2 - 81$:
Setze $f(x) = 0$; also:

$x^2 - 81 = 0$ | + 81
$x^2 = 81$ | auf beiden Seiten die Wurzel ziehen

Dadurch ergeben sich als Lösungen:
$x_1 = +9$ oder $x_2 = -9$
(da beide Werte quadriert 81 ergeben).

b) Suche die Nullstellen der Funktion $f(x) = 2x^2 - 70$.
Setze $f(x) = 0$; also:

$2x^2 - 70 = 0$ | : 2
$x^2 - 35 = 0$ | + 35
$x^2 = 35$ | Wurzel ziehen

Dadurch ergeben sich als Lösungen:
$x_1 = \sqrt{35} \approx +5{,}9$ oder $x_2 = -\sqrt{35} \approx -5{,}9$.

1 Bestimme die Nullstellen.
a) $f(x) = x^2 - 25$
b) $f(x) = x^2 - 196$
c) $f(x) = x^2 - 1{,}44$
d) $f(x) = x^2 - 6{,}25$
e) $f(x) = x^2 - \frac{4}{9}$
f) Hier kann man alle Nullstellen im Kopf berechnen. Wie geht das?

2 Gib die Lösungen auf zwei Stellen nach dem Komma an.
a) $x^2 - 10 = 0$
b) $x^2 - 112 = 0$
c) $x^2 - 1{,}8 = 0$
d) $x^2 - 0{,}9 = 0$

3 Löse die Gleichungen.
a) $7x^2 - 91 = 0$
b) $5x^2 - 91 = 0$
c) $13x^2 - 91 = 13$
d) $3x^2 - 91 = 13$
e) $x^2 - 91 = -89$
f) $7x^2 - 91 = 91$

4 Nicht alle Gleichungen haben zwei Lösungen. Was bedeutet das für die Lage der Parabeln?
Skizziere ihren Verlauf.
a) $x^2 + 24 = 24$
b) $x^2 - 24 = 24$
c) $x^2 + 24 = 0$
d) $3x^2 - 24 = 24$

▻ Mathematische Werkstatt, Seite 145, 147

Wie geht man vor, um eine quadratische Gleichung z. B. in der Form $(x + 3)^2 - 4 = 0$ zu lösen?

$(x + 3)^2 - 4 = 0 \quad | + 4$

$(x + 3)^2 = 4 \quad |$ auf beiden Seiten die Wurzel ziehen

Dann erhält man zwei Gleichungen:

$x_1 + 3 = +2$ oder $x_2 + 3 = -2$

Lösung x_1:

$x_1 + 3 = +2 \quad | - 3$

$x_1 = -1$

Lösung x_2:

$x_2 + 3 = -2 \quad | - 3$

$x_2 = -5$

Die Gleichung oben hat also die Lösungen $x_1 = -1$; $x_2 = -5$.

Probe: $(-1 + 3)^2 - 4 = 2^2 - 4 = 0$

$(-5 + 3)^2 - 4 = (-2)^2 - 4 = 0$

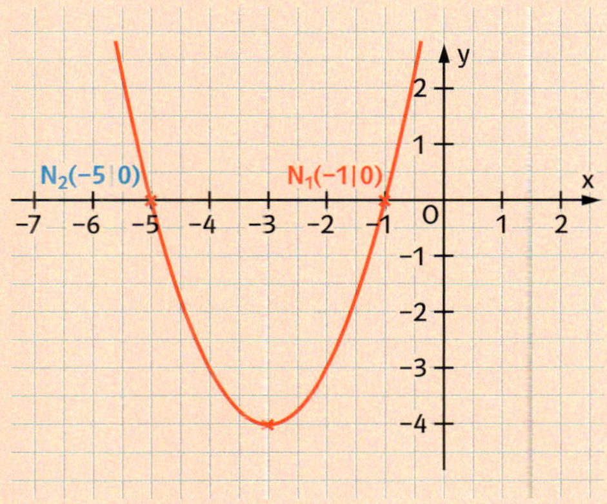

5
Löse wie im Kasten.

a) $(x + 2)^2 - 9 = 0$
b) $(x - 2)^2 - 9 = 0$
c) $(x + 9)^2 - 2 = 0$
d) $(x + 3)^2 - \frac{1}{4} = 0$

6
Löse die Gleichungen.

a) $(x + 2)^2 = 20$
b) $(x - 3)^2 - 5 = 20$
c) $(x + 4)^2 + 4 = 20$
d) $(x - 5)^2 - 21 = -20$

Zur Erinnerung
$2(x + 7) = 2 \cdot (x + 7)$

7
Löse die Gleichungen. Beachte: Der Faktor vor der Klammer muss zuerst beseitigt werden.

a) $2(x + 3)^2 - 4 = 0$
b) $3(x - 2)^2 = 18$
c) $-2(x + 3)^2 + 16 = 4$
d) $-(x - 2)^2 = -12$

8
Löse die Gleichungen. Auch hier gibt es nicht immer zwei Lösungen.

a) $(x + 5)^2 = 0$
b) $2x^2 + 1 = 0$
c) $(x - 6)^2 + 1 = 1$
d) $-3(x - 3)^2 = 6$
e) [●] $x(x - 3) = 0$
f) [●] $2x(8 + 4x) = 0$

9
Was wurde hier falsch gemacht? Schreibe zu jeder Aufgabe eine kurze Merkregel. Auf was muss man beim Lösen der Gleichungen achten?

a)

$(x + 5)^2 - 81 = 0 \quad | + 81$

$(x + 5)^2 = 81 \quad |$ Wurzel ziehen

$x_1 + 5 = +81$ oder $x_2 + 5 = -81$

Lösung x_1:
$x_1 + 5 = +81 \quad | - 5$
$x_1 = +76$

Lösung x_2:
$x_2 + 5 = -81 \quad | - 5$
$x_2 = -86$

b)

$(x - 4)^2 - 9 = 0 \quad | + 9$

$(x - 4)^2 = 9 \quad |$ Wurzel ziehen

$x_1 - 4 = +3$ oder $x_2 - 4 = -3$

Lösung x_1:
$x_1 - 4 = +3 \quad | - 4$
$x_1 = -1$

Lösung x_2:
$x_2 - 4 = -3 \quad | - 4$
$x_2 = -7$

▻ Mathematische Werkstatt, Seite 140/141

Das Verfahren der „quadratischen Ergänzung" oder
Wie löst man die quadratische Gleichung $x^2 + 6x - 40 = 0$?

1) Zahl ohne Variable auf die rechte Gleichungsseite bringen

$x^2 + 6x - 40 = 0 \quad | +40$

$x^2 + 6x = 40$

2) Linke Seite der Gleichung in die Form $(x + □)^2$ bringen

Dann kann man anschließend wie im Kasten auf Seite 31 weiterrechnen.
Schaue dir dazu erst das Beispiel auf dem Zettel rechts an.

Betrachte $x^2 + 6x$:

- Die Zahl vor dem x geteilt durch 2 ergibt die gesuchte Zahl in der Klammer $(6 : 2 = 3)$.
- Die Klammer heißt also $(x + 3)^2$.
- Rechnet man diese Klammer aus, erhält man $x^2 + 6x + 9$. Da jetzt gegenüber der ursprünglichen linken Seite $+9$ zu viel sind, muss man (wegen des Gleichheitszeichens) dieselbe Zahl auf der rechten Seite ergänzen.

Daher stammt übrigens der Name „quadratische Ergänzung".

Zur Erinnerung

$(x + 5)^2 = (x + 5)(x + 5)$

$= x^2 + 5x + 5x + 25$

$= x^2 + 10x + 25$

Zusammengefasst kann man also schreiben:

$x^2 + 6x + 9 = 40 + 9$ oder $(x + 3)^2 = 49$

3) Gleichung lösen (siehe Kasten S. 31)

$(x + 3)^2 = 49 \quad |$ Wurzel ziehen

$x_1 + 3 = +7$ oder $x_2 + 3 = -7$

Lösung x_1:

$x_1 + 3 = +7 \quad | -3$

$x_1 = +4$

Lösung x_2:

$x_2 + 3 = -7 \quad | -3$

$x_2 = -10$

Die Gleichung $x^2 + 6x - 40$ hat die Lösungen $x_1 = +4$ oder $x_2 = -10$

10 Suche die quadratische Ergänzung.

a) $x^2 + 6x + □ = (x + 3)^2$
b) $x^2 + 14x + □ = (x + □)^2$
c) $x^2 + 5x + □ = (x + □)^2$
d) $x^2 + x + □ = (x + □)^2$
e) $x^2 + \frac{1}{2}x + □ = (x + □)^2$

11 Suche die quadratische Ergänzung.

a) $x^2 - 6x + □ = (x - 3)^2$
b) $x^2 - 14x + □ = (x\ □\ □)^2$
c) $x^2 - 11x + □ = (x\ □\ □)^2$
d) $x^2\ □\ 14x\ □\ □ = (x + □)^2$

12 Löse die Gleichungen.

a) $x^2 + 16x - 17 = 0$
b) $x^2 + 16x + 17 = 0$
c) $x^2 - 16x - 17 = 0$
d) $x^2 - 8x - 17 = 0$

13 [●] Noch mehr Gleichungen – etwas schwieriger.

a) $x^2 + 3x - 2 = 0$
b) $x^2 - 9x + 4{,}5 = 0$
c) $x^2 - 6x = 0$
d) $x^2 + 7x = 12$
e) $x^2 + x = 2$

▻ Kasten, Seite 31

Übrigens

Wenn eine Gleichung so umgeformt wurde, dass vor dem x^2 eine 1 steht und rechts vom Gleichheitszeichen eine 0, nennt man das die **Normalform** der quadratischen Gleichung.

14 Steht ein Faktor vor dem x^2, muss er zuerst entfernt werden.

$3x^2 + 12x - 30 = 0 \quad | :3$

$x^2 + 4x - 10 = 0$

Forme erst in die Normalform um. Löse die Gleichungen.

a) $4x^2 + 12x + 8 = 0$

b) $4x^2 + 12x - 4 = 0$

c) $3x^2 + 12x + 12 = 0$

d) $\frac{1}{3}x^2 + 2x - 9 = 0$

e) $2x^2 + x + 2 = 0$

f) $2x^2 - 16 = 0$

15 In jeder Aufgabe wurde mindestens ein typischer Fehler gemacht. Suche die Fehler und korrigiere sie. Schreibe am Ende kurz auf, auf was man achten muss.

a)
$x^2 + 2x - 12 = 0 \quad | +12$
$x^2 + 2x = 12$
$x^2 + 2x + 4 = 12 + 4$
$(x + 2)^2 = 16 \quad |$ Wurzel ziehen
$x_1 + 2 = +4 \qquad x_2 + 2 = -4$
$x_1 = +2 \qquad x_2 = -6$

b)
$x^2 - 6x - 12 = 0 \quad | +12$
$x^2 - 6x = 12$
$x^2 - 6x + 3 = 12 + 3$
$(x - 3)^2 = 15 \quad |$ Wurzel ziehen
$x_1 - 3 = +3{,}87 \qquad x_2 - 3 = -3{,}87$
$x_1 = +6{,}87 \qquad x_2 = -0{,}87$

c)
$3x^2 - 6x - 2 = 0 \quad | :3$
$x^2 - 2x - 2 = 0 \quad | +2$
$x^2 - 2x = 2$
$x^2 - 6x + 9 = 2 + 9$
$(x - 3)^2 = 11 \quad |$ Wurzel ziehen
$x_1 - 3 = +3{,}32 \qquad x_1 - 3 = -3{,}32$
$x_1 = +6{,}32 \qquad x_2 = -0{,}32$

d)
$5x^2 - 15x - 7 = 0 \quad | :5$
$x^2 - 3x - \frac{7}{5} = 0 \quad | -\frac{7}{5}$
$x^2 - 3x = \frac{7}{5}$
$x^2 - 3x + \frac{9}{4} = \frac{7}{5} + \frac{9}{4}$
$(x + 3)^2 = \frac{28}{20} + \frac{45}{20}$
$(x + 3)^2 = \frac{73}{20} \quad |$ Wurzel ziehen
$x_1 + 3 = +1{,}91 \qquad x_2 + 3 = -1{,}91$
$x_1 = -1{,}09 \qquad x_2 = -4{,}91$

e)
$2x^2 + 4x + 2 = 0 \quad | :2$
$x^2 + 2x + 1 = 0 \quad | -1$
$x^2 + 2x = -1$
$x^2 + 2x + 1 = -1$
$(x + 1)^2 = -1 \quad |$ Wurzel ziehen
$x_1 + 1 = -1 \qquad x_2 + 1 = +1$
$x_1 = -2 \qquad x_2 = 0$

16 Überlege dir drei quadratische Gleichungen, von denen je eine

a) zwei Lösungen

b) eine Lösung

c) keine Lösung hat.

d) [Gruppe] Tauscht euch darüber aus, wie ihr die Gleichungen gefunden habt.

17 a) Löse die Gleichungen $x^2 + 12x = 0$; $x^2 - 5x = 0$; $7x^2 + 21x = 0$.

b) Wie lautet die quadratische Gleichung zu $x_1 = 0$ und $x_2 = 2$? Gibt es mehr als eine passende quadratische Gleichung? Warum?

▻ Kästen, Seite 31/32

Lösen einer quadratischen Gleichung mit der „p-q-Formel“

Eine quadratische Gleichung, die in der Form $\mathbf{x^2 + px + q = 0}$ vorliegt, hat die Lösungen

$$x_1 = -\frac{p}{2} + \sqrt{\left(\frac{p}{2}\right)^2 - q}; \quad x_2 = -\frac{p}{2} - \sqrt{\left(\frac{p}{2}\right)^2 - q}$$

Diese Formeln lassen sich so herleiten:

$$x^2 + px + q = 0 \qquad | -q$$
$$x^2 + px = -q \qquad | \text{ quadratische Ergänzung}$$
$$x^2 + px + \left(\frac{p}{2}\right)^2 = -q + \left(\frac{p}{2}\right)^2 \qquad | \text{ binomische Formeln anwenden}$$
$$\left(x + \frac{p}{2}\right)^2 = \left(\frac{p}{2}\right)^2 - q \qquad | \text{ Wurzel ziehen}$$
$$x + \frac{p}{2} = \sqrt{\left(\frac{p}{2}\right)^2 - q} \qquad | -\frac{p}{2}$$
$$x_1 = -\frac{p}{2} + \sqrt{\left(\frac{p}{2}\right)^2 - q}; \quad x_2 = -\frac{p}{2} - \sqrt{\left(\frac{p}{2}\right)^2 - q}$$

oder kurz:

$$x_{1,2} = -\frac{p}{2} \pm \sqrt{\left(\frac{p}{2}\right)^2 - q}$$

Achtung! Zwei Vorzeichenwechsel gegenüber der Normalform: bei $\frac{p}{2}$ und bei q.

Quadratische Ergänzung oder p-q-Formel?
Egal, welchen Lösungsweg du wählst, **beide** führen **immer** zum richtigen Ergebnis. Überlege für dich, ob du immer nur ein bestimmtes Verfahren verwenden möchtest oder je nach Gleichung das eine oder das andere.

18 Forme in die Normalform um und gib die Werte für p und q an.

a) $x^2 + 4x = 5$
b) $5x^2 - 4x = -0{,}6$
c) $5x^2 + 6x + 5 = 4x^2$
d) $3x^2 + 6x - 9 = 2x^2 - 2x$
e) $x^2 = 5x$

19 Stelle dir einen „Spickzettel“ für das Lösen von quadratischen Gleichungen her.
Der Spickzettel darf nicht größer sein als eine Scheckkarte (ca. 8,5 cm × 5,5 cm).
Er soll alle wichtigen Informationen enthalten.

20 [ÅÅ] Wählt euch quadratische Gleichungen auf den Seiten 30 – 33 aus und löst sie mit der p-q-Formel. Vergleicht eure Ergebnisse.

21 [● ÅÅÅ] Erkennt ihr an der Funktionsgleichung, wie viele Lösungen es gibt? Schreibt eure Erkenntnisse auf.

a) $x^2 + 18x + 100 = 0$
b) $x^2 - 12x + 36 = 0$
c) $x^2 + 12x + 36 = 0$
d) $(x - 2)^2 - 5 = 0$
e) $(x + 1)^2 + 5 = 0$
f) $4(x - 5)^2 + 3 = 0$
g) Welche Funktionsgleichung oben passt?

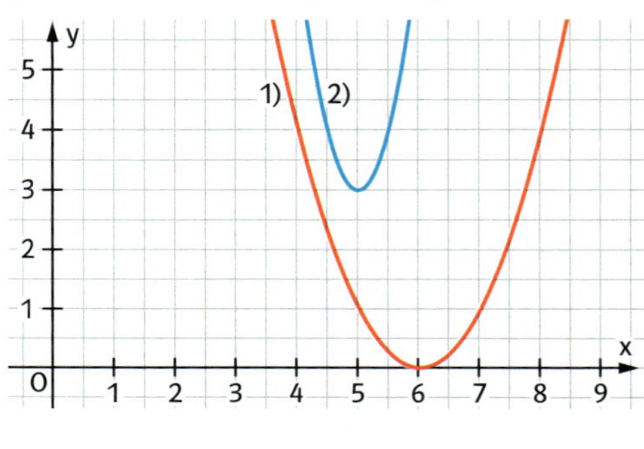

Parabeln skizzieren

Da du jetzt die Nullstellen quadratischer Funktionen berechnen kannst, ist häufig keine ausführliche Wertetabelle mehr nötig, um zu einer Funktionsgleichung den Graphen zu zeichnen. Mit **vier charakteristischen Punkten** lässt sich eine Parabel in der Regel gut skizzieren: zwei Nullstellen, Scheitelpunkt, Schnittpunkt mit der y-Achse.

Beispiel:
Skizziere den Graphen zu $f(x) = 0{,}25\,x^2 - 0{,}75\,x - 1$.

1) Berechnung des Schnittpunktes P mit der y-Achse: Setze $x = 0$ ein
$f(0) = 0{,}25 \cdot 0^2 - 0{,}75 \cdot 0 - 1 = -1$; also $P(0\,|-1)$

2) Berechnung der Nullstellen N und O: Setze $f(x) = 0$

$0{,}25\,x^2 - 0{,}75\,x - 1 = 0 \qquad |:0{,}25$

$x^2 - 3x - 4 = 0$

$x_1 = 1{,}5 + \sqrt{2{,}25 + 4}$; $\qquad x_2 = 1{,}5 - \sqrt{2{,}25 + 4}$

$x_1 = 4 \qquad x_2 = -1$

$N(4\,|\,0)$; $\qquad O(-1\,|\,0)$

Hinweis: Die Nullstellen können auch mit der quadratischen Ergänzung bestimmt werden.

3) Berechnung des Scheitelpunktes S
Wegen der Symmetrie der Parabel liegt der x-Wert des Scheitelpunktes x_S genau zwischen den Nullstellen. Das ist in der p-q-Formel immer der Wert $x_S = -\frac{p}{2}$.
Hier ist also $x_S = 1{,}5$.
$y_S = f(1{,}5) = -1{,}5625 \approx -1{,}6$
$S(1{,}5\,|-1{,}6)$

4) Graphen skizzieren
Die Parabel verläuft durch die Punkte $P(0\,|-1)$, $N(4\,|\,0)$, $O(-1\,|\,0)$ und $S(1{,}5\,|-1{,}6)$.

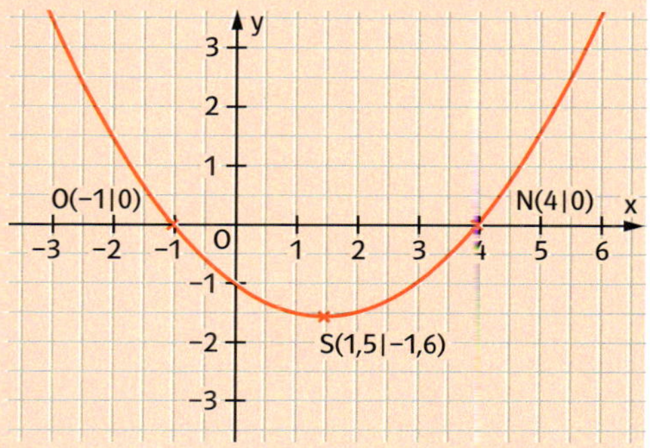

22 Skizziere die Graphen zu den Funktionsgleichungen, indem du vier charakteristische Punkte berechnest.
a) $f(x) = 2x^2 - 2x - 12$
b) $f(x) = \frac{1}{3}x^2 + 2x + 1$
c) $f(x) = -0{,}25\,x^2 - 2x + 3$
d) $f(x) = -0{,}5\,x^2 - x - 4$

23 Manchmal erhältst du mit dem beschriebenen Verfahren nur drei Punkte. Skizziere die Graphen und erläutere, wann man nur drei Punkte erhält.
a) $f(x) = 0{,}5\,x^2 - 3x$
b) $f(x) = -0{,}2\,x^2 - x$

24 Eine Parabel hat die Nullstellen $x_1 = -2$ und $x_2 = 4$. Notiere eine mögliche Funktionsgleichung und skizziere den Graphen, wenn er
a) nach oben geöffnet ist.
b) nach unten geöffnet ist.
c) die y-Achse in 8 schneidet.
d) durch $(6\,|-4)$ geht.

25 Eine Parabel hat ihren Scheitelpunkt in $S(-2\,|\,3)$. Welche Werte sind für den Schnittpunkt mit der y-Achse möglich, wenn in der Funktionsgleichung a positiv (negativ) ist?

▻ Kasten, Seite 24

Parabeln überall

Tipp
Die Aufgaben dieser und der nächsten Seite könnt ihr gut als Gruppenpuzzle bearbeiten; siehe Werkstatt S. 171. Überlegt euch geeignete Werkzeuge um die Aufgaben zu bearbeiten.

Du hast auf den vorhergehenden Seiten viel über Parabeln gelernt. Versuche nun dein Wissen auf alltägliche Situationen anzuwenden.

1 Die Burgverteidigung bewirft Angreifer mit faulen Tomaten.

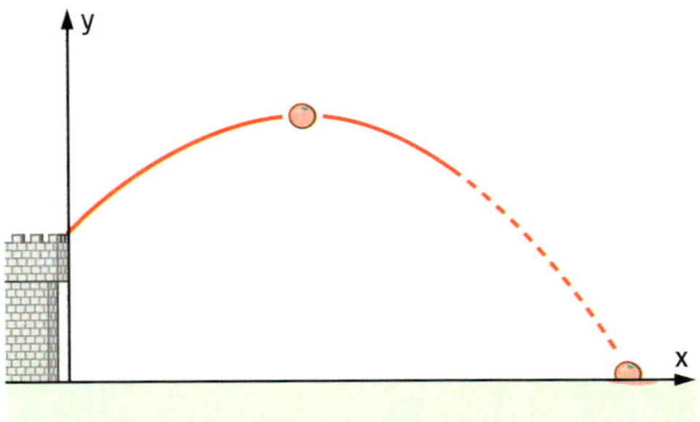

Deren Flugbahn lässt sich durch $f(x) = -0{,}05\,x^2 + x + 40$ beschreiben, wenn die Luftreibung vernachlässigt wird.
a) Aus welcher Höhe wird geworfen?
b) Bis zu welcher Entfernung sind die Angreifer gerade noch zu treffen?
c) Wie hoch fliegt die Tomate maximal?
d) Ist die Skizze in etwa maßstabsgerecht?

2 Das Wasser aus den Spritzdüsen legt einen etwa parabelförmigen Weg zurück. Legt man den Ursprung eines Koordinatensystems in die Düsen mit horizontaler x-Achse, so lässt sich der Weg beschreiben durch $f(x) = 8x - 4x^2$.
a) Begründe: Die Funktionsgleichung passt zur Wahl des Koordinatensystems.
b) Wie weit spritzt das Wasser?
c) Wie hoch spritzt das Wasser maximal?

3 Eine parabelförmige Bogenbrücke wird beschrieben durch die Funktion $f(x) = -\frac{1}{200}x^2 + x - 20$.

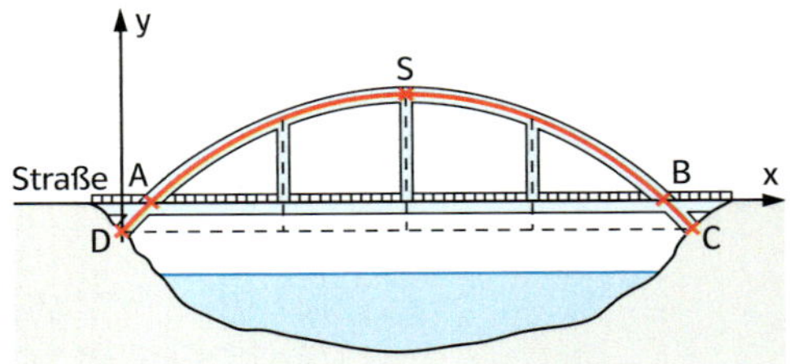

a) Wie viel Meter liegen die Auflegepunkte C und D unterhalb der Fahrbahn?
b) Berechne die Länge $\overline{AB}$ der Straße auf der Brücke.
c) Bestimme die maximale Höhe des Brückenbogens vom Straßenniveau aus.

4 Eine Hochspannungsleitung lässt sich annähernd durch eine Parabel beschreiben.

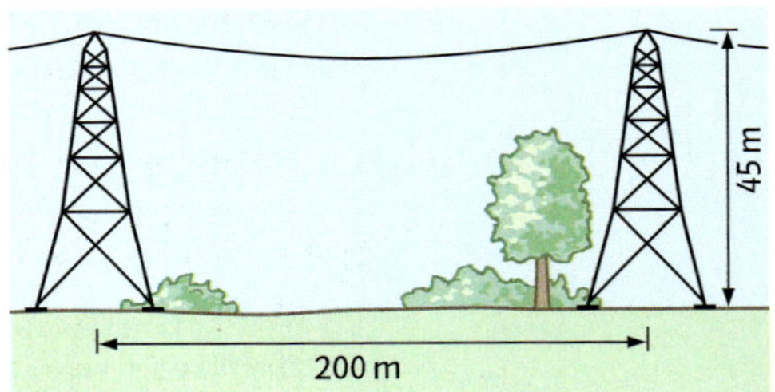

Der Baum ist 50 m vom Mast entfernt und 17,50 m hoch. Auch wenn das Kabel vereist ist und tief durchhängt, hat es noch 5 m Abstand zum Baum.
a) Bestimme eine Funktionsvorschrift für den Verlauf des vereisten Kabels in einem Koordinatensystem deiner Wahl.
b) Wie groß ist der minimale Abstand zum Boden?
c) Bei Sommerhitze dehnt sich das Kabel aus. Der Baum hat nun einen senkrechten Abstand von 16,25 m zum Kabel. Wie groß ist der minimale Abstand zum Boden dann?
d) Bei normaler Witterung beträgt der Abstand zwischen Baum und Kabel 20 m. Wie viel „Luft" ist dann unter dem tiefsten Punkt?

Tipp
Zu den Aufgaben 7–10: Informationen zum Anhalteweg findest du auf S. 27, Aufgabe 4.

5 Um die Wurftechnik zu verbessern werden Stroboskopaufnahmen aufgezeichnet, die den Ball in verschiedenen Positionen in der Luft zeigen.

a) Bestimme eine Funktionsvorschrift für den Weg des Balls wähle ein geeignetes Koordinatensystem.
b) Landet der Ball im Korb? Was muss der Werfer verändern?

6 *Bob Beamon* sprang bei den Olympischen Spielen 1968 in *Mexiko-City* 8,90 m weit. Er übertraf die bis dahin bestehende Bestmarke um unglaubliche 55 cm. Die Bahn des Körperschwerpunktes während der Flugphase wird annähernd durch die Funktion $f(x) = -0{,}0571x^2 + 0{,}3838\,x + 1{,}14$ beschrieben.
Wie hoch lag sein Schwerpunkt
a) beim Absprung,
b) im höchsten Punkt der Flugbahn?
Um wie viel lag er dabei höher als beim Absprung?

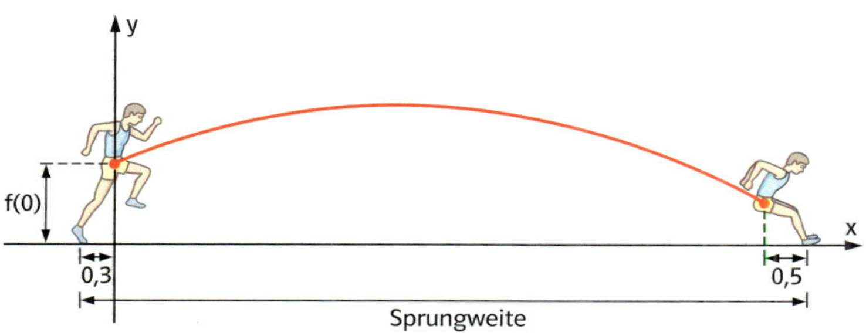

7 Eine Pkw-Fahrerin fährt nachts mit $120\,\frac{km}{h}$ auf einer Schnellstraße. Sie ist voll konzentriert ($t_R = 1{,}3$), die Straße ist nass ($b = 6$). Sie bemerkt einen in 120 m Entfernung auf der Straße liegenden Karton.
a) Bringt die Fahrerin ihr Auto vor dem Hindernis zum Stehen? Begründe.
b) Bei welcher Geschwindigkeit hätte der Anhalteweg ausgereicht?

8 a) Der Bremsweg eines Pkw ($b = 7$) beträgt 20 m. Wie schnell ist er gefahren?
b) Wie groß wäre der Bremsweg, wenn der Fahrer in der Tempo-30-Zone korrekt gefahren wäre?

9 Bei Nebel sollte man nur so schnell fahren, dass man innerhalb der Sichtweite das Fahrzeug noch zum Stehen bringen kann.
a) Schildere eine Verkehrssituation, die die Einhaltung der Regel erfordert.
b) Bei einer Sichtweite von 50 m fährt ein Pkw ($b = 7$; $t_R = 1{,}3$).
c) Ein Lkw-Fahrer ($b = 3{,}5$) hat schon eine lange Fahrt im Nebel hinter sich ($t_R = 2$).

10 [●] Vor einem unkonzentrierten Fahrer ($t_R = 2$), der mit einer Geschwindigkeit von $70\,\frac{km}{h}$ auf nassem Pflaster ($b = 5$) fährt, taucht in 70 m Entfernung ein Hindernis auf.
a) Zeige: Er fährt auf, hat aber begonnen zu bremsen.
b) Mit welcher Geschwindigkeit fährt er auf das Hindernis?
Tipp: Wie viel Meter Bremsweg fehlen ihm?

Quadratische Gleichungen mal anders

1 Ein Bekleidungsgeschäft wirbt für seine Kundenkarte.

Wie bei Kreditkarten üblich, sind die Längen im *Goldenen Schnitt* geteilt, d.h. die Karte ist rund 60 % länger als hoch.

a) [@] Recherchiert die Anwendungen des *Goldenen Schnitts*.
Haltet eine Präsentation zum Thema.

b) Berechne die Seitenlängen der Kreditkarte.

2 [●] Die Angabe zum *Goldenen Schnitt* in Aufgabe 1 kannst du selbst genauer herleiten:
Zwei Strecken stehen im *Goldenen Schnitt* zueinander, wenn das Verhältnis der kürzeren Strecke a zur längeren Strecke b so groß ist wie das der längeren Strecke b zur Summe der beiden Strecken a + b.
Formel: $\frac{a}{b} = \frac{b}{a+b}$.

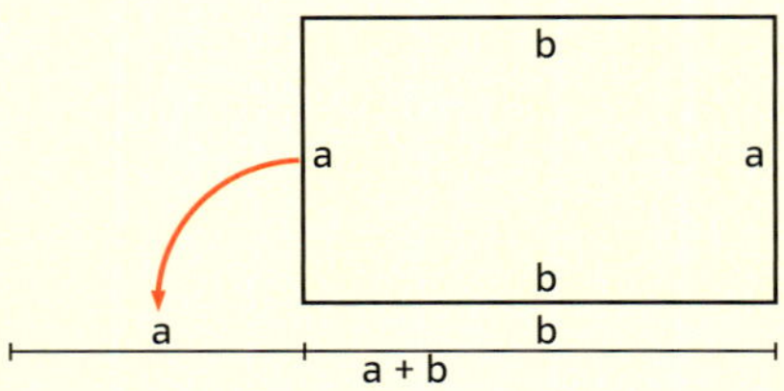

a) Forme die Bruchgleichung zu einer quadratischen Gleichung $a^2 + ab - b^2 = 0$ um.

b) Löse die Gleichung bis zur Gleichung $a_1 = -\frac{b}{2} + \frac{b}{2} \cdot \sqrt{5}$.
Tipp: Teilwurzeln ziehen.

c) Berechne $a_1 \approx 0{,}62\,b$ bzw. $b \approx 1{,}62\,a_1$.
Tipp zu a_1: Ausklammern.

d) Erläutere was das Ergebnis bedeutet.

e) Gib zwei Streckenlängen an, die im *Goldenen Schnitt* zueinander stehen.
Prüfe beide Richtungen aus Teilaufgabe c).

f) Gib den Prozentsatz in Aufgabe 1 genauer an.

3 Die *Westfälische Zeitung* berichtete von einem ungewöhnlichen Drachen.

> Ein riesiger Osterhase flattert an den Feiertagen am Ostseestrand im schleswig-holsteinischen Damp am Himmel. Damper Drachenbauer nähten die 23,5 Meter hohe Hasenfigur in 400 Arbeitsstunden aus Kunstseide zusammen. Der ungewöhnliche Drachen hat eine Fläche von 360 Quadratmetern.

(Westfälische Nachrichten, 12.04.2006)

a) Wie breit ist der Osterhasen-Drache?
Tipp: Sind e und f die Diagonallängen eines Drachen, so gilt für seine Fläche $A = \frac{e \cdot f}{2}$.

b) Notiere andere mögliche Längen für die beiden Diagonalen.

c) Berechne die Längen für schöne Seitenverhältnisse.
- 1 : 1 – quadratisch
- 1 : 1,4 – DIN-A-Format,
- 1 : 1,6 – Goldener Schnitt
- 1 : 2 – Verdoppelung

4 Aus der Borkener Zeitung vom 31.03.2000:

> **Hallo Oma Heidi!**
> Herzlichen Glückwunsch zum x-ten Geburtstag.
> $(x^2 : 12) \cdot 4{,}5 = \sqrt{156{,}25} \cdot (x - 4) + 650$

Wie alt wurde Oma Heidi?

5 **Mauerrechnen**

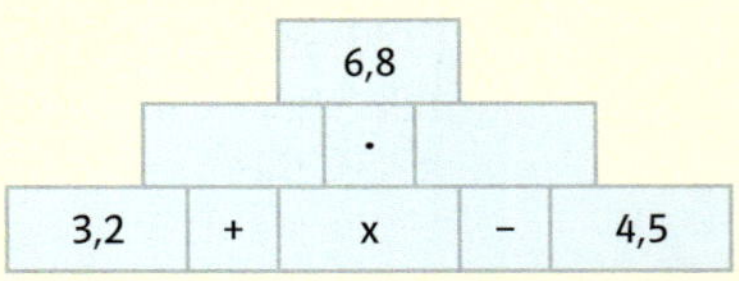

Verbinde nebeneinanderstehende Werte durch das Rechenzeichen dazwischen und notiere das Ergebnis im Stein darüber.

a) Ermittle durch systematisches Probieren eine Lösung für x.

b) Stelle eine Gleichung auf und löse sie.
Findest du deine Lösung aus Teilaufgabe a) wieder?
Findest du weitere Lösungen?

Quadratische Funktionen

Jede **quadratische Funktion** lässt sich in ihrer **Scheitelpunktform**
$f(x) = a(x - x_S)^2 + y_S$, $a \neq 0$
oder in ihrer **Normalform**
$f(x) = ax^2 + bx + c$, $a \neq 0$
darstellen. Die Zahl a bestimmt Form und Öffnung der Parabel.

Scheitelpunktform:
$f(x) = 0{,}5\,(x + 1)^2 - 4{,}5$
oder in Normalform:
$f(x) = 0{,}5x^2 + x - 4$

Berechnung besonderer Punkte

Schnittpunkt mit der y-Achse: Der x-Wert ist 0, den y-Wert erhält man durch f(0).
Nullstellen: Die x-Achse wird an den Nullstellen geschnitten. Aus f(x) = 0 lassen sich die Nullstellen berechnen.
Je nach Lage des Scheitelpunktes und Öffnung der Parabel kann es zwei Nullstellen, eine oder keine Nullstelle geben.
Scheitelpunkt: Ist der Funktionsterm in der Scheitelpunktform gegeben, so lassen sich die Koordinaten sofort ablesen.
Sonst geht man so vor: Der x-Wert x_S liegt genau zwischen den Nullstellen. Er ergibt sich bei der Nullstellenberechnung immer als $x_S = -\frac{p}{2}$.
y_S erhält man durch Einsetzen.

Schnittpunkt: $f(0) = -4$; also $P_1(0|-4)$
Nullstellen:
$0{,}5x^2 + x - 4 = 0 \quad | \cdot 2$
$x^2 + 2x - 8 = 0$; $x_1 = 2$ oder $x_2 = -4$
$P_2(2|0)$; $P_3(-4|0)$
Scheitelpunkt: $x_S = -1$
$y_S = f(-1) = 0{,}5 \cdot (-1)^2 + (-1) - 4 = -4{,}5$
$P_4 = S(-1|-4{,}5)$

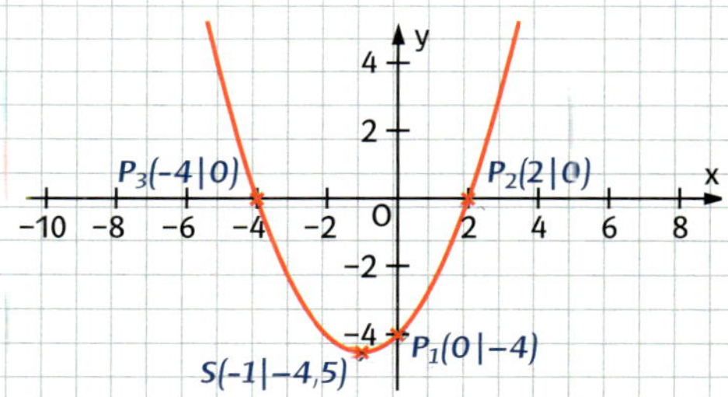

Lösung quadratischer Gleichungen

1) Forme quadratische Gleichungen in die Normalform $x^2 + px + q = 0$ um.
2) Löse mithilfe der **quadratischen Ergänzung** oder mit der **p-q-Formel**:
$$x_{1,2} = -\frac{p}{2} \pm \sqrt{\left(\frac{p}{2}\right)^2 - q}$$

Quadratische Ergänzung:

$x^2 + 2x - 8 = 0$	$\| +8$
$x^2 + 2x = 8$	$\|$ qu. Erg.
$x^2 + 2x + 1 = 8 + 1$	$\|$ Binom.
$(x + 1)^2 = 9$	$\| \sqrt{\ }$
$x_1 + 1 = +3$	$x_2 + 1 = -3$
$x_1 = 2$	$x_2 = -4$

Von Punkten zur Funktionsgleichung

I) Sind der Scheitelpunkt und ein weiterer Punkt bekannt, so wählt man die Scheitelpunktform, setzt x_S und y_S ein. Die Zahl a berechnet man durch Einsetzen der Koordinaten des weiteren Punktes.
II) Sind drei Punkte einer Parabel mit einem Punkt auf der y-Achse gegeben, so ist in der Normalform $f(x) = ax^2 + bx + c$ der Wert für c bekannt. Setzt man die Koordinaten der beiden anderen Punkte ein, kann man ein System von zwei Gleichungen mit den Variablen a und b lösen.

Gegeben: $P_1(0|9)$; $P_2(1|10)$; $P_3(-4|-5)$
Normalform: $f(x) = ax^2 + bx + c$
P_1 in Normalform ergibt $c = 9$
P_2: $a + b + 9 = 10$
P_3: $16a - 4b + 9 = -5$
$a = -0{,}5$; $b = 1{,}5$
$f(x) = -0{,}5x^2 + 1{,}5x + 9$

[mittel]

1 Notiere die Funktionsgleichungen zu den Graphen a, b, c.

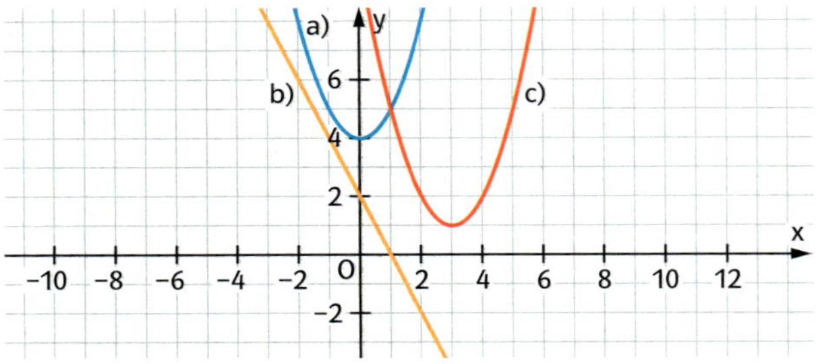

2 Skizziere den Graphen zur Funktionsgleichung.

a) $f(x) = 2x - 3$

b) $f(x) = (x - 2)^2 + 2$

3 Bestimme die Funktionsgleichung einer Parabel, die den Scheitelpunkt $S(3|4)$ hat und durch $P(1|0)$ geht.

4 Bestimme, falls vorhanden, die Lösungen der Gleichung.

a) $4x^2 - 16 = 0$ b) $x^2 - 3x = 0$

c) $5(x - 5)^2 + 4 = 0$ d) $4x^2 - 20x + 9 = 0$

5 Betrachte die Abbildung unten.

a) Welche Höhe hat der Hochspringer geschafft?

b) Wird der Koordinatenursprung in den Punkt A verlegt, ergibt sich eine andere Funktionsvorschrift. Wie lautet sie in der Scheitelpunktform?

c) Bestimme, in welcher Höhe sich der Körperschwerpunkt beim Absprung befand.

[schwieriger]

1 Notiere die Funktionsgleichungen zu den Graphen d, e, f.

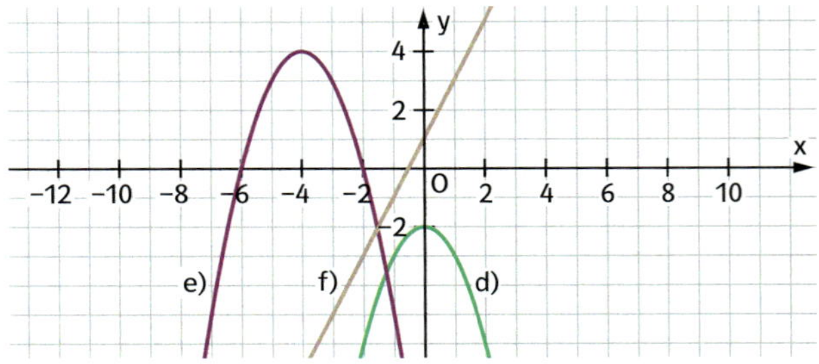

2 Skizziere den Graphen zu der Funktionsgleichung $f(x) = 2x^2 - 2x - 4$.
Bestimme dazu Nullstellen, Scheitelpunkt und Schnittpunkt mit der y-Achse.

3 Bestimme die Funktionsgleichung einer Parabel, die durch die Punkte $P_1(0|-3)$, $P_2(2|-3)$, $P_3(-2|13)$ geht.

4 Bestimme, falls vorhanden, die Lösungen der Gleichung.

a) $1{,}5(x - 2)^2 - 2{,}5 = 0$ b) $0{,}5x^2 - 5x + 1 = 0$

c) $5x^2 - 7 = 8x^2 - 6x$ d) $-3x^2 + 7x = -1$

5 Betrachte die Abbildung unten.

a) Begründe, warum folgende Funktionsvorschriften nicht zutreffen können. Wie sieht ihr Graph aus?

1) $f(x) = 0{,}0124x^2 + 242$

2) $f(x) = -0{,}124x + 242$

b) Bestimme die Funktionsvorschrift in Normalform, wenn der Ursprung des Koordinatensystems 1) in A liegt, 2) im höchsten Punkt liegt.

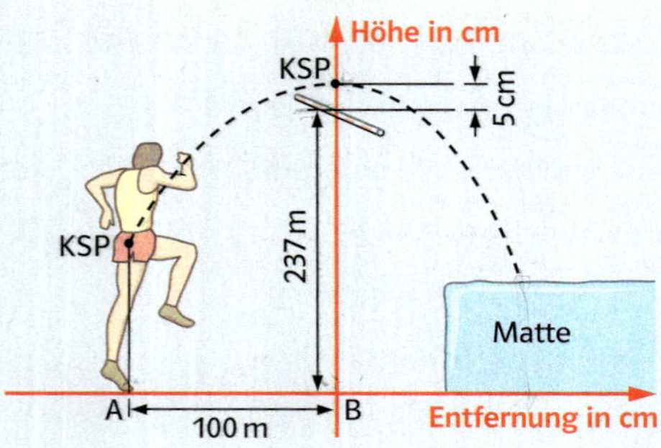

Die Grafik zeigt die Bahn, auf der sich der Körperschwerpunkt (KSP) eines Hochspringers bewegte. Legt man den Ursprung des Koordinatensystems in den Punkt B, so beschreibt die Funktionsvorschrift $f(x) = -0{,}0124x^2 + 242$ eine Parabel.

 ▷ Lösungen zum Test, Seite 189/190

Verpackungen

Am Anfang gab es Tonkrüge und Weidenkörbe, um Waren zu transportieren. Dann kam das Fass (eine Erfindung der Gallier). Man konnte nun auch feuchtigkeitsempfindliche Dinge lagern.
In den ärmeren Ländern gibt es auch heute noch Lebensmittel meistens lose, gelagert in Kisten und Schubladen, Kannen und Fässern. Mit den Supermärkten in den Industrieländern setzte sich immer mehr die Verpackung in haushaltsüblichen (kleineren) Mengen durch.
Die Verpackungsmaterialien sind meist aus Karton, Folien und anderen Kunststoffen, da diese leicht sind.
Der Wettbewerb brachte die Verpackung als Blickfang ins Spiel und auch Verpackungen von Verpackungen.

Mit dem steigenden Umweltbewusstsein begann teilweise auch ein Umdenken, den Verpackungsmüll zu reduzieren. Manche Firmen wollen aber auch nur Kosten sparen. Verpackungen werden minimiert, optimiert.
Überall? Verschafft euch selbst einen Überblick!

In diesem Kapitel lernt ihr,

- was bei der Planung von Verpackungen beachtet werden sollte.
- wie man das Volumen einer Pyramide berechnet.
- wie man das Volumen eines Kegels berechnet.
- wie man die Oberfläche und das Volumen einer Kugel berechnet.
- wie man mit Formeln umgeht.

Check-in

Über diese Dinge solltest du Bescheid wissen, bevor du dich mit dem Thema „Verpackungen" beschäftigst. Lege ein Blatt auf die Buchseite und kreuze an, wie du dich einschätzt.
Mit den Aufgaben auf der rechten Seite kannst du deine Einschätzung überprüfen. Wenn du nach dieser Überprüfung noch Kreuzchen in der dritten oder vierten Spalte hast, findest du in der Mathematischen Werkstatt am Ende des Buches Zusammenfassungen und Übungsaufgaben zu vielen Themen. Du kannst aber auch Mathe-Bücher aus den vorherigen Schuljahren oder die Formelsammlung benutzen oder jemanden fragen, der sich damit auskennt.

Checkliste	Kann ich schon	Da bin ich fast sicher	Ich bin noch unsicher	Kann ich noch nicht
1 Ich kenne die Eigenschaften von Quadern, Prismen und Zylindern.	☐	☐	☐	☐
2 Ich kenne die Einheiten für Oberfläche und Volumen und kann sie umrechnen.	☐	☐	☐	☐
3 Ich kann passende Größen in Formeln einsetzen und fehlende Größen berechnen.	☐	☐	☐	☐
4 Ich kann den Satz des Pythagoras anwenden.	☐	☐	☐	☐
5 Ich kann das Volumen von Quadern, Prismen und Zylindern berechnen.	☐	☐	☐	☐
6 Ich kann die Oberfläche und die Mantelfläche von Quadern, Prismen und Zylindern berechnen.	☐	☐	☐	☐

In der Mathematischen Werkstatt findet Ihr:

- Längen und Flächen, Seite 158/159, 161
- Körper, Seite 160, 162/163

Aufgaben zur Checkliste

1 Eigenschaften von Körpern

a) Welche Körper werden hier beschrieben?

1) Der Körper hat sieben Flächen; die Seitenflächen sind Rechtecke und stehen senkrecht auf der Grundfläche; Grundfläche und Deckfläche sind parallel zueinander.

2) Die Grundfläche des Körpers ist quadratisch; seine Seitenflächen sind Dreiecke; der Körper hat fünf Ecken und acht Kanten.

b) Gib die Eigenschaften der abgebildeten Körper an.

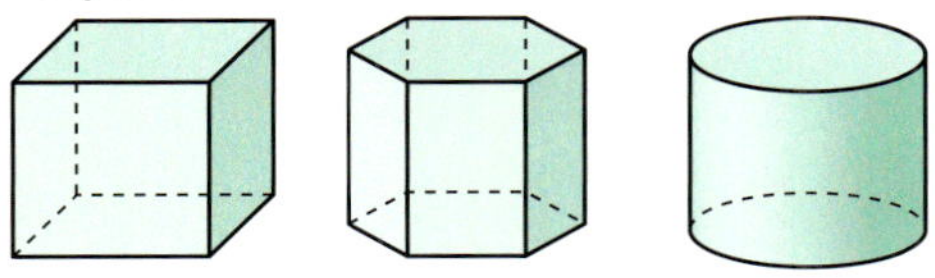

Würfel Prisma Zylinder

2 Umrechnen von Größen

a) Wandle um:

1) 24 cm^2 in mm^2 (dm^2; m^2)

2) 0,57 dm^3 in cm^3 (mm^3; m^3)

3) 124,86 m^2 in cm^2 (ha; mm^2)

b) Welche Umwandlungen sind falsch? Verbessere diese.

1) 35 cm^2 = 0,35 dm^2

2) 35 cm^2 = 0,035 m^2

3) 35 cm^3 = 0,035 dm^3

4) 35 cm^2 = 3500 mm^2

5) 35 cm^3 = 35 000 dm^3

6) 35 dm^3 = 35 l

7) 35 cm^3 = 3,5 l

3 Formeln benutzen

Berechne die fehlende Größe. Überlege auch, zu welcher geometrischen Figur oder zu welchem Körper die Formel gehört.

a) $A = \frac{g \cdot h}{2}$; g = 5,7 cm; h = 173 mm

b) u = 2a + 2b; u = 42 cm; b = 7,3 cm

c) $V = a^3$; a = 3,5 mm

d) $V = a^3$; V = 138 m^3

e) $A = a \cdot h$; A = 54,3 dm^2; h = 2,3 m

f) $A = \frac{a+b}{2} \cdot h$; a = 4 m; b = 6,4 m; A = 67,8 m^2

4 Satz des Pythagoras

Berechne die fehlende Seitenlänge. Maße in cm.

a)

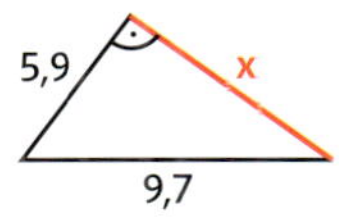

b)

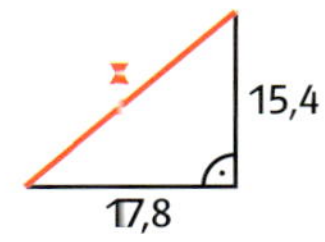

c)

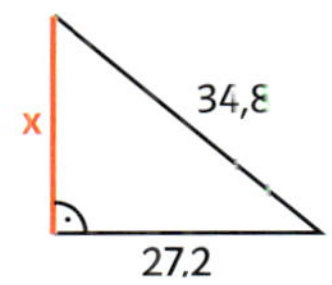

d)

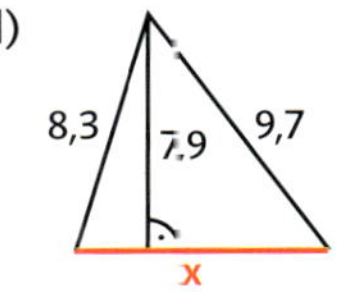

5 Volumen berechnen

a) Berechne das Volumen der Körper. Maße in cm.

1)

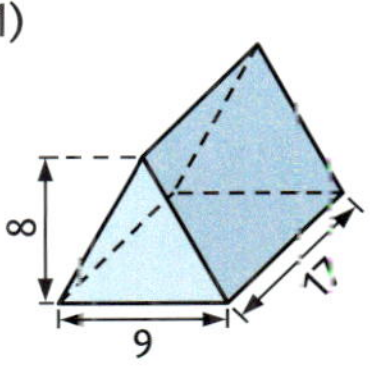

2)

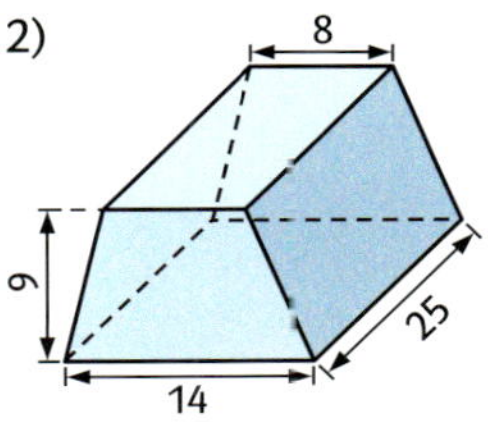

b) Berechne das Zylindervolumen: r = 12 cm; h = 21 cm.

c) Ein Quader hat ein Volumen von 98 cm^3. Die Grundfläche ist ein Quadrat mit der Seitenlänge a = 3,5 cm. Wie hoch ist der Quader?

6 Oberflächen berechnen

a) Berechne die Oberfläche der Körper. Maße in cm.

1)

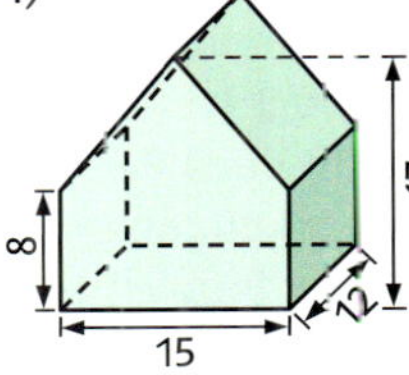

2)

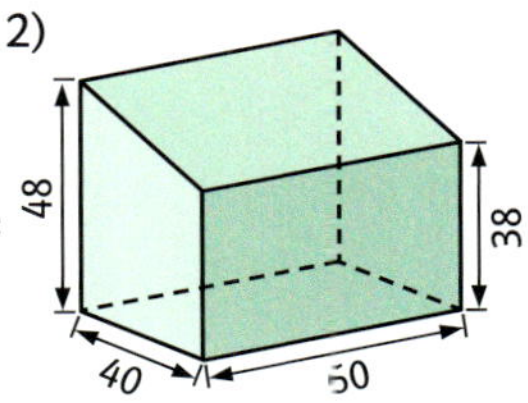

b) Berechne die Mantel- und die Oberfläche des Zylinders: d = 2,2 m; h = 1,45 m.

c) Stimmt die Aussage? „Wenn zwei Quader dasselbe Volumen haben, ist auch ihre Oberfläche gleich groß."

▻ Lösungen, Seite 186

Projekt: Verpackungen

Tipp
Bearbeitet die Aufgaben in einer arbeitsteiligen Gruppenarbeit. (siehe S.169 – 171)

1 Stellt möglichst viele Verpackungen mit verschiedenen Formen zusammen. Ordnet die entsprechenden geometrischen Körper zu.

2 Welche Aufgaben müssen Verpackungen erfüllen? Stellt ein ansprechendes Plakat dazu her.
Macht euch Gedanken, welche Vorteile Verpackungen bieten, überlegt gleichzeitig, welche Probleme auftauchen.

3 Skizziert die Netze verschiedener Verpackungen. Vergleicht sie mit den Netzen der zugehörigen geometrischen Körper. Welche Aufgaben haben die Teile, die nicht übereinstimmen?

4 [@] Um den Materialbedarf bei Verpackungen berechnen zu können, benötigt ihr die entsprechenden Formeln. Tragt die Formeln für die Oberflächenberechnungen zusammen. Versucht die herzuleiten, an die ihr euch nicht mehr erinnern könnt. Listet die Formeln auf. Schlagt fehlende Formeln nach. Nutzt Formelsammlungen und die Mathematische Werkstatt in diesem Buch.

5 Stellt alle bekannten Volumenformeln übersichtlich dar.
Von Pyramide, Kegel und Kugel kennt ihr die Formeln noch nicht. Wie unterscheiden sich diese Körper von denen, die ihr bisher kennengelernt habt?

Übrigens

Jede Reisverpackung aus Karton enthält oben Luft, weil sich der Reis nach dem Einfüllen noch setzt.

Projekt: Reisverpackung herstellen

- Entwirf eine Kartonverpackung für 1 kg Reis. Es soll eine auffällige und ansprechende Verpackung sein.
- Zeichne deine Verpackung als Körpernetz in Originalgröße oder maßstäblich verkleinert.
- Weise durch Berechnung nach, dass deine Verpackung nach dem Befüllen mit 1 kg Reis nicht mehr als 15 % Luft enthält. Prüfe vorher: Welches Volumen hat 1 kg Reis?
- Nimm an, deine Verpackung soll in großer Stückzahl hergestellt werden. Dazu ist es sinnvoll, dass möglichst wenig Abfall bleibt.
  Ordne die Körpernetze deiner Verpackung Platz sparend auf einem DIN-A0-Bogen an.
  Fertige dazu eine Zeichnung oder eine ordentliche Skizze an.
  Berechne, wie viel Prozent Abfall bei deiner Anordnung entsteht.

Wie man diese Projektidee gut umsetzt

Projektplanung

- Überlege zunächst, welche Form deine Verpackung haben soll.
- Berücksichtige dabei, dass du sie auch berechnen musst. Beachte auch, dass sie nicht zu kompliziert zu basteln ist.
- Mache einen Entwurf und besprich ihn mit deiner Lehrerin oder deinem Lehrer.
- Schätze schon beim Entwurf die Größe der Schachtel ab.
- Erstelle einen realistischen Zeitplan.

Projektarbeit

- Wähle die Pappe aus: Sie muss sich leicht bearbeiten lassen, darf aber nicht zu dünn sein.
- Die Teile sollen exakt zusammen passen.

Projektergebnis

- Stellt die Rechnungen übersichtlich und leicht nachvollziehbar dar.
- Achte auf eine ansprechende äußere Form bei der Darstellung!

Volumen und Oberfläche von Pyramide und Kegel

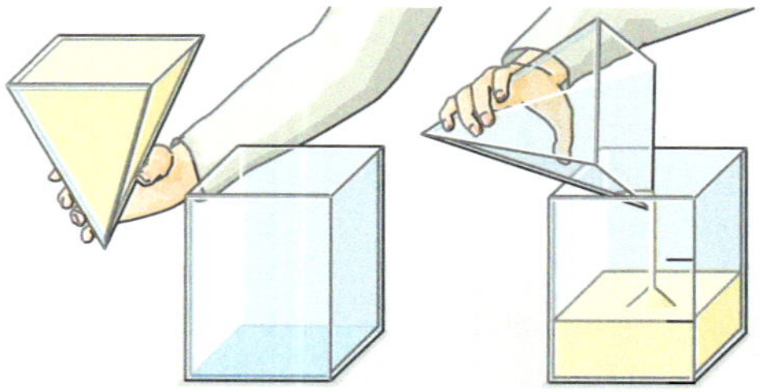

a) Fülle eine offene Pyramide vollständig mit Sand und schütte den Inhalt dann in einen Quader. Beide Körper sollen dieselbe Grundfläche und Höhe haben. Welches Quadervolumen nimmt der Sand ein?
b) Mache den entsprechenden Versuch mit einem Kegel und einem Zylinder.

Für alle spitzen Körper gilt:
$V = \frac{1}{3} \cdot G \cdot h$

G: Grundfläche **h: Höhe**

M: Mantelfläche

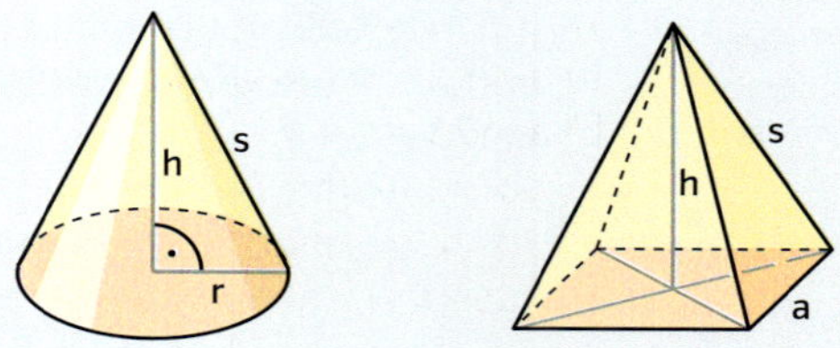

Tipp

Führe die Berechnungen erst ohne Einheiten durch. Vergiss nicht im Ergebnis die Einheit zu schreiben.

Beispiele

a) Gegeben: Rechteckpyramide mit
a = 8 cm; b = 5,2 cm; h = 14,5 cm
Gesucht: V

$V = \frac{1}{3} \cdot G \cdot h = \frac{1}{3} \cdot a \cdot b \cdot h$, weil $G = a \cdot b$

$V = \frac{8 \cdot 5{,}2 \cdot 14{,}5}{3}$

$V \approx 201{,}1\,\text{cm}^3$

b) Gegeben: Kegel mit $V = 2000\,\text{cm}^3$;
r = 4,2 cm
Gesucht: h

$V = \frac{1}{3} \cdot G \cdot h = \frac{1}{3} \cdot \pi \cdot r^2 \cdot h$, weil $G = \pi \cdot r^2$

Formel umgekehrt aufschreiben:

$\frac{1}{3} \cdot \pi \cdot r^2 \cdot h = V$

$\frac{1}{3} \cdot \pi \cdot 4{,}2^2 \cdot h = 2000$

$18{,}74 \cdot h = 2000 \quad | : 18{,}47$

$h \approx 108{,}3\,\text{cm}$

c) Gegeben: quadratische Pyramide mit
$M = 274\,\text{cm}^2$; a = 8,4 cm
Gesucht: h
M besteht aus 4 Dreiecken.

Dreiecksfläche: $A_\Delta = \frac{M}{4} = 68{,}5\,\text{cm}^2$

h_a berechnen:

$\frac{a \cdot h_a}{2} = A_\Delta$

$\frac{8{,}4 \cdot h_a}{2} = 68{,}5$

$4{,}2 \cdot h_a = 68{,}5 \quad | : 4{,}2$

$h_a \approx 16{,}3\,\text{cm}$

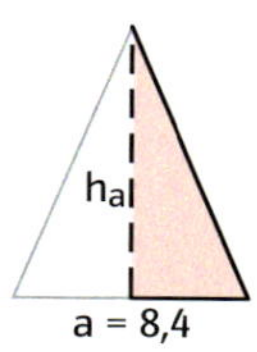

h berechnen:

$h^2 = h_a^2 - \left(\frac{a}{2}\right)^2$

$h^2 = 16{,}3^2 - 4{,}2^2$

$h^2 = 248{,}05 \quad | \sqrt{}$

$h \approx 15{,}7\,\text{cm}$

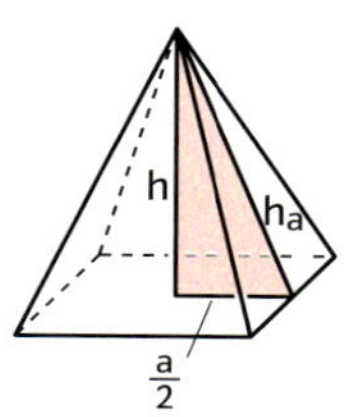

d) Gegeben: Kegel mit $V = 127\,\text{cm}^3$;
h = 5,8 cm
Gesucht: r und s

r berechnen:

$\frac{1}{3} \cdot \pi \cdot r^2 \cdot h = V$

$\frac{1}{3} \cdot \pi \cdot r^2 \cdot 5{,}8 = 127$

$6{,}07 \cdot r^2 \approx 2000 \quad | : 6{,}07$

$r^2 \approx 20{,}91 \quad | \sqrt{}$

$r \approx 4{,}6\,\text{cm}$

s berechnen:

$s^2 = 5{,}8^2 + 4{,}6^2$

$s^2 = 54{,}8 \quad | \sqrt{}$

$s \approx 7{,}4\,\text{cm}$

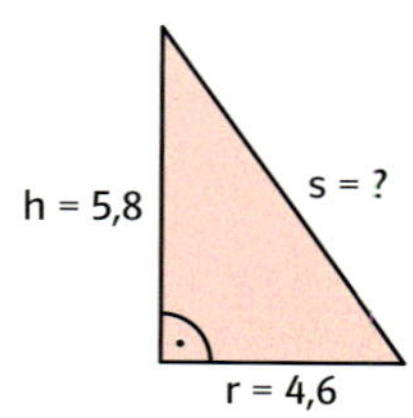

▷ Mathematische Werkstatt, Seite 160 und 162

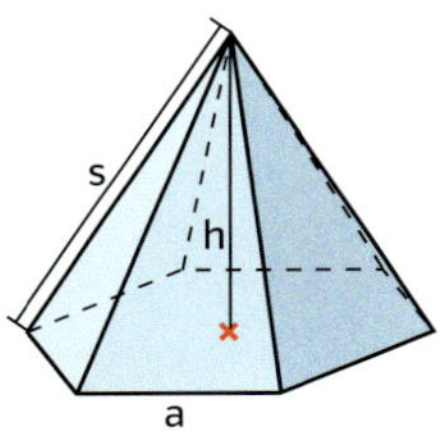

Tipp

Schaue dir die gegebenen Größen genau an, bevor du rechnest. Sieh auch die Ergebnisse kritisch an.

Zur Erinnerung

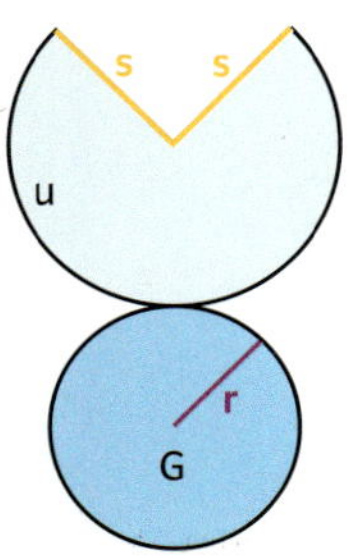

Mantelfläche

$M = \pi \cdot r \cdot s$

Oberfläche

$O = G + h$

$O = \pi \cdot r^2 + \pi \cdot r \cdot s$

1 Berechne das Volumen und die Oberfläche der quadratischen Pyramide.

a) a = 6 cm, h = 12 cm
b) a = 12 cm, h = 12 cm
c) a = 6 cm, h = 24 cm
d) a = 6 cm, s = 12 cm
e) a = 6 cm, s = 24 cm
f) Was fällt bei den Ergebnissen in den Teilaufgaben a) bis c) auf? Warum ist das so?

2 Berechne das Volumen der rechteckigen Pyramide.

a) a = 5,5 cm; b = 7,7 cm; h = 9,9 cm
b) a = 5,5 cm; b = 7,7 cm; s = 9,9 cm
c) Nenne mehrere Möglichkeiten für a, b oder h, sodass sich das Volumen aus Teilaufgabe a) verdoppelt.

3 Berechne das Volumen der sechseckigen Pyramide.

a) a = 9 cm, h = 12 cm
b) a = 9 cm, s = 12 cm
c) h = 9 cm, s = 12 cm

4 Berechne das Volumen und die Mantelfläche des Kegels.

a) r = 6 cm, h = 8 cm
b) r = 6 cm, s = 10 cm
c) r = 6 cm, s = 20 cm
d) r = 12 cm, s = 10 cm

5 Wie lang ist a bzw. r?

a) Kegel, $V = 1400\,cm^3$, h = 14 cm
b) Quadr. Pyramide, $V = 1400\,cm^3$, h = 14 cm
c) Kegel, $O = 1400\,cm^2$, s = 14 cm
d) Quadr. Pyramide, $O = 1400\,cm^2$, $h_s = 14\,cm$

6 Berechne

a) r, V und O für einen Kegel mit s = 10 cm und h = 8 cm.
b) b und O für eine Rechteckspyramide mit $V = 1350\,cm^3$, a = 15 cm und h = 15 cm.
c) V und O für eine Sechseckspyramide mit a = 6 cm; h = 16 cm.

7 Berechne h bzw. a der quadratischen Pyramide.

a) $V = 510\,cm^3$, a = 9,5 cm
b) $V = 2000\,cm^3$, h = 14 cm
c) $G = 64\,cm^2$, h = 7,5 cm
d) d = 19 cm, $V = 1000\,cm^3$

8 Welcher der abgebildeten Körper hat das größte Volumen, welcher die größte Oberfläche? Ordne die Körper entsprechend. Schätze zuerst und überprüfe durch Überschlagsrechnungen.

a)
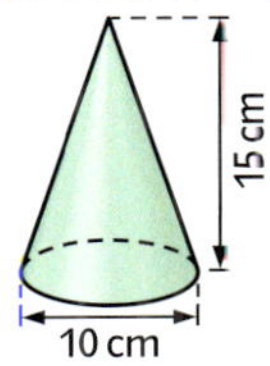

b)
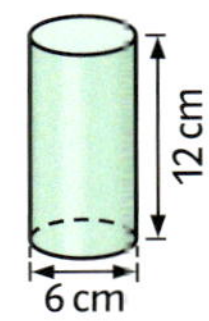

c)
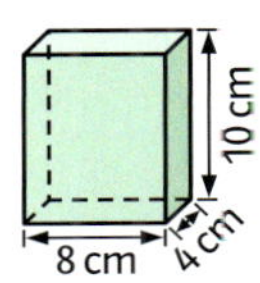

d)
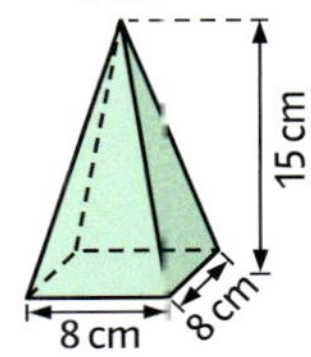

9 Vergleiche die Volumina und die Mantelflächen der blauen Körper. Schätze zuerst und begründe deine Schätzung.

a)
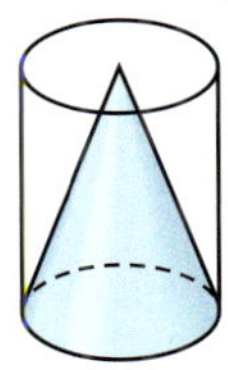

b)
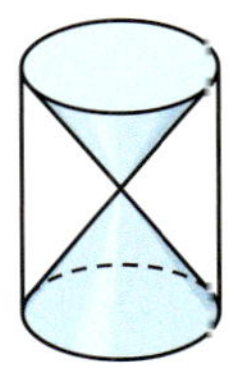

10 [●] a) Eine quadratische Pyramide mit den Maßen a = 70 cm und h = 90 cm wird auf halber Höhe parallel zur Grundfläche durchgeschnitten. Wie groß sind die Volumina der beiden Teilstücke?
b) Wie groß ist der Volumenanteil der kleinen Pyramide an der gesamten Pyramide? Gilt das für alle quadratischen Pyramiden, die so geteilt werden? Begründe.
c) [●●] In welcher Höhe hätte die Pyramide geteilt werden müssen, damit beide Teile dasselbe Volumen haben? Du kannst diese Aufgabe auch durch Probieren lösen.

Materialbedarf und Inhalt

Von Schülern und Schülerinnen wurden im Projekt „Reisverpackungen“ die unten abgebildeten Verpackungen hergestellt.

1 a) Berechne das Volumen.
Passt jeweils 1 kg Reis hinein?
1 kg Reis hat ein Volumen von 1140 cm³.
Bei welchen Verpackungen ist mehr als 15 % Luft?
b) Berechne die Oberfläche.
c) [💻] Zeichne das Körpernetz mit einem Geometrieprogramm auf dem Computer.

> **Tipps für Berechnungen an komplexeren Körpern**
>
> - Zerlege die Körper in Teilkörper.
> - Achte beim Aufschreiben der Rechnungen auf übersichtliche Anordnung und Zwischenüberschriften.
> - Erstelle Zeichnungen mit Hilfsdreiecken für die Verwendung des Pythagoras.
> - Manchmal brauchst du die Strahlensätze.
> - Wenn dir eine Formel fehlt, schaue in der Mathematischen Werkstatt oder in einer Formelsammlung nach.

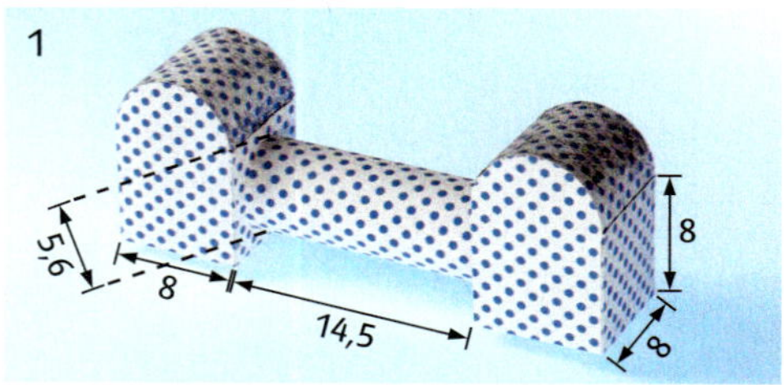

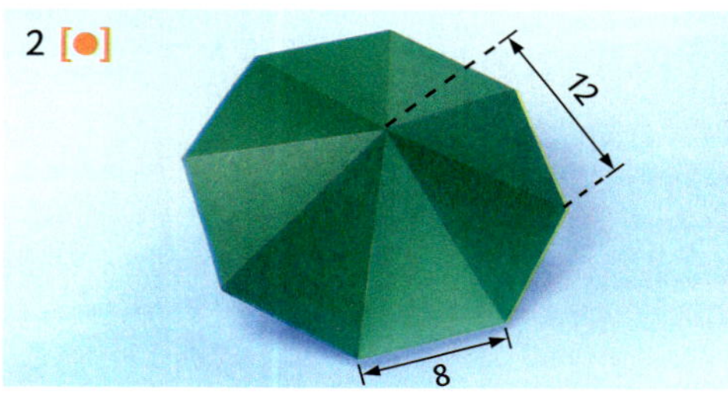

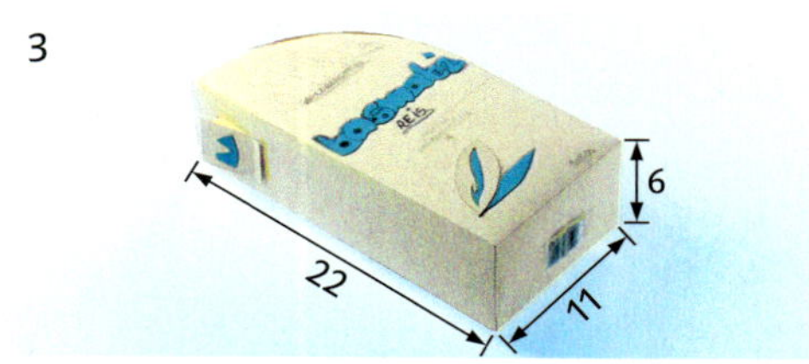

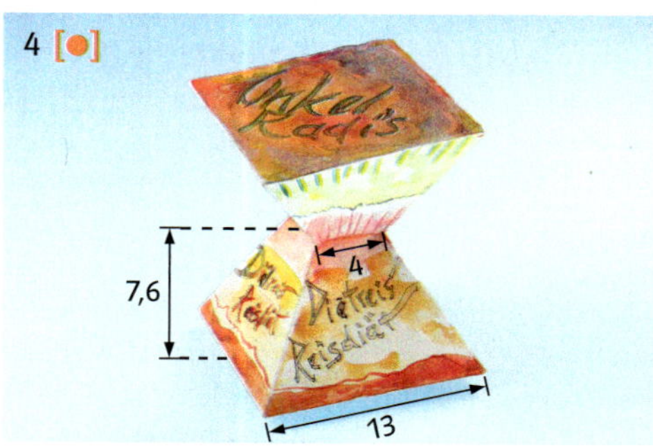

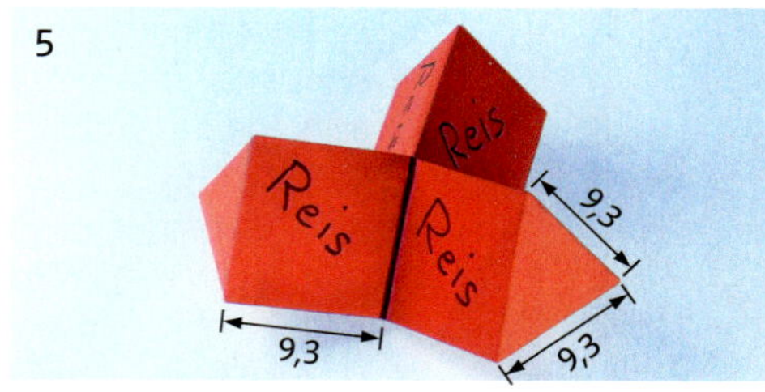

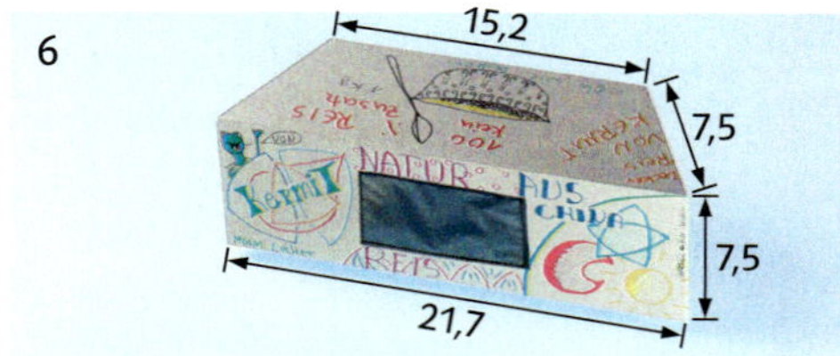

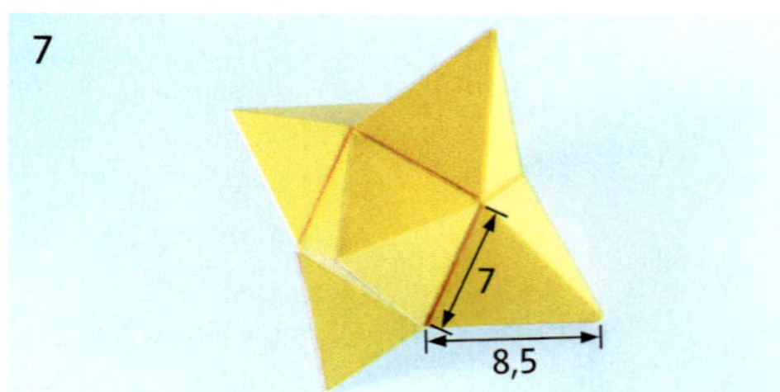

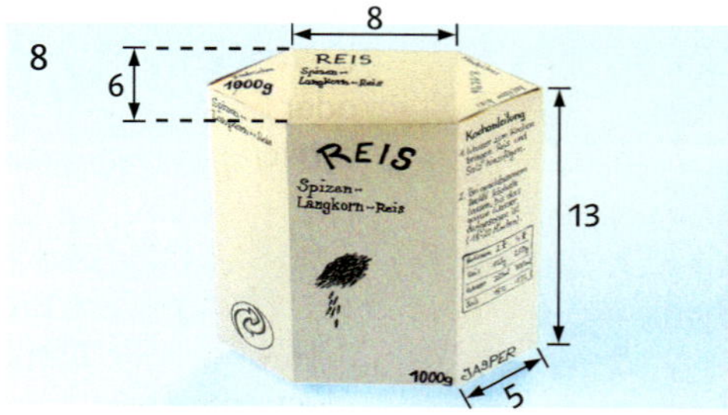

Wenn das gewünschte Volumen einer Verpackung vorgegeben ist, müssen Längen entsprechend angepasst werden. Um das rechnerisch lösen zu können, gibt man sich beispielsweise alle Längen bis auf eine vor. So enthält die Formel für das Volumen nur eine unbekannte Größe, nach der man auflösen kann.

2 Die Pyramide soll ein Volumen von $500\,cm^3$ (± 10 %) haben. Verändere
a) die Grundkante
b) die Höhe
entsprechend.

a = 12 cm
h = 15 cm

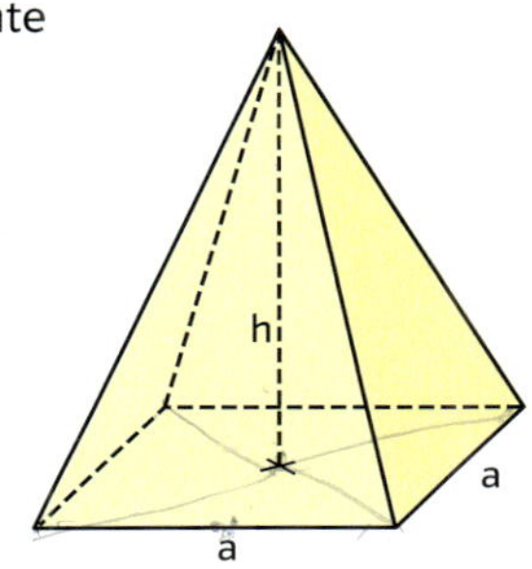

3 Das Volumen dieser Schachteln ist zu groß geraten. (alle Maße in cm)

a) Verändere bei beiden jeweils c, um möglichst nahe an ein Volumen von $1200\,cm^3$ zu kommen.
b) Verändere bei der linken Schachtel a oder b, um das gewünschte Volumen zu erreichen.

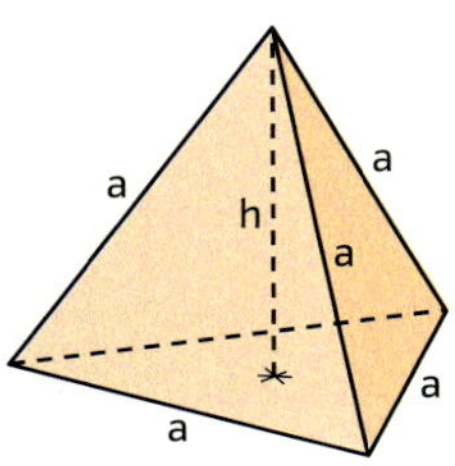

4 [●] Ein Tetraeder soll 1 kg Reis aufnehmen, aber nicht mehr als 15 % Luft enthalten. Wie groß muss man die Seitenlänge a wählen?

5 [●] Wähle bei der Verpackung x so, dass ein Volumen von $600\,cm^3$ entsteht. Tipp: Du kannst die Länge der Schachtel auch durch x ausdrücken.

6 Experimentiere mit Formeln und Maßen.

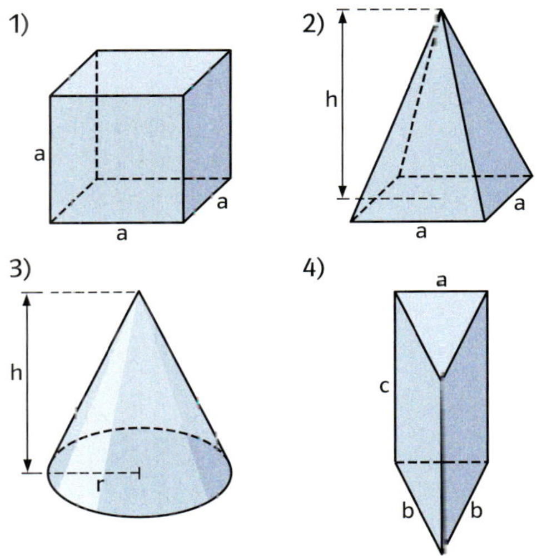

a) Verdopple alle Längen. Wie ändert sich jeweils das Volumen?
Was passiert mit V, wenn alle Längen um 30 % vergrößert werden?
b) Das Volumen soll um 30 % verkleinert werden, alle Längen sollen gleichmäßig (d. h. im selben Verhältnis) schrumpfen.
c) Wie verändert sich bei den Ergebnissen von a) und b) die Oberfläche?
d) Wie verändern sich die Längen und das Volumen, wenn die Oberfläche verdoppelt wird?
e) [●●] Wenn man alle Längen um den Faktor k verändert, wie ändert sich das Volumen, wie ändert sich die Oberfläche? Fasse deine Ergebnisse in einer Regel zusammen.

7 a) Bestimme Oberfläche und Volumen der hohlen Würfel. Welche Oberfläche und welches Volumen hat ein massiver Würfel mit denselben Außenmaßen? Vergleiche.
b) Überlege dir selbst solche ausgehöhlten Körper und rechne.

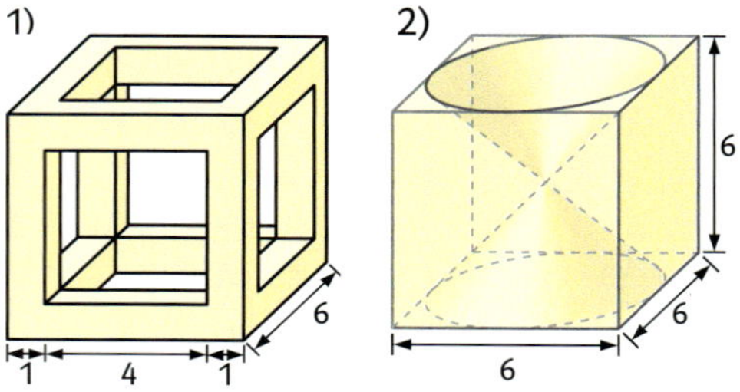

8 [●] In einem Würfel werden die Mittelpunkte der benachbarten Seitenflächen miteinander verbunden. Es entsteht innen ein Oktaeder. Welchen Bruchteil des Würfelvolumens nimmt das Oktaeder ein?

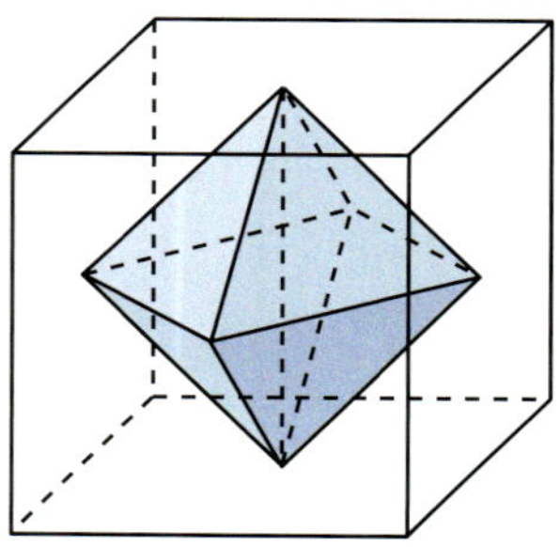

9 Bei einem Würfel werden die Ecken abgeschnitten.
a) Berechne die Oberfläche.
b) [●●] Berechne das Volumen.
c) [●] Zeichne das Körpernetz.
(Alle Kanten sind 8 cm lang.)

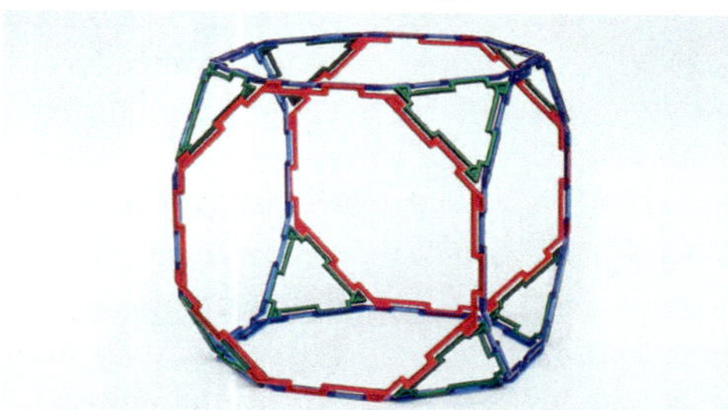

10 [●] a) Weise nach, dass sich das Volumen nach der Formel $V = b \cdot \frac{h}{6} \cdot (2a + a_1)$ berechnen lässt.
b) Stelle eine Formel zur Berechnung der Oberfläche auf.

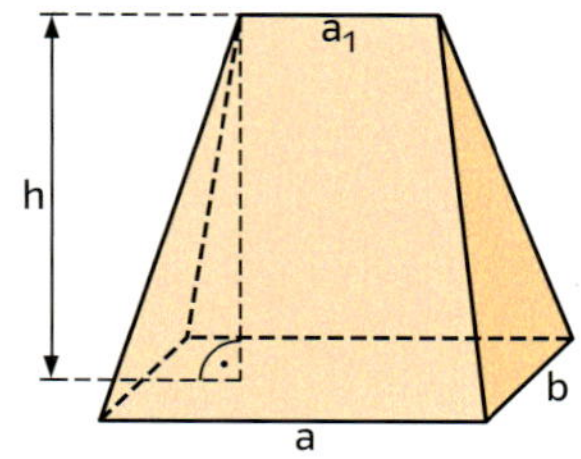

11 [●] Weise nach, dass das Volumen dieses Körpers $V = a^2 \cdot h$ ist.
Hinweis: a ist die Seitenlänge des roten (gleichseitigen) Dreiecks;
h ist die Höhe im roten Dreieck.

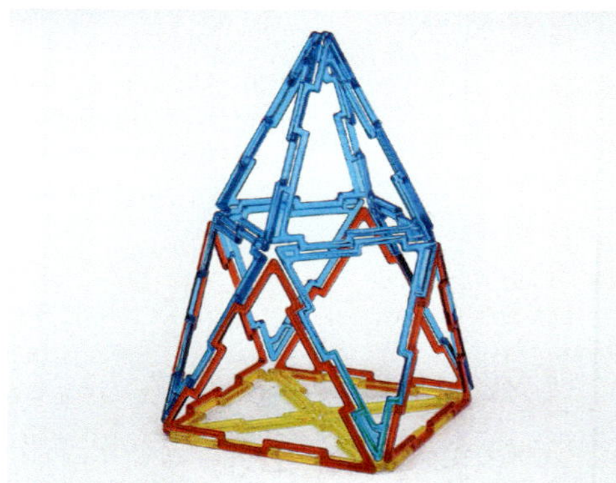

12 [💻] a) Notiere im Tabellenkalkulationsprogramm die Formeln für D2, D3 und D4.
b) [●] Notiere Formeln für E2, E3 und E4.

Datei Bearbeiten Ansicht Einfügen Format Extras Daten Fe
Arial 10 F K U
L32

	A	B	C	D	E
1	**Verpackungsform**	**a oder r**	**h**	**V**	**O**
2	**Pyramide**	8,0	14,5		
3	**Kegel**	8,4	16,6		
4	**Kugel**	9,0			
5					
6	Konstante π	3,14159			
7					
8					
9					
10					

Online Link
Zu Aufgabe 12
720370-0501

Will man Schachteln in größerer Anzahl herstellen, werden sie aus großen Pappen ausgestanzt. Dabei ist es günstig die Körpernetze so anzuordnen, dass möglichst wenig Abfall entsteht. Zwischen den Netzen sollen schmale Stege stehen bleiben.

Tipp
Skizziere die Würfelnetze auf Karopapier.

13 a) Würfelnetze sollen ein rechteckiges Feld so füllen, dass möglichst wenig Abfall entsteht. Es gibt elf verschiedene Würfelnetze. Suche möglichst viele und bewerte sie. Was ändert sich, wenn man Klebelaschen berücksichtigt?
b) Für Würfelnetze, deren Einzelflächen 10 cm × 10 cm groß sind, soll ein geeignetes Papierformat gefunden werden. Gib zwei Möglichkeiten an und berechne den Abfall in Prozent.

14 Der Mantel einer quadratischen Pyramide besteht aus gleichseitigen Dreiecken. Finde eine materialsparende Anordnung für die Pyramidennetze. Welches Netz eignet sich gut, welches Papierformat ist günstig?

Überlege
Wie lassen sich Kreise (d = 4 cm) auf einem DIN-A4-Blatt anordnen? Welche der Möglichkeiten ist die beste? Welche Blatt-Abmessungen wären optimal?

15 [●] Aus einem DIN-A2-Blatt sollen möglichst viele Kegel mit einem Durchmesser von 10 cm und einer Körperhöhe von 15 cm hergestellt werden. Klebelaschen werden mit berücksichtigt.

16 Ordne die Netze dieser Kartons möglichst gut auf Blättern der Größe 50 cm × 70 cm an.
a) Zeichne die Anordnung maßstäblich verkleinert (Maßstab angeben).
b) Wie viel Prozent Abfall entsteht?

1)
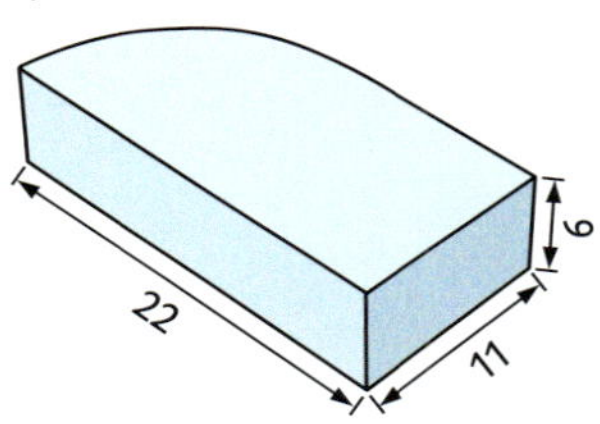

2)
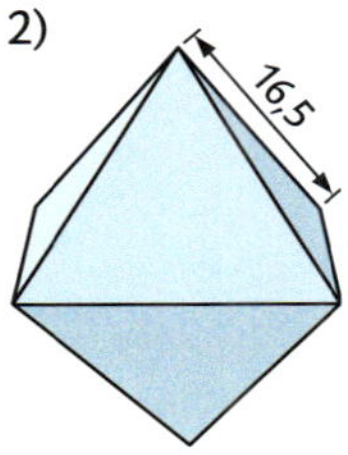

(Maße in cm)

Verpackungen haben ihren Preis – dreifach!

Als Verbraucher bezahlt man Verpackungen dreifach:
- beim Kauf mit dem Preis der Ware,
- beim Beseitigen über die Müllgebühren,
- als Umweltbelastungen, die durch die Entsorgung entstehen (Luftschadstoffe, Deponien, …).

Tatsache ist, dass rund die Hälfte des Hausmülls Verpackungen sind. Allerdings muss man zwischen notwendigen und überflüssigen Verpackungen unterscheiden. Die Frage, was notwendig ist, was nicht, ist nicht immer leicht zu entscheiden und hängt auch vom Standpunkt des Betrachters ab.

▻ Was kann man als Verbraucherin oder Verbraucher tun?

▻ Nützliche Internetadressen zu diesem Thema sind z.B.:
www.wwf.de
www.gruener-punkt.de
www.getraenkekarton.de

17 [💻] a) Stelle die Werte durch eine geeignete Darstellung dar.

Entwicklung des Verpackungsrecyclings (Private Endverbraucher)

Material	Recycling 1991 in %	Recycling 2005 in %
Glas	53,7	82,6
Weißblech	33,8	85,3
Aluminium	17,7	76,2
Papier, Pappe, Karton	28,0	82,1
Getränkekartons	2,8 (Zahl vom Jahr 1992)	62,4
Kunststoff	11,7	47,6

(Quelle: www.NABU.de)

b) Fasse die wichtigsten Aussagen in einer Bildunterschrift zusammen.
Finde eine passende Überschrift.

▻ Mathematische Werkstatt, Seite 160, 162

Volumen und Oberfläche der Kugel

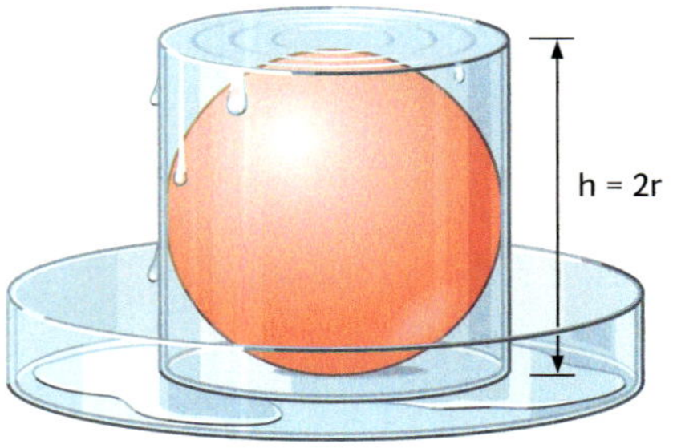

Tauche eine Kugel in einen mit Wasser gefüllten Zylinder.
Kugel und Zylinder haben den gleichen Durchmesser. Die Höhe des Zylinders ist gleich dem Durchmesser.
Welcher Wasseranteil wird verdrängt?
Wie lautet die Formel für das Volumen einer Kugel?

Tipp
Die Erklärung für die Oberflächenformel findest du auf Seite 56.

Kugelvolumen und Kugeloberfläche sind nur vom Radius r abhängig:
Kugelvolumen: $V = \frac{4}{3} \cdot \pi \cdot r^3$
Kugeloberfläche: $O = 4 \cdot \pi \cdot r^2$

Beispiele

a) Aus r = 7,4 cm lassen sich Kugelvolumen und Oberfläche berechnen:

$V = \frac{4}{3} \cdot \pi \cdot r^3$ $\quad O = 4 \cdot \pi \cdot r^2$

$V = \frac{4 \cdot \pi \cdot 7{,}4^3}{3} \approx 1697{,}4$ $\quad O = 4 \cdot \pi \cdot 7{,}4^2 \approx 688{,}1$

$V \approx 1697{,}4\,\text{cm}^3$ $\quad O \approx 688{,}1\,\text{cm}^2$

b) gegeben: $O = 1017{,}9\,\text{cm}^2$; gesucht: r

$4 \cdot \pi \cdot r^2 = O$

$4 \cdot \pi \cdot r^2 = 1017{,}9 \qquad | : 4\pi$

$r^2 \approx 81 \qquad | : \sqrt{}$

$r = 9\,\text{cm}$

c) gegeben: $V = 4000\,\text{m}^3$; gesucht: r

$\frac{4}{3} \cdot \pi \cdot r^3 = V$

$\frac{4}{3} \cdot \pi \cdot r^3 = 4000 \qquad | : 4 : \pi \cdot 3$

$r^3 \approx 954{,}93$

Tipp
Eine ausführliche Behandlung der Wurzeln erfolgt im Kapitel 6.

Um von r^3 zu r zu kommen, sucht man eine Zahl, deren **3. Potenz** 954,93 ergibt. Man muss die Wurzel ziehen, in diesem Fall die sogenannte **3. Wurzel**.
Man schreibt das so: $r = \sqrt[3]{954{,}93}$
Der Taschenrechner liefert: $r \approx 9{,}8\,\text{m}$.

[$\sqrt[3]{x}$] [9] [5] [4] [.] [9] [3]

1 Berechne O und V einer Kugel.
a) r = 12 cm
b) r = 24 mm
c) d = 1 m
d) d = 9,6 cm
e) r = 7,8 dm
f) d = 3,5 m
g) u = 7,8 dm
h) u = 0,09 m

Tipp
u ist hier der Kugelumfang

2 Wie groß ist der Kugelradius?
a) $O = 10\,\text{cm}^2$; $O = 100\,\text{cm}^2$; $O = 1000\,\text{cm}^2$
b) $V = 10\,\text{cm}^3$; $V = 100\,\text{cm}^3$; $V = 1000\,\text{cm}^3$

3 Berechne die fehlenden Größen.

	r	O	V
a)	70 cm		
b)		70 cm²	
c)			70 cm³

4 a) Verdopple (verdreifache) einen Kugelradius. Wie ändern sich V und O?
b) [●] Verdopple V. Wie ändert sich r?
c) [●] Verdoppele O. Wie ändert sich r?

▻ Mathematische Werkstatt, Seite 160, 162 und 140/141

Tipp
Die Aufgaben 5, 8, 10 und 16 eignen sich für ein Gruppenpuzzle (S. 171).

5 Dieser Ballon soll ein Gasvolumen von rund 3500 m^3 haben.
a) Welchen Durchmesser hat er etwa?
b) Überprüfe die Volumenangabe und den Durchmesser anhand des Fotos.

6 Berechne Volumen und Oberfläche der Körper.

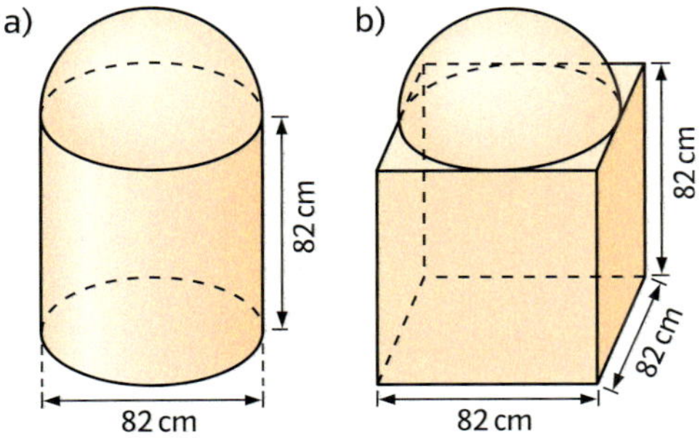

7 Ein Luftballon soll wegen Brandgefahr nicht mit Wasserstoffgas, sondern mit Helium gefüllt werden. Da das teuer ist, wird er zunächst zu 70 % mit Luft gefüllt. Der Rest wird mit Helium gefüllt.
a) Welchen Durchmesser hat er, wenn 3 m^3 Gas-Luft-Gemisch enthalten sind?
b) Bis zu welchem Durchmesser muss er mit Luft gefüllt werden?

8 a) Berechne für jede Kugelpackung die Oberfläche aller Kugeln.
b) Nimm an, es seien Korkkugeln (Dichte: 0,2 g pro cm^3). Was wiegen die Kugeln?

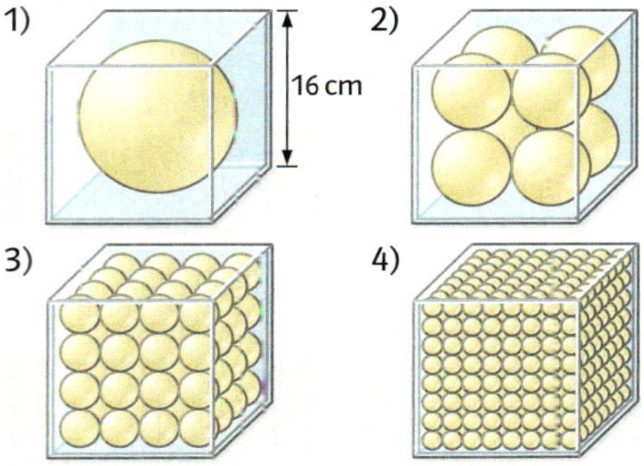

9 [●] Eine fünfte Kugel soll zwischen den vier hindurchpassen. Wie viel Prozent des Volumens einer großen Kugel darf sie höchstens haben?

10 [●] **Es war einmal ...**
Im Märchen *Der Froschkönig* von den *Gebrüdern Grimm* spielt die Königstochter mit einer goldenen Kugel, die in den Brunnen fällt und von dem Frosch wieder herausgeholt wird.

a) Wie groß war die Kugel wohl? Berechne ihr Gewicht (1 cm^3 Gold wiegt 19,3 g).
b) [●] Ziemlich schwer, diese Goldkugel! Vielleicht war die Kugel hohl. Berechne für ein akzeptables Gewicht die Wandstärke der Hohlkugel.
c) Würde die Hohlkugel untergehen?

11 Eine Badeschaumkugel schwimmt im Wasser. Gut messbar ist nur ihr Umfang (u = 23 cm). Welches Gewicht darf sie nicht überschreiten?

Info
Zu Aufgabe 11:
Ein Körper schwimmt, wenn sein eigenes Gewicht kleiner ist als das Gewicht der verdrängten Flüssigkeit.

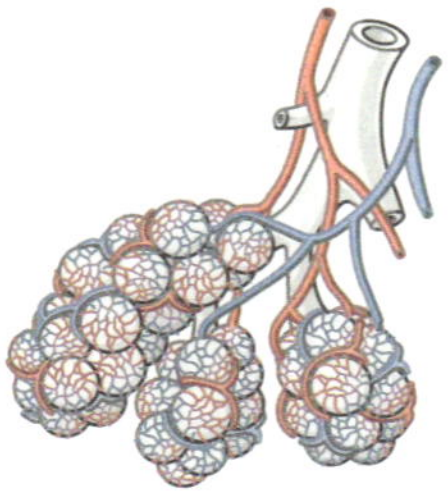

12

Die Lungenbläschen sorgen für den Austausch von Sauerstoff und Kohlenstoffdioxid. Jedes der rund 300 Millionen Lungenbläschen hat einen Durchmesser von etwa 0,2 mm.

a) Berechne die gesamte Lungenoberfläche.

b) Angenommen, die Lunge wäre eine einzige Kugel, mit der in a) berechneten Oberfläche. Welchen Durchmesser hätte sie? Schätze zuerst.

13

Solche Trinkbecher findet man manchmal in Kaufhäusern. Schätze, wie viel Wasser in den Becher passt. Rechne nach.

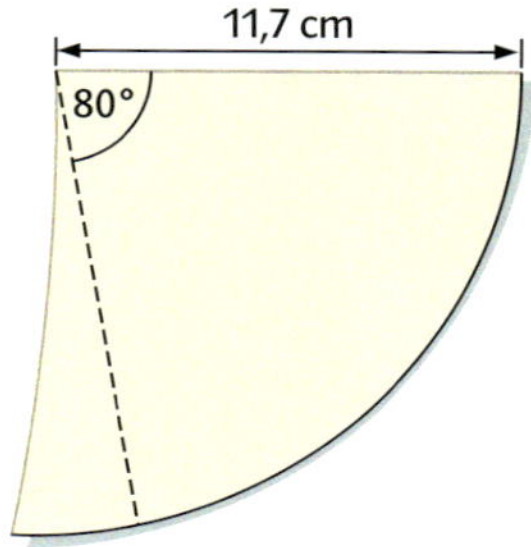

14

a) Bestimme das ungefähre Volumen dieser Gegenstände. Beschreibe deine Vorgehensweise.

b) Suche dir selbst unregelmäßig geformte Objekte und schätze deren Volumen.

15

Der Architekt *James Sterling* entwarf dieses Bürogebäude in *Melsungen*, einen auf Stelzen stehenden Halbrundbau.

Schätze das Volumen der Stelzen.

16

[●] Lässt man Sand von einem Förderband auf einen Haufen schütten, so entsteht ein *Schüttkegel*. Wie steil die Seitenkante des Kegels ist, hängt vom Schüttmaterial ab.

Man kann den Zusammenhang zwischen Kegelhöhe und Radius durch eine Gleichung annähernd beschreiben.

Für eine bestimmte Sandsorte gilt:

$h = 1{,}2 \cdot r$.

Nachdem 5 Minuten lang Sand aufgeschüttet wurde, ist der Haufen 1 m hoch.

Nach welcher Zeit ist er doppelt so hoch? Kannst du ohne großen Rechenaufwand argumentieren?

Formeln herleiten

Mathematikern reicht es oft nicht, Formeln z.B. nur durch Experimentieren herzuleiten. Man versucht diese Formeln mathematisch zu erklären. Zum Pyramidenvolumen kommt man über eine „Treppenpyramide", die schrittweise zu einer „glatten" Pyramide wird. Wie man einen solchen „Beweis" bei der Kugel durchführen kann, ist auf S. 56 beschrieben.

Wie kommt man zur Volumenformel für die Pyramide?

Wir denken uns eine quadratische Pyramide in quaderförmige Schichten zerlegt. Je mehr Schichten wir haben, desto mehr nähert sich die „Treppenpyramide" der gesuchten Pyramide an.

Wenn wir sie in 10 Schichten zerlegen, hat jede Schicht die Höhe $\frac{h}{10}$.

Eine Schicht hat das Volumen $V_n = G_n \cdot \frac{h}{10}$.

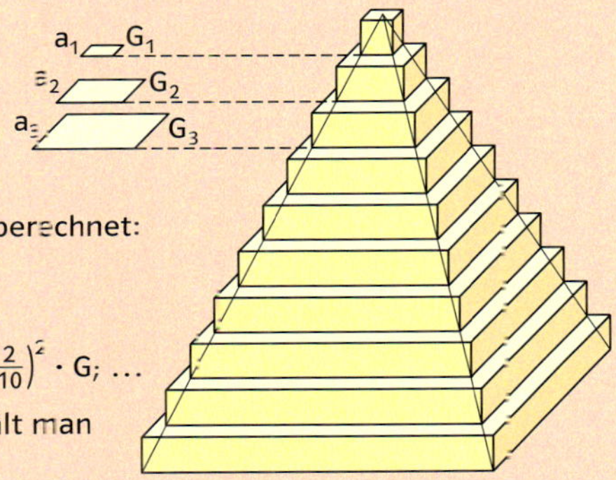

Die ganze Pyramide hat das Volumen

$V = G_1 \cdot \frac{h}{10} + G_2 \cdot \frac{h}{10} + \ldots + G_{10} \cdot \frac{h}{10}$.

$G_1, G_2, \ldots$ werden aus den Kantenlängen $a_1, a_2, \ldots$ berechnet:

$G_1 = a_1^2;\ G_2 = a_2^2;\ \ldots;\ G_{10} = a_{10}^2$

Für a_1, a_2 usw. ergibt sich: $a_1 = \frac{1}{10}a;\ a_2 = \frac{2}{10}a;\ \ldots$

und damit gilt $G_1 = \left(\frac{1}{10}a\right)^2 = \left(\frac{1}{10}\right)^2 \cdot G;\ G_2 = \left(\frac{2}{10}a\right)^2 = \left(\frac{2}{10}\right)^2 \cdot G;\ \ldots$

Setzt man $G_1, G_2, \ldots$ in die Volumenformel ein, erhält man

$V = \left(\frac{1}{10}\right)^2 \cdot G \cdot \frac{h}{10} + \left(\frac{2}{10}\right)^2 \cdot G \cdot \frac{h}{10} + \ldots + \left(\frac{10}{10}\right)^2 \cdot G \cdot \frac{h}{10}$.

Die Variablen werden umsortiert:

$V = \frac{1}{10} \cdot \left(\frac{1}{10}\right)^2 \cdot G \cdot h + \frac{1}{10} \cdot \left(\frac{2}{10}\right)^2 \cdot G \cdot h + \ldots + \frac{1}{10} \cdot \left(\frac{10}{10}\right)^2 \cdot G \cdot h$

$\frac{1}{10}$ und $G \cdot h$ werden ausgeklammert:

$V = \frac{1}{10}\left[\left(\frac{1}{10}\right)^2 + \left(\frac{2}{10}\right)^2 + \ldots + \left(\frac{10}{10}\right)^2\right] \cdot G \cdot h \approx 0{,}385 \cdot G \cdot h$

Das ist noch sehr ungenau: Wenn wir jedoch 100 Stufen hätten, wäre die „Treppenpyramide" schon besser der gesuchten Pyramide angenähert. Die letzte Zeile der Rechnung würde jetzt so aussehen:

$V = \frac{1}{100}\left[\left(\frac{1}{100}\right)^2 + \left(\frac{2}{100}\right)^2 + \ldots + \left(\frac{100}{100}\right)^2\right] \cdot G \cdot h \approx 0{,}338 \cdot G \cdot h$

Wenn die Stufenzahl weiter wächst:
1000 Stufen → $V \approx 0{,}333\,833\,G \cdot h$
10 000 Stufen → $V \approx 0{,}333\,383\,G \cdot h$
100 000 Stufen → $V \approx 0{,}333\,338\,G \cdot h$

Der Faktor vor $G \cdot h$ nähert sich mit zunehmender Stufenzahl immer mehr dem Wert $\frac{1}{3}$ an.

Tipp
Methoden zur Präsentation findest du auf Seite 172 – 174.

1 [Gruppenarbeit, Plakat] Stellt die Erklärung im Kasten oben anderen in der Klasse verständlich dar.
- Arbeitet den Lösungsweg Schritt für Schritt durch. Erklärt euch gegenseitig schwierige Stellen.
- Überlegt, wie ihr die einzelnen Schritte anschaulich darstellen könnt.
- Fertigt entsprechende Zeichnungen auf Plakatpapier an.

2 [Gruppenarbeit, Plakat] Die Formel für das Volumen des Kegels lässt sich auf ähnlicher Weise herleiten, wie die Volumenformel der Pyramide.
- Überlegt euch den Lösungsweg. Lest dazu die Herleitung im Kasten durch.
- Stellt die Lösung übersichtlich auf einem Plakat dar.
- Vergesst nicht, erklärende Zeichnungen zu verwenden.

Berechnung der Kugeloberfläche, wenn das Volumen bekannt ist

Wir denken uns die Kugel in kleine Pyramiden zerlegt, deren Spitzen sich im Kugelmittelpunkt befinden. Je mehr kleine Pyramiden in die Kugel einbeschrieben werden, desto genauer passen ihre ebenen Grundflächen in die gewölbte Kugeloberfläche. Damit nähert sich die Pyramidenhöhe dem Kugelradius an.

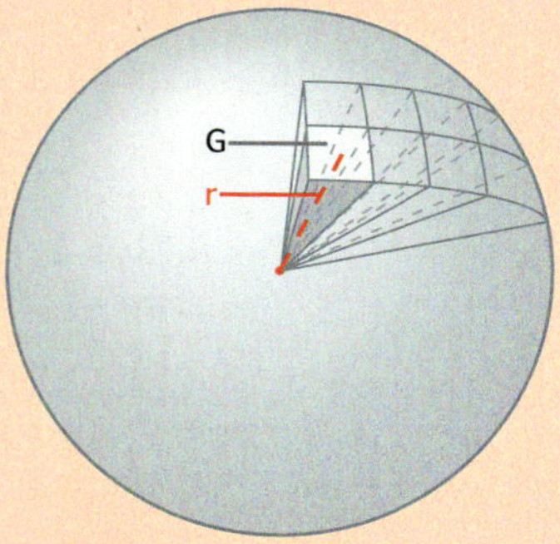

Die Pyramidenhöhe ist also der Radius r der Kugel:

$\frac{1}{3} \cdot G_1 \cdot r + \frac{1}{3} \cdot G_2 \cdot r + \ldots = V_{Kugel}$

$\frac{1}{3} \cdot r$ wird ausgeklammert: $\frac{1}{3} \cdot r(G_1 + G_2 + \ldots) = V_{Kugel}$

Alle Pyramidengrundflächen zusammen ergeben die Kugeloberfläche:

$G_1 + G_2 + \ldots = O_{Kugel}$

In die Klammer oben eingesetzt: $\frac{1}{3} \cdot r \cdot O_{Kugel} = V_{Kugel}$

Es ist bekannt: $V_{Kugel} = \frac{4}{3} \cdot \pi \cdot r^3$

Aus beiden Gleichungen ergibt sich: $\frac{1}{3} \cdot r \cdot O_{Kugel} = \frac{4}{3} \cdot \pi \cdot r^3$

Und nach O_{Kugel} aufgelöst: $O_{Kugel} = \frac{4 \cdot 3 \cdot \pi \cdot r^3}{3 \cdot r} = 4 \cdot \pi \cdot r^2$.

3 [👥 ✎] Stellt die Erklärung im Infokasten oben anderen in der Klasse verständlich dar.
Bearbeitet die Aufgabe wie in Aufgabe 1 vorgeschlagen.

4 [● 👥 ✎] Recherchiert mehrere Verfahren, wie man die Formel für den Flächeninhalt eines Kreises herleiten kann. Schreibt die Grundgedanken auf. Stellt die Ergebnisse den anderen vor. Beachtet dabei, dass ihr nicht zu lange ein einzelnes Vefahren vorstellt. Beschränkt euch auf die wichtigen und grundlegenden Ideen bei der jeweiligen Herleitung. Vergesst aber auch nicht, dass die anderen gut verstehen sollen, was ihr vorstellt.

5 [●● 👥 ✎] Die Formel für das Kugelvolumen lässt sich entsprechend zur Pyramide herleiten: Man denkt sich die Kugel in zylinderförmige Scheiben zerlegt. Bei dieser Herleitung braucht man den Satz des Pythagoras, um die Radien der Zylinder zu berechnen. Überlegt euch den Lösungsweg und stellt die Lösung übersichtlich auf einem Plakat dar.

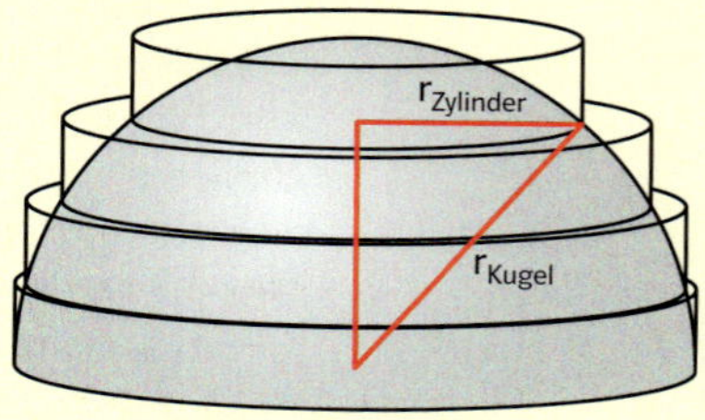

Spitze Körper

Bei allen spitzen Körpern gilt:

$\mathbf{V = \frac{1}{3} \cdot G \cdot h}$

G: Grundfläche
h: Höhe

Pyramidenvolumen

Das **Pyramidenvolumen** beträgt $\frac{1}{3}$ des Volumens eines Quaders mit gleicher Grundfläche und Höhe.

$\mathbf{V = \frac{1}{3} \cdot G \cdot h}$

G: Grundfläche
h: Pyramidenhöhe

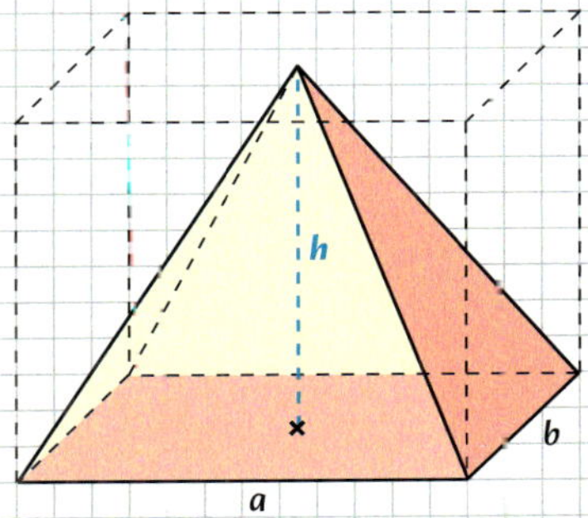

Kegelvolumen

Das **Kegelvolumen** beträgt $\frac{1}{3}$ des Volumens eines Zylinders mit gleicher Grundfläche und Höhe.

$\mathbf{V = \frac{1}{3} \cdot \pi \cdot r^2 \cdot h}$

G: Grundfläche
h: Kegelhöhe

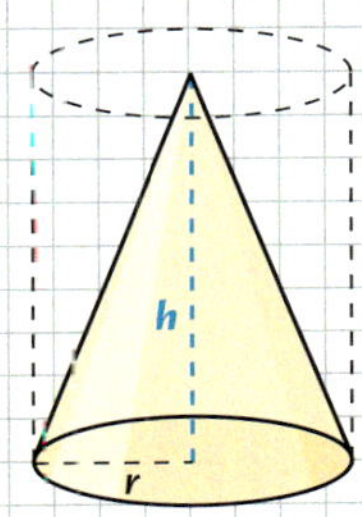

Kugelvolumen

Kugelvolumen und Kugeloberfläche sind nur vom Radius r abhängig.

$\mathbf{V = \frac{4}{3} \cdot \pi \cdot r^3}$

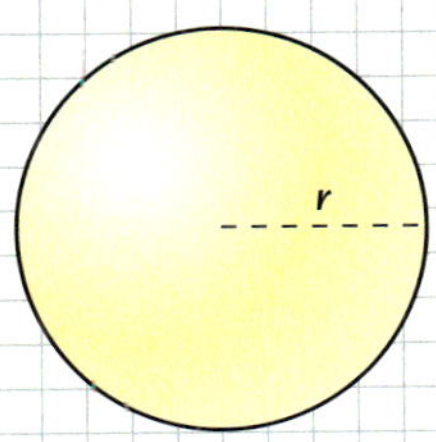

Kugeloberfläche

Die **Kugeloberfläche** berechnet man mit

$\mathbf{O = 4 \cdot \pi \cdot r^2}$

Einfluss der Längen auf Volumen und Oberfläche

Verdoppelt man bei einem Körper alle Längen, wächst
- das Volumen auf das 2^3-Fache = 8-Fache,
- die Oberfläche auf das 2^2-Fache = 4-Fache.

Allgemein:
Vergrößert man bei einem Körper alle Längen um den Faktor k, wächst
- das Volumen auf das k^3-Fache,
- die Oberfläche auf das k^2-Fache.

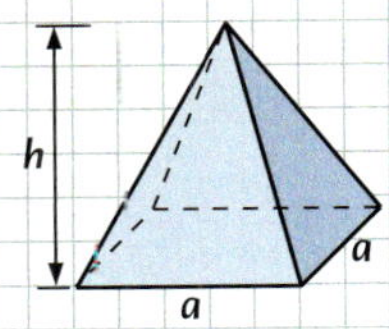

$V = \frac{1}{3}a^2 \cdot h$

a und h verdoppeln:

$V_1 = \frac{1}{3}(2a)^2 \cdot 2h$

$V_1 = 2^3 \cdot \frac{1}{3}a^2 \cdot h$

$V_1 = 2^3 \cdot V$

[mittel]

1 Der Erdradius beträgt rund 6370 km.
Berechne Volumen und Oberfläche der Erde.

2 *Lübecks* Wahrzeichen ist das *Holstentor*. Das Dach hat die von außen messbaren Größen: Grundkreisumfang u = 37,7 m und Mantellinie s = 21,8 m.
a) Wie hoch sind die Turmdächer?
b) Wie groß ist die Dachfläche der Türme?

3 Berechne Volumen und Materialbedarf der abgebildeten Schachtel.

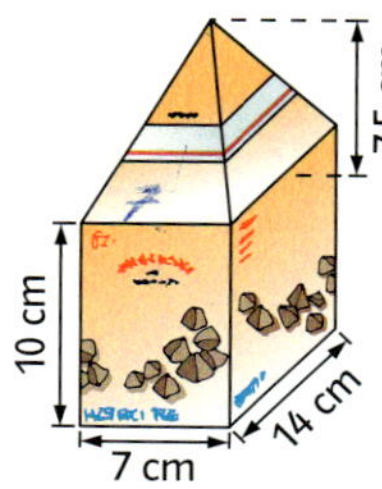

4 Wie viel Prozent Luft ist in dieser Verpackung? Lassen sich die Schokoladenkugeln Platz sparender anordnen? Wenn ja, zeige wie.

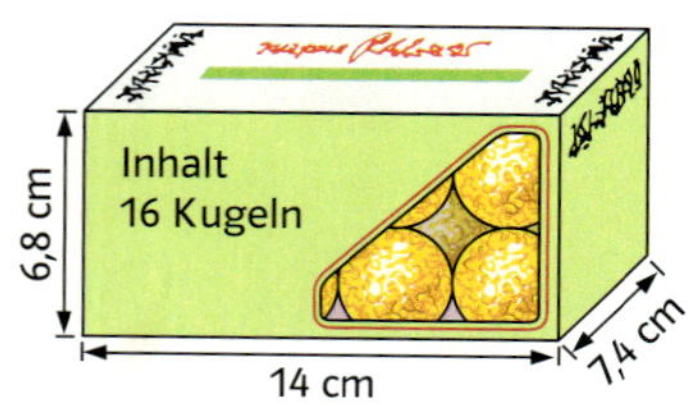

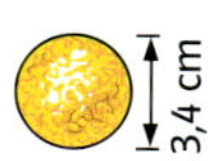

5 a) Verändere eine Länge so, dass ein Volumen von 1500 cm³ (± 10 %) entsteht.
b) Zeichne das Körpernetz.

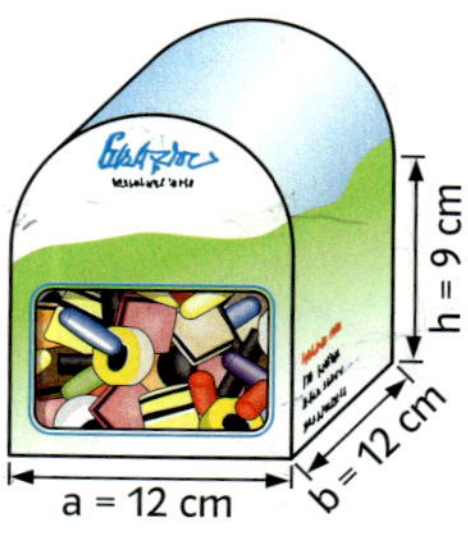

[schwieriger]

1 a) Berechne Volumen und Oberfläche des Kegels (Maße in cm).
b) Stimmt es, dass ein Kegel mit h = 100 cm und d = 80 cm 80% des Volumens vom Kegel aus a) hat? Begründe.

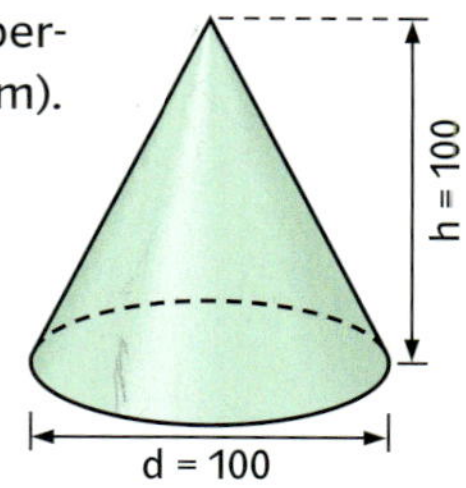

2 Das Bild zeigt den Querschnitt durch eine handelsübliche zylinderförmige Cremedose. Nur der schraffierte Teil ist gefüllt. Wie viel Prozent der Dose ist das etwa? Beschreibe deinen Lösungsweg.

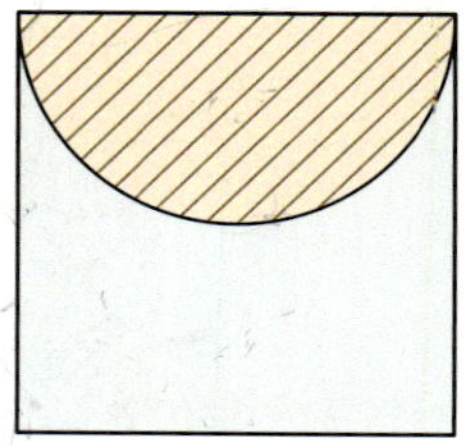

3 Berechne Volumen und Materialbedarf der Schachtel.

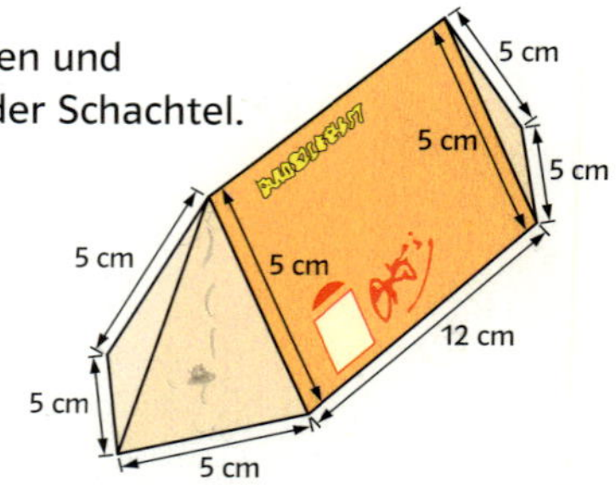

4 Wie viel Prozent Luft ist in dieser Verpackung? Lassen sich die Schokoladenkugeln Platz sparender anordnen? Wenn ja, zeige wie.

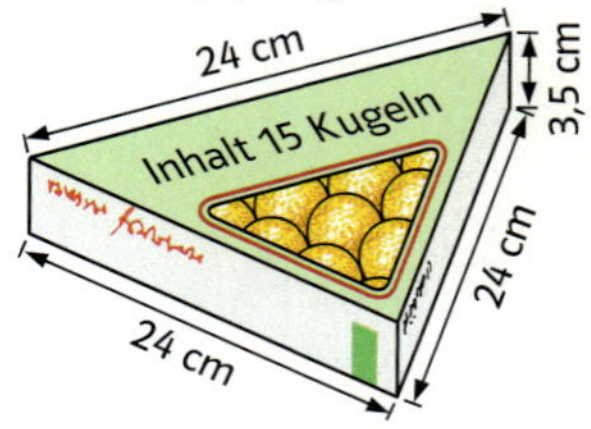

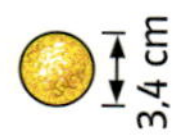

5 Betrachte die Verpackung links.
a) Verändere eine Länge so, dass ein Volumen von 1500 cm³ (± 10 %) entsteht. Gib zwei Möglichkeiten an. Welche von beiden ist Material sparender?
b) Zeichne das Körpernetz.

 ▻ Lösungen zum Test, Seite 191

Wachstum und Prognosen

Bevölkerungsprognosen
Zurzeit wächst die Weltbevölkerung um 1,2 %, die Bevölkerung Deutschlands schrumpft um 0,2 % pro Jahr.
Wie viele Menschen muss die Erde in 50 Jahren ernähren? Wie viele Menschen brauchen dann wie viel Energie?
Sollen die Entwicklungen so weiterlaufen wie jetzt?
Um solche oder ähnliche Fragen beantworten zu können, werden **Prognosen** erstellt.

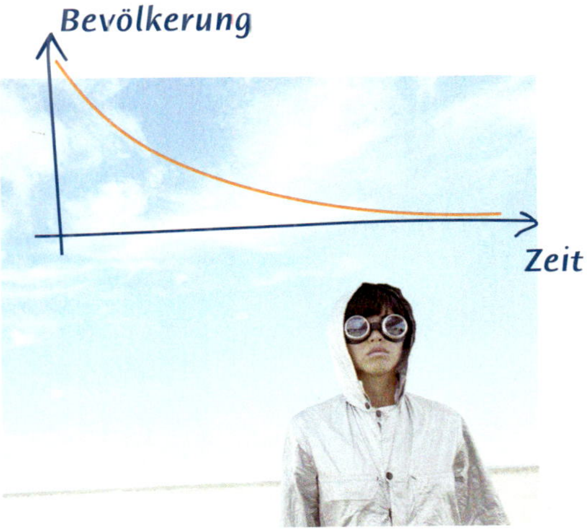

Gefährliche Pflanzen
Die Wasserhyazinthe hat schöne Blüten. Aber sie vermehrt sich so stark, dass sich die von ihr bedeckte **Fläche** innerhalb relativ kurzer Zeit **verdoppelt**. So verstopft sie Seen und Flüsse.

In diesem Kapitel lernt ihr,

- wie man Daten zur Bevölkerungsentwicklung erhält.
- welche mathematischen Modelle man zur Beschreibung von Wachstum benutzen kann.
- wie man aus gegebenen Wachstums- bzw. Abnahmewerten Entwicklungen hochrechnet.
- wozu Prognosen dienen.
- was man mit Halbwerts- und Verdopplungszeiten aussagen kann.
- wie sich lineares, quadratisches und exponentielles Wachstum unterscheiden.

Check-in

Über diese Dinge solltest du Bescheid wissen, bevor du dich mit dem Thema „Wachstum und Prognosen" beschäftigst. Lege ein Blatt auf die Buchseite und kreuze an, wie du dich einschätzt.
Mit den Aufgaben auf der rechten Seite kannst du deine Einschätzung überprüfen.

Wenn du nach dieser Überprüfung noch Kreuzchen in der dritten oder vierten Spalte hast, findest du in der Mathematischen Werkstatt am Ende des Buches Zusammenfassungen und Übungsaufgaben zu vielen Themen. Du kannst aber auch Mathe-Bücher aus den vorherigen Schuljahren oder die Formelsammlung benutzen oder jemanden fragen, der sich damit auskennt.

Checkliste	Kann ich schon	Da bin ich fast sicher	Ich bin noch unsicher	Kann ich noch nicht
1 Ich kann mit Prozenten umgehen und diese berechnen.	☐	☐	☐	☐
2a Ich weiß, was die Potenzschreibweise bedeutet und kann Potenzen berechnen.	☐	☐	☐	☐
2b Ich kann x bei Aufgaben der Form $2^x \cdot 2^5 = 2^7$ und $\frac{2^9}{2^4} = 2^x$ bestimmen.	☐	☐	☐	☐
3 Ich kann zu einer Funktionsgleichung den entsprechenden Graphen zeichnen.	☐	☐	☐	☐
4 Ich weiß, was lineare Funktionen sind und kann die Funktionsgleichung aufstellen.	☐	☐	☐	☐
5 Ich erkenne quadratische Funktionen und kann sie grafisch darstellen.	☐	☐	☐	☐
6 Ich kann zu realen Situationen sinnvolle mathematische Fragestellungen entwickeln.	☐	☐	☐	☐

In der Mathematischen Werkstatt findet ihr:

- ▻ Prozentrechnung, Seite 142/143.
- ▻ Funktionen, Seite 148 – 151.
- ▻ Potenzen, Seite 140/141.

Aufgaben zur Checkliste

1 Mit Prozenten umgehen

a) Schreibe als Prozentzahl bzw. als Dezimalzahl.

1) 12 %	2) 0,25	3) 100 %
4) 1,1	5) 98,2 %	6) 0,465
7) 210 %	8) 0,05	

b) Bestimme jeweils den neuen Wert.

1) Ein Ausgangswert von 130 nimmt um 1 % zu.
2) Ein Wert von 500 nimmt um 14 % ab.
3) Ein Wert von 930 schrumpft auf 92 % seiner Größe.
4) Auf einen Ausgangswert von 160 werden 19 % aufgeschlagen.

c) Bestimme den Prozentsatz.

1) 200 von 400
2) 68 von 80
3) 159 von 120

d) Um wie viel Prozent ist der Ausgangswert gestiegen oder gefallen?

1) Zunahme von 320 auf 330
2) Abnahme von 10 377 auf 9266

2 Mit Potenzen umgehen

a) Schreibe als eine Potenz.

1) $0{,}8 \cdot 0{,}8 \cdot 0{,}8$
2) $2^5 \cdot 2 \cdot 2$
3) $1{,}2 \cdot 1{,}2 \cdot 1{,}2^4$
4) $4^3 \cdot 4^2$
5) $\frac{3^5}{3^2}$

b) Bestimme x.

1) $0{,}6^3 \cdot 0{,}6^x = 0{,}6^5$
2) $a^{12} \cdot a^4 = a^x$
3) $\frac{5^x}{5^2} = 5^{13}$
4) $\frac{a^9}{a^3} = a^x$

3 Darstellung von Funktionen

a) Stelle zur Funktion mit der Gleichung $f(x) = 0{,}25\,x^4 - 0{,}5\,x^2$ eine Wertetabelle im Bereich von −2 bis 2 auf und zeichne den Graphen der Funktion in diesem Bereich.

b) [💻] Zeichne den Graphen zur Funktion mit der Gleichung $f(x) = 0{,}25\,x^4 - 0{,}5\,x^2$ mit dem Computer.

4 Lineare Funktionen

a) Bestimme die Steigung zwischen P(1 | 3) und Q(5 | 2).

b) Die folgenden Daten gehören zu vier unterschiedlichen linearen Funktionen. Stelle jeweils die zugehörige Funktionsgleichung auf.

1) P(0 | 0); Steigung a = 0,5
2) P(0 | 3); Steigung a = −2
3) P(0,5 | 2); Steigung a = 1,8
4)

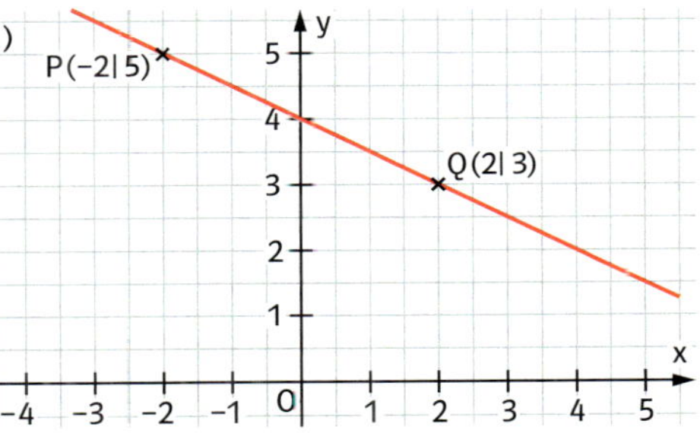

5 Quadratische Funktionen

Gib eine Funktionsgleichung einer quadratischen Funktion an (aber nicht die der Normalparabel) und skizziere den Graphen dieser Funktion.

6 Reale Situationen und mathematische Modelle

Finde möglichst viele mathematische Fragestellungen, die man mithilfe der Daten des folgenden Zeitungsartikels bearbeiten könnte. Schreibe jeweils die Frage, die aus dem Artikel dafür benötigten Daten und den Lösungsansatz auf.

Jeden Tag sterben 150 Arten aus
Die genaue Zahl der Pflanzen- und Tierarten auf der Erde wird auf rund 15 Millionen geschätzt, von denen nur etwa 1,8 Millionen beschrieben sind. Derzeit sterben jeden Tag etwa 150 Arten aus. Von 1970 bis 2005 ging nach Berechnungen der Umweltstiftung WWF die biologische Vielfalt auf der Erde um 27 Prozent zurück.

(Weserkurier 29.5.08)

▷ Lösungen, Seite 186

Bevölkerungsverteilung

1 [ ] **Der Ist-Zustand – ein Spiel**
Als Regionen in diesem Spiel gelten: Europa (ohne Russland), Russland, Asien (ohne Russland), Afrika, Nordamerika, Lateinamerika, Ozeanien.
Deckt die Daten in der Tabelle unten für die Spielrunden ab, bis ihr sie braucht.

1. Runde:
Die Regionen der Welt sollen durch insgesamt 21 Stühle dargestellt werden, die ähnlich wie auf einer Weltkarte gruppiert werden. Je größer ihr die Fläche einer Region vermutet, desto mehr Stühle müsst ihr dafür bereitstellen.
Ihr dürft die Stühle so lange neu gruppieren, bis ihr euch auf eine Lösung geeinigt habt. Korrigiert anschließend eure Lösung mit den realen Daten.

2. Runde:
Ihr stellt die Bevölkerung dieser Regionen dar, indem ihr euch auf die Stuhlgruppen verteilt. Wenn ihr glaubt, dass eine Region relativ wenig Bevölkerung hat, können dort noch Stühle frei bleiben, ist eine Region dicht besiedelt, werdet ihr dort übereinander sitzen müssen. Am Ende korrigiert eure Lösung wieder mit den gegebenen Daten.
a) Wo lagen zwischen euren Lösungen und den realen Daten die größten Unterschiede? Stellt Vermutungen über die Gründe für eure Fehleinschätzungen an.
b) Berechnet die durchschnittliche Bevölkerungsdichte (Einwohner/km²).
Welche Besonderheiten muss man eurer Meinung nach noch berücksichtigen, wenn man die Bevölkerungsdichte in den einzelnen Ländern betrachtet?

Erdteile	Fläche		Einwohner[1]	
	in 1000 km²	in %	in Mio.	in %
Europa[2]	5901		591	
Russland	17 075		142	
Asien[3]	31 027		4010	
Afrika	29 805		944	
Nordamerika	18 730		335	
Lateinamerika	20 187		569	
Ozeanien	8429		35	
Gesamtsumme	**131 154**		**6626**	

[1] Stand Mitte 2007 [2] ohne Russland, Türkei und Grönland [3] ohne Russland, mit Türkei

Online Link
720370-0621

Stimmt diese Angabe aus dem Internet so?

Übrigens

Da Bevölkerungdaten Schätzwerte enthalten, findet man in unterschiedlichen Statistiken oft auch unterschiedliche Daten. In diesem Kapitel werden die Daten der *Deutschen Stiftung Weltbevölkerung (DSW)* benutzt, wenn nichts anderes vermerkt ist. (Stand Juli 2008)

Solche oder ähnliche Meldungen wie oben findet man häufig in der Zeitung. Sie sind ein Ausdruck dafür, dass die Entwicklung unserer Weltbevölkerung für die Öffentlichkeit und Politiker ein wichtiges Thema ist. Die Mathematik ist bei dieser Diskussion beteiligt – in Form von **Prognosen**.

2 In den Jahren von 1960 bis 1999 hat sich die Weltbevölkerung von 3 Mrd. auf 6 Mrd. verdoppelt.
Schätze, wie groß die Weltbevölkerung im Jahr 1900 gewesen sein könnte und skizzieren einen Graphen.

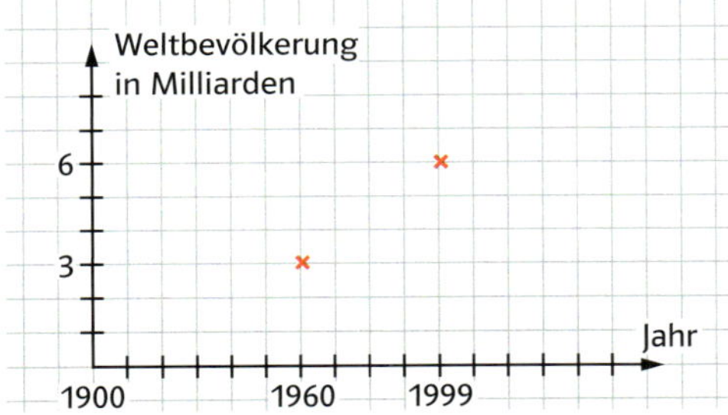

3 Im Jahr 2000 lebten auf der Erde ca. 6,1 Mrd. Menschen.
Die Vereinten Nationen gingen davon aus, dass sich die Menschheit pro Jahr um 1,2 % vermehrt.
a) Passen diese Daten zu der Zahl von 6,625 Mrd. Menschen, die im Jahr 2007 die Erde bevölkerten?
b) Nimm an, die prozentuale Zunahme bleibt gleich. Erstelle eine Hochrechnung über die Anzahl der Erdbevölkerung 2020.
c) Die prozentuale Zunahme ist für jedes Jahr gleich – wie verhält es sich mit der absoluten Zunahme?
d) Beschreibe in Stichworten oder formelhaft, wie du bei deiner Hochrechnung vorgegangen bist.

4 [●] Im Jahr 2007 hatte Deutschland 82,3 Mio. Einwohner und eine jährliche Bevölkerungsabnahme von 0,2 %. Nimm an, die Abnahmerate der Bevölkerung bleibt gleich. Wann besitzt Deutschland dann unter 80 Mio. Einwohner?

Wachstumsrate, Wachstumsfaktor

Bevölkerungsdichte (in Einwohner pro km^2)

Deutschland	230
Niederlande	498
Frankreich	112
China	136
Indien	380
USA	31
Südafrika	36

(Stand 2007)

Die Weltbevölkerung ist nicht gleichmäßig über die Länder der Erde verteilt. Auch das Bevölkerungswachstum ist in den einzelnen Ländern sehr unterschiedlich. Während die Zunahme der Weltbevölkerung insgesamt im Jahr 2007 bei 1,2 % lag, hatte Deutschland eine Abnahme von 0,2 %. Am stärksten wächst die Weltbevölkerung zur Zeit in Zentralafrika. In der *Demokratischen Republik Kongo (Zaire)* lag die Wachstumsrate zur selben Zeit bei 3 %. Die Einwohnerzahl betrug 62,6 Mio.

Werden 10 Jahre später bei gleich bleibender Wachstumsrate in Zaire mehr Einwohner als 2007 in Deutschland wohnen?
Hier findest du vier Lösungen.
- Beschreibe die unterschiedlichen Lösungswege.
- Wie hängen sie zusammen?
- Welche Vor- und Nachteile siehst du in den einzelnen Lösungswegen?

Arbeitsvorschlag: Benutzt für die Aufgaben die Methode *Think-pair-share* (s. S. 170)

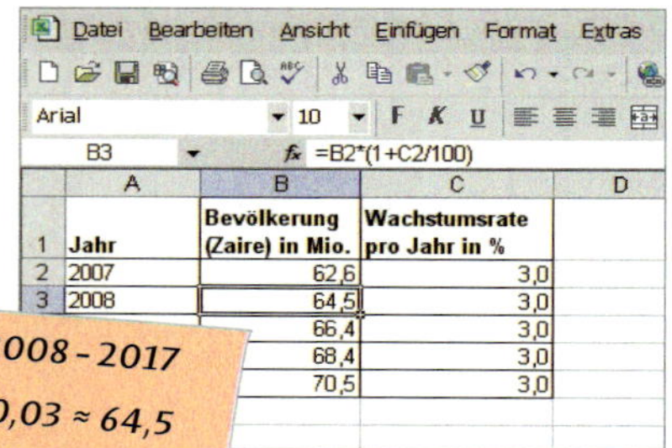

	A	B	C	D
1	Jahr	Bevölkerung (Zaire) in Mio.	Wachstumsrate pro Jahr in %	
2	2007	62,6	3,0	
3	2008	64,5	3,0	
		66,4	3,0	
		68,4	3,0	
		70,5	3,0	

Bevölkerungswachstum in Zaire

2008: $62{,}6 + \frac{62{,}6 \cdot 3}{100} \approx 64{,}478$

2009: $64{,}478 + \frac{64{,}478 \cdot 3}{100} \approx 66{,}412$

2010: $66{,}412 + \frac{66{,}412 \cdot 3}{100} \approx 68{,}404$

2011: $68{,}404 + \frac{68{,}404 \cdot 3}{100} \approx 70{,}453$

Bevölkerung Zaire 2007 – 2017

2007: 62,6

2008: $62{,}6 \cdot 1{,}03 \approx 64{,}5$

2009: $64{,}5 \cdot 1{,}03 \approx 66{,}4$

2010: $66{,}4 \cdot 1{,}03 \approx 68{,}4$

Zaire Bevölkerung 2008 – 2017

2008: $62{,}6 + 62{,}06 \cdot 0{,}03 \approx 64{,}5$

2009: $64{,}5 + 64{,}5 \cdot 0{,}03 \approx 66{,}4$

2010: $66{,}4 + 66{,}4 \cdot 0{,}03 \approx 68{,}4$

2011: $68{,}4 + 68{,}4 \cdot 0{,}03 \approx 70{,}5$

Gibt man Veränderungen einer Ausgangsgröße prozentual an, so bezeichnet man den Prozentsatz als **Wachstumsrate**. Aus der Wachstumsrate p % kann man den **Wachstumsfaktor a** bestimmen:

$\mathbf{a = 1 + p\,\% = 1 + \frac{p}{100}}$.

Durch Multiplikation mit dem Wachstumsfaktor kann man direkt die Veränderung einer Größe berechnen. Bei einer Abnahme ist die Wachstumsrate negativ, der Wachstumsfaktor ist dann kleiner als 1.

Beispiel

2007 hatte Nigeria 144,4 Mio. Einwohner, die Wachstumsrate lag bei 2,5 %. Wie groß ist der Wachstumsfaktor a und wie viele Bewohner hatte Nigeria im Jahr 2008?

Berechnung des Wachstumsfaktors: $a = 1 + \frac{p}{100} = 1{,}025$

Einwohner im Jahr 2008: $144{,}4 \text{ Mio} \cdot 1{,}025 = 148{,}0 \text{ Mio.}$

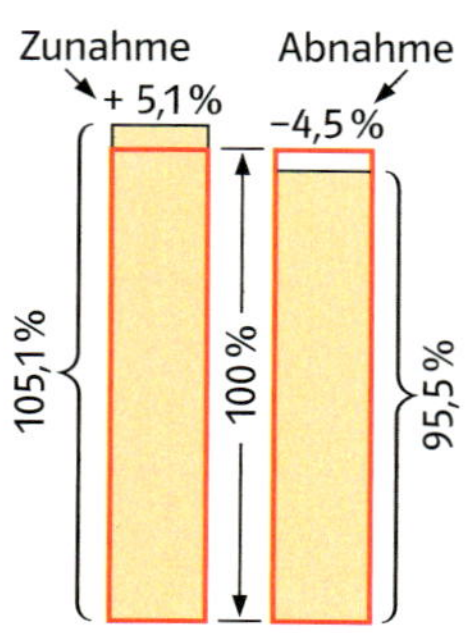

1 Gib die zugehörigen Wachstumsraten bzw. Wachstumsfaktoren an.

a) 2 %
b) 58 %
c) −10 %
d) 150 %
e) −3 %
f) 1,0
g) 1,3
h) 0,6
i) 2
j) 0,995

2 Wo wurde falsch gerechnet? Korrigiere.

a) p % = 100 %, also a = 1
b) a = 0,97, also p % = 97 %
c) p % = −20 %, also a = 0,8
d) a = 3,5, also p % = 250 %
e) p % = 0,5 %, also a = 0,95

▻ Mathematische Werkstatt, Seite 142/143

Exponentielles Wachstum

Es ist mühsam, bei einer Hochrechnung jeden Zwischenwert einzeln zu errechnen. Wenn die Werte in gleichen Zeitabschnitten um den gleichen Prozentsatz – also mit gleicher Wachstumsrate – wachsen oder fallen, kann man eine Funktion f aufstellen, mit der man für jedes beliebige Jahr Werte berechnen kann.

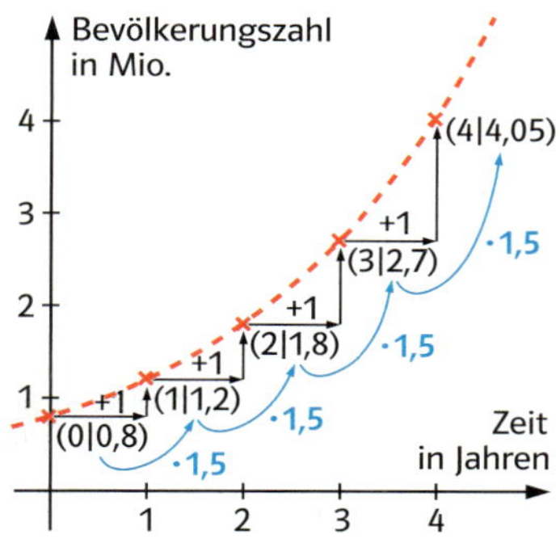

Um den Wachstumstyp deutlich zu machen, nehmen wir eine gleich bleibende Wachstumsrate von 50 % an.

Der Wachstumsfaktor beträgt also **1,5**.

Der Anfangswert (in Mio.) beträgt c = 0,8.

nach 1 Jahr: $f(1) = 0{,}8 \cdot 1{,}5$

nach 2 Jahren: $f(2) = f(1) \cdot 1{,}5 = 0{,}8 \cdot 1{,}5 \cdot 1{,}5 = 0{,}8 \cdot 1{,}5^2$

nach 3 Jahren: $f(3) = f(2) \cdot 1{,}5 = 0{,}8 \cdot 1{,}5^3$

...

nach n Jahren: $f(n) = 0{,}8 \cdot 1{,}5^n$

Wenn eine Größe in gleich großen Abschnitten immer um den gleichen Prozentsatz wächst bzw. fällt, d. h. immer mit dem gleichen Faktor vervielfacht wird, liegt ein **exponentielles Wachstum** vor. Man kann den Funktionswert für n Zeitabschnitte berechnen, wenn man den Anfangswert c und den Wachstumsfaktor a kennt: $\mathbf{f(n) = c \cdot a^n}$.

Beispiele

a) Mitte 2007 hatte China 1,318 Mrd. Einwohner und eine Wachstumsrate von 0,5 %. Erstelle eine Prognose für 2025 auf dieser Basis.

1) Wachstumsfaktor bestimmen

$a = 100\,\% + 0{,}5\,\% = 100{,}5\,\% = 1{,}005$

2) Zeitspanne festlegen

Von 2007 bis 2025: 18 Jahre

3) Funktionsgleichung bestimmen

$f(n) = 1{,}318 \cdot 1{,}005^n$

4) Prognose für 2025 berechnen

$f(18) = 1{,}318 \cdot 1{,}005^{18} \approx 1{,}442$

Im Jahr 2025 werden 1,442 Mrd. Menschen in China leben.

b) Russland hatte 2007 eine jährliche Bevölkerungsabnahme von 0,5 %. Eine Hochrechnung ergibt für das Jahr 2015 eine Bevölkerungszahl von 136,1 Mio. Von welcher Bevölkerungszahl ging man 2007 aus?

1) Wachstumsfaktor bestimmen

$a = 1 - \frac{0{,}5}{100} = 0{,}995$

2) Zeitspanne festlegen

Von 2007 bis 2015: 8 Jahre

3) Funktionsgleichung aufschreiben und den Ausgangswert c berechnen

$f(n) = c \cdot 0{,}995^n$

$f(8) = c \cdot 0{,}995^8 = 136{,}1 \quad | : 0{,}995^8$

$c \approx 141{,}7$

2007 zählte Russland 141,7 Mio. Einwohner.

1 Berechne die fehlenden Werte.

	c	p	a	f(5)	f(8)	f(10)
a)	1000		1,4			
b)	1	200%				
c)		25%				33,528

2 Im Jahr 2002 hatte die Bundesrepublik Deutschland ihren bisher höchsten Einwohnerstand. Von da ab nahm die Bevölkerungszahl bis zum Jahr 2007 durchschnittlich jährlich um etwa 0,08 % auf 82,22 Mio. ab. Wie viele Einwohner hatte Deutschland 2002?

3 a) Bestimme jeweils den absoluten Zuwachs für das nächste Jahr.
b) Vergleiche absoluten Zuwachs und Wachstumsraten und erkläre den scheinbaren Widerspruch, der hier sichtbar wird.

	Weltbevölkerung	Wachstumsrate in dem Jahr
1970	3,708 Mrd.	2,07 %
1990	5,284 Mrd.	1,57 %
2000	6,080 Mrd.	1,26 %

4 In der Amtssprache der UN heißen die Länder der Dritten Welt *Less Developed Countries* (LDC), die anderen Länder *More Developed Countries* (MDC). Einteilungskriterium in LDC und MDC ist das Pro-Kopf-Einkommen.

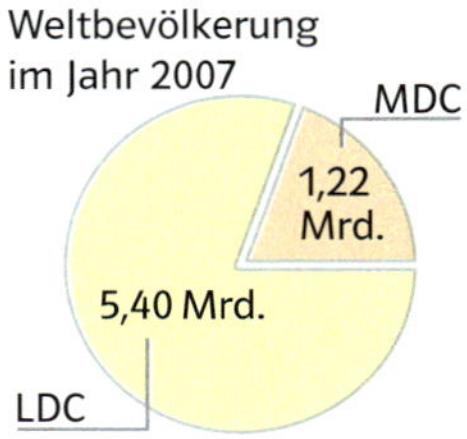

a) Wie viel Prozent der Weltbevölkerung lebten im Jahr 2007 in den LDC, bzw. wie viel in den MDC?
b) Wie wird diese Verteilung im Jahr 2020 aussehen, wenn folgende jährliche Wachstumsraten vorausgesetzt werden:

	LDC	MDC
2000 – 2010	1,34 %	0,25 %
2010 – 2020	1,14 %	0,16 %

Übrigens
Die reichsten Länder mit einem Fünftel der Weltbevölkerung haben einen Anteil von 86 % am privaten Konsum, während dem ärmsten Fünftel nur 1,3 % bleiben.

5 [💻] a) Berechne auf der Datenbasis von 2007 mithilfe eines Tabellenkalkulationsprogramms die Einwohnerzahlen und die Bevölkerungsdichte für 2010, 2020, … bis 2100 von *Bangladesch*.
Stelle Einwohnerzahl und Bevölkerungsdichte grafisch dar.

Bangladesch (Stand 2007)
Fläche: 144 000 km²;
Einwohner: 149 Mio.;
Bevölkerungswachstum: 1,9 % pro Jahr;
Bevölkerungsdichte: 1035 Einwohner/km²

b) Wie bewertest du diese Prognose?

6 Anfang dieses Jahrtausends stieg die Bevölkerungszahl Deutschlands noch leicht, von 82,44 Mio. im Jahr 2001 auf 82,54 Mio. im Jahr 2002. Dabei wuchs sie in Westdeutschland von 65,32 Mio. auf 65,53 Mio., in Ostdeutschland sank sie von 17,01 Mio. auf 16,91 Mio.
Bestimme die Wachstumsraten.

7 **Die Welt als Dorf im Jahr 2030**
In der Grafik unten ist die Welt als Dorf mit 100 Einwohnern im Jahr 2007 abgebildet.
a) Wie viele Einwohner werden 2030 in dem Dorf wohnen und wie verteilen sie sich? (Wachstumsraten der Regionen pro Jahr, Stand 2007: Afrika 2,4 %; Europa − 0,1 %; Lateinamerika 1,5 %; Asien 1,2 %; Nordamerika 0,6 %)
b) [●] Von welcher Weltbevölkerungs-Wachstumsrate wird hier ausgegangen?

Die Welt – ein Dorf

Wenn die Welt ein Dorf…
mit nur 100 Einwohnern wäre…
…wären davon: 14 Afrikaner
5 Nordamerikaner
11 Europäer
9 Lateinamerikaner
und 61 Asiaten.

28 wären Kinder unter 15 Jahren. 7 älter als 65.
50 Menschen im Dorf sind weiblich. 50 sind männlich.

Quelle: Deutsche Stiftung Weltbevölkerung

Wachstumsfaktoren und Wachstumsraten bestimmen

Wenn man Wachstumsfaktoren oder Wachstumsraten bestimmen möchte, muss man Gleichungen lösen.

Beispiel 1:
1999 überschritt die Weltbevölkerung die 6-Milliarden-Marke. Sie stieg von 5,924 Mrd. im Jahr 1998 auf 6,002 Mrd. (Stichtag jeweils 1. Juli).

Wachstumsrate bestimmen: $5{,}924 \cdot a = 6{,}002 \quad | : 5{,}924$

$a = 1{,}013,$ also $p\,\% = 1{,}3\,\%$

Beispiel 2:
Mitte 2007 hatte Indien 1,132 Mrd. Einwohner, für Mitte 2025 werden 1,391 Mrd. Einwohner prognostiziert. Bestimmung der jährlichen Wachstumsrate, die der Prognose zu Grunde liegt.

1) Zeitspanne festlegen: Von 2007 bis 2025: 18 Jahre

2) Funktionsgleichung bestimmen und nach a auflösen:

$f(18) = 1{,}132 \cdot a^{18} = 1{,}442 \quad | : 1{,}132$

$a^{18} = 1{,}273\,85 \quad | \sqrt[18]{1{,}273\,85}$

$a \approx 1{,}0135$

3) Wachstumsrate bestimmen: $p\,\% = a - 1 = 0{,}0135 = 1{,}35\,\%$

Übrigens

Die 1,19 Mrd. Bewohner der Industrieländer im Jahr 2000 haben so viel Energiebedarf wie 11,9 Mrd. Bewohner der Entwicklungsländer gehabt hätten.

8 Betrachte die Grafik unten.
a) Wie groß ist der gesamte Energiebedarf pro Stunde in den LDC bzw. den MDC im Jahr 2020, wenn man voraussetzt, dass der Energiebedarf pro Einwohner gleich bleibt. Verwende für das Bevölkerungswachstum die Daten aus Aufgabe 4.
b) [💻] Berechne nach folgendem Szenario jeweils den Bedarf pro Person und Stunde in den LDC, den MDC und insgesamt im Jahr 2020.

Szenario:
Der Energieaufwand in den LDC steigt mit zunehmender Industrialisierung und nimmt um 4 % pro Jahr zu. Der Energieaufwand der MDC steigt nur um 1 %.

Energiebedarf pro Person und Stunde

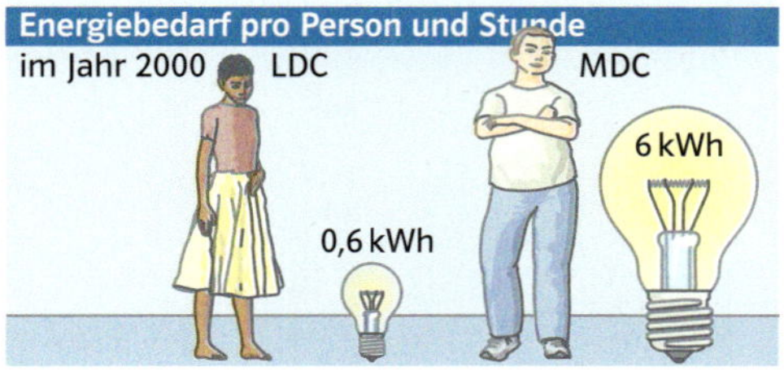

9 Bestimme den Wachstumsfaktor a.
a) $c = 324{,}8$ und $f(1) = 389{,}76$
b) $c = 6$ und $f(2) = 24$
c) $c = 1$ und $f(10) = 13{,}786$
d) $c = 100$ und $f(12) = 6{,}872$
e) [●] $f(3) = 13{,}5$ und $f(8) = 3280{,}5$

10 [●] a) Finde eine Überschrift zur Grafik und erkläre sie.
b) Überprüfe die Vermutung: Die durchschnittlichen Wachstumsraten in den jeweiligen Zeitabschnitten werden größer.

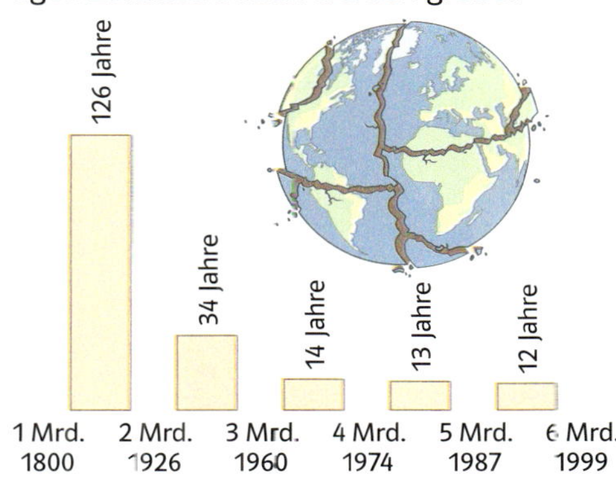

Lineares oder exponentielles Wachstum?

Weltbevölkerung wächst rasant
Hannover (AP). Die Weltbevölkerung wächst weiter rasant. Schon 2012 wird sie voraussichtlich die Sieben-Milliarden-Marke überschreiten und im Jahr 2025 acht Milliarden Menschen umfassen. Das geht aus dem gestern veröffentlichten Datenreport 2008 der Deutschen Stiftung Weltbevölkerung (DSW) hervor. Derzeit leben etwa 6,7 Milliarden Menschen auf der Erde. Jedes Jahr kommen schätzungsweise 80 Millionen Erdenbürger hinzu.

(Westfälische Nachrichten, 20.8.2008)

1. Prognose
Nimm an, die Weltbevölkerung wachse wie im Zeitungsartikel angegeben regelmäßig um 80 Millionen Menschen pro Jahr. Erstelle unter dieser Annahme eine Hochrechnung für die Jahre 2012, 2025 und 2035. Stelle sie grafisch dar.

2. Prognose
Berechne aus dem Zuwachs von 80 Millionen Menschen die Wachstumsrate von 2008 bis 2009. Nimm an, diese Wachstumsrate bleibe gleich und erstelle damit eine Prognose für die Jahre 2012, 2025 und 2035. Stelle sie grafisch dar.

- Wie beurteilst du die Prognosen?
- Bildet vier Gruppen und sucht jeweils Argumente, um die erste oder die zweite Prognose anzugreifen oder zu verteidigen.

Bei einer **linearen Prognose** bzw. bei **linearem Wachstum** gehört zu gleich langen Zeitspannen immer eine Zunahme oder Abnahme um den gleichen Betrag – unabhängig vom momentanen Bestand.
Bei einer **exponentiellen Prognose** bzw. bei **exponentiellem Wachstum** gehört zu gleich langen Zeitspannen immer eine Vervielfachung mit dem gleichen Wachstumsfaktor. Die absolute Zunahme oder Abnahme ist damit abhängig vom momentanen Bestand.

Beispiele

a) **Lineares Wachstum**
Anfangswert: 4; Zunahme pro Zeiteinheit: 3

+1 +1 +1

n	0	1	2	3	10	15
f(n)	4	7	10	13	34	49

+3 +3 +3

Funktionsgleichung: $f(n) = 4 + 3n$

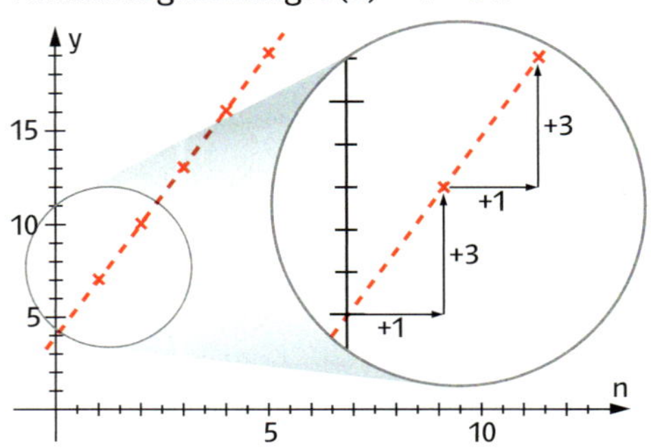

b) **Exponentielles Wachstum**
Anfangswert: 4; Wachstumsrate: 30 %

+1 +1 +1

n	0	1	2	3	10	15
f(n)	4	5,2	6,76	8,79	55,14	204,7

· 1,3 · 1,3 · 1,3

Funktionsgleichung: $f(n) = 4 \cdot 1{,}3^n$

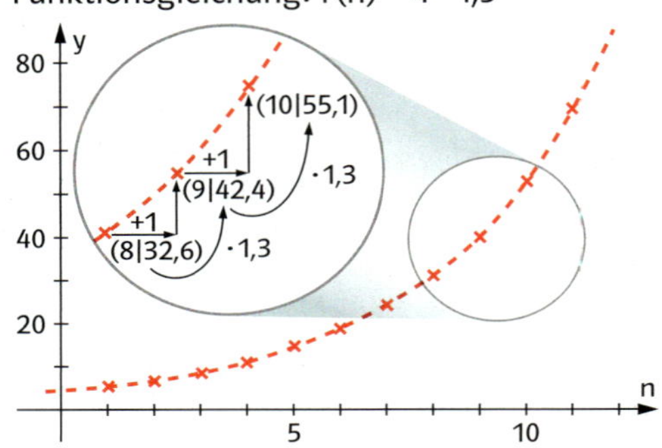

▻ Mathematische Werkstatt, Seite 148, 150

1 Gehe von einem Anfangswert 1,8 aus. Stelle jeweils eine Wertetabelle auf, bestimme die Funktionsgleichung und zeichne den Graphen.
a) Das lineare Wachstum beträgt:
1) +1,5 2) −0,8
b) Die Wachstumsrate beträgt:
1) +40 % 2) −40 %

2 Welche der folgenden Wertetabellen stellt ein lineares, welche ein exponentielles Wachstum dar?

	n	0	1	2	3	5
a)	f(n)	1	2	3	4	6
b)	f(n)	1	2	4	8	32
c)	f(n)	2	3,6	6,48	11,66	37,79
d)	f(n)	5	4,6	4,2	3,8	3
e)	f(n)	10	7,5	5,625	4,22	2,37

Zeichne jeweils den Graphen und gib die zugehörige Funktionsvorschrift an.

3 a) Indien 2007: 1131,9 Mio. Einwohner; Wachstumsrate 1,6 %; Fläche: 3,288 Mio. km².
Benutze diese Daten und rechne die Bevölkerungszahl für 2009, 2020 und 2100
- linear
- exponentiell

hoch.
Vergleiche die Hochrechnungsergebnisse. Welches Prognosemodell hältst du jeweils für geeignet?
b) Nimm Stellung zu der Aussage: „Alle Modelle sind falsch, einige sind nur weniger falsch als andere."

4 a) Im europäischen Vergleich hatte Frankreich mit 0,4 % im Jahr 2006 eine relativ hohe Bevölkerungswachstumsrate (Einwohner: 61,7 Mio.). Wie viele Einwohner wird Frankreich im Jahr 2015 etwa haben?
b) Im Jahr 2006 hatte die Türkei 73,1 Mio. Einwohner, im Jahr darauf 74,0 Mio.. Rechne auf dieser Basis die Bevölkerungszahl für 2015 hoch.

Übrigens
Damit Vorausschätzungen der Bevölkerungszahlen keine übertriebene Genauigkeit vortäuschen, wird oft eine optimistische, eine pessimistische und eine mittlere Variante berechnet.

5 China hat eine Fläche von 9 561 000 km². Ca. 27 % der Fläche sind weitgehend unfruchtbar (Stand 2001). Durch die Ausbreitung der Wüsten vergrößert sich diese Fläche jährlich um 2500 km².
a) Handelt es sich nach diesen Angaben um einen linearen oder einen exponentiellen Prozess?
b) Wenn die Entwicklung so weiter voranschreitet: Wie viele km² sind dann im Jahr 2025 in China weitgehend unfruchtbar?
c) Bestimme die zugehörige Funktionsgleichung.

6 2004 betrugen die bekannten Erdölvorräte 156,6 Mrd. Tonnen, der jährliche Abbau 4,1 Mrd. Tonnen.
Wie lange reichen diese Reserven, wenn der Verbrauch so bleibt wie im Jahr 2004? Zeichne einen Graphen zur Abnahme der Rohstoffvorräte und stelle die zugehörige Funktionsgleichung auf.

7 [●] Die Industrienationen insgesamt haben sich auf einer Weltklimakonferenz verpflichtet, ihren Ausstoß von Treibhausgasen bis zum Jahr 2012 gegenüber 1990 um 5,2 % zu senken. Würde dieses Ziel mit einer jährlichen prozentualen Abnahme von 0,25 % erreicht werden?

8 a) Finde die fehlerhaften Aussagen in diesem Artikel.
b) [●] Erkläre, wie die fehlerhaften Zahlen zustande gekommen sein könnten.

In 50 Jahren über neun Milliarden Menschen
Die Menschheit vermehrt sich nach der UN-Statistik zurzeit um 1,2 % oder 77 Millionen Babys pro Jahr. Die Hälfte des Zuwachses entfällt auf nur sechs Länder. Indien hat mit einem Bevölkerungsplus von 21 % im Jahr den weitaus größten Anteil, gefolgt von China mit 12 %, Pakistan mit 5 %, Nigeria und Bangladesch mit jeweils 4 % und Indonesien mit 3 %.

(Weser-Kurier, 1.3.2001)

Wozu dienen Prognosen?

Prognosen werden gemacht, um Entscheidungshilfen zu erhalten. Der Prozess, der dabei abläuft, kann mit einem Schaubild verdeutlicht werden.

Vorerfahrungen Interessen/Ziele → Mathematische Modelle entwickeln → Hochrechnung durchführen → Hochrechnungen bewerten und und mit den Interessen und Zielen abgleichen (- - - zurück zu Vorerfahrungen Interessen/Ziele)

▻ Man kann verschiedene Typen von Prognosen unterscheiden. Lies die einzelnen Aussagen zu den Prognosetypen durch. Wie unterscheiden sie sich?

Typ 1: Die Fortschreibung

Tim: Wie viel Energie brauchen wir in den nächsten 20 Jahren?

Alea: Aus unserem jetzigen Verbrauch (500 Mrd. kWh) und den Entwicklungstendenzen ist ein Wachstum von 2 % pro Jahr zu erwarten.

Tim: Die derzeitige Situation samt Entwicklungstendenzen wollen wir so erhalten.

Alea: Also wächst der Energiebedarf in 20 Jahren auf 743 Mrd. kWh.

Tim: Also brauchen wir etliche neue Kraftwerke.

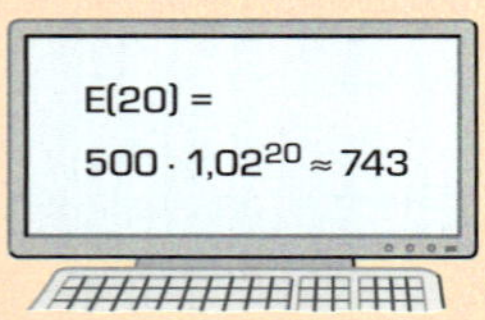

Charakterisierung
Aus aktuellen Daten werden Wachstumsraten entnommen. Diese Wachstumsraten werden auch für den weiteren Verlauf gefordert – oft ohne Begründung, weil der derzeitige Zustand und seine Fortentwicklung als selbstverständlich vorausgesetzt werden. Mit diesen Wachstumsraten wird der Zustand am Ende des Prognosezeitraums hochgerechnet.

Typ 2: Zielvorgaben

Otto: Aus Umweltschutzgründen sollten wir den Energieverbrauch langfristig (d. h. in 20 Jahren) von 500 auf 400 Mrd. kWh senken.

Kim: Wir räumen also der Senkung der Umwelt belastung höchste Priorität ein.

Otto: Das heißt, wir brauchen eine durchschnittliche prozentuale Abnahme von 1,11 % pro Jahr.

Kim: Also müssen wir sparsamere Technologien fördern, Anreize schaffen und Verständnis wecken, damit Energie gespart wird.

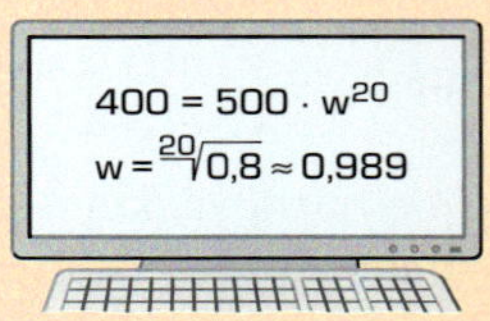

Charakterisierung
Es gibt eine bestimmte Vorstellung davon, was in der Zukunft erreicht werden soll. Diese Zukunftsvorstellung muss in der Regel begründet werden. Aus dieser Zielvorstellung wird die durchschnittliche Wachstumsrate zurückgerechnet.

Bei beiden Typen von Prognosen kann es sein, dass die Folgerungen, die man daraus für seine Handlungen zieht, nicht akzeptabel sind. Dann muss man die ursprünglichen Vorstellungen ändern.
In jede mathematische Prognose werden Entwicklungsvorstellungen hineingesteckt. Die Prognose ist ein Mittel, das diese Vorstellungen aufnimmt und ihre Auswirkungen zeigt.

Arbeitsauftrag für alle Aufgaben auf dieser Seite
Bearbeitet eine der Aufgaben und bereitet sie so vor, dass ihr sie der Klasse vorstellen könnt. Ordnet eure Prognose-Rechnungen einem der Prognose-Typen von Seite 70 zu und übertragt die Aussagen und den Bildschirmausdruck entsprechend auf euer Beispiel.

9 [ ] 1997 verpflichtete sich Deutschland in einer internationalen Klimaschutz-Vereinbarung, bis zum Jahr 2012 den Ausstoß von sechs Treibhausgasen um 21% gegenüber 1990 zu reduzieren.
a) Auf wie viel Prozent ist der Ausstoß im Jahr 2004 gegenüber 1990 schon gesunken? Welcher gleich bleibenden prozentualen Abnahme pro Jahr entspricht das?
Reicht diese Abbaurate, um das Ziel zu erreichen? Falls nicht, welche neue durchschnittliche jährliche Abbaurate wäre nötig, um es trotzdem zu erreichen?

Emissionen in Deutschland	
Jahr	CO_2-Äquivalent
1990	1226 Mio. t
2004	1089 Mio. t

b) [●] Im Aufgabenteil a) wird eine durchschnittliche exponentielle Abnahme angenommen. Ist das plausibel oder wäre eine lineare Abnahme (oder eine andere Annahme) sinnvoller?

10 [ ] Anfang des 21. Jahrhunderts gab es in Deutschland 44,3 Mio. Autos. Im Jahr 2001 stellte der Mineralölkonzern *Shell* eine Prognose des Pkw-Bestands für das Jahr 2020 vor. Es gab zwei Szenarien mit einer durchschnittlichen jährlichen Zuwachsrate von 0,9% bzw. 0,45%. Eine Rolle bei der Einschätzung der Zuwachsraten spielten erwartetes Wirtschaftswachstum, Bevölkerungsentwicklung, Globalisierung, erwartete Autonutzung von Senioren und Frauen.
Um wie viel Prozent ist der Automobilbestand im Jahr 2020 gegenüber dem Jahr 2001 nach den beiden Szenarien jeweils angewachsen?

11 [●] a) In einer Studie wurde als Grundlage für verschiedene Energieszenarien angenommen: „Die Wirtschaft wächst 2007 bis 2020 durchschnittlich im Jahr um 1,7%."
Um wie viel Prozent ist die Wirtschaft nach dieser Annahme 2020 gegenüber 2007 insgesamt gewachsen?
Tipp: Ausgangswert 2007: 100%.
b) Die Klimagas-Emissionen sollen im Jahr 2050 auf 20% des Werts von 1990 gesenkt werden. Deswegen wird in einem Szenario ein Ausbau der Kraftwerksleistung durch Windenergie von 22,6 MW im Jahr 2003 auf 68,5 MW im Jahr 2050 angestrebt.
Welche durchschnittliche jährliche Zuwachsrate bei Windkraftanlagen müsste bei diesem Szenario erreicht werden? Berechne in Prozent.

Quadratisches Wachstum

Wachstumsschritte eines Quadrats

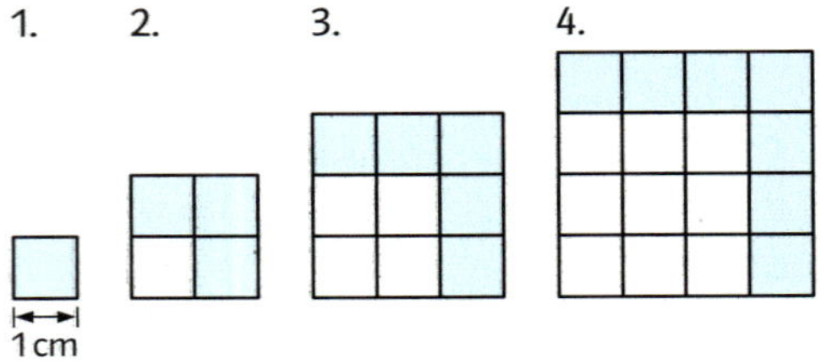

Es gibt nicht nur lineares oder exponentielles Wachstum. Bei einigen Wachstumsprozessen ist es schwierig, sie mit einer mathematischen Gleichung zu beschreiben, bei anderen geht das recht einfach.
- Betrachte das Flächenwachstum des Quadrats.
- Skizziere einen Graphen, der den Flächeninhalt des Quadrats in Abhängigkeit von der Seitenlänge zeigt und stelle die Funktionsgleichung auf.
- Notiere, um wie viel das Quadrat von Schritt zu Schritt wächst.
- Was fällt dir dabei auf?

Bei **quadratischen Funktionen** nimmt das Wachstum in gleichen Abschnitten linear zu (oder ab).

Beispiel

Es wird untersucht, ob die folgenden Werte zu einer quadratischen Funktion gehören können:
$f(0) = 1$; $f(1) = 1{,}2$; $f(3) = 2{,}8$; $f(4) = 4{,}2$

Betrachtung der Zunahme des Wachstums

x	0	1	2	3	4
f(x)	1	1,2	1,8	2,8	4,2
Wachstum		+ 0,2	+ 0,6	+ 1	+ 1,4
Zunahme des Wachstums			+ 0,4	+ 0,4	+ 0,4

Die **Zunahme steigt gleichmäßig** um 0,4 pro Einheit, also kann es sich um ein quadratisches Wachstum handeln.

1 Skizziere die drei Graphen zu $f(x) = 2x$; $f(x) = x^2$ und $f(x) = 2^x$. Beschreibe, wie sich die Graphen unterscheiden. Berücksichtige bei deiner Beschreibung auch das Wachstumsverhalten.

2 Welche der folgenden Wachstumsreihen gehören zu linearem, zu quadratischem oder zu exponentiellem Wachstum?

x	0	1	2	3	4
$f_1(x)$	−1	−0,6	+0,6	2,6	5,4
$f_2(x)$	0,05	0,15	0,45	1,35	4,05
$f_3(x)$	0	0,1	2,4	7,3	9,6
$f_4(x)$	5	3	1	−1	−3

3 [💻✎] a) Experimentiere mit dem Computer oder einem Funktionenplotter. Welches Wachstum ist stärker: exponentielles oder quadratisches? Zeichne dazu z. B. die Graphen von $1{,}1^x$ und $3x^2$ oder $10x^2$. Betrachte die Funktionswerte zu kleinen und sehr großen x-Werten. Halte deine Ergebnisse schriftlich fest.
b) [●●] Erkläre deine Ergebnisse.

4 [@] Beim Fallen eines Gegenstands nimmt die Fallstrecke in Abhängigkeit von der Zeit quadratisch zu.
Nenne ein eigenes Beispiel zu quadratischem Wachstum und recherchiere, welche Prozesse man mit quadratischen Funktionen beschreiben kann.

▻ Mathematische Werkstatt, Seite 149, 151

Exponentialfunktionen

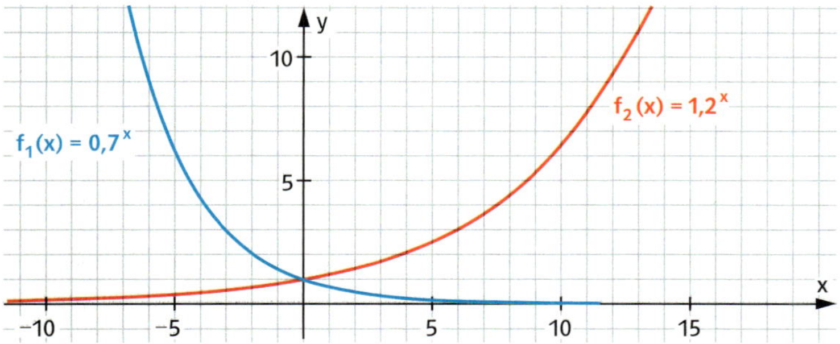

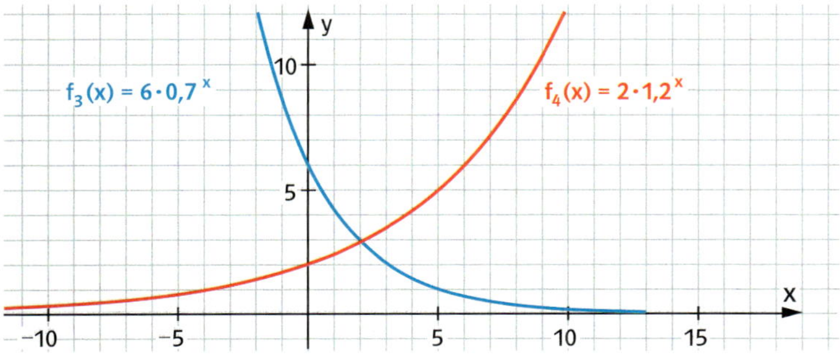

Zu- und Abnahmeprozesse mit prozentualem Wachstum führen auf Expontialfunktionen, deren Funktionsgleichungen die allgemeine Form $f(x) = c \cdot a^x$ haben.

In den bisherigen Beispielen wurden für x nur natürliche Zahlen eingesetzt. Bei Exponentialfunktionen kann x beliebige reelle Werte annehmen, also auch negative Zahlen, Bruchzahlen und irrationale Zahlen.

- Nenne Beispiele für Prozesse, die mit Exponentialfunktionen beschrieben werden können und notiere wenn möglich die zugehörigen Funktionsgleichungen.
- Welche Bedeutung haben die Zahlen a und c für den Graphen der Funktion? Experimentiere mit dem Computer und notiere deine Vermutungen.

Die Funktion mit $\mathbf{f(x) = a^x}$ mit gegebener Zahl $a > 0$, $a \neq 1$ heißt **Exponentialfunktion**.
Der Graph der Funktion verläuft immer oberhalb der x-Achse.
Ist $a > 1$, so steigt der Graph, ist $0 < a < 1$, so fällt er.
Wird die Exponentialfunktion mit einem Faktor $c \neq 0$ multipliziert, so heißt die Gleichung $\mathbf{f(x) = c \cdot a^x}$. Dabei ist c der Funktionswert an der Stelle $x = 0$. Also schneidet der Graph die y-Achse in $S(0|c)$.

Beispiele

a) $f(x) = 2 \cdot 1{,}3^x$

x	−3,5	−1	0	1	4,5	6
f(x)	0,8	1,54	2	2,6	6,51	9,65

Der Graph steigt, da $a = 1{,}3 > 1$.
Schnittpunkt mit der y-Achse: $S(0|2)$

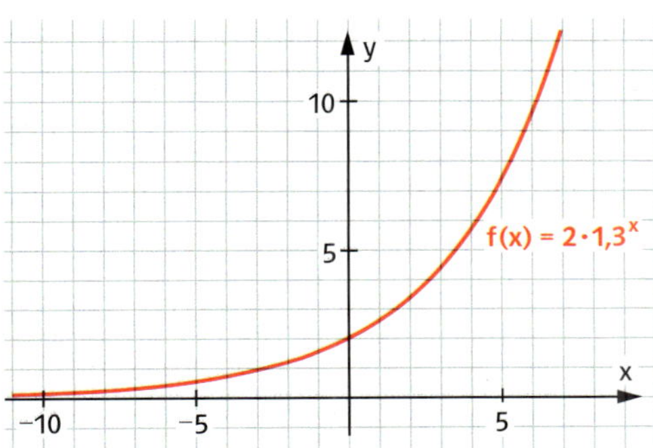

b) $f(x) = 30 \cdot 0{,}95^x$

x	−10	0	10	20	40
f(x)	50,11	30	17,96	10,75	3,86

Der Graph fällt, da $a = 0{,}95 < 1$.
Schnittpunkt mit der y-Achse: $S(0|30)$

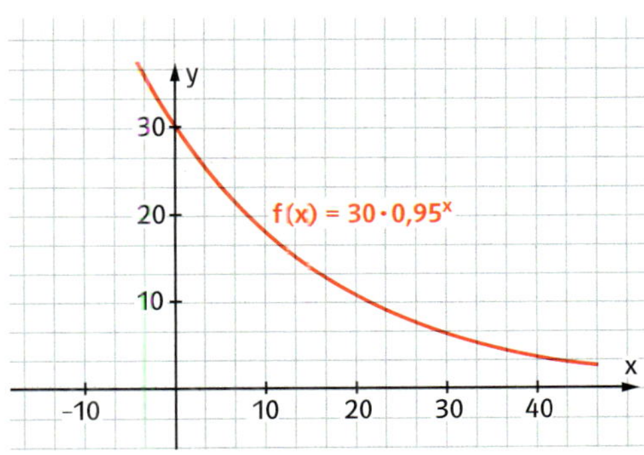

Tipp
Arbeite beim Zeichnen der Graphen mit einem Computerprogramm. Achte auf die üblichen Schreibweisen.

1 Gegeben sind die Exponentialfunktionen mit der Gleichung $f_1(x) = 1{,}4^x$ und $f_2(x) = 0{,}75^x$.
a) Welcher der zugehörigen Graphen steigt bzw. fällt?
b) Zeichne die Graphen der Funktionen im Bereich −5 bis 5.
c) Bestimme anhand der Graphen näherungsweise die Werte $f_1(1{,}5)$, $f_1(3{,}7)$, $f_2(-2{,}5)$, $f_2(0{,}8)$.

2 Ordne die Funktionsgraphen richtig zu.
a) $f(x) = 1{,}3^x$
b) $g(x) = 2{,}3^x$
c) $h(x) = 0{,}3^x$
d) $j(x) = 0{,}8^x$
e) $k(x) = 2 \cdot 1{,}3^x$

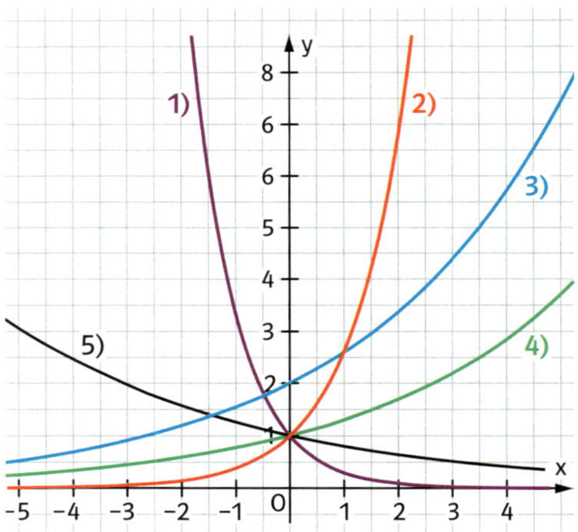

3 Eine Exponentialfunktion hat die Form $f(x) = a^x$. Bestimme a für
a) $f(1) = 2$
b) $f(2) = 9$
c) $f(5) = 97{,}66$
d) $f(10) = 0{,}35$
e) $f(0) = 1$

4 Bestimme die Funktionsgleichung der Exponentialfunktion, die durch die Punkte P_1 und P_2 verläuft.
a) $P_1(0|4)$ und $P_2(1|5)$
b) $P_1(0|2)$ und $P_2(2|0{,}5)$
c) [●] $P_1(1|18)$ und $P_2(4|31{,}104)$
d) [●] $P_1(2|16)$ und $P_2(4|0{,}4096)$
e) [●] Warum ist eine Exponentialfunktion durch zwei Punkte eindeutig bestimmt?

Tipp
Die Aufgaben 5 bis 7 eignen sich für eine arbeitsteilige Gruppenarbeit am Computer oder für ein Gruppenpuzzle. Mit Aufgabe 8 könnt ihr überprüfen, ob ihr alles verstanden habt und ob ihr euch alles merken konntet.

5 Gegeben sind die Funktionen mit der Gleichung $f_1(x) = 0{,}9^x$ und $f_2(x) = 0{,}9^{-x}$.
a) Zeichnet die Graphen im Bereich von −5 bis 5. Was fällt euch auf?
Experimentiert auch mit anderen Wachstumsfaktoren und notiert eure Vermutung.
b) [●] Beschreibt den Zusammenhang mithilfe von Formeln.

6 a) Zeichnet den Graphen der Funktion mit $f(x) = 3^x$.
b) Was geschieht mit den Funktionswerten, wenn −10, −20, −100, −200 für x eingesetzt werden?
Was geschieht, wenn sehr große Werte für x eingesetzt werden?
Experimentiert auch mit anderen Wachstumsfaktoren. Haltet eure Erkenntnisse schriftlich fest.

7 a) Zeichnet die Graphen der Funktionen mit den Gleichungen.
$f_1(x) = 1{,}5^x$ $f_2(x) = 1{,}5^x + 2$
$f_3(x) = 1{,}5^x - 2$ $f_4(x) = 2 \cdot 1{,}5^x$
$f_5(x) = 0{,}5 \cdot 1{,}5^x$ $f_6(x) = -1 \cdot 1{,}5^x$
b) Beschreibt: Wie unterscheiden sich die Graphen von f_1, f_2 und f_3? Was bewirken die Summanden?
Notiert eure Vermutung als allgemeines Gesetz und überprüft sie an geeigneten Beispielen.
c) Beschreibt: Wie unterscheiden sich die Graphen von f_1, f_4, f_5 und f_6? Was bewirken die Faktoren? Notiert eure Vermutung als allgemeines Gesetz und überprüft sie an geeigneten Beispielen.

8 Du „schreibst" mit deinem Finger auf den Rücken deiner Partnerin/deines Partners eine Funktionsgleichung einer Exponentialfunktion (zum Beispiel: $1{,}2^x$). Deine Partnerin/dein Partner skizziert den Verlauf des Graphen im Heft in ein Koordinatensystem (steigend/fallend/Schnittpunkt mit der y-Achse).
Tauscht nach vier Runden.

Exponentielle Gleichungen

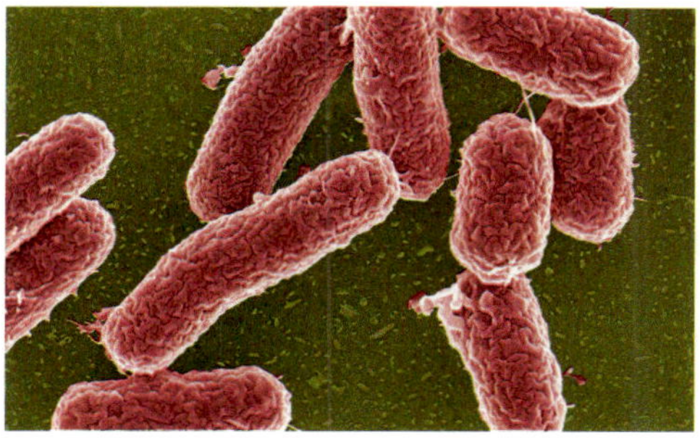

9 Fast in jedem Sommer werden Fälle von tödlich verlaufenden *Salmonellen-Infektionen* bekannt. *Salmonellen* sind in der Lage, sich schnell zu vermehren – unter günstigen Bedingungen kann sich ihre Zahl innerhalb von 20 Minuten verdoppeln. Bei niedrigen Temperaturen vermehren sie sich langsamer, unter 7 °C gar nicht mehr.
In einer mit rohen Eiern zubereiteten Speise befindet sich morgens um 9 Uhr eine Konzentration von 100 Salmonellen pro Gramm. Die Speise wird nicht gekühlt, die Salmonellen haben also ideale Vermehrungsbedingungen.
Wie lange dauert es, bis der gesundheitskritische Wert von 17 Mio. Bakterien pro Gramm erreicht ist?

10 Löse die folgenden Gleichungen.
a) $3^x = 156$ b) $1{,}1^x = 3$
c) $10 \cdot 0{,}95^x = 5$ d) $2 \cdot 2^x = 0{,}6$
e) $5 \cdot 1{,}2^x = 10{,}368$ f) $80 \cdot 80^x = 8$

11 Die Tabelle zeigt die Bevölkerungszahlen und Wachstumsraten von Deutschland und der Türkei im Jahre 2007.

	Bevölkerung	Wachstumsrate
Deutschland	82,7 Mio	−0,2 %
Türkei	74,0 Mio	1,2 %

Wann überschreiten bzw. unterschreiten die Länder bei gleich bleibender Wachstumsrate die Einwohnerzahl 80 Mio.?

Exponentielle Gleichungen lösen

Es gibt Situationen, in denen der Zeitraum bestimmt werden soll, innerhalb dessen ein bestimmtes exponentielles Wachstum stattfindet. Das bedeutet, dass man bei einer exponentiellen Gleichung den **Wert des Exponenten** sucht. Man kann die Lösung durch **gezieltes Probieren** oder **grafisch** finden, indem man den Graphen zur Funktion zeichnet und den entsprechenden x-Wert abliest.

▻ Löst die Gleichung $6^x = 2000$
a) durch Probieren,
b) grafisch.

Man kann den Wert des Exponenten aber auch berechnen – mit dem **Logarithmus**, der das Potenzieren wieder rückgängig macht.

Beispiel:
Die Gleichung $6^x = 2000$ kann man mit dem Taschenrechner so lösen:

$6^x = 2000$ | log
$x = \log_6 2000$
$x \approx 4{,}24$
Probe: $6^{4,24} \approx 2000$

Allgemein:
$a^x = b$ | log
$x = \log_a b$ (Sprich: Logarithmus von b zur Basis a)

12 Eine Gleichung hat die Form $a^x = y$.
a) Bestimme y mit a = 1,6 und x = 5.
b) Bestimme x mit a = 1,6 und y = 20.
c) Bestimme a mit x = 5 und y = 20.
d) [👥] Stellt euch gegenseitig ähnliche Aufgaben und löst sie.

13 [✎] Beschreibe, wie bei der Lösung einer Gleichung, bei der x im Exponenten steht, vorgegangen wird. Stelle dies mithilfe eines Werbespruchs, einer SMS oder eines Kochrezepts dar.

Arbeitsvorschlag: Langzeitaufgaben oder ein Gruppenpuzzle

Wachstum spielt nicht nur bei Prognosen eine Rolle. Auf diesen beiden Seiten und auf den folgenden Doppelseiten findet ihr dafür Beispiele, die eure Kenntnisse zu Wachstum noch erweitern können. Ihr könnt euch Bereiche aussuchen, die euch interessieren und Aufgaben dazu bearbeiten.

– Für die **Langzeitarbeit** solltet ihr euch mindestens fünf Aufgaben vornehmen – von jeder Doppelseite mindestens eine. Eine der Lösungen solltet ihr besonders sorgfältig als Musterlösung aufschreiben.

– Für ein **Gruppenpuzzle** oder eine arbeitsteilige Gruppenarbeit mit Präsentation eignen sich zum Beispiel die Aufgaben zu „Geld und Zinsen" Nr. 19 und 22, die Aufgaben zu „Über und unter Wasser" Nr. 24 bis 26 oder die Aufgaben zu „Halbwertszeit" Nr. 28 und 29. Überlegt nach dem Vorstellen der Aufgaben gemeinsam: Was war an den Aufgaben gleich, was war unterschiedlich?

Geld und Zinsen

14 Mit Geld und Zinsen habt ihr im Laufe eurer Schulzeit schon öfter gerechnet. In diesem Kapitel hast du Wachstumsfaktor und Wachstumsrate kennen gelernt. Inwiefern können diese Begriffe bei der Zinsrechnung helfen?

– Seray hat 500 € erhalten und legt sie für ein Jahr auf dem Sparbuch mit einem Zinssatz von 3,25 % p. a. an. Wie viel Geld hat sie nach einem Jahr auf dem Sparbuch?

– Serays Bruder hat nach einem Jahr 433,65 € auf dem Sparbuch. Wie viel Euro hatte er zu Beginn des Jahres?

– Wenn Seray ihre 500 € bei einer anderen Bank angelegt hätte, hätte sie nach einem Jahr 515 € gehabt. Welchen Zinssatz hätte diese Bank gezahlt?

Übrigens

p. a. *per annum* ist eine Abkürzung und bedeutet pro Jahr.

15 Ein Geldbetrag von 4000 € wird für 8 Jahre (inklusive Zinsen) zu 5,85 % p. a. fest angelegt.

a) Wie viel Geld wird nach 8 Jahren ausbezahlt?

b) Warum handelt es sich hier um exponentielles Wachstum?

16 Ein Geldbetrag von 2000 € wird für 5 Jahre fest angelegt. Die jährlichen Zinsen werden dem Kapital zugerechnet und mit verzinst. Am Ende der Laufzeit werden 2552,56 € ausbezahlt. Zu welchem Zinssatz wurde das Geld verzinst?

17 Bundesschatzbriefe sind Wertpapiere, mit denen die *Bundesrepublik Deutschland* Kredite aufnimmt.
Beim Typ A (6 Jahre Laufzeit) werden die Zinsen jährlich ausbezahlt.
Beim Typ B (7 Jahre Laufzeit) werden sie dem Kapital zugerechnet und mit verzinst.

Laufzeitjahr	Nominalzins
1. Jahr	3,75 %
2. Jahr	4,00 %
3. Jahr	4,00 %
4. Jahr	4,25 %
5. Jahr	4,25 %
6. Jahr	4,5 %
nur Typ B: 7. Jahr	4,5 %

Nach einem Jahr kann man Bundesschatzbriefe jederzeit wieder verkaufen.

a) Berechne, wie viel Zinsen für 1000 € nach einem, zwei, … Jahren beim Typ A bzw. B anfallen.

b) [●] Mit welchem gleich bleibenden jährlichen Zinssatz hätte man beim Typ B nach einem, zwei, drei … Jahren dasselbe erreicht?
Diesen Zinssatz nennt man *Rendite*.

18 [@] Erkundige dich nach aktuellen Spar- bzw. Kreditkonditionen bei einer Bank und formuliere dazu eine Aufgabe.

▻ Mathematische Werkstatt, Seite 142, 143

19 Ein Geldbetrag von 3000 € wird zur Geburt eines Kindes für 15 Jahre (inklusive Zinsen) zu 6 % p.a. fest angelegt.
a) Wie viel Geld wird nach 15 Jahren ausbezahlt?
b) Bestimme eine Funktionsgleichung für die Kapitalentwicklung und zeichne den zugehörigen Graphen.
c) Nimm an, die Zinsen würden jährlich ausbezahlt. Wie viel Zinsen hat man in diesem Fall insgesamt nach 15 Jahren erhalten? Lege eine Wertetabelle für die Kapitalentwicklung (Ausgangskapital plus Zinsen) an. Zeichne einen Graphen und vergleiche mit Aufgabe 7b).

20 [● 💻] Verwende für diese Aufgabe ein geeignetes Tabellenkalkulationsprogramm.
a) Bei einem Bankkredit von 20 000 € wurde ein Zinssatz von 5,25 % p.a. und eine monatliche Rückzahlung von 200 € vereinbart. Auch die Zinsen werden monatlich berechnet. Laufzeit des Vertrages: 4 Jahre. Stelle dar, wie viel Zinsen monatlich anfallen, wie viel der monatlichen *Rate* für *Tilgung* verwendet wird und wie groß die *Restschuld* am Monatsende jeweils ist.

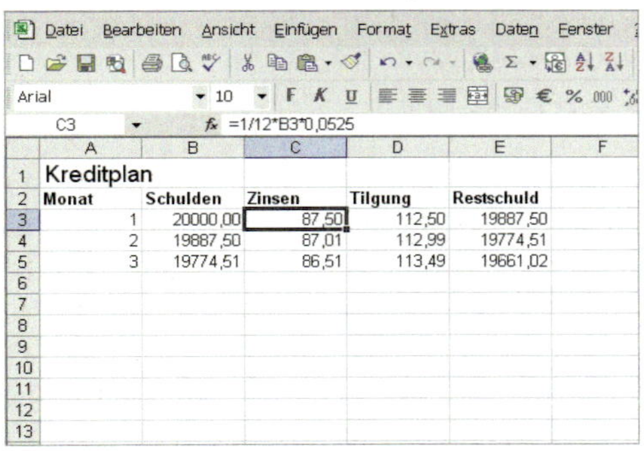

	A	B	C	D	E	F
1	Kreditplan					
2	Monat	Schulden	Zinsen	Tilgung	Restschuld	
3	1	20000,00	87,50	112,50	19887,50	
4	2	19887,50	87,01	112,99	19774,51	
5	3	19774,51	86,51	113,49	19661,02	
6						
7						
8						
9						
10						
11						
12						
13						

Du kannst im Bild ablesen, mit welcher Vorschrift der Wert in Feld C3 in der Tabellenkalkulation berechnet wurde. Wie kommt man auf diese Vorschrift? Wie groß ist die Restschuld nach vier Jahren?
b) Wie groß wäre die Restschuld nach vier Jahren, wenn pro Monat 300 € zurückgezahlt würden?

Online Link
720370-0771

Info

Rate: Geld, das pro Monat an die Bank überwiesen wird. Mit einem Teil der Rate bezahlt man die Zinsen für den Kredit, ein anderer Teil wird für die Tilgung verwendet.
Tilgung: Der Betrag, um den die Schulden bei der Bank im Monat abnehmen.
Restschuld: Der Betrag des Kredits, der noch nicht zurückgezahlt ist.

21 Berechne die fehlenden Größen. Die Zinsen werden mit verzinst.

	Anfangskapital	Zeit	Zinssatz	Endkapital
a)	1000 €	3 Jahre	4,5 %	
b)	4500 €	7 Jahre	5,25 %	
c)	1500 €	2,5 Jahre	3,5 %	
d)		12 Jahre	6 %	6036 59 €
e)	1000 €	5 Jahre		1231,35 €
f)	10 000 €	10 Jahre		20 610,32 €

22 Im Jahre 1627 verkaufte ein Indianerstamm die Insel *Manhattan* für 24 Dollar. Im Jahre 1970 wurde der Wert des Landes auf 6 Milliarden Dollar geschätzt.
a) Nimm an, die 24 Dollar wären mit 3 % Jahreszins angelegt worden. Auf welchen Betrag wären sie bis 1970 mit Zinseszins angewachsen? War der Kauf von Manhattan eine gute Geldanlage?
b) Welchem Zinssatz entspricht die Wertsteigerung von 24 Dollar im Jahr 1627 auf 6 Milliarden Dollar im Jahr 1970 unter Berücksichtigung der Zinseszinsen?
c) Angenommen, die Wertsteigerung setzt sich so fort wie im Aufgabenteil b) berechnet. Nach wie vielen Jahren wäre der Wert auf 7,5 Milliarden gestiegen?
d) Thomas überlegt, dass nach einem Drittel der Zeit (etwa 1740) die Insel 2 Milliarden Dollar wert gewesen wäre und um 1855 schon 4 Milliarden Dollar. Nimm zu dieser Annahme Stellung.

▻ Mathematische Werkstatt, Seite 142, 143

Tipp
10 N entsprechen auf der Erde einem Gewicht von 1 kg.

Info
Nach einem längeren Aufenthalt unter Sauerstoffmangel erhöht sich die Anzahl der roten Blutkörperchen und damit die Sauerstofftransportkapazität.

Über und unter Wasser

23 Auf der Erdoberfläche lastet die gesamte Luftschicht und verursacht den *atmosphärischen Druck*. Dieser wird in *Hektopascal* (hPa) angegeben und beträgt in Meereshöhe etwa 1013 hPa, d. h. die Lufthülle der Erde übt eine Kraft von 101,3 kN auf 1 m^2 aus.
Je höher man steigt, desto „dünner" wird die Luft, denn sie dehnt sich mit abnehmendem Druck aus. Der Luftdruck nimmt um 1,4 % pro 100 m Höhenunterschied ab. Faustregel: Auf jedem cm^2 lastet etwa die Gewichtskraft von 1 kg (auf Meereshöhe).
a) Wie ändert sich der Luftdruck, wenn man aus einer Höhe von 500 m bei beständigem Wetter auf den *Kahlen Asten* (841 m) oder die *Zugspitze* (2962 m) steigt?
b) Berechne bezogen auf 1013 hPa den Luftdruck auf dem
- *Kilimandscharo* (5895 m)
- *Mt. Everest* (8848 m)

c) Zeichne einen Graphen, der den Luftdruck in Abhängigkeit von der Höhe darstellt. Stelle die zugehörige Funktionsgleichung auf.
d) [●] Störungen der Leistungsfähigkeit des Menschen treten ein, wenn der Druckanteil des Sauerstoffs in der Luft zu gering wird. Das geschieht, wenn der Luftdruck einen Wert von ca. 620 hPa unterschreitet. Bei welcher Höhe ist dies der Fall?

i Atmen an der Luft und im Wasser

Beim Atmen gelangt Luft in unseren Körper. Der **Sauerstoff** wird in der Lunge von den roten Blutkörperchen gebunden und zu den Organen und Muskeln geführt. Das Abfallprodukt des Stoffwechsels – das **Kohlenstoffdioxid** – wird wieder zur Lunge zurückgeführt und ausgeatmet. Der **Stickstoff** (Anteil in der Luft ca. 78 %) nimmt nicht am Stoffwechsel teil.

Stickstoffanteile können sich aber im Blut anreichern. Wenn man in Meeresspiegelhöhe atmet, ist der Körper mit Stickstoff gesättigt. Geht man mit einem Luftvorrat unter Wasser, erhöht sich mit zunehmender Tiefe der Druck der einzelnen Luftbestandteile. In 30 Metern Tiefe beträgt der **Druck des Stickstoffs** bereits etwa 3200 hPa. Dadurch löst sich mehr Stickstoff im Körper. Mit dem Blut gelangt der Stickstoff ins Gehirn und kann dort die Weiterleitung von Impulsen an Nervenzellen verhindern.

Der in der Luft enthaltene Stickstoff verursacht damit unter Druck den gefährlichen **Tiefenrausch**, der bis zur Bewusstlosigkeit und zum Tod führen kann.

24 Beim Tauchen spielt der Wasserdruck eine große Rolle, denn der Atemregler versorgt die tauchende Person stets mit Luft unter Umgebungsdruck. In der Tiefe bleibt das Volumen der Lunge konstant, die Luft aber wird „dicker" – enthält mehr Teilchen pro cm^3. In Flüssigkeiten nimmt der Druck proportional zur Tiefe zu. Auf Meereshöhe beträgt er etwa 1000 hPa, in 10 m Tiefe doppelt so viel, in 20 m Tiefe dreimal so viel wie auf Meereshöhe.
a) Zeichne einen Graphen, der den Wasserdruck in Abhängigkeit von der Tauchtiefe zeigt.
b) Stelle die zugehörige Funktionsgleichung auf.

Übrigens

Dekompression heißt Überdruckabbau.

25

[●] Beim Tauchen wird im Körper mehr *Stickstoff* gelöst als an der Erdoberfläche. Die Menge hängt von Tauchtiefe und -dauer ab. Beim Auftauchen wird der über den normalen Wert im Körper gelöste Stickstoff wieder abgebaut, im Allgemeinen ist jedoch die Auftauchzeit zu kurz, um allen überschüssigen Stickstoff wieder abzubauen.
Taucht man zu schnell auf, kann es zur *Dekompressionskrankheit* kommen: Der Stickstoff perlt in Bläschen aus. Diese können dann die Blutbahn verstopfen oder Gelenke blockieren.
Die Veränderung des Stickstoffgehalts wurde wissenschaftlich untersucht. Dabei wurde der Stickstoffgehalt eines Gewebes nach dem Auftauchen in Abständen von 10 Minuten gemessen.

10-Min-Abschnitt	0	1	2	3	4	5	6
p (%)	100	52,3	24,1	14	5,9	3,0	1,8

Die Tabelle zeigt die Durchschnittswerte der untersuchten Personen.
a) Zeichne die Werte in ein Koordinatensystem.
b) Exponentielles Wachstum liegt vor, wenn die Wachstums-/Abnahmeraten in gleichen Zeiträumen in etwa konstant sind. Untersuche, ob dies hier der Fall ist.
c) Finde eine Funktionsgleichung, die den Verlauf der Werte beschreibt, wenn man sie etwas „glättet".

26 Sehen unter Wasser

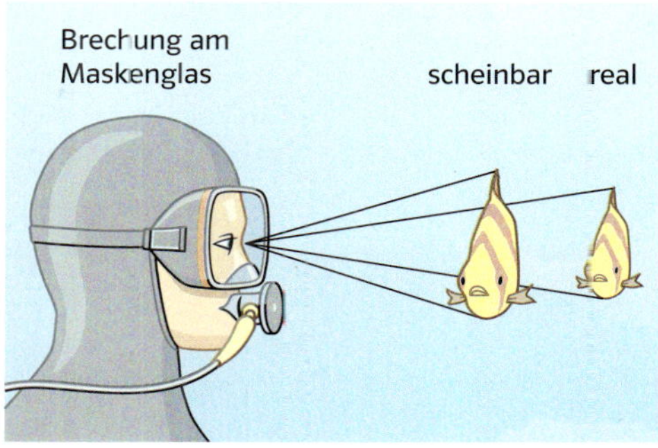

Durch die Maske erscheinen unter Wasser alle Gegenstände um ein Drittel größer und um ein Viertel näher.
a) Übersetze die Aussagen in Funktionsgleichungen.
b) Zeichne den Graphen der wahrgenommenen Entfernung in Abhängigkeit zur tatsächlichen Entfernung.

27

Beim Tauchen nimmt die *Lichtintensität* bei klarem Wasser um ca. 11 % pro Meter ab.
a) Ein Taucher taucht 10 m tief. Auf wie viel Prozent des Ausgangswerts ist die Lichtintensität gesunken?
b) Eine Unterwasserkamera benötigt 35 % des Tageslichts, um gute Aufnahmen zu machen. Bis zu welcher Tiefe kann man ohne künstliche Lichtquelle Aufnahmen machen?

Halbwertszeiten, Verdopplungszeiten

Radioaktive Stoffe wandeln sich unter Abgabe von Strahlung in nicht radioaktive Stoffe um. Die Zerfallsgeschwindigkeit gibt man in **Halbwertszeiten** an.

Die Zeit, in der sich bei exponentieller Abnahme die Ausgangsgröße halbiert, nennt man **Halbwertszeit T**. Der Wachstumsfaktor für diese Zeitspanne ist $a = \frac{1}{2} = 0{,}5$.
Die Zeit, in der sich bei exponentieller Zunahme die Ausgangsgröße verdoppelt, nennt man **Verdopplungszeit**. Der Wachstumsfaktor für diese Zeitspanne ist $a = 2$.

Beispiele

a) *Schwefel 37* hat eine Halbwertszeit T von 5 Minuten. Zu Beginn liegen 80 mg vor.

Zeit (Min.)	Rechnung	Schwefel (mg)
0	$80 \cdot 0{,}5^0$	80
5	$80 \cdot 0{,}5^1$	40
10	$80 \cdot 0{,}5^2$	20
15	$80 \cdot 0{,}5^3$	10
20	$80 \cdot 0{,}5^4$	5

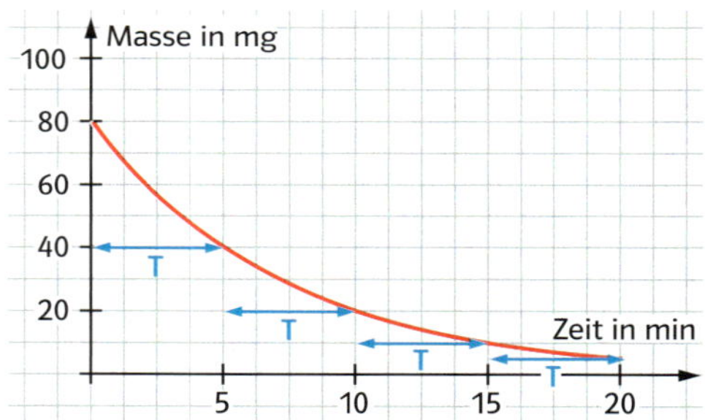

b) *Cholerabakterien* haben bei 37 °C eine Verdopplungszeit von etwa 30 Minuten. Nach 7 Verdopplungszeiten haben sie sich auf das 2^7-fache, also auf das 128-fache vermehrt. Für 7 Verdopplungszeiten verstreichen $7 \cdot 0{,}5 = 3{,}5$ Stunden. Sind anfänglich z. B. 50 Cholerabakterien vorhanden, so haben sie sich nach 3,5 Stunden auf $50 \cdot 128$ Bakterien vermehrt.

c) Bei dem Reaktorunfall in *Tschernobyl* 1986 wurde radioaktives *Cäsium 137* freigesetzt. *Cäsium 137* hat eine Halbwertszeit von 33 Jahren.
Von 1986 bis zum Jahr 2010 sind 24 Jahre vergangen, also $\frac{24}{33}$ Halbwertszeiten. Also sind im Jahr 2010 noch
$100\,\% \cdot 0{,}5^{\frac{24}{33}} = 1 \cdot 0{,}5^{\frac{24}{33}} \approx 1 \cdot 0{,}5^{0{,}727} \approx 0{,}604$
$= 60{,}4\,\%$ des damals freigesetzten Stoffs vorhanden.

Tipp
Die Halbwertszeiten einiger Stoffe findest du auf Seite 81.

28 Am 26. April 1986 ereignet sich im Atomkraftwerk *Tschernobyl* bei *Kiew* ein schwerer Reaktorunfall. Bei dem Super-GAU (**g**rößter **a**nzunehmender **U**nfall) wurden große Mengen der radioaktiven Stoffe *Jod 131* und *Cäsium 137*, in geringerem Umfang auch *Strontium 90* freigesetzt. Sie wuren durch den Wind über große Teile Europas verbreitet. Durch die Ablagerungen auf Pflanzen und Böden gelangten diese Stoffe auch in die Nahrungskette.
Nach wie vielen Jahren ist jeweils nur noch $\frac{1}{8}$ der freigesetzten Menge der radioaktiven Stoffe vorhanden?

Halbwertszeiten

Die **Halbwertszeit** gibt an, nach welcher Zeit jeweils die Hälfte der strahlungsfähigen Kerne eines radioaktiven Elements zerfallen:

Jod 131	8 Tage
Cäsium 137	33 Jahre
Strontium 90	28,5 Jahre
Kohlenstoff 14	5730 Jahre
Plutonium	24 110 Jahre
Technetium 99	6 Stunden

Die Zahl hinter den Elementen gibt an, wie viele **Protonen** und **Neutronen** das Atom enthält. Man nennt sie **Massenzahl**.

Übrigens

Plutonium schädigt sowohl durch Strahlung als auch durch chemische Giftwirkung. Auch das Zerfallsprodukt ist giftig.

29 a) Welcher Prozentsatz des bei dem Super-GAU in *Tschernobyl* freigesetzten *Cäsiums/Strontiums* ist im Jahr 2015 noch vorhanden?
b) Wann war der Prozentsatz der freigesetzten Menge von *Jod 131* in der Umwelt auf unter 5 % gesunken?

30 In einem Leitartikel der *Badischen Zeitung* über Strombedarf ging es auch um Risiken von Atomkraftwerken: Erkläre, inwiefern der Schreiber des Artikels den Begriff Halbwertszeit missverstanden hat.

„Die wichtigste Zahl dabei ist die Halbwertszeit von Plutonium, des giftigsten Stoffes überhaupt: 24 000 Jahre. Doppelt so lange also dauert es, bis Plutonium sich in eine nicht mehr strahlende, harmlose Materie verwandelt hat.“

(Badische Zeitung 29.7.1998)

31 Eine Bakterienkultur verdoppelt sich alle zwei Stunden. Auf das Wievielfache ihrer ursprünglichen Größe ist sie nach einer halben Stunde (5 h, 8 h, 19 h) angewachsen?
Zeichne einen Graphen zum Wachstum.

32 a) Passen die verschiedenen Aussagen über das Wachstum der *Wasserhyazinthe* zusammen?

„... Große Schädlinge in fremden Biotopen seien der Nilbarsch und im afrikanischen Viktoria-See die Wasserhyazinthe. Sie wächst so schnell, dass sich die von ihr bedeckte Fläche in 12 Tagen verdoppelt ... “

(Frankfurter Rundschau, 12.5.01)

... Die Wasserhyazinthe breitet sich mit einem Tempo aus, „bei dem einem schwindlig werden könnte: In vier Monaten werden aus einer Pflanze 600!“

(Katalog Tee-Kampagne 2000)

„Dieser Fluss ist fast vollständig mit Wasserhyazinthen zugewachsen. Etwa alle 15 bis 20 Tage verdoppelt das driftende Pflanzengeflecht seine Ausmaße.“

(Projektwerkstatt The waterhyacinth chair 2000)

b) Der *Viktoria-See* ist der größte See Afrikas und mit 68 000 km^2 der drittgrößte See der Welt. Wie lange würde es bei 1 m^2 Ausgangsfläche und der oben angegebenen Verdopplungszeit dauern, bis der See vollständig zugewachsen wäre?
Schätze zunächst! Probiere dann systematisch oder rechne direkt.

Altersbestimmung

1 Das Alter der beiden kleinen Frauenfiguren wurde mithilfe der *Radiokarbonmethode* ermittelt.
Die Elfenbein-Figur von *Gönnersdorf* (links) ist ca. 15 500 Jahre alt.
Die Figur von *Lespugue* aus Mammutelfenbein ist sogar 24 000 Jahre alt.
Wie viel Prozent des ursprünglichen C14-Gehalts wurde bei der Entdeckung der beiden Figuren noch gemessen?

2 1992 wurden in Australien Felsbilder der *Aborigines* entdeckt, die sich von den bisher bekannten unterschieden. Es wurden 0,49 % des ursprünglichen C14-Gehalts gemessen.
Wurde der bisherige Altersrekord von 30 000 Jahren für Felsbilder damit gebrochen?

3 1991 entdeckten Bergsteiger im Eis der *Ötztaler Alpen* eine Leiche. Als diese nach ihrer Bergung genauer untersucht wurde, entpuppte sie sich als die älteste Gletscherleiche der Welt; vermutlich ein Hirte, den ein Witterungsumschwung überrascht hatte. In seinen Knochen wurden 53 % des ursprünglichen C14-Gehalts festgestellt.
Vor wie vielen Jahren etwa hat dieser Mensch gelebt?

Die Radiocarbonmethode C14

In der Lufthülle der Erde findet man in geringen Mengen das **radioaktive Kohlenstoffisotop C14**. Obwohl es mit einer **Halbwertszeit** von 5730 Jahren zerfällt, ist sein Gehalt in der Atmosphäre immer gleich, da es sich durch kosmische Strahlung ständig neu bildet. In **allen lebenden Organismen** lässt sich C14 in einem bestimmten **gleich bleibenden Verhältnis** zum normalen Kohlenstoff nachweisen. Denn beim Atmen nehmen Pflanzen CO_2 und damit auch C14 auf, durch die Nahrungskette gelangt es in Menschen und Tiere.
Stirbt der Organismus, atmet und ernährt er sich nicht mehr. Damit wird kein C14 mehr nachgeliefert. Das vorhandene C14 zerfällt im abgestorbenen Gewebe und die Radiokarbonuhr beginnt zu ticken. Wenn man den **C14-Anteil** von lebender und toter Substanz vergleicht, lässt sich daraus der Zeitpunkt bestimmen, von dem an keine Nahrung mehr aufgenommen wurde.

4 [●] Die *Lasceaux-Höhle* in Frankreich ist berühmt für ihre Höhlenmalereien. Holzkohle aus der Zeit, als diese Höhle bewohnt war, hatte im Jahr 1950 eine C14-Zerfallsrate von 0,97 Zerfällen pro Minute und Gramm. C14 in lebendem Holz hat eine Zerfallsrate von 15,3.
Wann entstanden die Höhlenmalereien vermutlich?

Wachstumsrate

Die **Wachstumsrate** p % gibt die Veränderung einer Ausgangsgröße in einem bestimmten (Zeit-)Abschnitt in Prozent an.

Wachstumsfaktor

Den **Wachstumsfaktor a** berechnet man durch $\mathbf{a = 1 + p\,\% = 1 + \frac{p}{100}}$.
Bei einer Abnahme ist die Wachstumsrate negativ, der Wachstumsfaktor ist dann kleiner als 1.

exponentielles Wachstum

Wenn eine Größe in gleich großen Zeitabschnitten immer um den gleichen Prozentsatz wächst bzw. fällt, liegt **exponentielles Wachstum** vor.

Exponentialfunktion

Eine **Exponentialfunktion** hat die Funktionsgleichung $\mathbf{f(x) = c \cdot a^x}$
mit $c \neq 0$, $a > 0$, $a \neq 1$.
Dabei gibt c den Ausgangswert, a den Wachstumsfaktor an.
Ist $c > 0$, so verläuft der Graph der Funktion immer oberhalb der x-Achse. Für $a > 1$ steigt der Graph, für $0 < a < 1$ fällt er.

Unterscheidung von Wachstumsprozessen

Bei **linearem Wachstum** gehört zu gleich langen Zeitspannen immer eine Zunahme oder Abnahme um den gleichen Betrag.
Bei **exponentiellem Wachstum** gehört zu gleich langen Zeitspannen immer eine Vervielfachung um den gleichen Wachstumsfaktor. Bei **quadratischem Wachstum** nimmt das Wachstum in gleichen Abschnitten linear zu oder ab.

Halbwertszeit/ Verdopplungszeit

Die Zeit, in der sich bei exponentieller Abnahme die Ausgangsgröße halbiert, nennt man **Halbwertszeit**. Der Wachstumsfaktor für diese Zeitspanne ist a = 0,5.
Zu der Zeit, in der sich bei exponentieller Zunahme die Ausgangsgröße **verdoppelt**, gehört der **Wachstumsfaktor a = 2.**

Gleichungen der Form $a^x = b$ lösen

Um den Exponenten einer **Gleichung** $\mathbf{a^x = b}$ zu bestimmen, kann man gezielt probieren oder die Lösung mithilfe des Funktionsgraphen ermitteln. Der Taschenrechner kann mithilfe des **Logarithmus** von b (zur Basis a) die Lösung liefern.

Wachstumsrate $p\% = -3\%$

Wachstumsfaktor $a = 1 - 3\%$
$= 1 - 0{,}03 = 0{,}97$

$p = 50\%;\ c = 2$: $f_1(x) = 2 \cdot 1{,}5^x$

$p = -30\%;\ c = 20$: $f_2(x) = 20 \cdot 0{,}7^x$

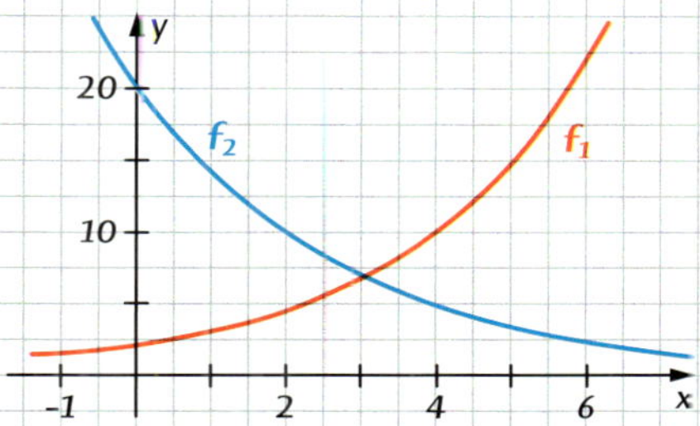

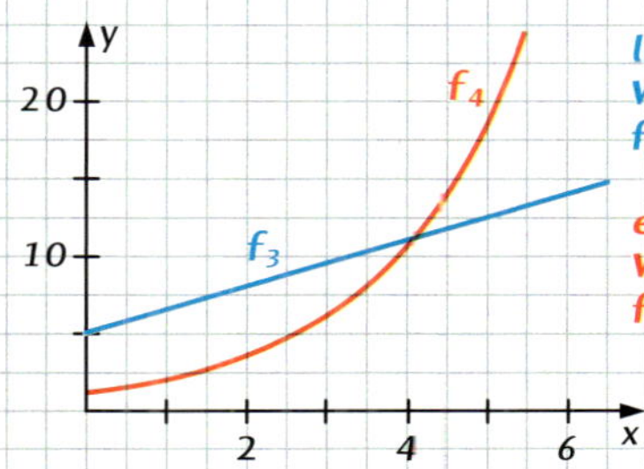

lineares Wachstum: $f_3(x) = 5 + 1{,}8\,x$

exponentielles Wachstum: $f_4(x) = 1{,}8^x$

Quadratisches Wachstum:

$f_5(x) = 0{,}3\,x^2 + 0{,}5$

x	0	1	2	3	4	5
f(x)	0,5	0,8	1,7	3,2	5,3	8

Wachstum: + 0,3 + 0,9 + 1,5 + 2,1 + 2,7

Zunahme des Wachstums: + 0,6 + 0,6 + 0,6 + 0,6

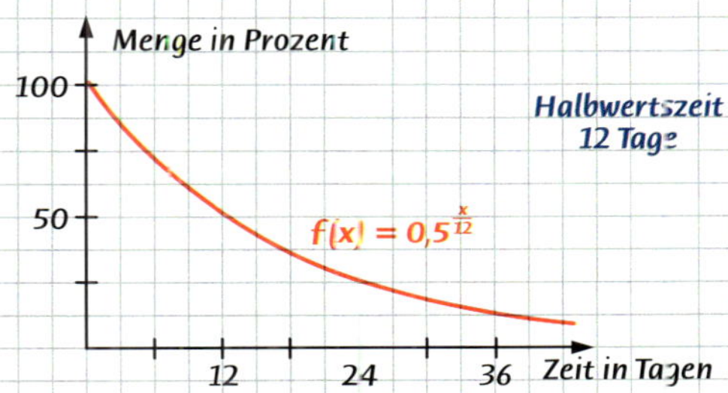

Exponentielle Gleichung: $3^x = 2187$

$x = \log_3 2187 = 7$

[mittel]

1 a) Bestimme den Wachstumsfaktor zu p % = 35 % und p % = −12 % und die Wachstumsrate zum Wachstumsfaktor a = 1,4 und a = 0,8.
b) Stelle eine Funktionsgleichung für eine Exponentialfunktion auf, bei der f(0) = 10 und f(4) = 390,625 ist.

2 Die Bevölkerung Afrikas wuchs von 2007 bis 2008 von 944 Mio. auf 967 Mio.
a) Bestimme Wachstumsrate und Wachstumsfaktor.
b) Erstelle mit diesen Daten eine Prognose für 2010.

3 Eine Insektenpopulation wächst jedes Jahr, ausgehend von einer Bewohnerzahl von 1 Mio., gleichmäßig um 50 %.
a) Berechne die Bewohnerzahl nach 5 bzw. 10 Jahren.
b) Zeichne einen Graphen, der den Wachstumsverlauf während der 10 Jahre wiedergibt.
c) Beschreibe anhand dieses Beispiels den Unterschied zu linearem Wachstumsverhalten.

4 Zur Diagnose von Schilddrüsenerkrankungen wird radioaktives Technetium 99 (Halbwertszeit 6 Stunden) injiziert. Es sammelt sich in der Schilddrüse. Aus der dort aufgenommenen Menge kann die Funktionstüchtigkeit des Organs beurteilt werden.
a) Wie viel Prozent der Anfangsmenge sind nach 0,5 (1,5) Tagen noch im Körper?
b) Zeichne einen Graphen zur Abnahme der Radioaktivität im Körper (Ausgangswert: 100 %) und gib die Funktionsgleichung an.

5 Ein Kapital von 2500 € wird für 6 Jahre (incl. Zinsen) angelegt. Nach 6 Jahren werden 3398,39 € ausbezahlt.
a) Mit welchem Zinssatz wurde das Geld verzinst?
b) Wann hätte sich das Kapital mit diesem Zinssatz verdoppelt/verdreifacht?

[schwieriger]

1 a) Bestimme den Wachstumsfaktor zu p % = 7 % und p % = −0,5 % und die Wachstumsrate zum Wachstumsfaktor a = 2,4 und a = 0,25.
b) Stelle eine Funktionsgleichung für eine Exponentialfunktion auf, bei der f(2) = 45 und f(8) = 32 805 ist.

2 a) Im Jahr 2007 hatte Asien 4,01 Mrd. Einwohner, die Wachstumsrate betrug 1,2 %.
Erstelle eine Prognose für 2015.
b) Afrika 2007: 944 Mio. Einwohner. Prognose 2025: 1359 Mio. Einwohner. Mit welcher durchschnittlichen jährlichen Wachstumsrate wird in der Prognose gerechnet?

3 Erläutere an zwei Beispielen den Unterschied zwischen exponentiellen und linearen Wachstumsmodellen. Stelle deine Beispiele grafisch dar.

4 Zur Diagnose von Schilddrüsenerkrankungen wird radioaktives Technetium 99 (Halbwertszeit 6 Stunden) injiziert. Es sammelt sich in der Schilddrüse. Aus der dort aufgenommenen Menge kann die Funktionstüchtigkeit des Organs beurteilt werden.
a) Zeichne einen Graphen zur Abnahme der Radioaktivität im Körper (Ausgangswert: 100 %).
b) Wann hat sich die Strahlung auf 10 % reduziert?

5 Gesamtenergieleistung der Windkraftanlagen:
1995: ≈ 1000 Megawatt (MW)
1998: ≈ 2850 MW
2000: ≈ 6100 MW
2001: ≈ 8750 MW

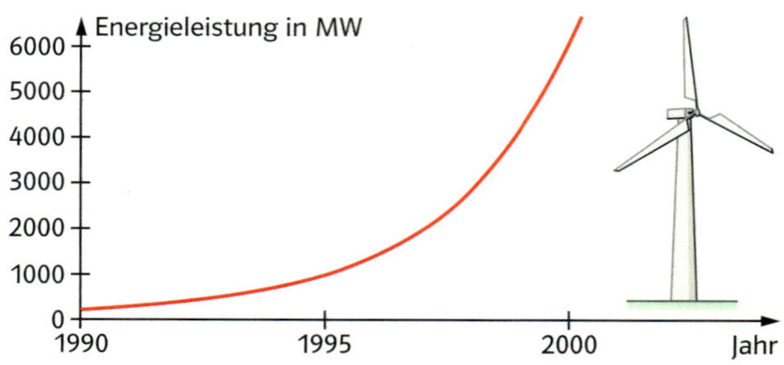

a) Passt für diese Daten ein exponentielles Modell?
b) Rekonstruiere rechnerisch den Wert für 1990.
c) Ziel 2020: 37 300 MW. Mit welcher durchschnittlichen jährlichen Wachstumsrate würde es erreicht?

 ▻ Lösungen zum Test, Seite 192/193

In früheren Bänden habt ihr bereits „Mathematik aus der Zeitung" kennen gelernt. Sicherlich habt ihr bemerkt, dass man oft keine besonders aufwändigen mathematischen Hilfsmittel braucht, um die gestellten Fragen zu beantworten. Meist reichen Prozentrechnung und einfache geometrische Kenntnisse aus.

Schwieriger ist es manchmal, die notwendigen Daten aus dem Artikel zu entnehmen und richtig in Beziehung zu setzen.
Auf den letzten beiden Seiten des Kapitels sollt ihr euch selbst sinnvolle Fragen zu den Zeitungsausschnitten überlegen und Musterlösungen anfertigen.

Missbrauch durch unterfüllte Verpackungen

Durch zu gering befüllte Verpackungen werden Verbraucher in Millionenhöhe übervorteilt. Laut Statistik der Eichbehörden für das Jahr 2003 enthalten sechs Prozent der Produkte im Mittel weniger Inhalt als auf der Verpackung angegeben. Bei Produkten ungleicher Füllmenge (Beispiel: abgepacktes Fleisch) waren die Abweichungen so groß, dass jedes siebte bis achte Produkt gar nicht hätte in Verkehr gebracht werden dürfen.

Verbraucherzentrale, Zeitschrift vpk, 21.03.2005

Tipp

Sucht selbst systematisch in der Zeitung nach Artikeln, Grafiken oder Fotos, die mathematikhaltig sind.
Wenn ihr Artikel aus der Zeitung ausschneidet, vergesst nicht, **Datum** und **Name der Zeitung** zu notieren.

Checkliste zur Bearbeitung von Zeitungsausschnitten:

- *Lest den Artikel konzentriert durch.*
- *Überlegt euch, welche Fragen sinnvollerweise gestellt werden können.*
- *Welche dieser Fragen lassen sich mit mathematischen Hilfsmitteln bearbeiten?*

In diesem Kapitel lernt Ihr,

- ▻ den Blick für Mathematik in Zeitungen zu schärfen.
- ▻ Zahlenangaben in Zeitungsartikeln zu überprüfen.
- ▻ Zeitungsgrafiken kritisch zu betrachten.
- ▻ eigene mathematikhaltige Fragestellungen zu Zeitungsartikeln zu finden.

Diagramme beurteilen

1 Überprüfe die Grafiken rechts und unten. Sind die Verhältnisse richtig dargestellt?
Wenn nein, was ist falsch?

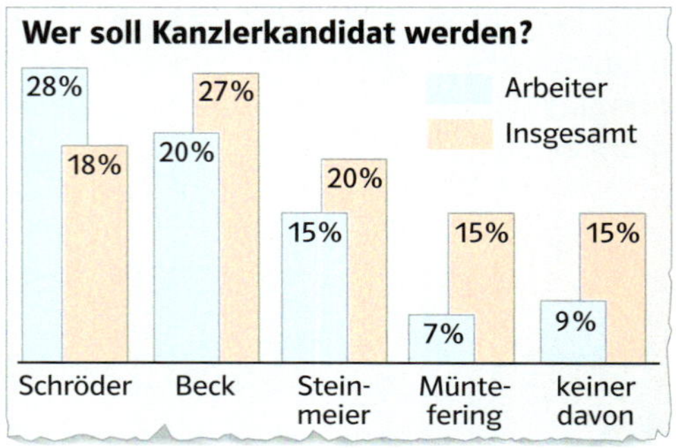

(Bild online, 13.5.2007)

2 a) Beschreibe, wie sich die Weltbevölkerung nach der Prognose in der Grafik unten ändern wird: In welchen Regionen wächst die Bevölkerung, in welchen schrumpft sie?
b) Um wie viel Prozent wächst die Weltbevölkerung bis zum Jahr 2050?
c) Stelle die Verteilung 2008 und 2050 als Kreisdiagramme dar.
d) Die asiatische Bevölkerung nimmt rasant zu, ihr Anteil nimmt aber ab. Erkläre das.
e) [👥] Stellt euch gegenseitig zwei weitere Fragen zur Grafik.

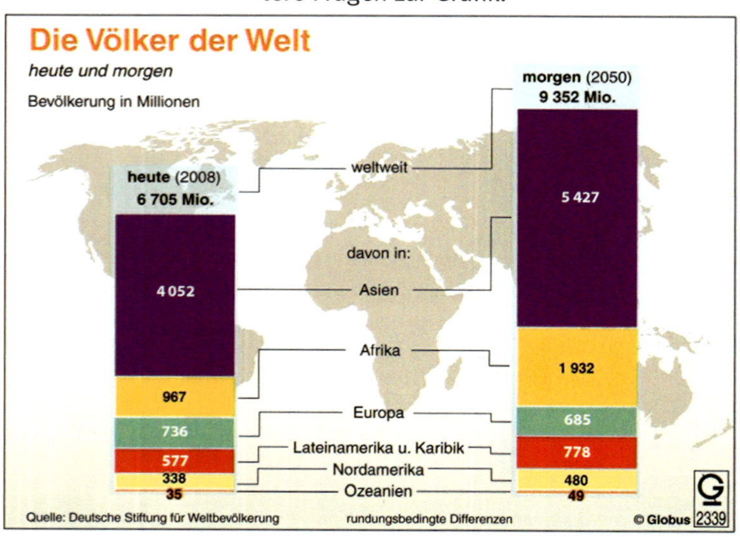

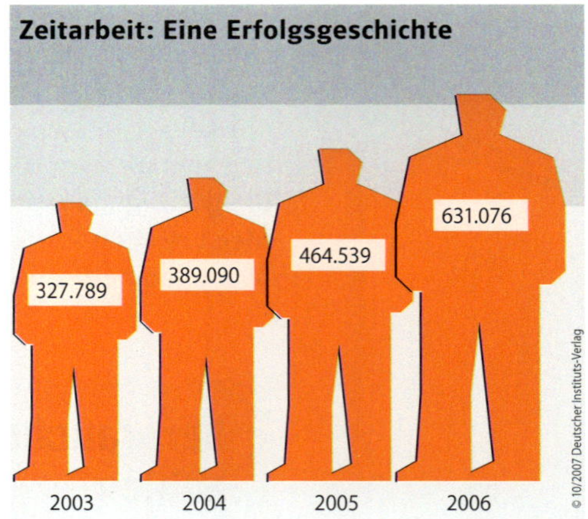

3 a) Was bedeuten die Begriffe *Arbeitslosenquote* und *„bereinigt um Saisonale Effekte"*?
b) Erkläre, was die Zahl 14,8 für Deutschland heißt.
c) Bei dieser Grafik wurden bei den letzten drei Balken die Zahlenangaben vergessen. Wie müssen sie lauten?
d) [@] In der Mitte ist der Durchschnittswert für die gesamte Europäische Union angegeben (EU-25). Welche Angaben braucht man, um das berechnen zu können? Stelle deinen Rechenweg dar.

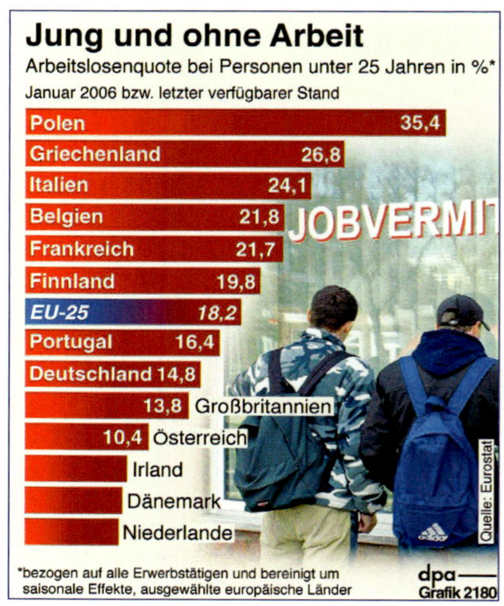

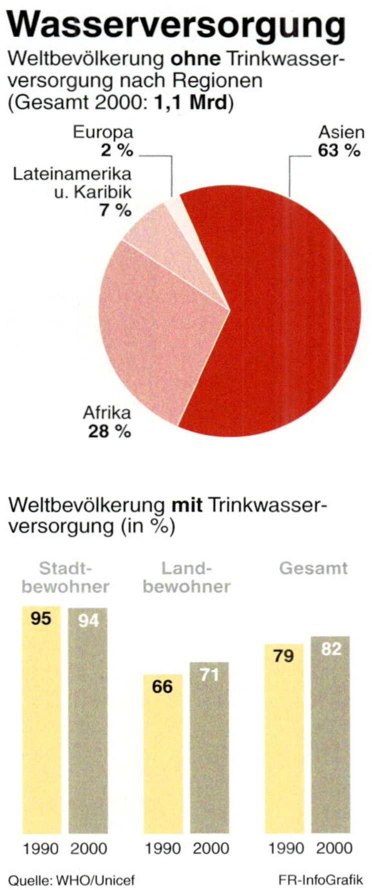

4 a) Was sagt die Grafik aus?
b) Wie viele Menschen in Asien hatten 2000 keine Trinkwasserversorgung?
c) Beantworte folgende Fragen, sofern das mithilfe der Grafik möglich ist.
- Wie viele Menschen haben keine Trinkwasserversorgung?
- Wie viele Europäer haben keine Trinkwasserversorgung?
- Wie groß war die Weltbevölkerung im Jahr 2000?
- Wie groß war die Weltbevölkerung 1990?
- Wie viele Menschen lebten 2000 in Städten?
- Wie viele Menschen lebten 2000 in Asien?

5 a) Was ist an der Grafik falsch? Wieso ergibt sich im mittleren Teil eine Gerade?
b) Die Zeiträume für die Bevölkerungszunahme um eine Milliarde werden immer kürzer. Nehmen auch die Wachstumsraten zu?
c) Erstelle eine sinnvolle Grafik.

Bundesministerium für Umwelt, Naturschutz und Reaktorsicherheit (Hrsg.): Aus Verantwortung für die Zukunft. Umweltpolitik als globale Herausforderung: Berlin, Januar 2000.

6 Die Grafik soll Kunden zur Umstellung von Heizöl auf Erdgas motivieren.
- Erkläre die Grafik.
- Schätze die CO_2-Reduktion ab, ohne die Zahlen zu verwenden.
- Rechne nach.
- Was ist falsch dargestellt?

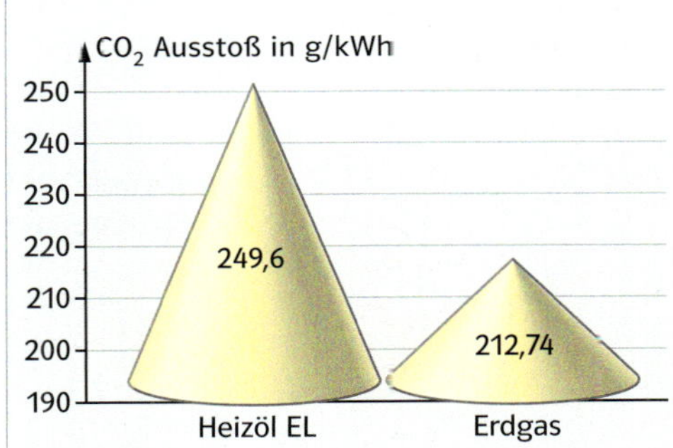

Bisherige Minderung der CO_2-Emission – unter Brücksichtigung gleicher Energieinhalte – in Tonnen pro Jahr durch Brennstofftausch bei der Ation WechselGeld.

(Tag und Nacht, 3/1999)

Prozentrechnung reicht nicht!

1 a) Was bedeutet Inflationsrate?
b) Rechne die Werte nach.

Inflation: So viel sind 1000 Euro später noch wert

Inflationsrate in %	Jahre			
	10	15	20	25
1	905	861	820	780
2	820	743	673	610
3	744	642	554	478
4	676	555	456	375

c) Erkläre den Text aus dem Artikel und rechne nach.

„Als Faustformel können folgende Werte dienen: Um die Kaufkraft zu erhalten, müssen Sparer bei einer gleichbleibenden Inflation von zwei Prozent bei einer 10-jährigen Laufzeit das 1,2-Fache des heutigen Betrages erreichen, …“

(Weser-Kurier, 1.6.2006)

2 Nimm an, dass es sich bei den Angaben im Artikel „Kräfte der Zukunft“ um exponentielle Wachstums- oder Abnahmeprognosen handelt.
a) Um wie viel Prozent sinkt jährlich der Anteil an fossilen Energieträgern?
b) Um wie viel Prozent wird der Primärenergiebedarf pro Jahr wachsen?
c) Wann hat sich unter diesen Annahmen der Primärenergiebedarf verdoppelt?

Kräfte der Zukunft

Das erste Jahrhundert des neuen Jahrtausends wartet mit drängenden Energiefragen auf. In seiner Studie „Living in One World“ hat der Welt-Energierat klargemacht, dass bis zum Jahr 2050 der Primärenergiebedarf im Vergleich zu heute um etwa 50 % wachsen wird. Gleichzeitig nehmen die Vorräte an fossilen Energieträgern – Öl, Gas und Kohle – ab. Ihr Anteil an der Weltversorgung wird von heute 80 % auf unter 50 % sinken. Einen denkbaren Ausweg bieten erneuerbare Energien: Wind, Sonne, Wasser oder auch Biomasse.

(DB mobil, Ausgabe 3/2002)

3 Die unten abgebildete *Schuldenuhr* soll die Schulden Bremens veranschaulichen.
a) Passen die Angaben im Text zusammen?
b) Bei welcher Summe steht sie jetzt?
c) [●] Ist die Berechnungsmethode richtig?

Um 33 Euro wächst der Schuldenberg nach Steuerzahler-Hochrechnungen jede Sekunde, um mehr als 2,8 Millionen Euro jeden Tag, um gut eine Milliarde Euro im Jahr.

(Weser-Kurier, 12.5.2006, Foto um 10.30 Uhr)

d) Mit welchem Zinssatz hat der Künstler im Artikel unten gerechnet?

Im stählernen Ei wächst Bremens Schuldenfreiheit

Ein im wahren Sinne des Wortes dickes Ei bekam gestern Finanzsenator Ulrich Nußbaum überreicht. Das 1,30 Meter hohe, 85 Zentimeter dicke und fast 50 Kilogramm schwere „BremenEi“ des Künstlers Armin Kölbli enthält ein Sparbuch mit 100 Euo. Armin Kölblis Idee: Das Geld im stählernen Ei wachsen lassen, 690 Jahre lang – dann wären mit dem Zins und Zinseszins die aktuellen Schulden von Bremen getilgt.

Finde eigene Fragen

Ein 16 m hoher Stahltank wird in die „Orange Sky" gehievt.

Riesige Behälter für neuen O-Saft-Tanker

Umbau in der Lloyd-Werft in Bremerhaven / Edelstahlgefäße von den Ausmaßen eines Einfamilienhauses

Sie wiegen 85 Tonnen und sind so groß wie ein Einfamilienhaus: 16 Meter hohe Stahltanks zum Transport von Orangensaftkonzentrat. Derzeit werden in der Bremerhavener Lloyd-Werft 15 verschiedene Tanks per Schwimmkran in die „Orange Sky" gehievt und dort eingebaut.

Dass Rotwein aus Chile per Tanker über den Atlantik schippert, ist bekannt. Auch Orangensaft kommt auf diesem Weg hierher. Er stammt zu 80 Prozent aus Brasilien, wird aber vor seiner Reise nach Europa zu Konzentrat eingedampft. Die Orangen werden im Anbaugebiet maschinell ausgepresst. Der Saft wird anschließend erhitzt, dabei verdunstet der Wasseranteil und es bleibt nur etwa ein Sechstel der Flüssigkeit übrig. Dieses Konzentrat wird auf minus zehn Grad Celsius heruntergekühlt und in drei Wochen nach Deutschland transportiert.

Um den steigenden Bedarf an O-Saft in Europa abzudecken, setzen die Produzenten immer mehr dieser Saftkonzentrat-Transportschiffe ein.

Die „Orange Sky" ist bereits im September in Bremerhaven eingetroffen. Vor kurzem begann der Einbau der Stahltanks, die rund 1500 Kubikmeter Flüssigkeit fassen. Das Schiff ist 171 Meter lang und wurde in Japan gebaut.

(Weser-Kurier, 22.2.2002)

Weniger Steuern als geschätzt

Berlin (dpa). Bürger und Unternehmen haben im vergangenen Jahr 466,1 Milliarden Euro Steuern an den Staat abgeführt. Das waren 3,1 Prozent mehr als 1999, aber 3,65 Milliarden Euro weniger als noch im November 2000 geschätzt. Dies geht aus einer Abrechnung des Bundesfinanzministeriums für 2000 hervor. Darin enthalten sind vorläufige Berechnungen für die Gemeindesteuer-Einnahmen im Umfang von 57 Milliarden Euro.

(Weser-Kurier, 16.5.2001)

Kunst mit einem hohen Gebrauchswert

Kunstgegenstände können nicht nur schön, sondern auch ausgesprochen praktisch sein! Und so weiß dieser junge Amerikaner im kalifornischen Santa Rosa die schützende Hand einer Riesenskulptur sicherlich zu schätzen, denn sie bietet ihm einen optimalen Schutz vor Wind und Wetter und zugleich eine bequeme Sitzmöglichkeit.

(Weser-Kurier, 27.6.2001)

Der Turm fällt

Bad Frankenhausen
Der schiefe Kirchturm von Bad Frankenhausen (Thüringen) droht einzustürzen. Die Bauaufsicht hat schon einen Parkplatz sperren lassen.
Der 55-Meter-Turm steht 4,22 Meter aus dem Lot.

(Hamburger Morgenpost, 9.5.2007)

Turm in Pisa

Die Schieflage des 54 m hohen **Turms in Pisa** beruht auf dem Untergrund, der sich unter dem Gewicht verformt. Neuesten Ausgrabungen zufolge steht er am Rande einer ehemaligen Insel direkt neben einem antiken, zur Bauzeit bereits versandeten Hafenbecken.
Die Schieflage des Turms beträgt 4,43 Grad.

(Wikipedia)

Baby-Boom durch Kinder-Prämie

Syndey (DPA). In Australien hat die Einführung von Kinder-Prämien einen Baby-Boom ausgelöst. Im vergangenen Jahr wurden 265 922 Säuglinge geboren, so viele wie seit dem Jahr 1971 nicht mehr. Die Geburtenrate stieg statistisch gesehen von 1,77 auf 1,81 Kinder pro Frau, sagte gestern Finanzminister Peter Costello. In den 60er Jahren bekamen Australierinnen im Schnitt drei bis vier Kinder. Seit drei Jahren gibt es in Australien unabhängig vom Einkommen für verheiratete und unverheiratete Frauen eine einmalige steuerfreie Baby-Prämie von 3000 aus-tralischen Dollar (1860 Euro). Insgesamt wuchs die australische Bevölkerung im vergangenen Jahr um 1,4 Prozent auf fast 21 Millionen. Neben den Babys trugen dazu auch 147 700 Einwanderer bei.

(Weser-Kurier, 6.6.2007)

Tauchbecken aus Plexiglas platzte

Freiburg (ap). Auf einer Freizeitmesse in Freiburg ist gestern ein vier Meter hoher Tauchturm aus Plexiglas geplatzt. Drei Menschen wurden verletzt, wie ein Polizeisprecher mitteilte. In die Ausstellungshalle ergossen sich 17 000 Liter Wasser. Der Turm war erst vor zwei Wochen in „Wetten, dass …?" zu sehen: Bei der Wette ging es darum, Luftballons unter Wasser aufzublasen und platzen zu lassen. Der Vorfall gestern ereignete sich kurz nach Öffnung der Messe, deshalb befanden sich nur wenige Menschen in der Nähe. Unter den Verletzten ist ein Mitarbeiter der Betreiber des Tauchturms, der sich ein Bein brach.

(Weser-Kurier, 17.3.2002)

Kräfte der Zukunft

… Dem Strom aus der Luft sagen Experten gerade in Deutschland eine große Zukunft voraus, denn das Land liegt beim Ausbau der Windenergie an der Weltspitze. Global haben die Rotoren derzeit eine Leistung von 19 500 MW. Die bei uns installierten 10 500 Windräder leisten davon 7500 MW, also rund 40 Prozent.

Rainer Baake, Staatssekretär im Bundesumweltministerium, zum weiteren Windkraftausbau: „Bis zum Jahr 2030 können wir die Windenergieleistung an Land und auf See auf rund 42 000 MW steigern. Das wären immerhin rund 20 Prozent des derzeitigen deutschen Stromverbrauchs."

(DB mobil, Ausgabe 3/2002)

Chancen und Strategien

Glücksspiele haben zufällige Ergebnisse. Deshalb spielt man sie – man könnte ja Glück haben.
Wenn ein Glücksspiel allerdings sehr häufig gespielt wird, dann lässt sich zu Erfolg und Misserfolg doch einiges berechnen und aussagen.
Bei mehrschrittigen Spielabfolgen muss man sich neue Mittel überlegen, um diese Situationen übersichtlich darzustellen.

In diesem Kapitel lernt ihr,

- mehrstufige Zufallsversuche übersichtlich darzustellen.
- Wahrscheinlichkeiten für mehrstufige Zufallsversuche zu berechnen.
- ob es strategisch klug ist, bei einem Glücksspiel mitzumachen.
- statistische Alltagsmeldungen übersichtlich darzustellen und Informationen zu entnehmen.

Check-in

Über diese Dinge solltest du Bescheid wissen, bevor du dich mit dem Thema „Chancen und Strategien" beschäftigst. Lege ein Blatt auf die Buchseite und kreuze an, wie du dich einschätzt.
Mit den Aufgaben auf der rechten Seite kannst du deine Einschätzung überprüfen.

Wenn du nach dieser Überprüfung noch Kreuzchen in der dritten oder vierten Spalte hast, arbeite deine Lücken auf: Du findest in der Mathematischen Werkstatt am Ende des Buches Zusammenfassungen und Übungsaufgaben zu vielen Themen. Du kannst aber auch Mathe-Bücher aus den vorherigen Schuljahren oder die Formelsammlung benutzen oder jemanden fragen, der sich damit auskennt.

Checkliste	*Kann ich schon*	*Da bin ich fast sicher*	*Ich bin noch unsicher*	*Kann ich noch nicht*
1 *Ich kann Anteile berechnen und sie als Prozentsätze angeben.*	☐	☐	☐	☐
2 *Ich kann Brüche multiplizieren.*	☐	☐	☐	☐
3 *Ich weiß, was Laplace-Zufallsgeräte sind und kann sie von anderen Zufallsgeräten unterscheiden.*	☐	☐	☐	☐
4 *Ich kann Wahrscheinlichkeiten für auftretende Ereignisse berechnen.*	☐	☐	☐	☐
5 *Ich kann die Wahrscheinlichkeit eines Ereignisses mithilfe des Gegenereignisses berechnen.*	☐	☐	☐	☐
6 *Ich kenne die statistische Wahrscheinlichkeit und kann sie schätzen.*	☐	☐	☐	☐
7 *Ich kann beurteilen, was eine Wahrscheinlichkeitsangabe aussagt.*	☐	☐	☐	☐

In der Mathematischen Werkstatt findet ihr:

- ▻ **Prozentrechnung, Seite 142/143**
- ▻ **Zufall und Wahrscheinlichkeit, Seite 156/157**

Aufgaben zur Checkliste

1 Anteile und Prozentsätze

a) Gib als Prozentsatz an: $\frac{1}{2}$; $\frac{3}{4}$; $\frac{4}{17}$; $\frac{9}{15}$.

b) Wie groß ist der Anteil in Prozent?
- 3 Schüler von 24 Schülern
- 9 Kugeln von 35 Kugeln
- 6 Karten von 16 Karten
- 5 Buchstaben von 21 Buchstaben

2 Multiplizieren von Brüchen

a) Berechne und kürze, soweit möglich:
$\frac{5}{8} \cdot \frac{16}{25}$; $\frac{7}{9} \cdot \frac{3}{14}$; $\frac{5}{8} \cdot \frac{4}{10}$; $\frac{7}{16} \cdot \frac{2}{5}$

b) Notiere die Ergebnisse aus Teilaufgabe a) als Prozentsatz, gerundet auf eine Nachkommastelle.

3 Laplace-Zufallsgeräte

a) Welche Geräte sind Laplace-Zufallsgeräte? Erkläre warum.

1) 

2) 

3) 

4) 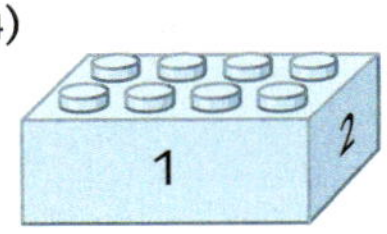

5) 

b) Ein Zufallsgerät, das gleichwertig 1, 2, 3 und 4 liefert, ist verloren gegangen. Schlage einen Ersatz vor.

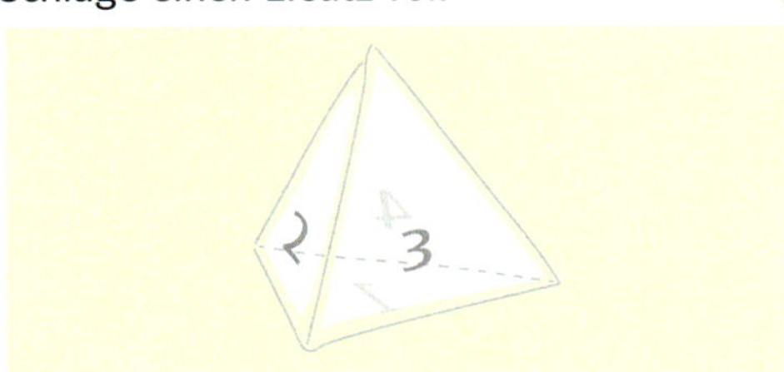

4 Wahrscheinlichkeit

Mit welcher Wahrscheinlichkeit zieht man aus dem unten stehenden Behälter
a) eine gelbe Kugel?
b) eine Kugel mit gerader Zahl?

5 Gegenereignis

Mit welcher Wahrscheinlichkeit zieht man aus dem Behälter
a) keine Kugel mit der Zahl 6 oder 8?
b) eine Kugel mit mindestens der Zahl 2?

6 Statistische Wahrscheinlichkeit

a) Eine Heftzwecke wird häufig geworfen und die Anzahl der Ergebnisse ⊥ wird notiert.

Zahl der Würfe	2000	2500	3000
Zahl der ⊥	1240	1540	1854

Schätze die Wahrscheinlichkeit für das Wurfergebnis ⊥.

b) Ein Würfel wird geprüft. Ist er in Ordnung?

Zahl der Würfe	2000	5000	10 000
Zahl der Sechsen	350	925	1830

7 Deutung von Wahrscheinlichkeiten

Welche der folgenden Deutungen ist für einen 6er-Würfel richtig, welche falsch? Ändere falsche Aussagen zu richtigen.
1) Bei 6 Würfen ist eine 6 dabei.
2) Wenn du oft würfelst, kommt bei 6 Würfen immer eine 6.
3) Bei 600 Würfen ist etwa ein Sechstel mit der Augenzahl 6 dabei.

▻ Lösungen, Seite 187

Glücksspiele nachstellen – verschiedene Methoden

In einem Gefäß liegen 3 rote und 5 blaue Kugeln. Zwei werden nacheinander gezogen und nicht zurückgelegt. Zieht man zweimal dieselbe Farbe, hat man gewonnen.

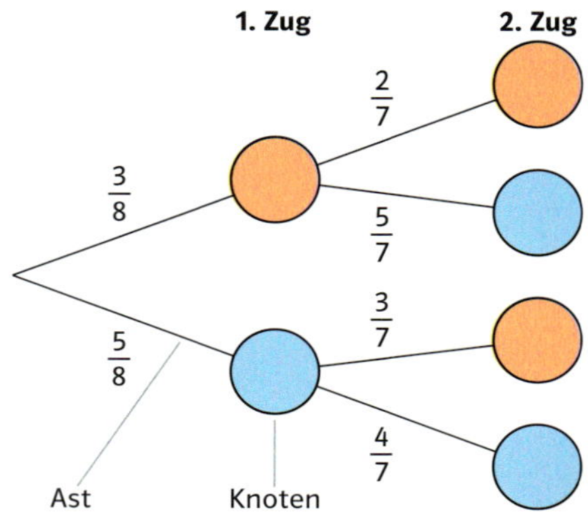

1 [Gruppenarbeit] Die Methoden stellen das Glücksspiel oben nach. Bearbeitet in der Gruppe eine der dargestellten Methoden und präsentiert sie in der Klasse.

Methode 1
Das Spiel nachbauen
Beklebt ein großes Glas und legt jeweils 3 und 5 Murmeln mit derselben Farbe hinein.

Methode 2
Mit anderen Materialien nachbauen
Nehmt aus einem Kartenspiel 8 Karten, davon 3 mit roter und 5 mit schwarzer Farbe.

Methode 3
Darstellung durch ein Baumdiagramm
Bei einem Baumdiagramm (siehe oben) schreibt man an die **Äste** die Wahrscheinlichkeiten, in die **Knoten** die Ergebnisse des Zufallsversuchs.

Methode 4
Simulation mit dem Computer
Das Ergebnis kann mit einem Tabellenkalkulationsprogramm (siehe unten) simuliert werden. Zieht man die erste Zeile bis 1000 nach unten, so kann man die D-Spalte summieren.

Online Link
720370-0941

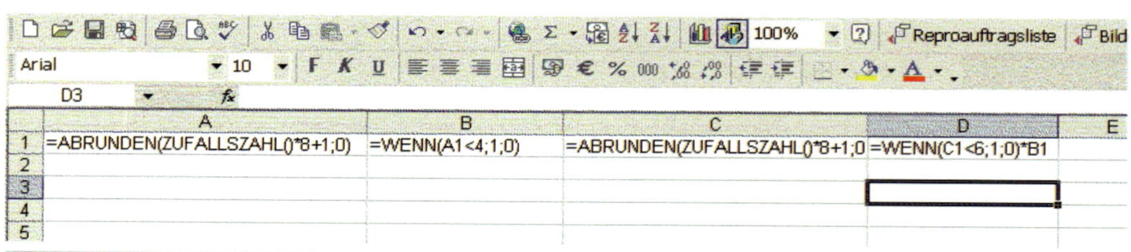

2 [Gruppenarbeit] Mit den Würfeln wird nacheinander geworfen. Wenn sich mehr als die Augensumme 4 ergibt, erhält man 2 €. Der Einsatz beträgt 1 €. Ist langfristig mit einem Gewinn zu rechnen?
Versucht mit den oben dargestellten Methoden eine Antwort zu finden.

Würfel 1

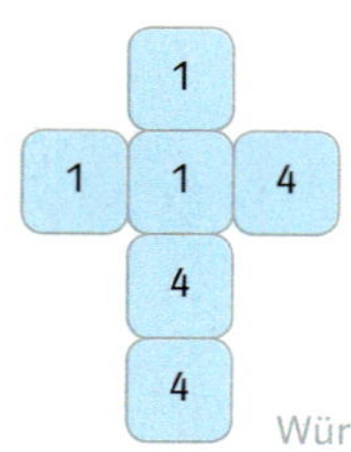

Würfel 2

Zweistufige Zufallsversuche

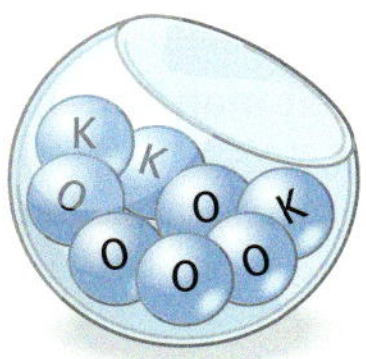

Spiel 1: In der Urne liegen fünf Kugeln mit der Aufschrift „O" und drei mit „K". Es werden nacheinander zwei Kugeln ohne Zurücklegen gezogen. Jemand hat folgende Lösungshilfe überlegt.

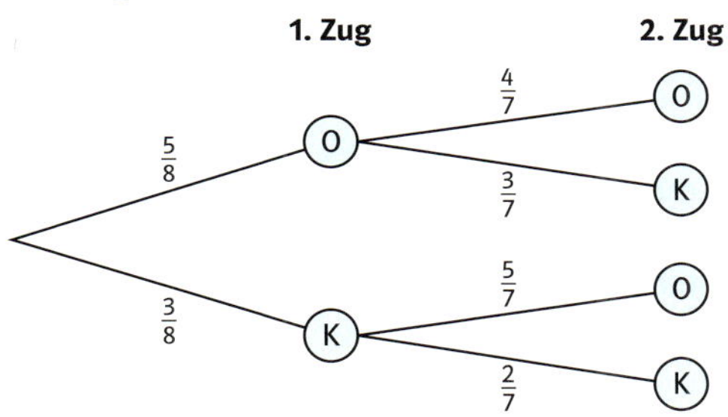

a) Erläutert, wie die Wahrscheinlichkeitsangaben zustande kommen.
b) Das Experiment wird **zweistufig** genannt. Erkennst du das im Diagramm wieder?

Experimente, die in zwei Schritten ausgeführt werden, nennt man **zweistufige Zufallsversuche**. Sie lassen sich übersichtlich in einem **Baumdiagramm** darstellen. Die Striche darin nennt man Äste. Eine Strichfolge vom Anfangspunkt bis zum Ende heißt **Pfad**.

Beispiel

In einem Gefäß liegen sechs rote und vier blaue Kugeln. Stelle das Experiment in einem Baumdiagramm dar.

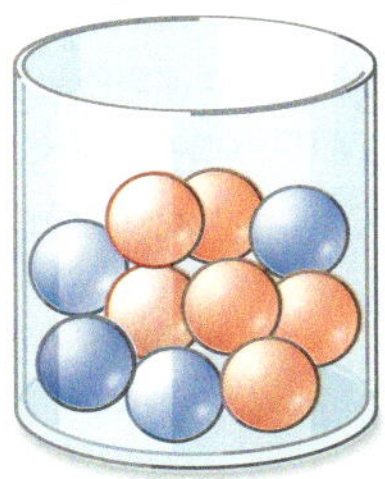

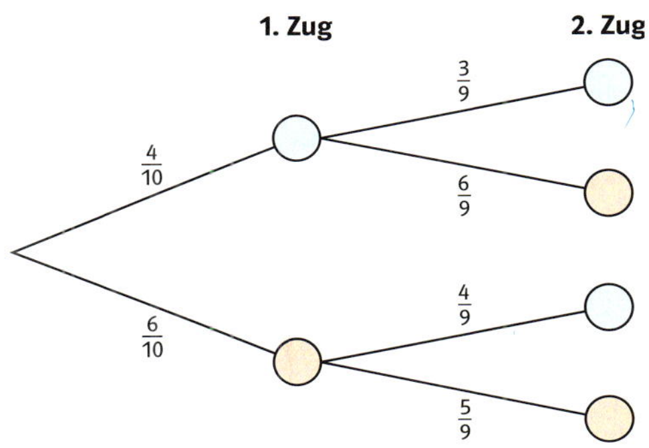

1 Wie lauten die Wahrscheinlichkeiten an den Ästen, wenn in dem Spiel 1 oben die Kugeln zurückgelegt werden? Skizziere das zugehörige Baumdiagramm.

2 Das Glücksrad wird zweimal gedreht. Du gewinnst bei (blau/blau) einen 1. Preis, bei (gelb/gelb) einen 2. Preis, bei (rot/rot) einen 3. Preis.

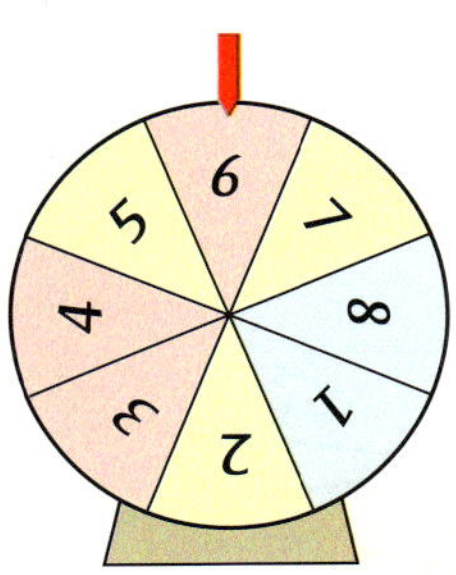

a) Zeichne ein passendes Baumdiagramm und markiere die Pfade farbig, die zu einem Gewinn führen und berechne sie.
b) Prüfe, ob die Astwahrscheinlichkeiten, die von einem Punkt ausgehen, zusammen 100 % ergeben.

3 Was ist hier falsch?

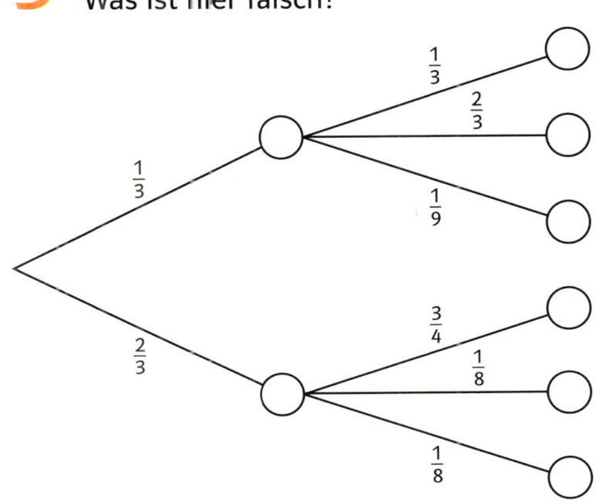

▻ Mathematische Werkstatt, Seite 156/157

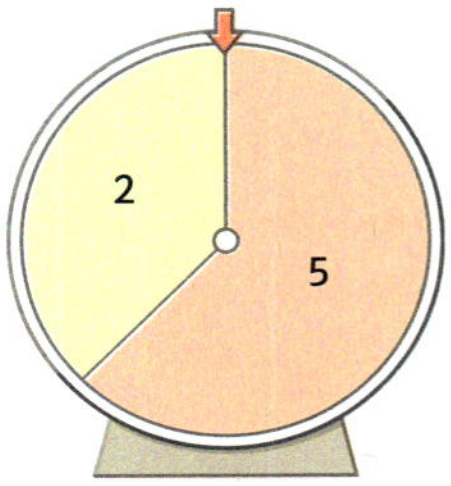

14 Bei einem Glücksrad zeigt der Zeiger mit der Wahrscheinlichkeit 30 % auf die 2, mit der Wahrscheinlichkeit 70 % auf die 5. Es wird 2-mal gedreht.
a) Liegt die Summe der beiden Zahlen über 7, gewinnt man.
b) Bei einer ungeraden Summe erhält man einen Trostpreis.
c) Mit welcher Wahrscheinlichkeit geht man leer aus?

15 In einem Gefäß liegen eine gelbe, drei weiße und vier rote Kugeln.
a) Wie groß ist die Wahrscheinlichkeit bei zweimaligem Ziehen ohne Zurücklegen keine weiße Kugel zu ziehen?
b) Mit welcher Wahrscheinlichkeit zieht man mindestens eine weiße Kugel?

Übrigens
Wahrscheinlichkeit kürzt man auch ab durch **P** für *probability*.

Die Wahrscheinlichkeiten eines Ereignisses und des zugehörigen **Gegenereignisses** ergänzen sich zu **100 % = 1**. Manchmal ist es günstig, die Wahrscheinlichkeit über das Gegenereignis zu berechnen:
P(Ereignis) = 1 – P(Gegenereignis).

16 Wie groß ist in Aufgabe 15 die Wahrscheinlichkeit für
a) P(nicht (rot, rot))?
b) P(nicht zweimal die gleiche Farbe)?

17 Aus dem Behälter wird ohne Zurücklegen dreimal eine Kugel gezogen. Berechne die Wahrscheinlichkeit
a) keine rote Kugel,
b) dreimal eine Zahl größer 1 zu ziehen.
Tipp: Unterscheide immer nur zwei Fälle.

18 Zwei Jugendliche aus eurer Klasse sollen ein Geschenk überbringen. Sie sollen per Zufall ausgewählt werden.
a) Wie könnte so eine Auswahl aussehen?
b) Mit welcher Wahrscheinlichkeit werden zwei Jungen oder zwei Mädchen gewählt? Rechne auf zwei verschiedene Weisen.

19 Spieler 1 wählt ein Rad und dreht es. Spieler 2 dreht ein anderes Rad. Die höhere Zahl gewinnt.

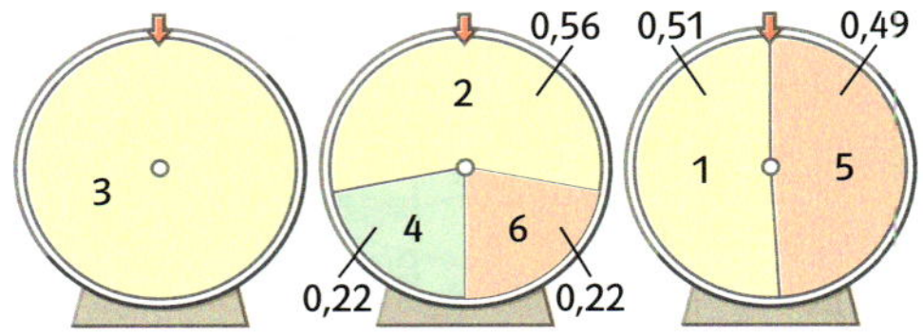

Begründe: Welches Rad sollte Spieler 2 wählen, wenn Spieler 1 folgendes Rad wählt?
a) Rad A b) Rad B c) Rad C

20 [●] Der *Chevalier de Méré* bot im 17. Jahrhundert in Pariser Salons folgende Spiele an:
Spiel 1: Wer in vier Würfelwürfen keine 6 wirft, hat gewonnen.
Spiel 2: Wenn jemand in 24 Würfen mit zwei Würfeln keine Doppelsechs wirft, hat gewonnen.
Der *Chevalier* spielte die Spiele sehr häufig. Er wunderte sich, dass er in vielen Spielen nicht gleich häufig die beiden Spiele gewann, obwohl er Spiel 1 durch Versechsfachung der Züge ausgeglichen hatte.
Er fragte bei dem Mathematiker *Laplace* nach. Das gilt als Beginn der Wahrscheinlichkeitsrechnung.
Kannst du ihn beraten?

Tipp
Die Aufgaben Nr. 21 bis 24 könnt ihr mit der Methode „Gruppenpuzzle“ bearbeiten.

Für mehrstufige Zufallsversuche werden die Baumdiagramme schnell sehr groß. Dann skizziert man nur den Teil des Baumdiagramms, der die benötigten Pfade enthält.

21 Bei einem Ausflug nach *Helgoland* schmuggeln in einer sechsköpfigen Gruppe zwei Männer Zigaretten. Zwei Personen werden vom Zoll kontrolliert.
a) Wie groß ist die Wahrscheinlichkeit, dass
- beide Schmuggler
- kein Schmuggler
- genau ein Schmuggler erwischt wird?

b) Vergleiche das Baumdiagramm zum Aufgabenteil a) mit dem Baumdiagramm zur Lösung folgender Aufgabe:

Du würfelst zweimal mit einem 6-seitigen Würfel. Wie wahrscheinlich ist es, zweimal eine durch drei teilbare Zahl zu würfeln?

22 [●] **Ein Fall aus einem Gericht in den USA**
In einer Versandabteilung arbeiten acht Personen im Alter von 25, 33, 35, 36, 36, 38, 48 und 55 Jahren. Die Firma muss zwei Mitarbeiter entlassen und entlässt die beiden ältesten. Diese klagen und werfen der Firma vor, das Alter als Entlassungskriterium genutzt zu haben und so verbotenerweise Ältere zu diskriminieren.
a) Wie groß ist die Wahrscheinlichkeit, dass bei zufälliger Wahl die beiden Ältesten entlassen werden? Liegt deiner Meinung nach ein Fall von Altersdiskriminierung vor?
b) Beantworte die Frage für den Fall, dass die Mitarbeiter ein Alter von 29, 35, 42, 46, 49, 49, 49 und 51 Jahren haben.

Tipp
Untersuche das Gegenereignis.

23 Acht Schülerinnen wollen in die Disco. Leider haben drei ihren Ausweis vergessen. Bei dem großen Andrang beträgt die Wahrscheinlichkeit kontrolliert zu werden nur 25 %. Mit welcher Wahrscheinlichkeit wird mindestens eine von ihnen erwischt?

24 Tim erhält einen neuen Tennisschläger, wenn er von drei Spielen, die er abwechselnd gegen seinen Vater und seine Mutter spielt, zwei in Folge gewinnt. Aus den vielen Spielen, die schon hinter ihm liegen, weiß er, dass er gegen den Vater in der Regel 2 von 3 Spielen verliert, gegen die Mutter 2 von 3 Spielen gewinnt. Welche Spielreihenfolge sollte er wählen: Mutter – Vater – Mutter oder Vater – Mutter – Vater?

25 [●●] **Las Vegas. Saturday-Night-Play-Fever.**
In einer Urne liegen drei schwarze und zwei weiße Kugeln. Sie werden ohne Zurücklegen gezogen. Bei jeder gezogenen schwarzen Kugel verliert man 1000 Euro, bei jeder weißen Kugel gewinnt man 1000 Euro. Als Spieler darf man bestimmen, wann man aufhört.
a) Auf den ersten Blick: Lohnt sich die Teilnahme an diesem Spiel? Begründe.
b) Die geniale Strategie: Aufhören, wenn im 1. oder 2. Zug weiß kommt; ansonsten so lange ziehen, bis beide weißen Kugeln gezogen sind.
Berechne P (Gewinn) und P (Verlust). Lohnt sich diese Strategie? Erläutere.

Statistische Daten strukturieren

Im letzten Jahr gab es 101 565 Verurteilte wegen eines Vergehens im Straßenverkehr (ohne Einfluss von Trunkenheit). Davon waren 15 277 Heranwachsende bis 21 Jahre. Vergehen mit Trunkenheit am Steuer gab es 160 800. Insgesamt wurden 234 842 Erwachsene (ab 21 Jahre) verurteilt.

– Entnimm die grau unterlegten Daten dem Text und ergänze sie im Baumdiagramm.
– Berechne dann die Daten in den roten Kästen.

Ein Baumdiagramm kann den nebenstehenden Text übersichtlicher machen:

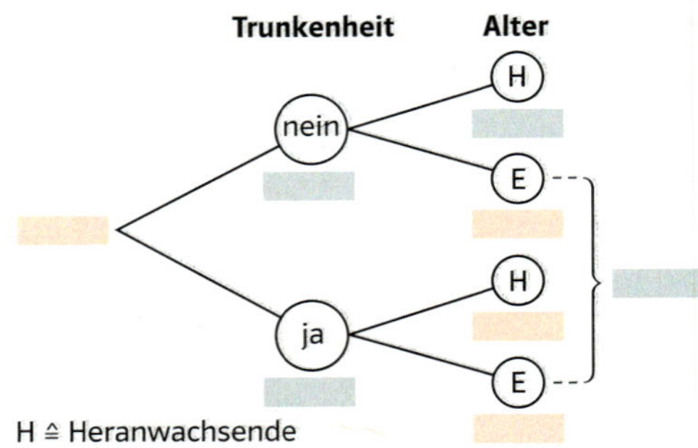

H ≙ Heranwachsende
E ≙ Erwachsene

Baumdiagramme können helfen, unübersichtliche oder unvollständige **statistische Daten** zu **strukturieren** und **zusätzliche Daten** zu erschließen.

Beispiel

Das Statistische Bundesamt gibt an, dass am Ende des Schuljahres 2002/2003 rund 330 000 Jugendliche die Schulen nach der 9. bzw. 10. Klasse verließen. Darunter waren 135 500 Mädchen, von denen 22,6 % keinen Hauptschulabschluss erreichten. Bei den Jungen schafften rund 141 000 den Abschluss.

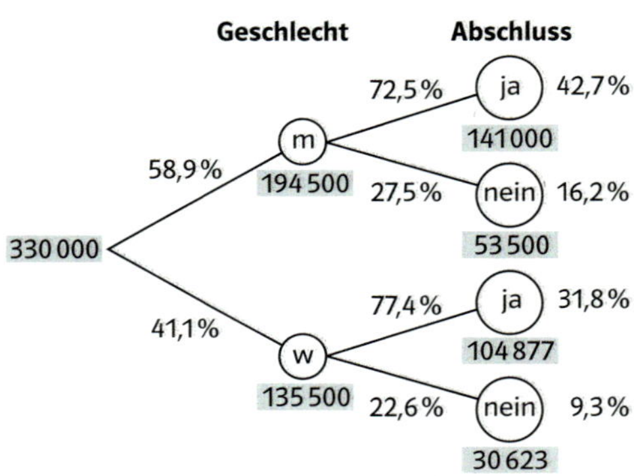

Folgende Daten können aus dem Baumdiagramm erschlossen werden:
– Rund $\frac{3}{4}$ der Abgehenden haben einen Hauptschulabschluss.
(42,7 % + 31,8 % = 74,5 %)
– Es gehen mehr Jungen als Mädchen ab.
(58,9 % gegenüber 41,1 %)
– Unter den Schülern ohne Hauptschulabschluss gibt es viel mehr Jungen als Mädchen.
(16,2 % gegenüber 9,3 %).

1 Stimmen die Aussagen? Begründe mit den Daten aus der Einführungsaufgabe oben.
a) Nur ein geringer Anteil der Trunkenheitsvergehen werden von Heranwachsenden (7,6 %) begangen.
b) Bei Vergehen ohne Trunkenheit ist ihr Anteil rund doppelt so hoch.

2 Formuliere zwei weitere Aussagen zum Baumdiagramm in der Einführungsaufgabe.

3 a) Erläutere das Baumdiagramm im Beispiel.
b) Überlege drei weitere neue Daten bzw. Datenvergleiche.

Tipp
Die Aufgaben dieser Seite könnt ihr arbeitsteilig mit der Methode „Gruppenpuzzle“ bearbeiten.

Probe zum Baumdiagramm

- Die Wahrscheinlichkeiten aller Äste, die von einem Knoten ausgehen, addieren sich zu 100 %.
- Alle Pfadwahrscheinlichkeiten betragen zusammen 100 %.

4 30 % der Sparkunden einer Bank sind jünger als 35 Jahre und legen zu 80 % weniger als 10 000 € an. Von den älteren Sparkunden legen rund 63 % mindestens 10 000 € an.

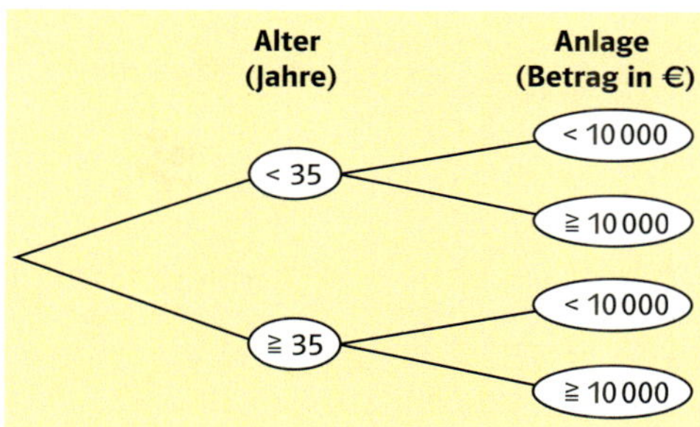

a) Übertrage das Baumdiagramm ins Heft und ergänze die Daten aus dem Text.
b) Ergänze die Prozentsätze an den Ästen.
c) Begründe mithilfe des Baumdiagramms: Von 1000 zufällig ausgewählten Kunden
- haben rund 60 mindestens 10 000 € angelegt und sind unter 35 Jahre alt.
- sind rund 700 bereits 35 Jahre oder älter.
- haben etwa 260 unter 10 000 € angelegt und sind mindestens 35 Jahre alt.
- haben insgesamt rund die Hälfte weniger als 10 000 € angelegt.

Übrigens
Erwerbsquote bedeutet: Anteil der Personen, die erwerbstätig sind oder eine Arbeitsstelle suchen.

5 51,1 % der 82,5 Millionen Einwohner Deutschlands sind weiblich. Die Erwerbsquote unter Frauen beträgt 42,4 %, unter Männern 55,3 %.
a) Strukturiere den Sachverhalt durch ein vollständiges Baumdiagramm.
b) Wie groß ist der Anteil der erwerbstätigen Frauen an der Gesamtbevölkerung?
c) Wie hoch liegt insgesamt der Anteil der Erwerbstätigen? Erkläre die geringe Zahl.

6 Von den 1000 Besuchern eines Festivals gibt es folgende Bewertungen.

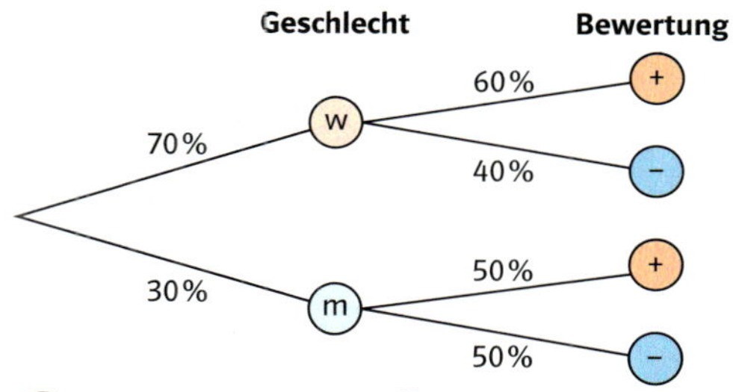

(+) positive Bewertung; (−) negative Bewertung

a) Wie viele Frauen haben das Festival besucht?
b) Wie vielen Besuchern hat es nicht gefallen? Ergänze zur Beantwortung das Baumdiagramm um die Pfadwahrscheinlichkeiten im Heft.
c) Wie viele zufriedene männliche Besucher gab es?
d) [●] Man kann das Baumdiagramm auch umgekehrt notieren: als erste Stufe die Bewertung, als zweite das Geschlecht.

7 In der Tabelle sind die Marktanteile und die Anteile an Abonnenten von drei großen Lokalzeitungen notiert. Die restlichen Zeitungen werden an Kiosken vertrieben.

Zeitung	Marktanteil	Abonnenten
WA	45 %	10 %
BU	37 %	60 %
RN	18 %	75 %

a) Gibt es noch eine weitere Lokalzeitung?
b) Wie groß ist der Anteil der Abonnenten unter den Zeitungskäufern?
c) Wie viele von 1000 Zeitungskäufern beziehen im Durchschnitt die BU (die WA, die RN) im Abo?
d) Du siehst, wie ein Zeitungsausträger früh morgens bei einem Abonnenten eine Zeitung in den Briefkasten steckt. Mit welcher Wahrscheinlichkeit ist es eine RN? Tipp: Verwende die Ergebnisse aus Teilaufgabe c).

Neue Daten erschließen

Statistische Daten wie auf S. 101 enthalten von jeweils zwei zusammengehörenden Ästedaten zumindest eine Information. Es kommt aber auch vor, dass beide Astdaten, die zusammengehören, nicht angegeben sind. Sie lassen sich aber über **bekannte Summendaten** berechnen.

Beispiel:
30 % der Schülerinnen und Schüler einer Gesamtschule sind ortsansässig.
Die Hälfte aller Schüler ist weiblich.
Unter den Auswärtigen sind 47 % weiblich.

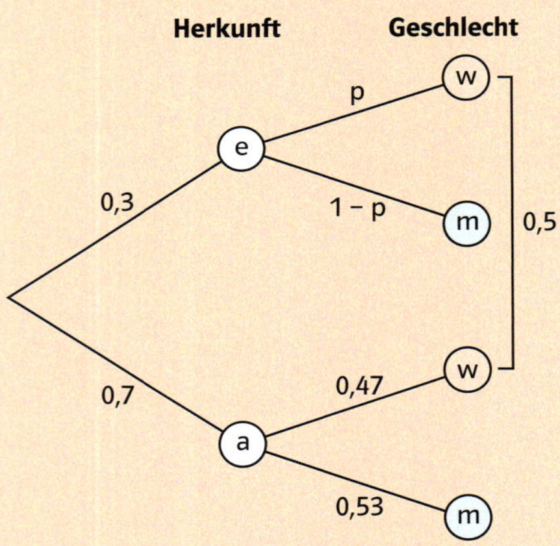

e: einheimisch, a: auswärtig
w: weiblich, m: männlich

Unbekannte Astanteile: p; 1 − p
Aus der angegebenen Summenwahrscheinlichkeit ergibt sich die Gleichung:
$0{,}3 \cdot p + 0{,}7 \cdot 0{,}47 = 0{,}5$.
Durch Lösen der Gleichung erhält man den gesuchten Anteil $p = 0{,}57$ bzw. $1 - p = 0{,}43$.

- ▻ Erläutere, warum mit der Bezeichnung des einen Astanteils p der zweite als 1 − p festliegt.
- ▻ Wie hoch ist der Anteil der einheimischen Schüler an der Gesamtschülerzahl?

8 Die Klasse 9 a wird zum Schuljahresende aufgelöst und auf die 10. Klassen verteilt. 70 % der Schüler/Schülerinnen der 10 b stammen aus der ehemaligen 9 b; davon sind rund 57 % weiblich. Von den ehemaligen 9 a-Schüler/innen sind 90 % weiblich.

a) Wie hoch ist der Mädchenanteil in der Klasse 10 b?

b) Wie viele Schülerinnen und wie viele Schüler sind aus der Klasse 9 b in die 10 b gegangen, wie viele sind aus der Klasse 9 a dazu gekommen? Schätze plausibel.

9 [●] Im Datenreport 2006 des *Statistischen Bundesamtes* steht:

> Von allen Jugendlichen, die im Jahr 2004 eine allgemeinbildende Schule verließen, blieb ungefähr jeder zwölfte ohne Abschluss. Betrachtet man die Gruppe der ausländischen Schulabgänger, so zeigt sich, dass 18,1 % von ihnen die allgemeinbildenden Schulen ohne Abschluss verließen. Von den deutschen Schulabgängern bleiben 7,4 % ohne Abschluss.

(Datenreport, Statistisches Bundesamt 2006)

a) Ergänze das zugehörige Baumdiagramm unten um die fehlenden Daten und berechne p.

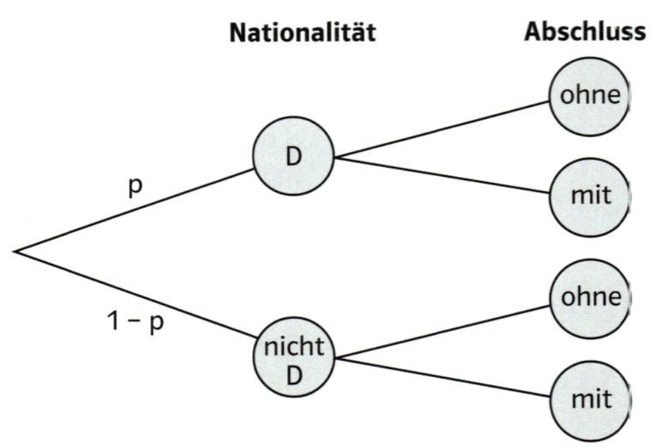

b) Vergleiche die beiden Pfadanteile der Jugendlichen ohne Schulabschluss. Wieso liegt hier der Prozentsatz der deutschen deutlich höher als der der ausländischen Jugendlichen?

Vierfeldertafel

Statt mit Baumdiagrammen kann man statistische Daten auch gut mit **Vierfeldertafeln** überblicken.

Beispiel: Aufgabe 8 auf Seite 102

	9 a	9 b	**Summe**
weiblich	27 %	40 %	**67 %**
männlich	3 %	30 %	**33 %**
Summe	**30 %**	**70 %**	**100 %**

In den **vier Innenfeldern** stehen die vier zugehörigen Pfadwahrscheinlichkeiten des Baumdiagramms, außen jeweils die waagerechten bzw. senkrechten Summen.

Probe:
Die vier Innenfelder und die beiden senkrechten bzw. waagerechten Summenfelder müssen sich zu **100 %** ergänzen.

10 a) Berechne die fehlenden Daten des Zeitungsartikels.

80,9 % der Gesamtbevölkerung Deutschlands lebt in den alten Bundesländern. Während im Westen der Anteil der Ausländer 10,3 % beträgt, liegt er in ganz Deutschland bei 8,8 %

(Statistisches Bundesamt)

b) „Im Westen leben rund 16-mal so viele Ausländer wie im Osten."
Kannst du die Aussage bestätigen?

c) Der Anteil der Ausländer ist im Westen nur rund 4-mal so hoch wie im Osten. Trotzdem trifft die Aussage in Teilaufgabe b) in etwa zu. Erläutere das.

11 40 % der Sparkunden sind jünger als 35 Jahre. Die Hälfte aller Sparkunden legt weniger als 10 000 € an. Von den unter 35-jährigen Sparkunden legen 70 % weniger als 10 000 € an. Berechne die fehlenden Daten mithilfe eines Baumdiagramms oder der Vierfeldertafel.

12 Nach einem Essen knobeln zwei Freundinnen aus, wer zahlt. Von vier Streichhölzern wird eines halbiert. Die eine hält die Streichhölzer, die andere zieht zweimal. Ist das erste gezogene Streichholz kurz, so zahlt sie, ist das zweite kurz, zahlt die Freundin. Sonst zahlt jede selbst.

a) Ist das Verfahren gerecht?

b) Bleibt das Verfahren gerecht, wenn man drei oder fünf Streichhölzer verwendet?

c) Bleibt das Verfahren gerecht, wenn das erste Streichholz zurückgesteckt wird?

13 Falls Strom ausfällt, fährt in Krankenhäusern sofort eine Notstromversorgung hoch, um Geräte funktionsfähig zu halten, die für die Versorgung der Patienten lebenswichtig sind.

a) Zur Sicherheit hat ein Krankenhaus zwei Notstromanlagen, die jeweils mit einer Wahrscheinlichkeit von 90 % funktionieren. In wie vielen Fällen (prozentual) fallen beide aus?

b) [●] Die Krankenhausleitung will die Wahrscheinlichkeit eines doppelten Ausfalles auf ein Promille (= 0,1 %) begrenzen. Wie zuverlässig müssen die neuen Notstromanlagen funktionieren?

14 [●] Bei einer Dopingkontrolle gilt ein Radrennfahrer als gedopt, wenn zwei Testentnahmen positiv ausfallen. Das Baumdiagramm gibt die Sicherheiten an, mit der ein Gedopter gefunden wird.

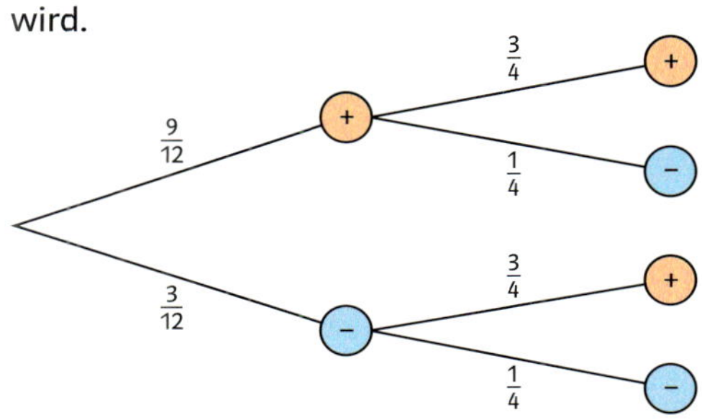

Wie müsste die Rennleitung die einzelnen Testsicherheiten ändern, damit Gedopte zu 98 % erwischt werden?

Faire Spiele

Bei einem Spiel muss man einen Euro setzen und greift verdeckt in eine Kiste mit kleinen Würfeln, von denen sechs ein „U" und vier ein „A" tragen. Ziehst du in zwei Zügen mit Zurücklegen „AU", verlierst du zwei Euro, bei „UU" verlierst du einen Euro, bei „UA" gewinnst du zwei Euro und bei „AA" fünf Euro.

a) Welchen Gewinn erwartest du in 100 Spielen?

b) Wie groß wird in etwa der durchschnittliche Gewinn pro Spiel sein?

c) Der Einsatz beträgt pro Spiel einen Euro. Ist das Spiel fair?

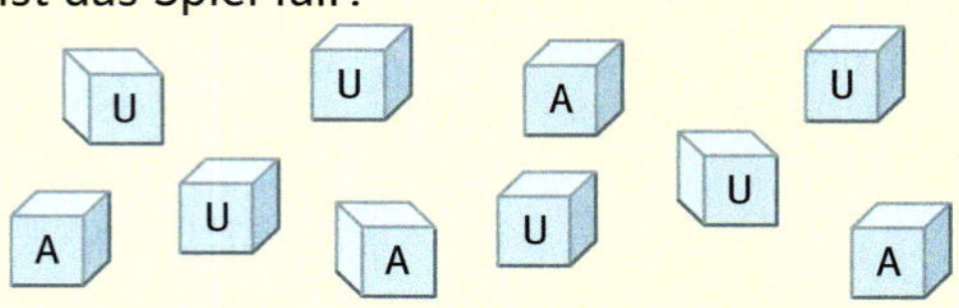

Berechnung des erwarteten Gewinns

Ergebnis	AU	UU	UA	AA
Gewinn pro Spiel	−2 €	−1 €	+2 €	+5 €
Wahrscheinlichkeit	24 %	36 %	24 %	16 %
Gewinn in 100 Spielen	−48 €	−36 €	48 €	80 €
Gewinn pro Spiel	−2 € · 24 % = −0,48 €	−1 € · 36 % = −0,36 €	2 € · 24 % = 0,48 €	5 € · 16 % = 0,80 €

Erläuterung:
Der erwartete Gewinn pro Spiel ist die Summe der einzelnen Gewinnerwartungen. Er beträgt 0,44 €.
Das Spiel ist bei einem Einsatz von 1 € pro Spiel nicht fair.

Ein Spiel heißt **fair**, wenn sich Einsatz und Gewinn bei vielen Spielen ausgleichen. Der **Erwartungswert E** ist der erwartete Mittelwert bei vielen Spielen. Er errechnet sich durch
E = Betrag 1 · Wahrscheinlichkeit 1 + Betrag 2 · Wahrscheinlichkeit 2 + ...
Dabei müssen sich die Wahrscheinlichkeiten zu **100 % addieren.**

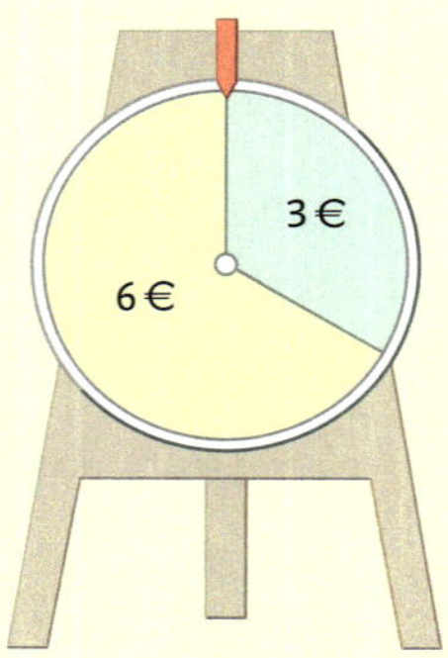

1 Bei dem Glücksrad links gewinnt man den Betrag, auf dem der Zeiger stehen bleibt. Der Einsatz beträgt 5,50 €.
a) Ist das Spiel fair? Begründe.
b) Wie hoch müsste der Einsatz für ein faires Spiel sein?

2 a) Ein Spielautomat zeigt in 56 % der Fälle eine 2, in 22 % eine 4 und sonst immer eine 6. Welchen Einsatz würdest du für den Spielautomaten als fair bezeichnen, wenn die Zahl, die erscheint, in Euro ausgezahlt wird?
b) Wie lautet der faire Einsatz, wenn die 1 mit einer Wahrscheinlichkeit von 59 % und sonst immer die 5 erscheint?

3 Bei einem Wurf von zwei Würfeln zahlst du einen Euro. Du gewinnst bei einem Pasch die Augenzahl eines Würfels in Euro.

4 Es werden zwei Würfel geworfen.

Ergebnis	keine 6	eine 6	zwei 6en
Gewinn	−1 €	+2 €	+5 €

Bei welchem Einsatz ist das Spiel akzeptabel?

5 Ein Spielautomat schüttet folgende Gewinne aus.

Gewinn	0,50 €	1,00 €	1,50 €	2,00 €	5,00 €
p	15 %	25 %	30 %	15 %	15 %

Der Automatenbesitzer kann als Einsatz 2 € oder 2,50 € einstellen.
a) Mit welchem Gewinn kann er monatlich rechnen, wenn erfahrungsgemäß bei 2 € Einsatz rund 1000 Spiele, bei 2,50 € rund 300 Spiele pro Monat gemacht werden?
b) Welchen Einsatz wird er wohl einstellen? Begründe.

mehrstufiger Zufallsversuch

Besteht ein Zufallsversuch aus **zwei** (mehreren) **Teilversuchen**, so spricht man von einem **zweistufigen** (mehrstufigen) **Zufallsversuch**.

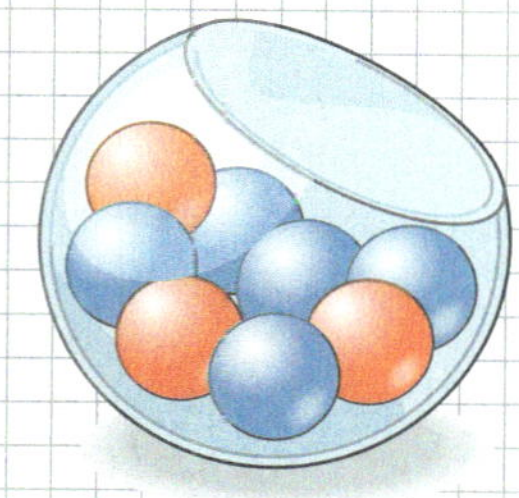

Baumdiagramm

Ein **Baumdiagramm** veranschaulicht einen mehrstufigen Zufallsversuch und die auftretenden Wahrscheinlichkeiten.

Es wird zweimal ohne Zurücklegen gezogen.

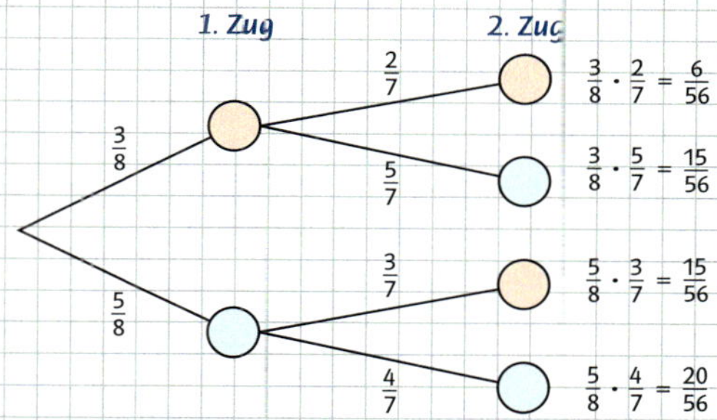

Pfadregel

Die Wahrscheinlichkeit eines zweistufigen Ergebnisses erhält man, indem man die **Wahrscheinlichkeiten** entlang des zugehörigen Pfades **multipliziert**.

Summenregel

Gehören **mehrere Ergebnisse** (≙ Pfade) zu einem untersuchten Ereignis, so werden die zugehörigen **Wahrscheinlichkeiten addiert**.

Probe:
Die Summe der Wahrscheinlichkeiten an den Ästen, die von einem Punkt ausgehen, und die aller Pfadwahrscheinlichkeiten beträgt 100 %.

Wahrscheinlichkeit des Gegenereignisses

Die Wahrscheinlichkeiten eines Ereignisses und des zugehörigen **Gegenereignisses** ergänzen sich zu **100 % = 1**. Manchmal ist es günstig, die Wahrscheinlichkeit über das Gegenereignis zu berechnen durch **P(Ereignis) = 1 − P(Gegenereignis)**. Formulierungen mit „mindestens“ erfordern häufig die Rechnung über das Gegenereignis.

- P(2-mal die gleiche Farbe) = $\frac{6}{56} + \frac{20}{56} = \frac{26}{56} = \frac{13}{28} \approx 46{,}4\,\%$
- P(nicht (blau, blau)) = $1 - P(\text{blau, blau}) = 1 - \frac{20}{56} = \frac{36}{56} \approx 64{,}3\,\%$

Wie groß ist die Wahrscheinlichkeit, aus einem Gefäß, das 4-mal O, 3-mal H, 2-mal A enthält, in drei Zügen ohne Zurücklegen OHA zu ziehen?

Teil-Baumdiagramme

Werden Baumdiagramme zu groß, so skizziert man nur die Teile, die für die Fragestellung wichtig sind.

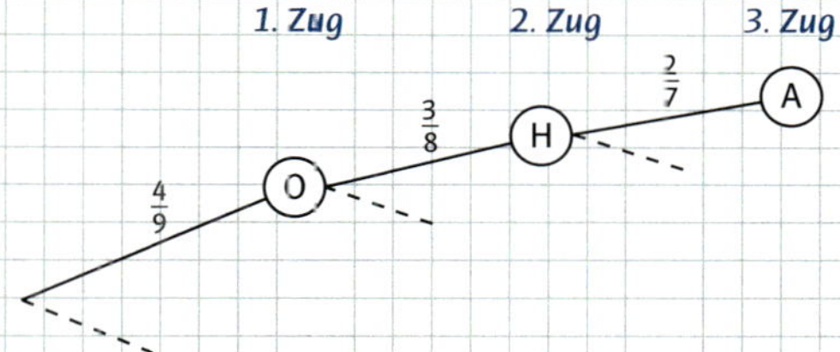

$P(\text{OHA}) = \frac{4}{9} \cdot \frac{3}{8} \cdot \frac{2}{7} = \frac{1}{21} \approx 4{,}8\,\%$

[mittel]

1 Ein Kartenspiel enthält 16 rote und 10 schwarze Karten. Es soll zwei Mal ohne Zurücklegen gezogen werden. Jens erstellt folgendes Baumdiagramm. Erläutere und korrigiere seine Fehler.

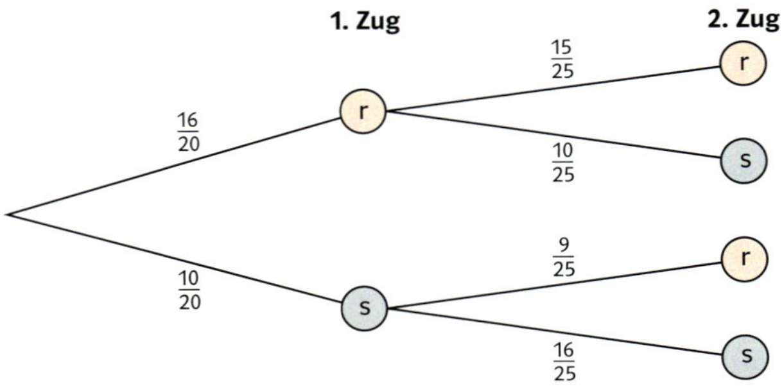

2 Aus dem Behälter werden zwei Kugeln gezogen. Mit welcher Wahrscheinlichkeit werden zwei
a) weiße
b) gelbe
Kugeln gezogen, wenn in Teilaufgabe a) ohne und in Teilaufgabe b) mit Zurücklegen gezogen wird?

3 Aus dem Behälter in Aufgabe 2 werden 2-mal Kugeln mit Zurücklegen gezogen. Berechne die Wahrscheinlichkeit keine Augensumme zwei zu ziehen.

4 In einem Ort gibt es die zwei Tageszeitungen WN und MZ. Die WN hat einen Marktanteil von 60 % und wird zu 10 % an Abonnenten verkauft. Die MZ wird mit 42,5 % über den Kioskverkauf vertrieben.
a) Notiere ein vollständiges Baumdiagramm.
b) Wie hoch ist insgesamt der Verkauf am Kiosk?

[schwieriger]

1 Ein Kartenspiel enthält 16 rote und 10 schwarze Karten. Mit welcher Wahrscheinlichkeit zieht man aus dem gut durchmischten Kartenstapel in zwei Zügen ohne Zurücklegen
a) zwei rote Karten?
b) zwei verschiedenfarbige Karten?

2 Das Baumdiagramm beschreibt eine Zugfolge aus dem Behälter zu Aufgabe 2 [mittel].
a) Trage in die Knoten passende Farben ein.
b) Begründe, ob die Kugeln zurückgelegt werden oder nicht.

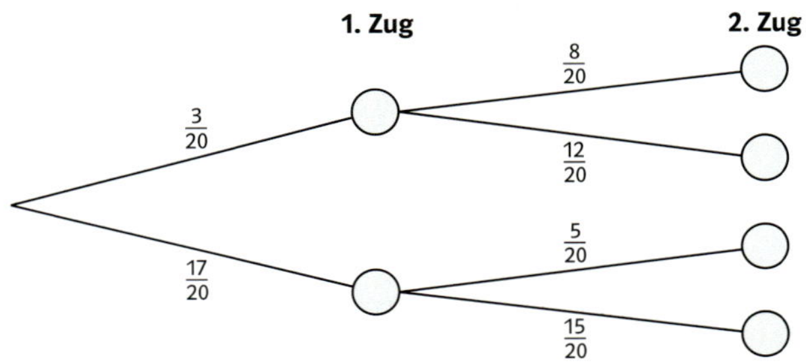

3 Der Hersteller von Vasen weiß aus langer Erfahrung, dass rund 3 % wegen unsauberer Farbe und 5 % wegen ungleichmäßiger Oberfläche zu bemängeln sind. Er verkauft Vasen ohne Mängel als 1. Wahl, solche mit nur einem Fehler als 2. Wahl. Die anderen werden nicht verkauft.
Wie groß sind die Anteile?

4 In einem Ort gibt es die zwei Tageszeitungen WN und MZ. Die WN hat einen Marktanteil von 60 % und wird zu 10 % an Abonnenten verkauft. Die MZ wird mit 42,5 % über den Kioskverkauf vertrieben.
a) Welcher Prozentsatz der Abonnenten erhält die MZ?
b) Wie viele von 1000 Kiosk-Käufern lesen die WN?

 ▻ Lösungen zum Test, Seite 194

Messen im Gelände

Ihr habt gelernt, wie man mithilfe des Satzes von Pythagoras eine fehlende Seitenlänge in einem rechtwinkligen Dreieck berechnet. Dazu müssen aber die anderen beiden Seitenlängen bekannt sein - was nicht immer der Fall ist.
In diesem Kapitel lernt ihr, wie man Längen oder Winkel in rechtwinkligen oder allgemeinen Dreiecken berechnet. Solche Verfahren machen sich den Zusammenhang von Seitenlängen und Winkelgrößen zu Nutze. Sie werden schon seit Jahrhunderten beim Vermessen von Gelände und in der Seefahrt genutzt.

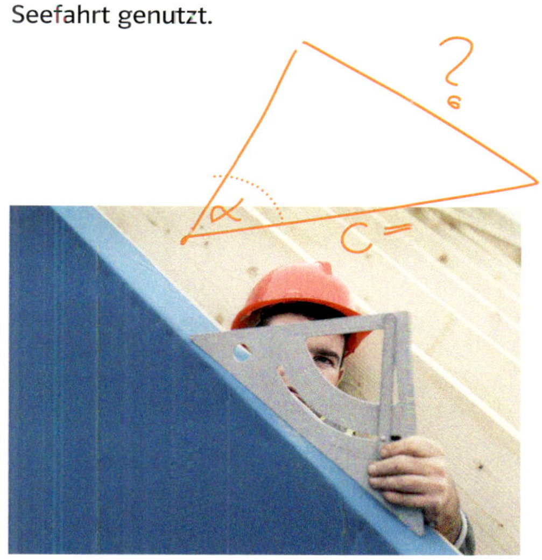

In diesem Kapitel lernt ihr,

- ▷ wie Winkel und Seitenverhältnisse in rechtwinkligen Dreiecken zusammenhängen.
- ▷ was die Taschenrechnertasten *sin*, *cos* und *tan* leisten.
- ▷ wie man in jedem Dreieck aus drei gegebenen Größen weitere Größen berechnen kann.
- ▷ wie man mit einfachen Geräten selbst Vermessungsaufgaben bewältigen kann.
- ▷ die periodische Sinusfunktion kennen.

Check-in

Über diese Dinge solltest du Bescheid wissen, bevor du dich mit dem Thema „Messen im Gelände“ beschäftigst.
Lege ein Blatt auf die Buchseite und kreuze an, wie du dich einschätzt.
Mit den Aufgaben auf der rechten Seite kannst du deine Einschätzung überprüfen.

Wenn du nach dieser Überprüfung noch Kreuzchen in der dritten oder vierten Spalte hast, arbeite deine Lücken auf: Du findest in der Mathematischen Werkstatt am Ende des Buches Zusammenfassungen und Übungsaufgaben zu vielen Themen. Du kannst aber auch Mathe-Bücher aus den vorherigen Schuljahren oder die Formelsammlung benutzen oder jemanden fragen, der sich damit auskennt.

Checkliste	*Kann ich schon*	*Da bin ich fast sicher*	*Ich bin noch unsicher*	*Kann ich noch nicht*
1 *Ich kenne die Winkelsumme im Dreieck.*	☐	☐	☐	☐
2 *Ich kann Winkel messen, zeichnen und benennen.*	☐	☐	☐	☐
3 *Ich kann Dreiecke aus drei Bestimmungsstücken konstruieren.*	☐	☐	☐	☐
4 *Ich kann zu einer geometrischen Situation eine Planfigur zeichnen.*	☐	☐	☐	☐
5 *Ich weiß, wie man in rechtwinkligen Dreiecken den Satz des Pythagoras anwendet.*	☐	☐	☐	☐
6 *Ich weiß, wann Dreiecke zueinander ähnlich sind.*	☐	☐	☐	☐
7 *Ich kann am Computer Dreiecke konstruieren und verändern.*	☐	☐	☐	☐

In der Mathematischen Werkstatt findet ihr:

- ▻ Längen und Flächen, Seite 158/159 und 161.
- ▻ Dynamische Geometriesoftware, Seite 165 und 167.

Aufgaben zur Checkliste

1 Winkel und Seiten im Dreieck

a) Berechne die Winkel δ und ε.

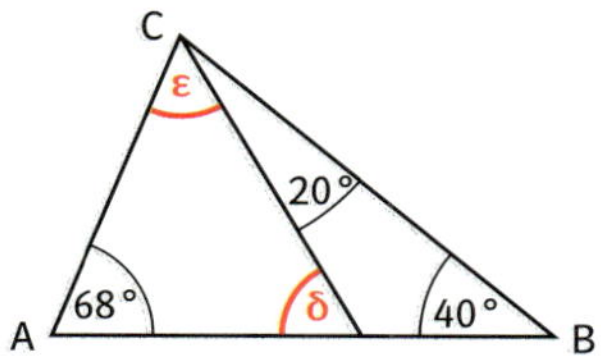

b) Kann ein rechtwinkliges Dreieck einen stumpfen Winkel haben? Begründe.

2 Winkel zeichnen und messen

a) Zeichne folgende Winkel:
α = 17°, β = 98°, γ = 156° und δ = 205°.

b) Miss die Größe aller Winkel.

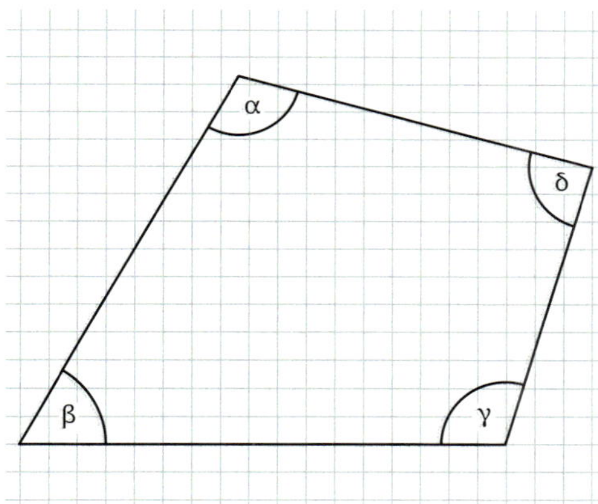

3 Dreiecke konstruieren

Konstruiere das Dreieck. Zeichne immer erst eine Planfigur.

a) a = 5 cm, b = 7 cm, γ = 100°

b) a = 9 cm, α = 35°, β = 55°

c) a = 6,5 cm; c = 8 cm; β = 60°

d) a = 8,5 cm, b = 3 cm, c = 10 cm

4 Planfiguren zeichnen

In einer Pyramide mit quadratischer Grundfläche ist die Länge einer Grundseite und die Höhe der Pyramide 16 cm.
Zeichne eine Planfigur zur Berechnung

a) der Diagonale in der Grundfläche.

b) der Seitenlänge der Dreiecksflächen.

5 Satz des Pythagoras anwenden

a) Berechne die Länge der Hypotenuse.

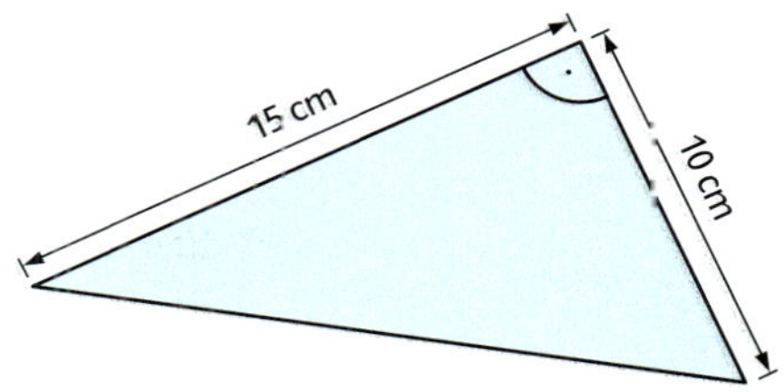

b) Berechne die Länge der Kathete.

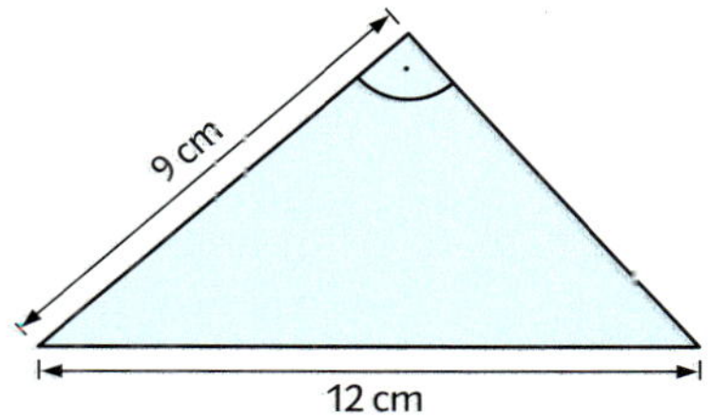

6 Ähnliche Dreiecke

a) Ist ein Dreieck mit den Winkeln 53° und 90° zu einem Dreieck mit den Winkeln 90° und 37° ähnlich?

b) Welche der rechtwinkligen Dreiecke sind jeweils zueinander ähnlich, welche nicht?

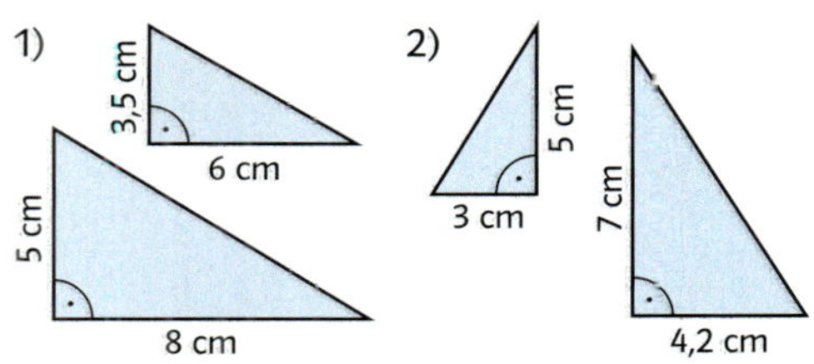

7 [ ] Konstruieren mit einer dynamischen Geometriesoftware

a) Zeichne ein Dreieck aus drei Strecken. Verändere die Form des Dreiecks, indem du einen Eckpunkt mit der Pfeiltaste bewegst.

b) Konstruiere ein Dreieck mit der Funktion *Vieleck zeichnen*. Verändere auch hier die Form des Dreiecks.

c) Miss die Seitenlängen und Winkel.

▻ Lösungen, Seite 187

Seiten- und Winkelbeziehungen

1 [Gruppenarbeit] Erstellt in Gruppen auf Plakaten Übersichten zu den Themen:
- die Winkelsumme im Dreieck,
- die Hypotenuse und die Katheten,
- die Ähnlichkeit von Dreiecken,
- die Strahlensätze,
- den Satz des Pythagoras.

2 [Gruppenarbeit] Zeichnet zwei beliebig große Dreiecke mit $\alpha_1 = 40°$ bzw. $\alpha_2 = 55°$ und $\gamma = 90°$.
a) Bildet aus den Seitenlängen das Verhältnis a : c und berechnet dessen Wert. Vergleicht eure Ergebnisse miteinander. Was stellt ihr fest?
b) Untersucht ebenso die Seitenverhältnisse b : c und a : b. Vergleicht sie miteinander.

Online Link
Zu Aufgabe 4:
720370-1101

3 [Gruppenarbeit] Zeichnet arbeitsteilig rechtwinklige Dreiecke ($\gamma = 90°$) mit $\alpha = 10°$; 20°; 30°; …; 80° und bildet die Seitenverhältnisse a : c, b : c und a : b.
Übertragt die Tabelle auf ein Plakat und tragt eure Ergebnisse darin ein. Rundet dabei die Werte auf zwei Dezimalstellen.

α	a : c	b : c	a : b
10°			
20°			
30°			
40°			
50°			
60°			
70°			
80°			

Beschreibt und vergleicht die Entwicklung der Werte in den einzelnen Spalten in Abhängigkeit von der Winkelgröße α. Schätzt die Verhältniswerte für $\alpha = 1°$ und $\alpha = 89°$.
Was fällt euch in der Tabelle auf?

4 [Gruppenarbeit, Computer] Mit einem Geometrieprogramm könnt ihr für alle Winkel genau die Werte der Seitenverhältnisse darstellen.

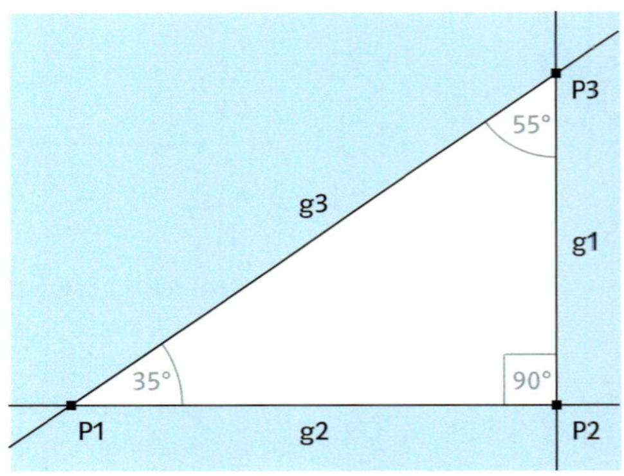

- Konstruiert ein rechtwinkliges Dreieck.
- Fixiert den rechten Winkel.
- Bezeichnet die Winkel und Seiten.
- Erzeugt in der Termberechnung die Seitenverhältnisse.
- Klickt die Ecken P1 oder P3 an und verschiebt sie.

Nun könnt ihr in der Termanzeige genau verfolgen, wie sich die Werte verändern.

Sinus, Kosinus und Tangens

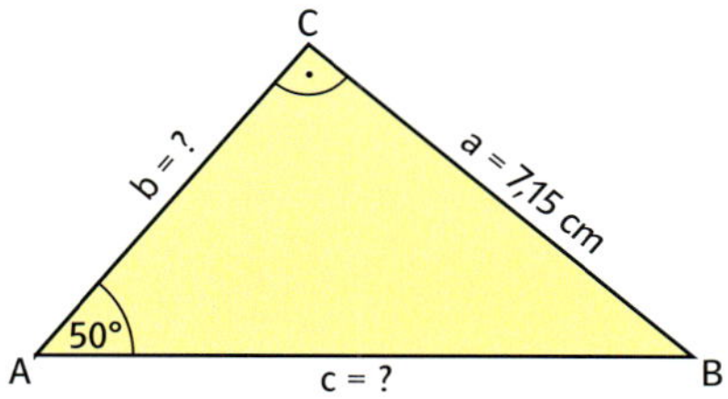

Beträgt der Winkel $\alpha = 50°$, so ist der Wert der Seitenverhältnisse $a : c = 0{,}766$ und $b : c = 0{,}643$.
Berechne die Seiten b und c.
Findest du mehrere Lösungswege?

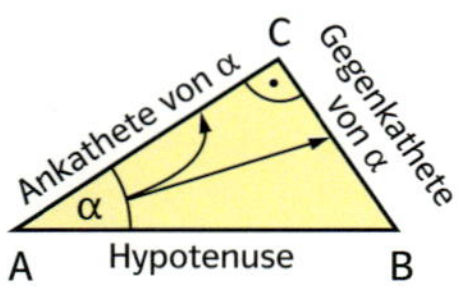

Im **rechtwinkligen Dreieck** bestimmt der **Winkel α** alle **Seitenverhältnisse.**
Umgekehrt lässt sich der Winkel α aus jedem Seitenverhältnis berechnen.

	Das Seitenverhältnis	man liest:
	a : c wird mit **sin α**	„Sinus α"
	b : c wird mit **cos α**	„Kosinus α"
und	a : b wird mit **tan α** bezeichnet.	„Tangens α"

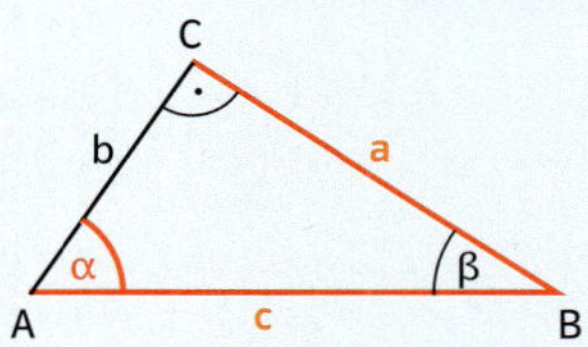

$$\sin\alpha = \frac{\text{Gegenkathete von } \alpha}{\text{Hypotenuse}}$$

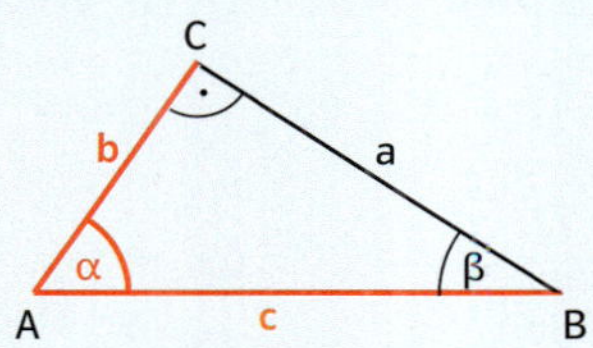

$$\cos\alpha = \frac{\text{Ankathete von } \alpha}{\text{Hypotenuse}}$$

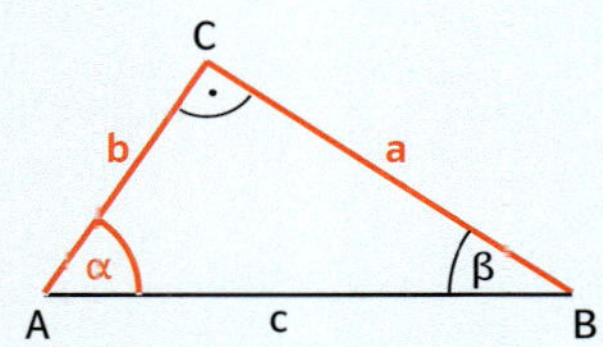

$$\tan\alpha = \frac{\text{Gegenkathete von } \alpha}{\text{Ankathete von } \alpha}$$

Mit der Bezeichnung **Ankathete** bzw. **Gegenkathete** wird die Definition unabhängig von den Benennungen im Dreieck.

Beispiel

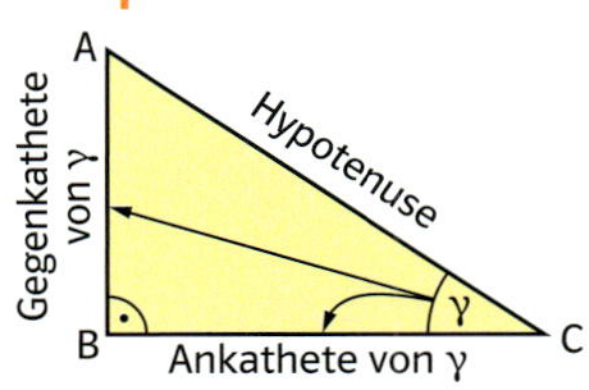

$$\sin\gamma = \frac{\text{Gegenkathete von } \gamma}{\text{Hypotenuse}}$$

$$\cos\gamma = \frac{\text{Ankathete von } \gamma}{\text{Hypotenuse}}$$

$$\tan\gamma = \frac{\text{Gegenkathete von } \gamma}{\text{Ankathete von } \gamma}$$

1 Drücke den Sinus, Kosinus und Tangens durch ein Seitenverhältnis aus.

a) 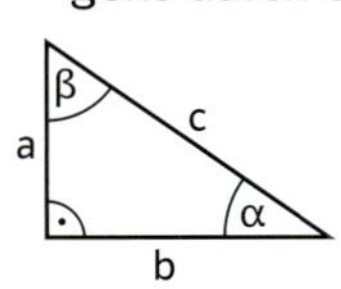

$\sin\alpha = \square$ $\cos\beta = \square$

b) 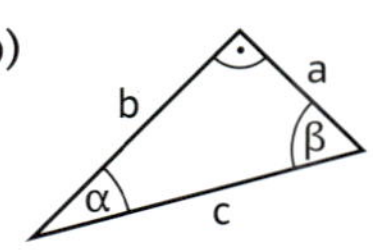

$\cos\beta = \square$ $\tan\alpha = \square$

c) 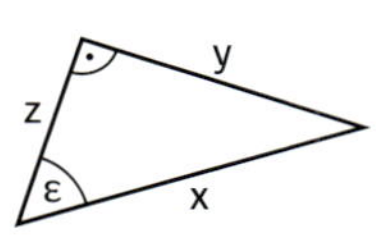

$\cos\varepsilon = \square$ $\tan\varepsilon = \square$

d) 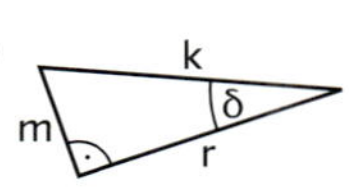

$\sin\delta = \square$ $\tan\delta = \square$

2 Drücke das Seitenverhältnis durch Sinus, Kosinus oder Tangens aus.

a) 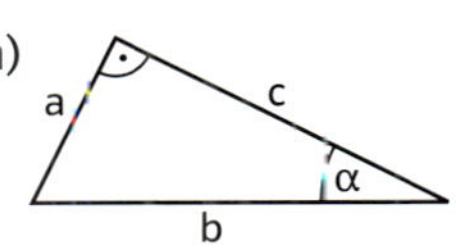

$\frac{a}{c} = \square$ $\frac{c}{b} = \square$

b) 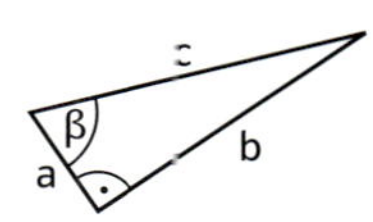

$\frac{b}{c} = \square$ $\frac{b}{a} = \square$

c) 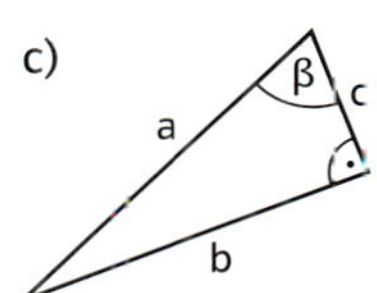

$\frac{c}{a} = \square$ $\frac{b}{a} = \square$

d) 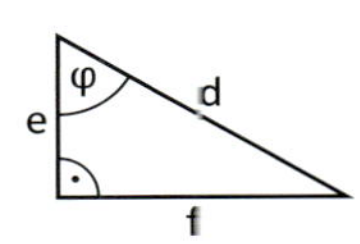

$\frac{f}{e} = \square$ $\frac{f}{d} = \square$

Info

α	a : c = sin α
1°	0,02
10°	0,17
20°	0,34
30°	0,5
40°	0,64
50°	0,77
60°	0,87
70°	0,94
80°	0,98
89°	≈ 1

Alle Werte sind auf zwei Dezimalstellen gerundet!

Berechnung von Seitenlängen oder Winkeln im rechtwinkligen Dreieck

Damit man in einem **rechtwinkligen Dreieck** eine unbekannte Größe bestimmen kann, müssen **zwei Seiten** oder **eine Seite und ein Winkel** (außer dem rechten Winkel) gegeben sein.

Beispiele

a) Lösung mithilfe von sin α

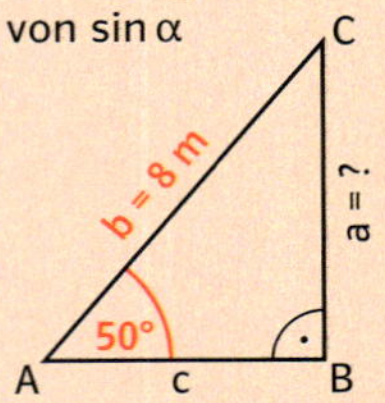

$\sin\alpha = \frac{a}{b}$

$\sin 50° = \frac{a}{8}$

$a = 8 \cdot \sin 50°$

$a = 8 \cdot 0{,}77$

$a \approx 6{,}16\,m$

Die Kathete a ist etwa 6,16 m lang.

b) Lösung mithilfe von cos γ

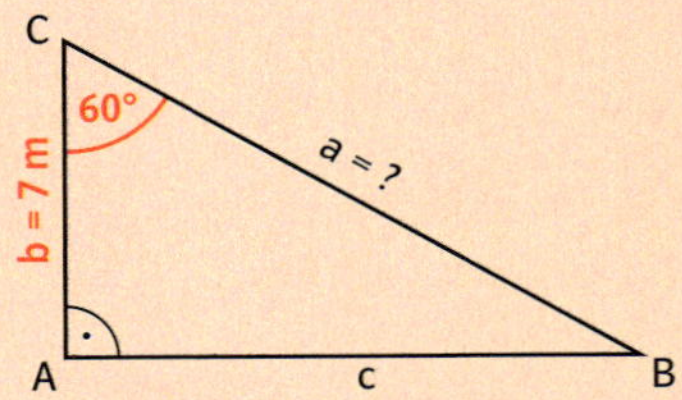

$\cos\gamma = \frac{b}{a}$

$\cos 60° = \frac{7}{a}$

$a = \frac{7}{\cos 60°}$

$a = \frac{7}{0{,}5}$

$a = 14\,m$

Die Hypotenuse a ist 14 m lang.

c) Lösung mithilfe von tan β

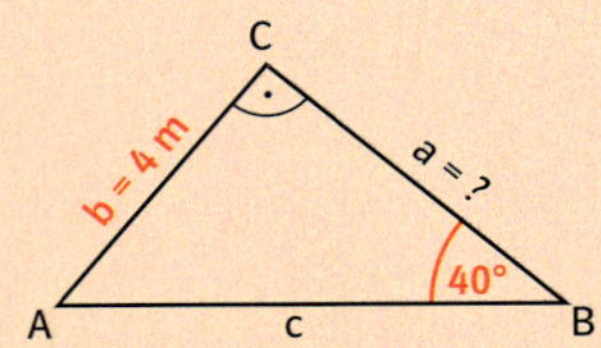

$\tan\beta = \frac{b}{a}$

$\tan 40° = \frac{4}{a}$

$a = \frac{4}{\tan 40°}$

$a = \frac{4}{0{,}84}$

$a \approx 4{,}76\,m$

Die Kathete a ist etwa 4,76 m lang.

Tipp

Verwendet für die Aufgaben eure Tabelle auf S. 110 mit den Werten der Seitenverhältnisse.

3 [👥] Berechnet die unbekannten Seiten. Vergleicht eure Lösungen.

a)

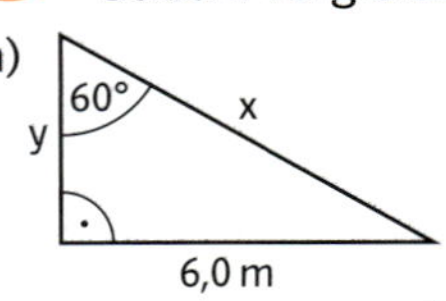

b)

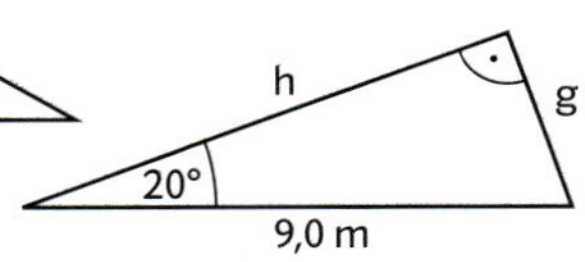

c)

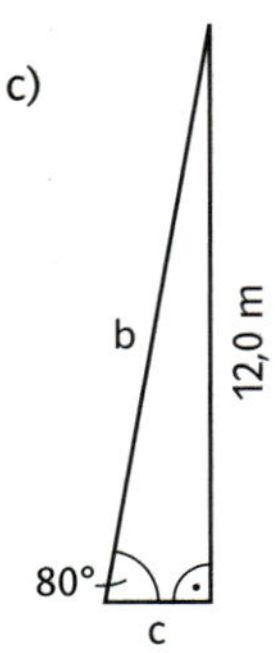

d)

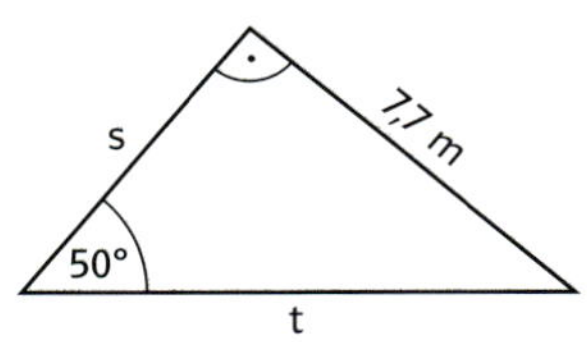

e)

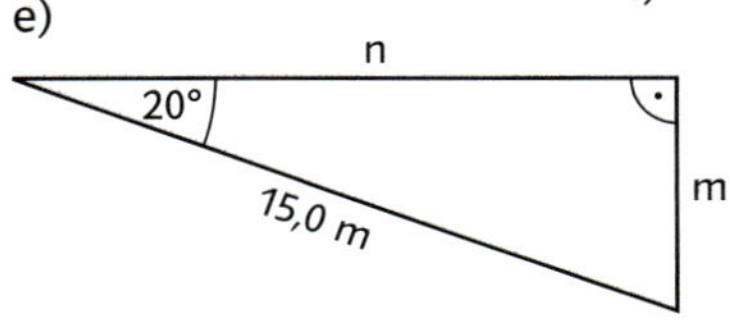

f)

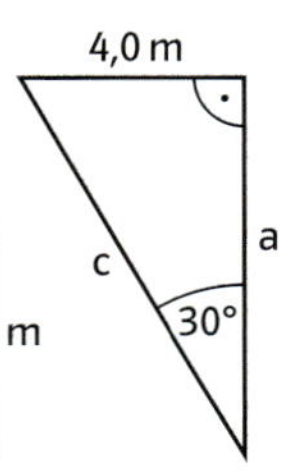

4 Berechne die Seitenverhältnisse, runde auf zwei Stellen und lies die zugehörigen Winkel aus der Tabelle ab.

a)

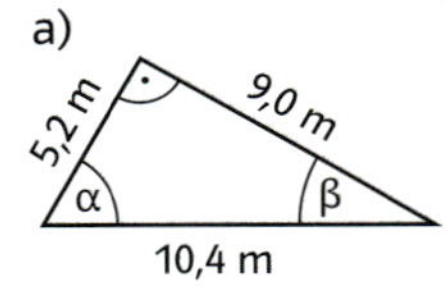

b)

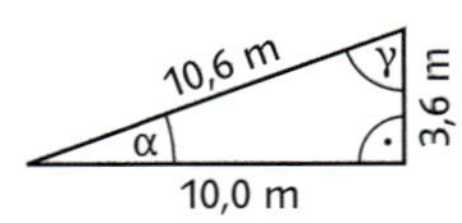

c)

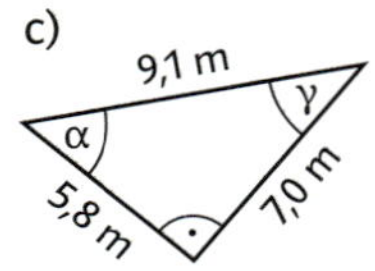

d)

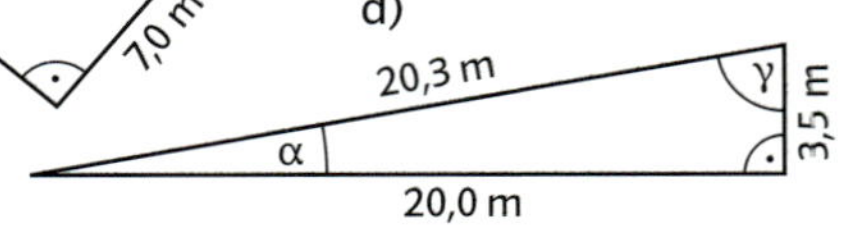

5 [●] Zeige, dass folgende Beziehungen in rechtwinkligen Dreiecken gelten.

a) $\sin 45° = \cos 45°$

b) $\sin\alpha = \cos(90° - \alpha)$
$\cos\alpha = \sin(90° - \alpha)$

c) $\frac{\sin\alpha}{\cos\alpha} = \tan\alpha$

d) [●●] $(\sin\alpha)^2 + (\cos\alpha)^2 = 1$

Sinus-, Kosinus- und Tangenswerte mit dem Taschenrechner ermitteln

Die **Tangenswerte** der Seitenverhältnisse in rechtwinkligen Dreiecken können bei gegebenem Winkel α auf deinem Taschenrechner mit der Taste [tan] angezeigt werden.
Z. B. Tangenswert von 35°:
[tan] [3] [5] [=] 0,7002075 ≈ 0,7
Für **Sinus-** oder **Kosinuswerte** musst du die entsprechenden Tasten [sin] oder [cos] verwenden.

Umgekehrt wird der Winkel zu einem errechneten oder gegebenen Tangenswert mit der Tastenfolge für [tan⁻¹] ermittelt.
Z. B: Welcher Winkel gehört zum Tangenswert 2,74747?
[tan⁻¹] [2] [.] [7] [4] [7] [4] [7] [=] 70°

6 [▦] Berechne die fehlenden Seiten.

a)
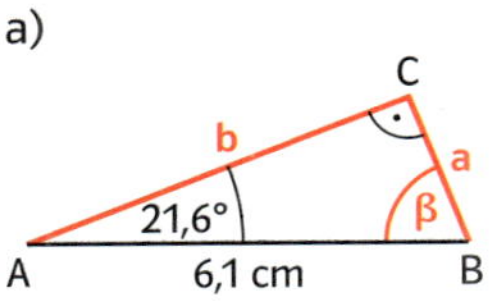

b)
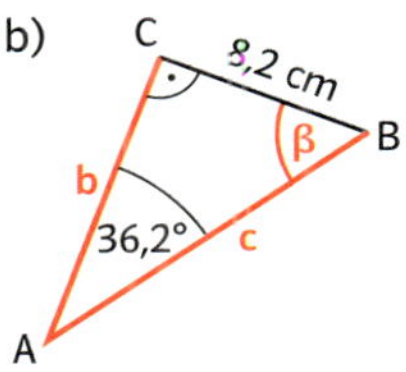

7 [▦] Berechne die fehlenden Winkel.

a)
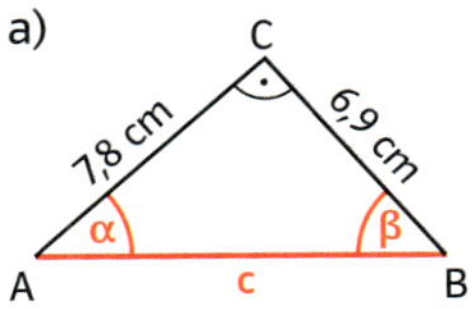

b)
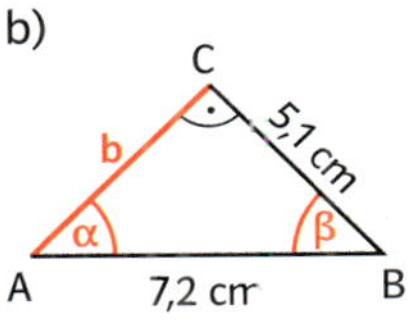

Tipp
Eine Planfigur kann hilfreich sein.

8 [▦] Berechne die unbekannten Größen.

	a)	b)	c)	d)	e)
a in cm	4,5		5,8	6,5	6,4
b in cm		9,6		2,3	
c in cm					3,6
α	38°	90°			
β		72°	58°		90°
γ	90°		90°	90°	

9 In einem rechtwinkligen Dreieck ist die größte Seite 17 m und eine kleinere Seite 15 m lang. Berechne die unbekannten Stücke. Gib verschiedene Lösungswege an.

10 Wie lang sind die Diagonalen in diesen Rauten?

a)
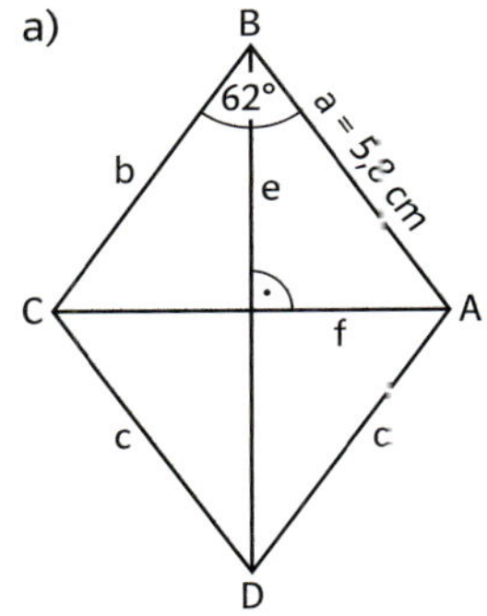

b)
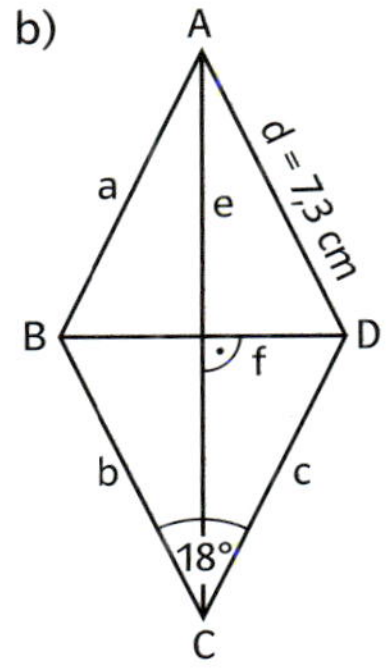

11 Berechne die Seitenlänge eines regelmäßigen Fünfecks mit dem Umkreisradius r = 8 cm.

12 [●] In einem Dreieck ABC sind gegeben: α = 75°, γ = 45°, a = 7,5 cm
Berechne die Seiten b und c.
Tipp: Zerlege das Dreieck ABC durch eine Höhe in zwei rechtwinklige Dreiecke.

13 [●] Berechne den Umfang und den Flächeninhalt des Trapezes.

a)
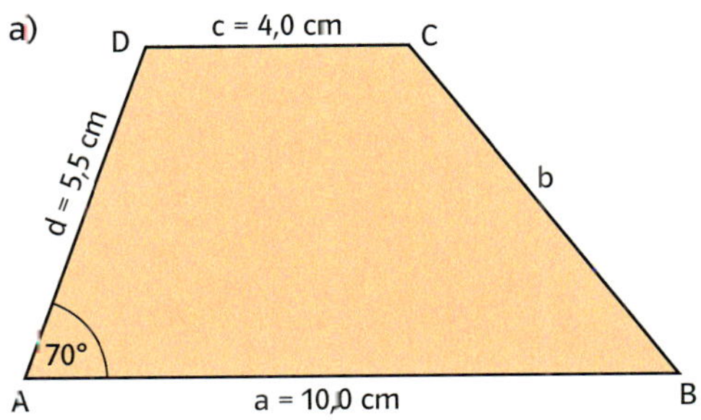

b)
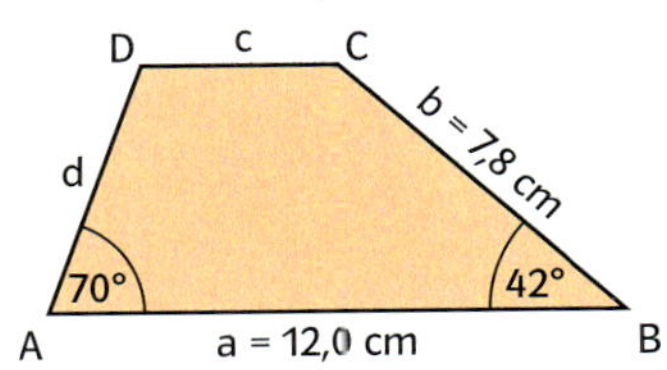

▻ Mathematische Werkstatt, Seite 158/159 und 161

Messverfahren im Gelände

1 [👥 ✂] Höhenberechnung durch Höhenwinkelmessung

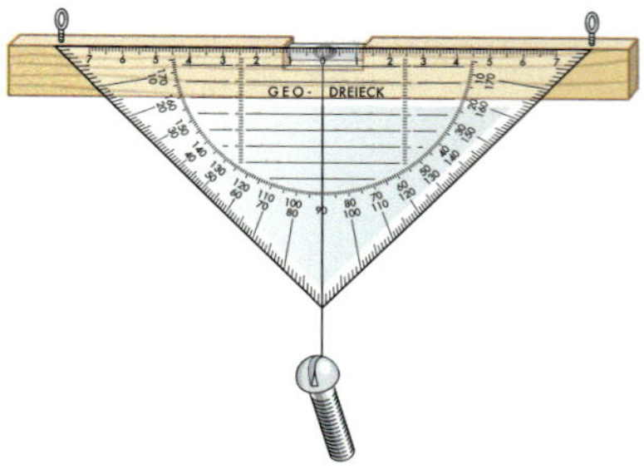

Bau eines Höhenwinkelmessers
- Klebt an die obere Kante eines Schulgeodreiecks eine Wasserwaage.
- Befestigt an dem Nullpunkt des Geodreiecks eine Schnur mit Gewicht.
- Dreht zur besseren Anvisierung in die Wasserwaage zwei Ösenschrauben ein.

Messung mit dem Höhenwinkelmesser
Wollt ihr die Höhe eines Baums, eines Hauses, eines Turms bestimmen, dann
- fertigt eine Skizze an.
- legt fest, welche Größen ihr messen müsst.
- beschreibt den Rechenweg.
- führt die Messung im Gelände aus.
- berechnet die gesuchten Größen.

Skizze:

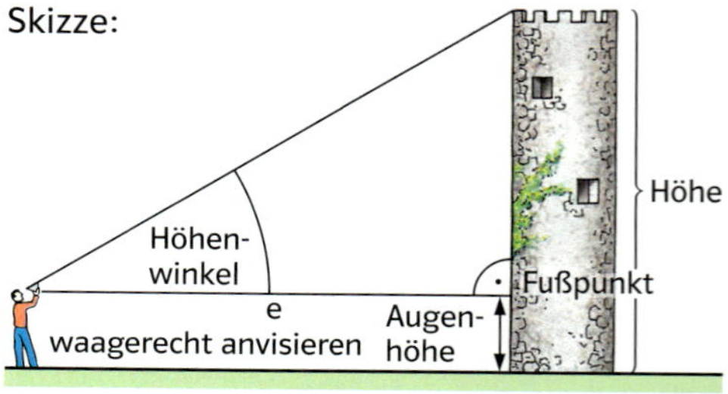

2 [👥 ✂] Entfernungsberechnung durch Horizontalwinkelmessung

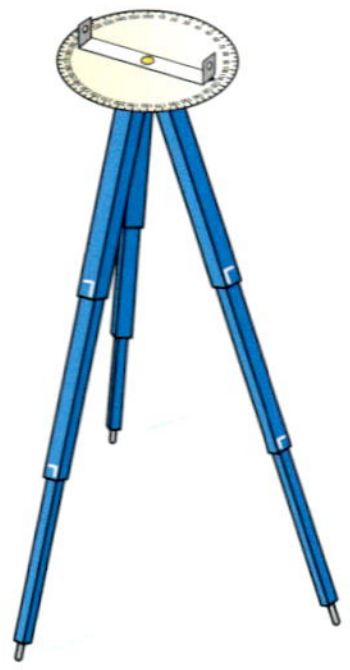

Bau einer Winkelscheibe
- Zeichnet Winkelscheibe, Visier und Zeiger auf Karton und schneidet sie aus.
- Falzt das Visier und stanzt Löcher ein.
- Befestigt die Visierscheibe drehbar auf der Winkelscheibe.
- Steckt die Winkelscheibe mittig auf das Stativ.

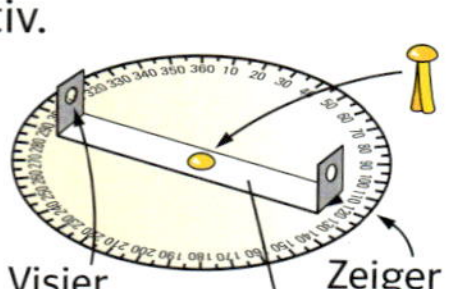

Messung mithilfe einer Winkelscheibe, Bandmaß und zwei Fluchtstäben
- Wählt auf eurem Schulhof einen (schwer erreichbaren) Punkt A aus, dessen Entfernung ihr von eurem Standort B aus bestimmen möchtet.
- Beschreibt die Messvorgänge und die notwendigen Berechnungen.

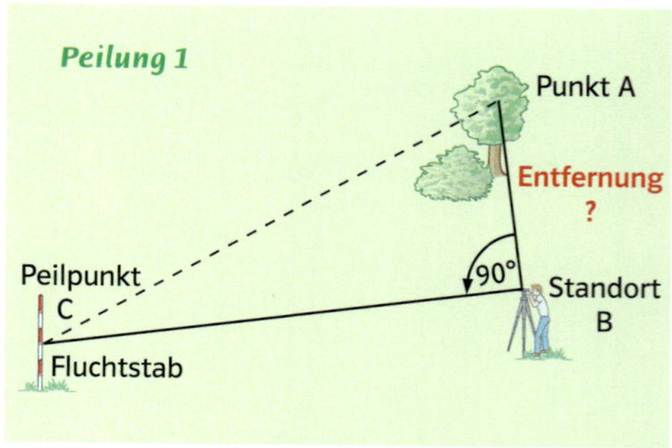

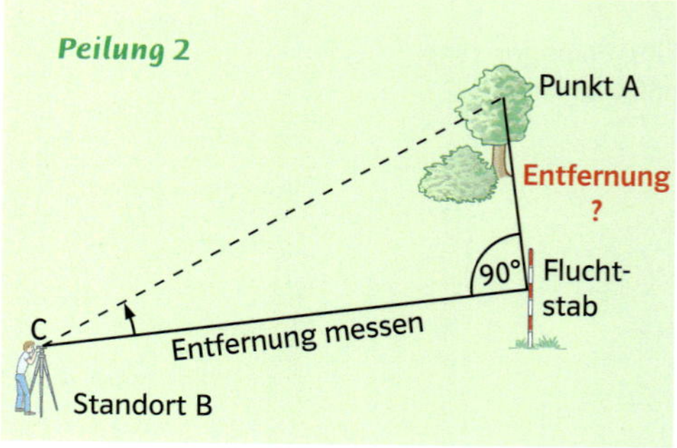

Tipp
Um die Entfernungen unzugänglicher Geländepunkte zu bestimmen, muss man oft mit sin, cos oder tan rechnen.

3 [ååå] a) Sucht euch Messobjekte aus eurer Umgebung aus und führt selbst Messungen und Berechnungen durch. Beachtet dabei folgende Schritte.

1. Schritt im Klassenraum:
- *Messverfahren festlegen.*
- *Skizze erstellen und zu messende Winkel und Längen markieren.*
- *Tabelle für die Eintragung von Messergebnissen vorbereiten.*

2. Schritt draußen im Gelände:
- *Messpositionen festlegen.*
- *Rechten Winkel festlegen.*
- *Messungen mehrmals durchführen, um Fehler zu vermeiden.*
- *Messergebnisse in die Tabelle eintragen.*

3. Schritt wieder im Klassenraum:
- *Berechnungen durchführen.*

b) Überlegt, ob es verschiedene Verfahren gibt. Wenn ihr ein weiteres Verfahren durchführt, so vergleicht die Ergebnisse.

4 [ååå] Bei allen Vermessungen treten Messungenauigkeiten auf.
a) Führt eure Messungen im Gelände mehrmals durch und vergleicht die Ergebnisse.
b) Ihr könnt nur mit einer Messgenauigkeit von 1° – 2° bzw. 10 cm – 20 cm messen. Berechnet, wie sich bei solchen Abweichungen eure Ergebnisse verändern.

5 Messfehler wirken sich unterschiedlich stark aus.
a) Wie wirkt sich ein Winkelfehler von 1° bei der Höhenmessung aus?

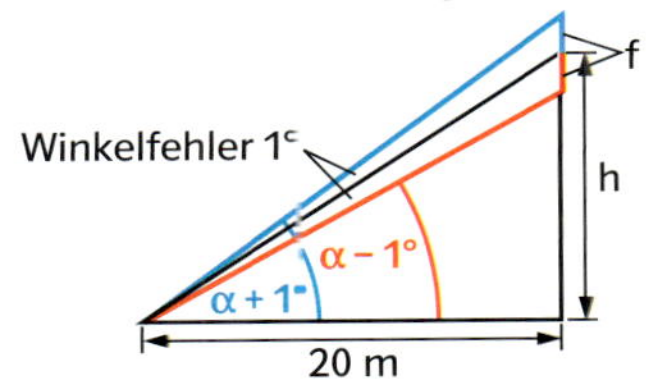

Winkel $\alpha \pm 1°$	berechnete Höhe in m	Höhenfehler f in m
19° **20°** 21°	6,89 **7,28** 7,68	– 0,39 + 0,40
29° **30°** 31°	… **11,55** …	… …

b) [●●] Wie wirkt sich ein Längenfehler von 0,05 m bei der Höhenmessung aus verschiedenen Entfernungen (5 m, 10 m, …) aus?

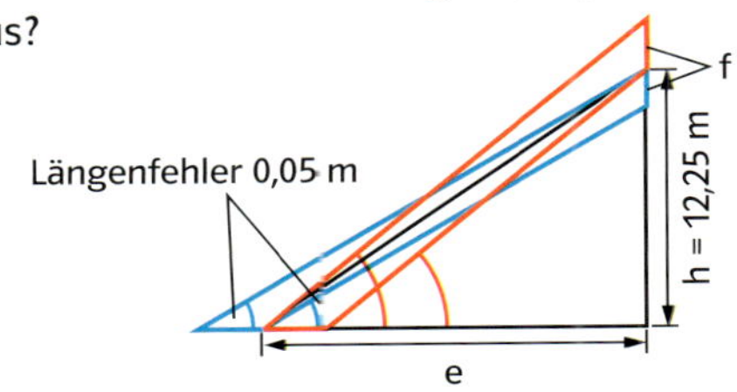

Entfernung (e ± 0,05) in m	berechnete Höhe in m	Höhenfehler f in m
4,95 **5,00** 5,05	12,37 **12,25** 12,13	+ 0,12 – 0,12

Höhen und Strecken bestimmen

Höhen und Strecken im Gelände

1 Bestimme die Breite des Flusses.

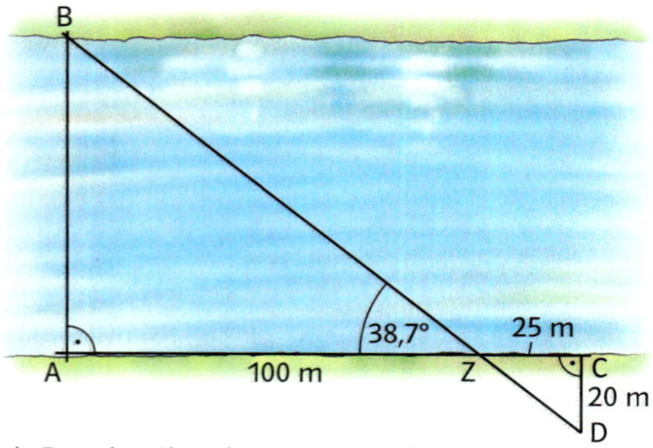

a) Beschreibe das Messverfahren.
b) [Gruppe] Löst die Aufgabe in verschiedenen Arbeitsgruppen. Es gibt mehrere Lösungswege, vergleicht sie.

2 Ein Gebäude wirft auf den Schulhof einen 18,5 m breiten Schlagschatten. Vom Schattenrand wird die Oberkante des Gebäudes unter einem Höhenwinkel von 39° angepeilt.
a) Wie hoch ist das Gebäude?
b) Welche Auswirkung auf das Ergebnis haben Messfehler von 20 cm bzw. 1°?

Tipp
Die gemessenen Höhenwinkel liegen in zwei rechtwinkligen Dreiecken. Die Höhe h ist in beiden Dreiecken gleich.

3 [●] Man kann die Entfernung x zu einem unzugänglichen Objekt im Gelände auch mithilfe des Höhenwinkelmessers bestimmen.
Man wählt zwei Messpunkte A und B in einer Linie mit dem Fußpunkt des Objekts.

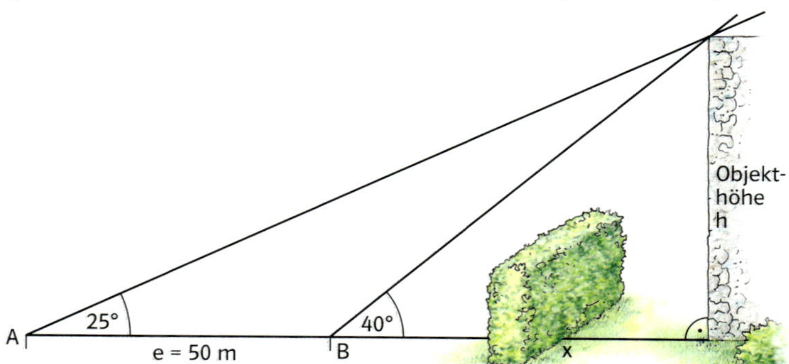

Berechne zuerst x und dann h.

4 [●] Von einem 25 m hohen Turm aus werden zwei Punkte A und B an den Ufern eines Flusses angepeilt.

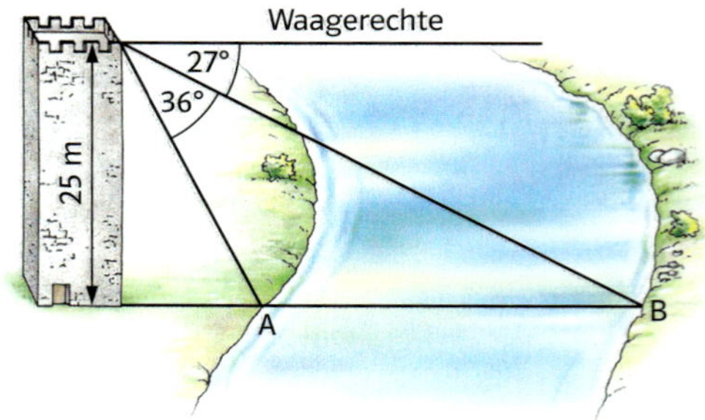

Wie weit ist der Turm vom nahen Flussufer entfernt? Wie breit ist der Fluss?

5 [●] Um die Breite einer tiefen Schlucht zu messen, wurde eine Hilfslinie AH angelegt und vermessen.

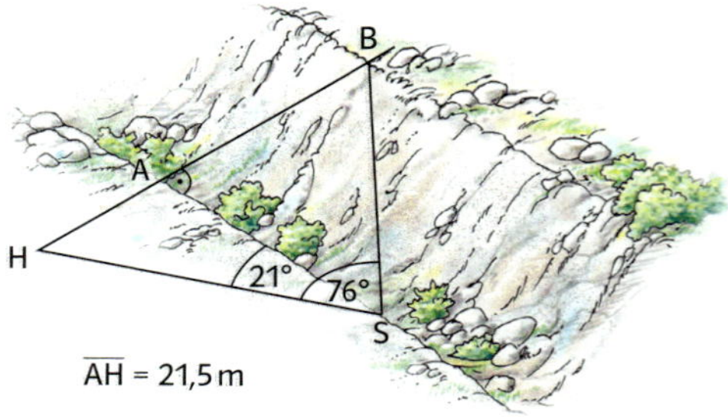

Beschreibe den weiteren Verlauf des Messverfahrens und berechne die Breite $\overline{AB}$ der Schlucht.

6 [●] Um die Entfernung zwischen zwei Geländepunkten A und B zu bestimmen, wird über Punkt A ein Theodolit und über B eine Messlatte aufgestellt.

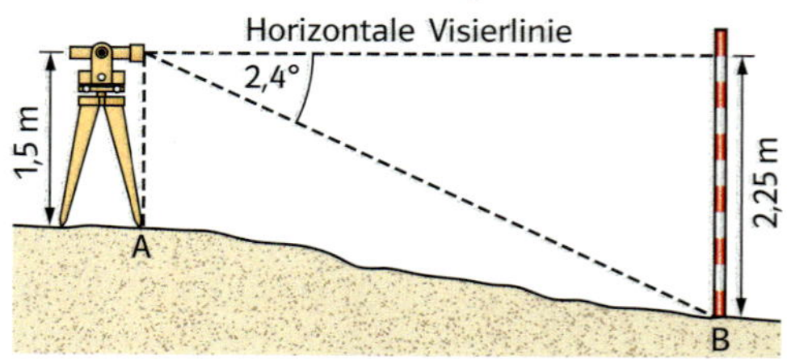

Beschreibe das Messverfahren und berechne den horizontalen Abstand der beiden Geländepunkte A und B.

▻ Mathematische Werkstatt, Seite 158/159 und 161

Steigungen – auf und ab

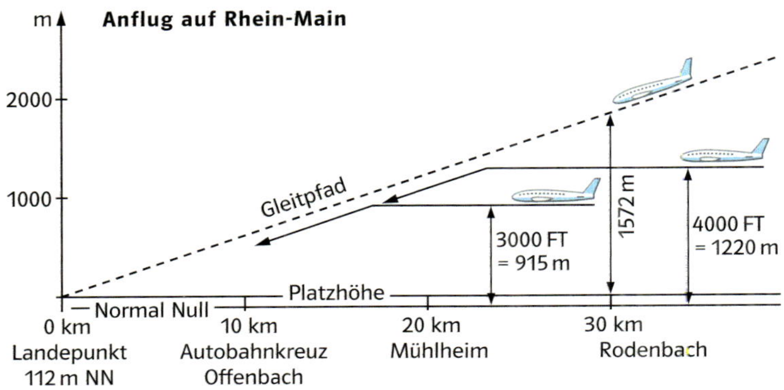

7 a) Gib die Steigung des Lande-Gleitpfades in Grad und in Prozent an.
b) Wie viele Kilometer gleiten die Flugzeuge auf dem Gleitpfad, die in 3000 Fuß bzw. 4000 Fuß Höhe auf die Bahn einschwenken?
c) Welche Höhe hat ein Flugzeug auf der Gleitbahn, das noch 25 km vom Flughafen entfernt ist?

Info
1 Fuß = 30,5 cm

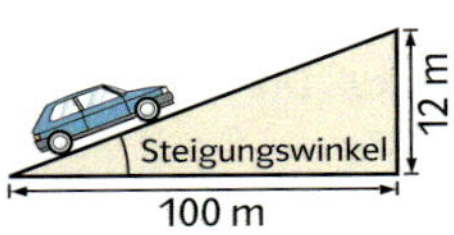

Steigung:
$\frac{12\,\text{m}}{100\,\text{m}} = 0{,}12 = 12\,\%$
Welcher Steigungswinkel ergibt sich?

8 Bei Geländewagen ist die Steigfähigkeit wichtig.
a) Wagen A hat 25 % Steigfähigkeit, Wagen B kann 16° Steigung bewältigen. Vergleiche.
b) Ein Unimog fuhr 1992 den Weltrekord an Steigfähigkeit im Gelände ein. Er schaffte in Vorwärtsfahrt eine Steigung von 100 %. Welchen Steigungswinkel hatte die Strecke?

9 Wie viel Prozent bzw. Grad Steigung hat diese australische Pass-Straße?

10 An einem Gebäude soll eine Auffahrtsrampe für Rollstuhlfahrer errichtet werden. Wie lang muss sie sein, wenn der Steigungswinkel höchstens 5° betragen darf?

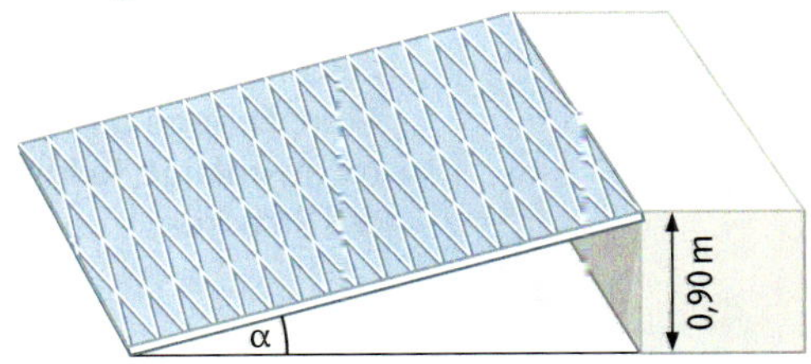

11 a) Welchen Neigungswinkel hat der Handlauf des abgebildeten Treppengeländers?
b) Wie lang ist der Handlauf von Pfosten zu Pfosten?

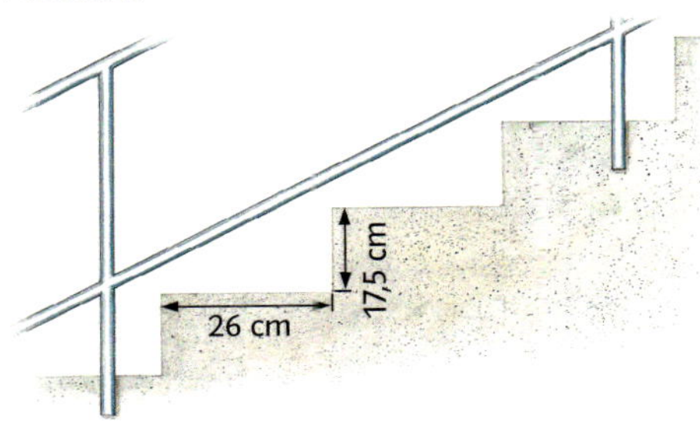

12 Eine Etappe der *Tour de France* führte durch die französischen Alpen. Hier mussten die Radfahrer große Höhenunterschiede bewältigen.
a) Wie groß war auf der Strecke von *La Madeleine* nach *Aigueblanche* das durchschnittliche Gefälle?
b) Wie groß war die durchschnittliche Steigung von *Aigueblanche* nach *Courchevel*?

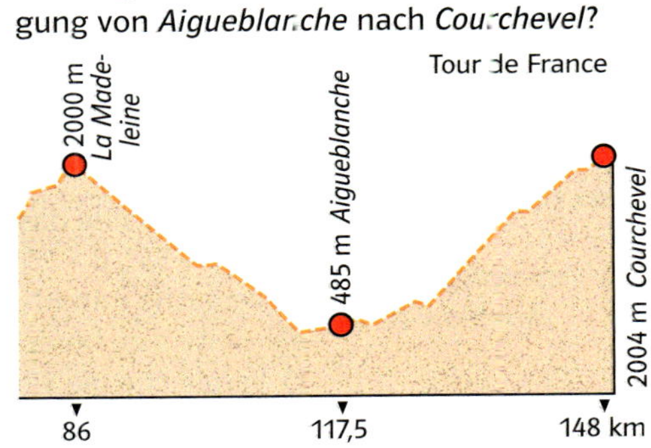

Geländemessung von einem Punkt aus

Die Entfernungen zu den Eckpunkten eines Grundstücks werden mithilfe eines *Tachymeters* durch Messung der Laufzeit von elektromagnetischen Impulsen bestimmt. Gleichzeitig können die Winkel, in denen sich die Streckenzüge schneiden, gemessen werden. So können können Grundstücke von einem einzigen Punkt aus vermessen werden.

1 Zur Berechnung des Flächeninhalts von Dreiecken benötigst du neben einer Seite auch die entsprechende Höhe des Dreiecks. Oft ist diese Strecke im Gelände nicht messbar.
Zeige mithilfe der nebenstehenden Skizze, dass sich die Höhe h_c durch $b \cdot \sin\alpha$ bzw. $a \cdot \sin\beta$ ausdrücken lässt.
Dann gilt
$A = \frac{c \cdot b \cdot \sin\alpha}{2}$ oder $A = \frac{c \cdot a \cdot \sin\beta}{2}$

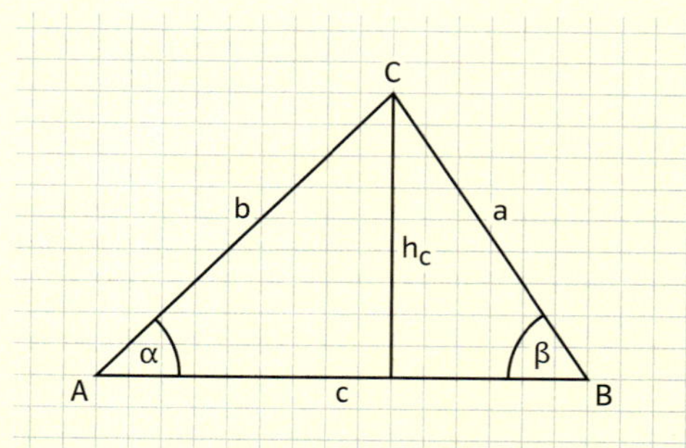

Tipp

Diese Formel lässt sich immer anwenden, wenn zwei Seiten und der eingeschlossene Winkel bekannt sind.

2 [Gruppenarbeit, Schreiben] a) Berechnet den Flächeninhalt der beiden Grundstücke aus den Flächeninhalten der Dreiecke, die den gemeinsamen Eckpunkt P haben. Skizziert eure Lösungsstrategien auf einem Plakatbogen.
b) Stellt euch gegenseitig eure Lösungsstrategien vor und vergleicht eure Ergebnisse.

1)

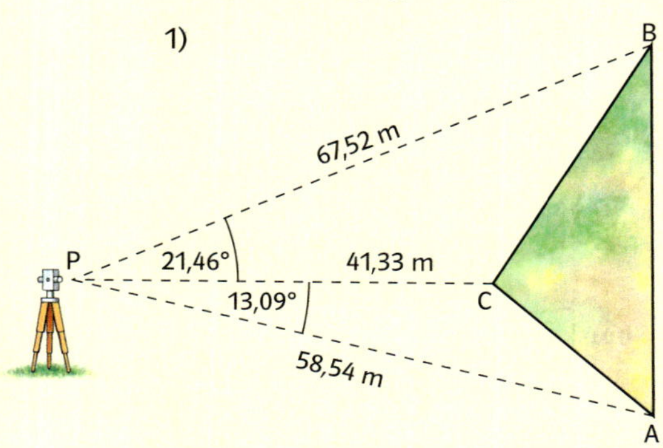

2)

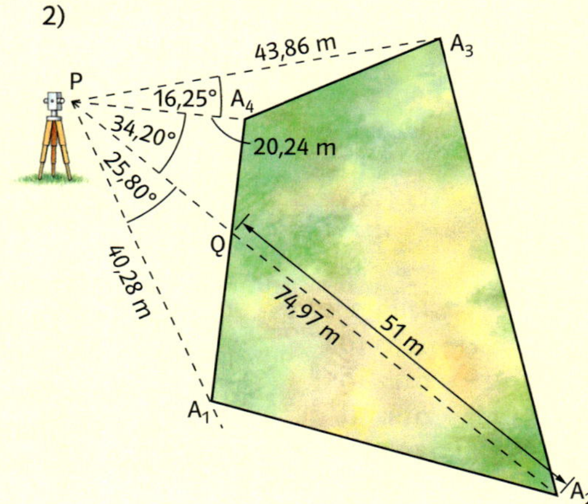

Seitenverhältnisse in rechtwinkligen Dreiecken

In rechtwinkligen Dreiecken mit $\gamma = 90°$ gilt:

$$\sin\alpha = \frac{\text{Gegenkathete von } \alpha}{\text{Hypotenuse}}$$

$$\cos\alpha = \frac{\text{Ankathete von } \alpha}{\text{Hypotenuse}}$$

$$\tan\alpha = \frac{\text{Gegenkathete von } \alpha}{\text{Ankathete von } \alpha}$$

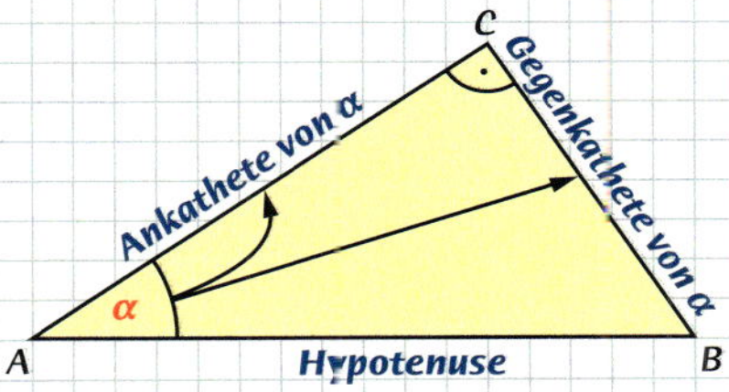

Berechnungen in rechtwinkligen Dreiecken

Mithilfe der Seiten-Winkel-Beziehungen kann man in rechtwinkligen Dreiecken
- aus **zwei Seiten einen Winkel** berechnen.

$c = 5\,cm,\ a = 3\,cm,\ \gamma = 90°$

$\sin\alpha = \frac{3\,cm}{5\,cm}$ $\quad \sin\alpha = 0{,}6$

$\alpha \approx 36{,}9°$

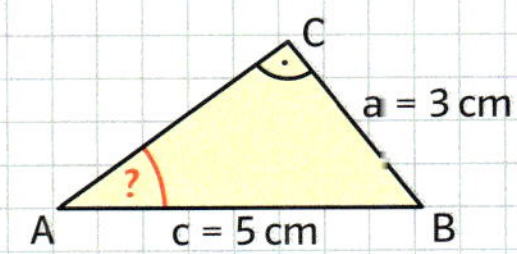

- aus **einer Seite** und **einem Winkel** eine weitere Seite berechnen.

$\gamma = 90°,\ \beta = 35°,\ c = 7\,cm$

$\frac{a}{7\,cm} = \cos 35°$ $\quad a = \cos 35° \cdot 7\,cm$

$a \approx 5{,}73\,cm$

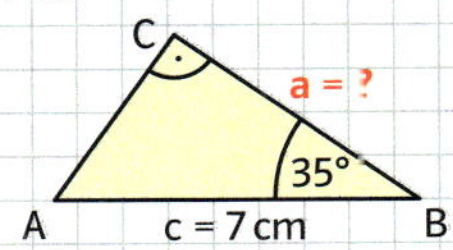

Sinussatz*

In jedem Dreieck verhalten sich zwei Seiten wie die Sinuswerte ihrer Gegenwinkel. Diese Beziehung nennt man **Sinussatz**.
Es gilt:

$\frac{a}{b} = \frac{\sin\alpha}{\sin\beta} \quad \frac{a}{c} = \frac{\sin\alpha}{\sin\gamma} \quad \frac{b}{c} = \frac{\sin\beta}{\sin\gamma}$

Der Sinussatz ist zur Berechnung von Seiten oder Winkeln anwendbar.

$\alpha = 27°,\ \gamma = 88°,\ c = 8\,cm$

$\frac{a}{8\,cm} = \frac{\sin 27°}{\sin 88°}$ $\quad a = \frac{\sin 27°}{\sin 88°} \cdot 8\,cm$

$a \approx 3{,}63\,cm$

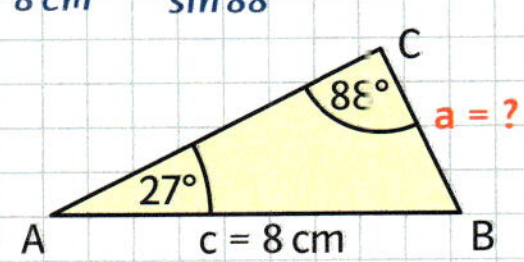

Sinusfunktion

Die Funktion, die dem **Drehwinkel α** die **y-Koordinate** des Punktes P zuordnet, heißt **Sinusfunktion**.
Dabei ist P ein Punkt auf einem Einheitskreis in der Ausgangsposition (1|0). Er umläuft den Kreis entgegen dem Uhrzeigersinn.

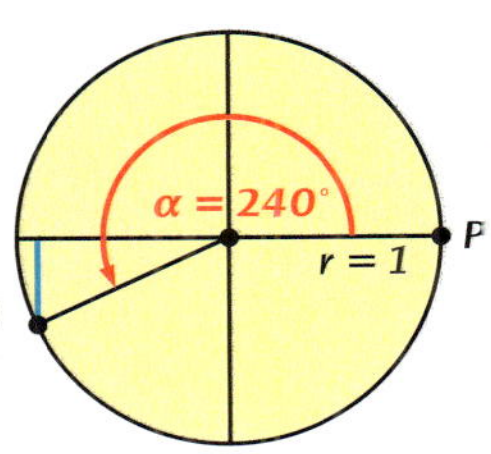

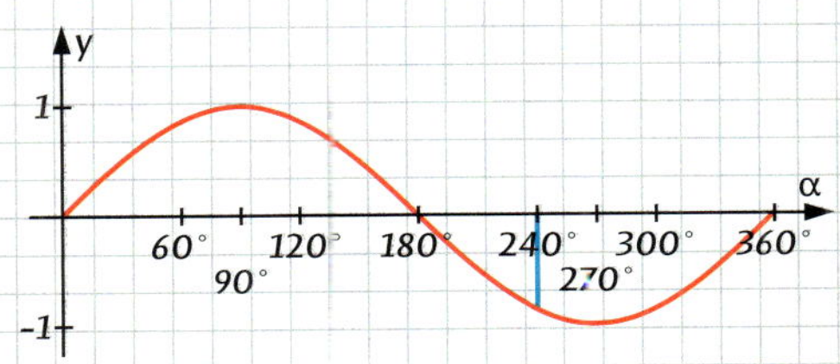

* Dieser Inhalt ist in der Gesamtschule in Nordrhein-Westfalen fakultativ

[mittel]

1 Was ist an der folgenden Berechnung falsch?

$\sin 60° = \frac{6{,}0}{x} \quad |:6{,}0$

$\frac{\sin 60°}{6{,}0} = x$

$\frac{1{,}73}{6{,}0} = x$

$x \approx 0{,}28\,\text{cm}$

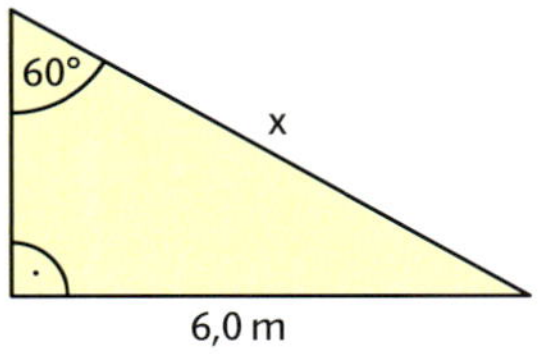

2 Eine Sendeantenne ist mit Abspannseilen verankert.

a) Wie hoch ist die Sendeantenne?

b) Wie lang sind die Abspannseile?

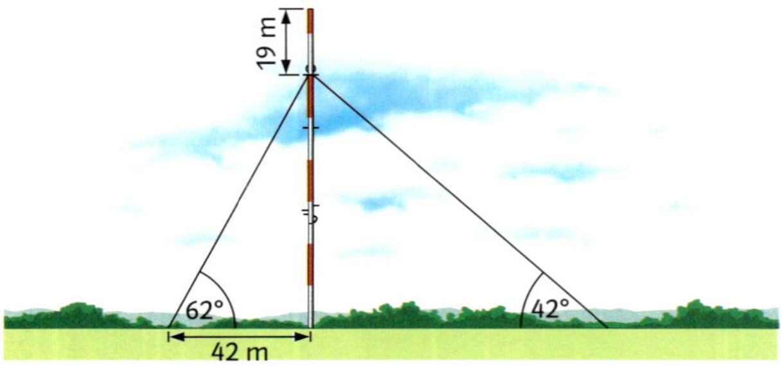

3 Von einem 20 m hohen Turm aus wird ein Punkt A am Ufer eines Flusses angepeilt. Beschreibe, in welchen Schritten man die Entfernung des Turmes vom Flussufer berechnen kann.

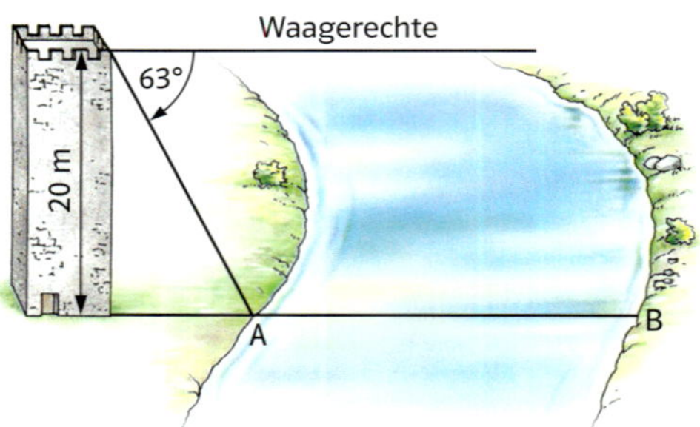

4 Berechne die y-Koordinate der drei Punkte A, B und C.

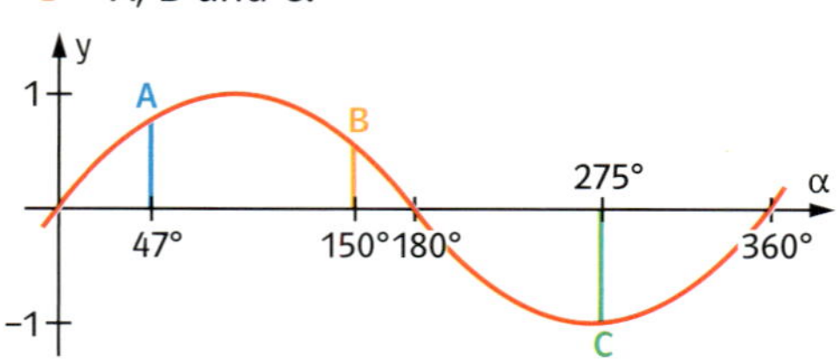

[schwieriger]

1 Was ist an der folgenden Berechnung falsch?

$\cos 60° = \frac{h}{4}$

$h = 4 \cdot \cos 60°$

$h = 2\,\text{cm}$

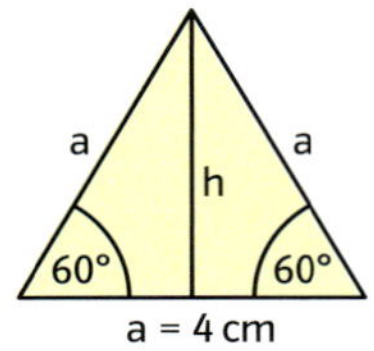

2 Eine Seilbahn hat zwei unterschiedlich steile Streckenabschnitte. Berechne deren Steigungswinkel.

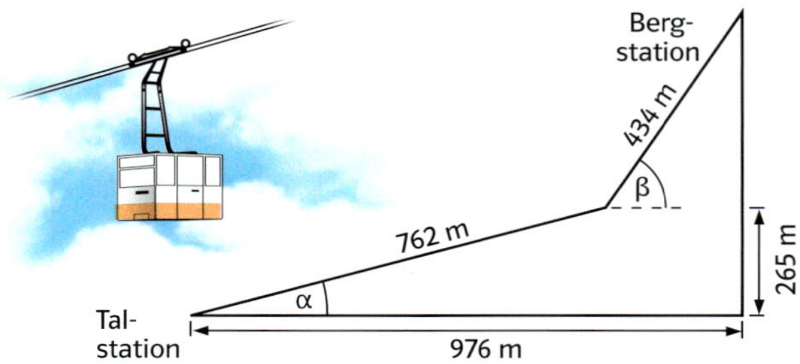

3 Ein Schiff peilt auf seinem Kurs von 3 Punkten aus einen Leuchtturm an.

a) Wie weit ist es in Punkt B vom Leuchtturm entfernt?

b) Wie lang ist die gesamte Strecke $\overline{AC}$?

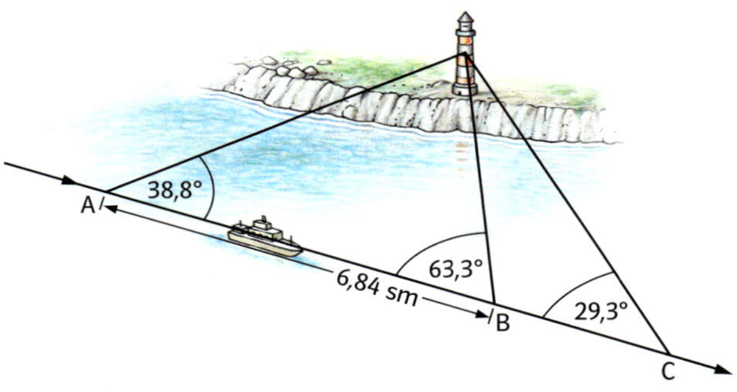

4 Ein Schwungrad mit Mittelpunkt M(0 | 0) und Radius r = 60 cm dreht sich 1-mal pro Sekunde. Berechne jeweils die Lage eines Punktes mit der Anfangslage (r | 0).

a) t = 0,5 s b) t = 0,2 s c) t = 0,75 s

 ▻ Lösungen zum Test, Seite 195

Potenzen genauer betrachtet

Kaiserpinguine (Antarktis)

Brillenpinguine (Südafrika)

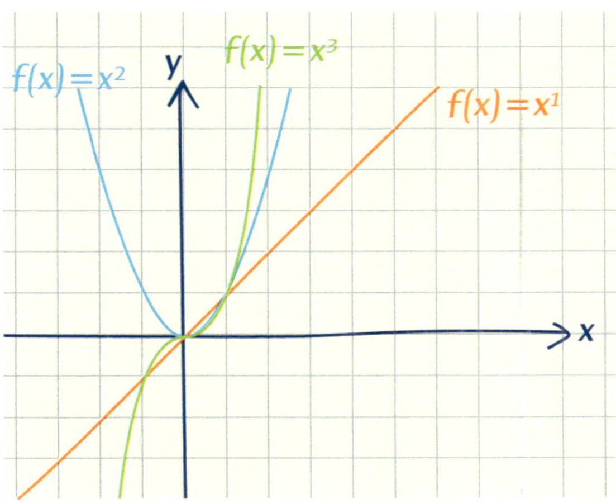

Graphen zu den wichtigsten Potenzfunktionen

Potenzen findet man in der Geometrie immer dann, wenn man mit Flächen und Volumina rechnet.
Das sieht man schon an den Maßbezeichnungen m, m^2 und m^3.
In der Tierwelt kann man beobachten, dass die Tiere einer Art, die in kälteren Gebieten leben, oft größer sind als die, die in wärmeren Gebieten leben.
Der Zusammenhang zwischen dem Wachstum von Körpervolumen und Körperoberfläche lässt sich oft mit Potenzfunktionen beschreiben.

In diesem Kapitel lernt ihr,

- wie man mit Potenzen rechnet.
- mit dem Taschenrechner verständig umzugehen.
- dass auch Potenzen mit negativen Exponenten Sinn haben.
- wie Graphen von Potenzfunktionen aussehen.
- wo bei geometrischen und lebendigen Körpern Potenzfunktionen eine Rolle spielen.

Check-in

Über diese Dinge solltest du Bescheid wissen, bevor du dich mit dem Thema „Potenzen genauer betrachtet" beschäftigst. Lege ein Blatt auf die Buchseite und kreuze an, wie du dich einschätzt.
Mit den Aufgaben auf der nächsten Seite kannst du deine Einschätzung überprüfen.

Wenn du nach dieser Überprüfung noch Kreuzchen in der dritten oder vierten Spalte hast, arbeite deine Lücken auf: Du findest in der Mathematischen Werkstatt am Ende des Buches Zusammenfassungen und Übungsaufgaben zu vielen Themen. Du kannst aber auch Mathe-Bücher aus den vorherigen Schuljahren oder die Formelsammlung benutzen oder jemanden fragen, der sich damit auskennt.

Checkliste	*Kann ich schon*	*Da bin ich fast sicher*	*Ich bin noch unsicher*	*Kann ich noch nicht*
1 *Ich kenne den Unterschied zwischen Multiplizieren und Potenzieren.*	☐	☐	☐	☐
2 *Ich kann die Oberfläche und das Volumen von Quadern und Prismen berechnen.*	☐	☐	☐	☐
3 *Ich kann sicher mit Längen-, Flächen- und Raummaßen rechnen und umgehen.*	☐	☐	☐	☐
4 *Ich kann mit dem Taschenrechner Potenzen und Wurzeln berechnen.*	☐	☐	☐	☐
5 *Ich weiß, was der negative Exponent bei Zehnerpotenzen bedeutet.*	☐	☐	☐	☐
6 *Ich kann auf dem Taschenrechner die wissenschaftliche Notation von Potenzen nutzen.*	☐	☐	☐	☐

In der Mathematischen Werkstatt findet Ihr:

- ▹ Potenzen und Wurzeln, Seite 140/141.
- ▹ Längen, Flächen und Körper, Seite 158 – 163.

Aufgaben zur Checkliste

1 Multiplizieren/Potenzieren
a) Schreibe als Multiplikation und berechne.
1) $5 + 5 + 5 + 5 + 5 =$
2) $x + x + x =$
3) $a + a + a + a =$
b) Schreibe als Potenz und berechne.
1) $5 \cdot 5 \cdot 5 \cdot 5 =$
2) $y \cdot y \cdot y =$
3) $a \cdot a \cdot a \cdot a =$
c) Beschreibe den Unterschied zwischen den Teilaufgaben a) und b).
d) Schreibe als Produkt aus gleichen Faktoren.
7^4; m^7; 12^2; 0^8; c^5; $1{,}5^3$; $0{,}2^6$

2 Oberfläche und Volumen
Berechne die Oberfläche und das Volumen der beiden Körper.

a)
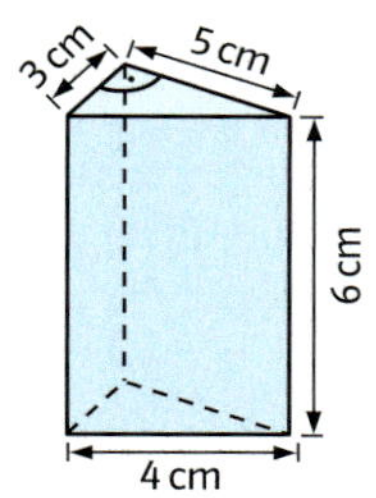

b)
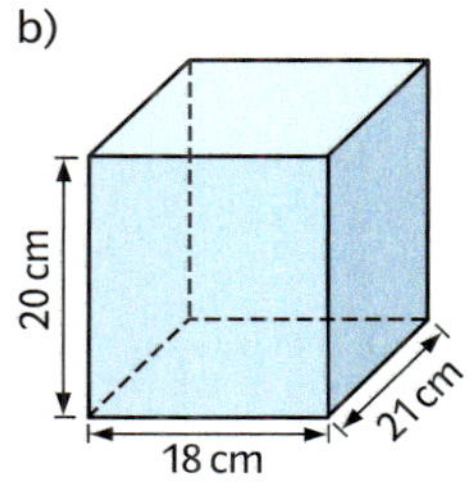

3 Längen-, Flächen- und Raummaße
a) Berechne jeweils die Länge der 2. Seite des Rechtecks.

Länge 1. Seite	12 m	21 cm	5 dm	60 m
Flächeninhalt	60 m²	126 cm²	5 m²	3 ha

b) Berechne das Volumen der Körper. Achte auf die angegebenen Maßeinheiten.

1)
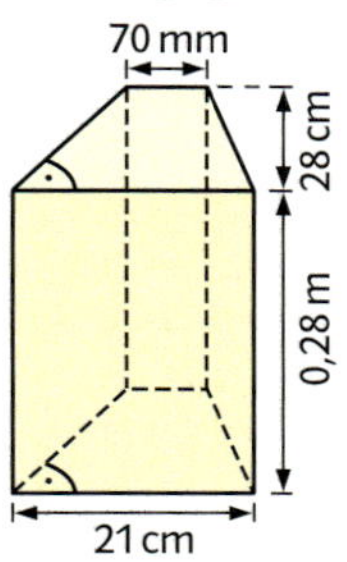

2)
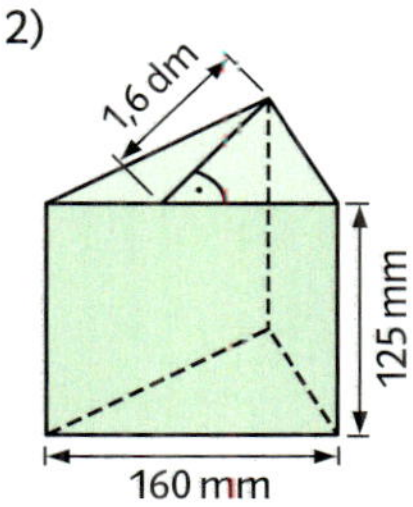

4 [▦] Taschenrechner nutzen
a) Berechne mit dem Taschenrechner.
1) 8^5 2) 13^3 3) 11^{11} 4) $9{,}4^4$
5) $22{,}5^5$ 6) $12{,}8^1$ 7) $2{,}02^6$ 8) $1{,}11^{11}$
b) Welche Quadratwurzel lässt sich genau, welche nur näherungsweise bestimmen? Gib die Wurzeln/die Näherungswerte an.
1) $\sqrt{90}$ 2) $\sqrt{121}$ 3) $\sqrt{111}$ 4) $\sqrt{0{,}16}$
5) $\sqrt{0{,}04}$; $\sqrt{0{,}4}$; $\sqrt{4}$; $\sqrt{40}$; $\sqrt{400}$
6) $\sqrt{9}$; $\sqrt{0{,}9}$; $\sqrt{0{,}09}$; $\sqrt{0{,}009}$; $\sqrt{0{,}0009}$
c) Formuliere zu den Teilaufgaben 5) und 6) in Aufgabenteil b) eine Regel.

5 Zehnerpotenzen mit negativen Exponenten
a) Gib den Wert der Potenzen ohne Taschenrechner an.
10^{-4}; 10^{-2}; $3 \cdot 10^{-5}$; $\frac{1}{2} \cdot 10^{-4}$
b) Schreibe als Zehnerpotenz mit negativem Exponenten.
$\frac{1}{10^3}$; $\frac{1}{10^5}$; $\frac{4}{10^2}$; $\frac{1}{4} \cdot \frac{1}{10^4}$
c) Beschreibe mit Worten, was der negative Exponent bedeutet.

6 Wissenschaftliche Notation
a) [▦] Berechne mit dem Taschenrechner. Schreibe das Ergebnis in wissenschaftlicher Notation. Beschreibe, wie du die Potenzen in den Taschenrechner eingibst.
1) 8^{13} 2) 1001^4
3) $222{,}222^5$ 4) $0{,}025^3$
5) $0{,}008\,76^5$ 6) $98\,765 \cdot 1\,234\,567$
7) $\left(\frac{1}{4}\right)^4$ 8) $\left(\frac{2}{3}\right)^5$
b) Was gehört zusammen?
Erinnerst du dich an eine Regel? Benenne die Größen.

0,0001 m
$1 \cdot 10^{-5}$ m
$1 \cdot 10^{-3}$ m
0,001 m
$1 \cdot 10^{-4}$ m
0,000 001 m
$1 \cdot 10^{-6}$ m
0,000 01 m

▻ Lösungen, Seite 188

Hoch die Zahlen

Gruppe A

$b^2 \cdot b^3 = b^6 \quad b^2 \cdot b^3 = b^5$
$b^2 \cdot b^3 = 2 \cdot b \cdot 3 \cdot b$

$2a \cdot 3a = 5a^2$
$2a \cdot 3a = 5 + 2a$
$2a \cdot 3a = 6a^2$

$x^4 : x^3 = x^{\frac{4}{3}} \quad x^4 : x^3 = x^1$
$x^4 : x^3 = \left(\frac{x}{x}\right)^{\frac{4}{3}}$

Gruppe B

$3^2 \cdot 4^2 = 7^2 \quad 3^2 \cdot 4^2 = 12^4$
$3^2 \cdot 4^2 = 12^2$

$m^3 \cdot n^3 = (m + n)^3$
$m^3 \cdot n^3 = (m \cdot n)^3$
$m^3 \cdot n^3 = (m \cdot n)^6$

$5^2 : 3^2 = \left(\frac{5}{3}\right)^2 \quad 5^2 : 3^2 = \left(\frac{5}{3}\right)^{\frac{2}{2}}$
$5^2 : 3^2 = \left(\frac{5}{3}\right)^4$

Gruppe C

$\sqrt[2]{144} = \sqrt[2]{100} + \sqrt[2]{44}$
$\sqrt[2]{144} = \sqrt[2]{3^2} \cdot \sqrt[2]{4^2}$

$\sqrt[2]{a^2} + \sqrt[2]{b^2} = \sqrt[2]{a^2 + b^2}$

$\sqrt[3]{125} = 125^{\frac{1}{3}} = 5$

$\sqrt[3]{216} = \sqrt[3]{36 \cdot 6} = \sqrt[3]{36} \cdot \sqrt[3]{6}$

$\sqrt[2]{169} = \sqrt[2]{13^2} = 13^1$

1 a) Wählt euch eine der Gruppen von der Tafel aus und findet heraus, welche der Aufgaben falsch sind. Begründet eure Aussagen – vielleicht findet ihr sogar schon Regeln.
b) Stellt euch gegenseitig die Aussagen zu den drei Gruppen aus der Tafel vor.

2 Der Taschenrechner ist nicht unfehlbar.
Er kann $\frac{21\,857\,079^{15}}{7\,285\,693^{15}}$ nicht berechnen.
Ihr müsst ihm etwas helfen. Was kommt heraus? Überfordert eure Taschenrechner mit ähnlichen Aufgaben.

3 Ein sehr einfacher Taschenrechner hat keine [x^y]-Taste oder [^]-Taste, sondern nur eine [x^2]-Taste.
Kann man mit der [x^2]-Taste Potenzen wie $7^3, 7^4, 7^5, \ldots, 7^{16}$ noch einigermaßen schnell ausrechnen?

4 Rechnen kostet Zeit, und Zeit kostet Geld. Firma *schrott.com* bietet Rechenleistungen an.
a) Wie viel kostet die Berechnung von 17^{18}; $(17^9)^2$; $17^6 \cdot 17^6 \cdot 17^6$?
b) Sucht nach möglichst billigen Rechenwegen für 5^6, 7^8, 8^9, 9^{10} usw.
c) Bildet Vierergruppen. Die Gruppe, die innerhalb von 3 Minuten die 10 günstigsten Preise herausfindet, für die man 23^{24} berechnen lassen kann, darf die nächste Aufgabe stellen. Die Gruppe, die als erste dreimal gewonnen hat, ist der Sieger.
d) Ihr könnt euch auch selbst eine Preisliste ausdenken, in die ihr auch andere Rechenarten (z. B. Wurzelziehen) aufnehmen könnt.

Leistung	*Preis*
1 Multiplikation	*2 €*
Potenzierung mit Exponent 2; 3; 4 usw.	*2; 3; 4 € usw.*
1 Division	*3 €*

Ab einer Rechnungssumme von 20 € gewähren wir 10 % Rabatt.

Kreditkarten werden akzeptiert.

Mit Potenzen rechnen

Selbst der beste Taschenrechner kann den Quotienten $5^{100\,000} : 5^{99\,997}$ nicht ausrechnen. Weißt du auch wieso?
Wenn du dir den Quotienten als Bruch geschrieben denkst, kannst du mehr als dein Taschenrechner.
Schaffst du es ihn auszurechnen?

		Beispiel
Potenzen mit gleicher Basis werden		
– **multipliziert**, indem man die Exponenten addiert.	$a^m \cdot a^n = a^{m+n}$	$3^{15} \cdot 3^6 = 3^{15+6} = 3^{21}$
– **dividiert**, indem man die Exponenten subtrahiert.	$a^m : a^n = \frac{a^m}{a^n} = a^{m-n}$	$3^{15} : 3^6 = 3^{15-6} = 3^9$
Bei Division gilt $a \neq 0$.		
Potenzen mit gleichem Exponenten werden		
– **multipliziert**, indem man das Produkt der Basen potenziert.	$a^n \cdot b^n = (a \cdot b)^n$	$5^3 \cdot 6^3 = (5 \cdot 6)^3 = 30^3$
– **dividiert**, indem man den Quotienten potenziert.	$a^n : b^n = (a : b)^n$	$7^4 : 2^4 = (7 : 2)^4 = 3{,}5^4$
Bei Division gilt $b \neq 0$.	$\frac{a^n}{b^n} = \left(\frac{a}{b}\right)^n$	
Potenzen werden **potenziert**, indem man die Exponenten multipliziert.	$(a^m)^n = a^{m \cdot n}$	$(5^4)^3 = 5^{4 \cdot 3} = 5^{12}$

1 Schreibe als eine einzige Potenz.

a) $2^3 \cdot 2^5$ b) $7^9 \cdot 7^3$
c) $5^3 \cdot 5^4 \cdot 5^6$ d) $2^1 \cdot 2^2 \cdot 2^3 \cdot 2^4$
e) $1{,}5^4 \cdot 1{,}5^8 \cdot 1{,}5^{10}$ f) $0{,}2^2 \cdot 0{,}2^4 \cdot 0{,}2^8$
g) $8^7 : 8^3$ h) $9^{12} : 9^6$
i) $17^{10} : 17^9$ j) $(3^{12} : 3^7) : 3^2$

2 Zerlege die Potenz auf verschiedene Arten in ein Produkt von Potenzen.

a) 3^8 b) 5^7 c) 11^2 d) 3^3

3 Berechne im Kopf. Welche Regel benutzt du?

a) $5^{13} : 5^{11}$ b) $2^{100} : 2^{90}$ c) $\frac{4^{12}}{4^{10}}$

4 Welche Lösung ist die richtige? Begründe.

a) $4^7 : 4^6 = 4^0;\ 4^1;\ 4;\ 1$
b) $0{,}5^5 : 0{,}5^4 = 1;\ 0{,}5^{\frac{5}{4}};\ 0{,}5^1;\ 0{,}5$
c) $3^1 \cdot 5^1 = 15^2;\ 15^1;\ 15^0;\ 15$

Beachte
Man legt allgemein fest: $\mathbf{a^1 = a}$.

5 Was musst du einsetzen?

a) $3^{\square} \cdot 3^2 = 3^7$ b) $3^{\square} : 3^2 = 3^7$
c) $5^8 \cdot 5^{\square} = 5^{13}$ d) $5^{18} : 5^{\square} = 5^{13}$

6 Vereinfache.

a) $6a^5 \cdot 3a^3$ b) $6a^5 : 3a^3$
c) $x^4 \cdot 5x^2$ d) $x^4 : 5x^2$
e) $a^1 \cdot 2a^2 \cdot 3a^3 \cdot 4a^4 \cdot 5a^5$

7 Vereinfache. Formuliere Tipps, wie man am besten vorgeht.

a) $a^3 : a$ b) $3a^3 : a$
c) $143x^7 : 13x^5$ d) $14b^6 : 7b^2$
e) $222t^{22} : 37t^{11}$ f) $5x^4 : 5x^4$

8 Berechne wie im Beispiel.

$a^5 \cdot (a^4 + a^2) = a^9 + a^7$

a) $x^6(x^4 + x^2)$ b) $a^3(a^4 + a^8)$
c) $x^3(x^3 + x^3)$ d) $a^2(a^2 + a^2 + a^2)$

▻ Mathematische Werkstatt, Seite 140/141

9 [👥] Alle Rechenregeln für Potenzen kann man durch das Abzählen von Faktoren begründen. Erklärt euch gegenseitig die Regeln mit m = 5 und n = 3.

$a^m \cdot a^n = a^{m+n}$ $\quad a^m : a^n = \frac{a^m}{a^n} = a^{m-n}$

$a^n \cdot b^n = (a \cdot b)^n$

$a^n : b^n = (a : b)^n$ $\quad \frac{a^n}{b^n} = \left(\frac{a}{b}\right)^n$

$(a^m)^n = a^{m \cdot n}$

10 Welche Regel kann man mit dem Quadrat erklären?

9	9	9	9
9	9	9	9
9	9	9	9
9	9	9	9

$16 \cdot 9 = 144$

11 Multipliziere aus. Welche Terme sind die Lösungen?

a) $(x^2 + 1)(x^3 + 1)$ b) $(x - 1)(x^2 - x - 1)$

A: $x^{10} + 1$

B: $2x^5 + 1$

E: $x^3 - 2x^2 + 1$

D: $x^3 - 2x^2 - 2x + 1$

F: $x^3 + 1$

C: $x^5 + x^2 + x^3 + 1$

12 Rechne wie im Beispiel.
$x^{12} + x^4 = x^4(x^8 + 1)$

a) $a^5 + a^2$ b) $c^6 + c^3 + c^8$ c) $a^{11} + a^{10}$
d) $x^{15} - x^{12}$ e) $a^6 - a^4 + a^7$ f) $x^4 - x^4$

13 [👥] Rechnet euch die Aufgaben gegenseitig mündlich vor.

a) $3^3 \cdot 2^3$ b) $2^9 \cdot 5^9$ c) $2^3 \cdot 3^3$
d) $4^2 \cdot 5^2$ e) $4^6 : 2^6$ f) $6^5 : 3^5$
g) $22^6 : 11^6$ h) $9^4 : 3^4$

14 Rechne im Kopf wie im Beispiel.
$2^3 \cdot 5^4 = 2^3 \cdot 5^3 \cdot 5 = 1000 \cdot 5 = 5000$

a) $2^5 \cdot 5^4$ b) $2^4 \cdot 5^3$ c) $2^{10} \cdot 5^{10}$
d) $4^3 \cdot 5^3$ e) $2^3 \cdot 5^2$ f) $2^2 \cdot 5^3$

15 Berechne ohne Taschenrechner.

a) $1{,}5^2 \cdot 4^2$ b) $1{,}25^3 \cdot 8^3$ c) $4^3 \cdot 4^2 \cdot 25^5$
d) $2{,}5^4 : 0{,}5^4$ e) $1{,}5^3 \cdot 2^3$ f) $1{,}2^2 \cdot 5^2$

16 Erst musst du dem Taschenrechner helfen, dann hilft er dir. Schreibe einmal auf wie du vorgehst.

a) $\frac{16\,384^{25}}{8192^{25}}$ b) $\frac{370\,368^{20}}{123\,456^{20}}$

17 Vereinfache erst – berechne dann im Kopf.

a) $\frac{7^3}{3{,}5^3}$ b) $\frac{0{,}6^4}{0{,}2^4}$ c) $\frac{(-0{,}6)^4}{(-0{,}2)^4}$
d) $\frac{13^3}{3{,}25^3}$ e) $\frac{22{,}5^2}{2{,}5^2}$ f) $6^4 : 1{,}2^4$

18 Löse die Klammer auf. Wo lauert der Fehler?

a) $(3a)^2$ b) $(4x)^3$ c) $(5x)^4$ d) $(4xy)^3$

19 Das Produkt zweier Quadratzahlen ist wieder eine Quadratzahl. Suche Beispiele und begründe diese Aussage. Gilt die Regel auch für Kubikzahlen?

20 Welche der Potenzen hat den größten Wert?

a) $(2^3)^4$; $(2^4)^3$; $(3^2)^4$; $(3^4)^2$; $(4^2)^3$; $(4^3)^2$
b) $(2^3)^5$; $(2^5)^3$; $(3^2)^5$; $(3^5)^2$; $(5^2)^3$; $(5^3)^2$
c) Probiere ebenso mit selbst gewählten Zahlen. Versuche eine Regel aufzustellen.

21 Berechne auf zwei Arten.

a) $(2^5)^2$ b) $(3^4)^5$ c) $(6^2)^2$
d) $(7^3)^2$ e) $(4^4)^4$ f) $(10^3)^4$
g) $(0{,}5^2)^3$ h) $(0{,}2^4)^2$ i) $(0{,}17^3)^2$
j) $((-5)^3)^4$ k) $\left(\left(\frac{2}{3}\right)^2\right)^4$ l) $\left(\left(\frac{5}{7}\right)^3\right)^2$

22 Schreibe als potenzierte Potenz (wie in Aufgabe 21) mit einer möglichst kleinen Basis, die aber eine natürliche Zahl sein soll.

a) 4^{12} b) 9^5 c) 16^2 d) 729^3
e) 25^4 f) 125^3 g) 8^4 h) 1000^{1000}

Potenzen mit negativen Exponenten

Axel behauptet: „$\frac{2^5}{2^5}$ ist 1, denn Zähler und Nenner sind gleich."
Yvonne sagt: „Eigentlich müsste 2^0 herauskommen, denn $\frac{2^5}{2^5} = 2^{5-5} = 2^0$."
Axel sagt: „Dann müsste $2^{-3} = \frac{1}{8}$ sein, denn nach deiner Überlegung ist $2^4 : 2^7$ … "
Wie hat Axel wohl argumentiert?

Damit das **Rechengesetz** $\mathbf{a^m : a^n = a^{m-n}}$ auch dann gilt, wenn m nicht größer als n ist, setzt man fest: $\mathbf{a^{-n} = \frac{1}{a^n}}$. Dabei gilt $a \neq 0$ und $\mathbf{a^0 = 1}$.

Beispiele

a) $2^{-5} = \frac{1}{2^5} = \frac{1}{32} = 0{,}03125$

b) $3^7 : 3^9 = 3^{7-9} = 3^{-2} = \frac{1}{3^2} = \frac{1}{9}$

1 Schreibe mit Bruchstrich.
a) a^{-3} b) x^{-6} c) b^{-1} d) a^{-12}

2 Schreibe mit negativem Exponenten.
a) $\frac{1}{a^4}$ b) $\frac{1}{x^5}$ c) $\frac{1}{b}$ d) $\frac{1}{a^{16}}$

3 Löse im Kopf. Beschreibe, wie du vorgehst.
a) 2^{-6} b) 3^{-4} c) $2^8 : 2^{10}$
d) $3^{12} : 3^{15}$ e) $5^1 : 5^2$ f) $5 : 5^1$

4 Ordne der Größe nach.
a) 3^{-3}; 2^{-3}; 3^2; 2^3; $(-2)^3$; $(-3)^2$
b) 3^{-4}; $(-4)^3$; $(-4)^{-3}$; -3^4; -4^{-3}

5 Berechne den Wert der Produkte. Gib ihn als Bruch und als Dezimalzahl an.
a) $6 \cdot 2^{-4}$ b) $4 \cdot 3^{-1}$ c) $5 \cdot 10^{-1}$
d) $100 \cdot 5^{-2}$ e) $1000 \cdot 2^{-10}$ f) $7 \cdot 14^{-1}$

6 Zeige an den folgenden Aufgaben, dass die Setzung $a^0 = 1$ sinnvoll ist.
a) $3^5 : 3^5$ b) $4^3 \cdot 4^{-3}$
c) $10^n \cdot 10^{-n}$ d) $y^m : y^m$

7 Drei dieser Terme kann man in die gleiche Form bringen. Welche sind es?
a) $x^6 : x^8$ b) $x^6 \cdot x^{-8}$ c) $x^8 : x^6$
d) $x : x^3$ e) $x^1 : x^0$ f) $x^0 : x^1$

8 Berechne.
a) $4^{-3} \cdot 3^2$ b) $2^5 \cdot 4^{-2}$ c) $6^{-2} \cdot 12^3$
d) $5^{-4} \cdot 4^{-3}$ e) $10^{-3} \cdot 5^5$ f) $2^{10} \cdot 10^{-2}$
g) $5^{10} \cdot 2^{-10}$ h) $2^{10} \cdot 5^{-10}$ i) $5^0 \cdot 2^0$

9 Berechne und vergleiche.
a) $3^6 \cdot 3^{-5}$ mit $3^6 : 3^5$
b) $2^{-2} \cdot 2^{-2}$ mit $2^{-2} : 2^{-2}$
c) $10^{-2} \cdot 10^{-3}$ mit $10^{-2} : 10^{-3}$

10 Vereinfache.
a) $a^{-4} \cdot a^{-5}$ b) $a^9 \cdot a^{-12}$
c) $x^6 \cdot x^{-7} \cdot x^{-5}$ d) $y^{-1} \cdot y^{-2} \cdot y^{-3} \cdot y^{-4}$

11 Berechne. Schreibe alle Umformungsschritte auf.
a) $\frac{1}{5^2} + \frac{1}{2^5} + \frac{1}{5^{-2}} + \frac{1}{2^{-5}}$
b) $\frac{1}{5^2} + \left(\frac{1}{5}\right)^2 + 5^{-2} + \left(\frac{1}{5}\right)^{-2}$

12 [●] Mit der Festsetzung $a^{-n} = \frac{1}{a^n}$ gelten alle Potenzgesetze auch für alle ganzen Zahlen m und n.

$2^6 \cdot 2^{-9} = 2^6 : 2^9 = \frac{2^6}{2^9} = \frac{1}{2^3} = 2^{-3} = 2^{6-9}$

$2^6 : 2^{-9} = \frac{2^6}{(1 : 2^9)} = 2^6 \cdot 2^9 = 2^{6+9} = 2^{15} = 2^{6-(-9)}$

$(2^{-3})^4 = \left(\frac{1}{2^3}\right)^4 = \frac{1^4}{(2^3)^4} = \frac{1}{2^{12}} = 2^{-12}$

a) $2^{-6} \cdot 2^9$ b) $2^{-6} : 2^9$ c) $2^{-6} \cdot 2^{-9}$
d) $2^{-6} : 2^{-9}$ e) $(2^3)^{-4}$ f) $(2^{-3})^{-4}$

Wurzeln

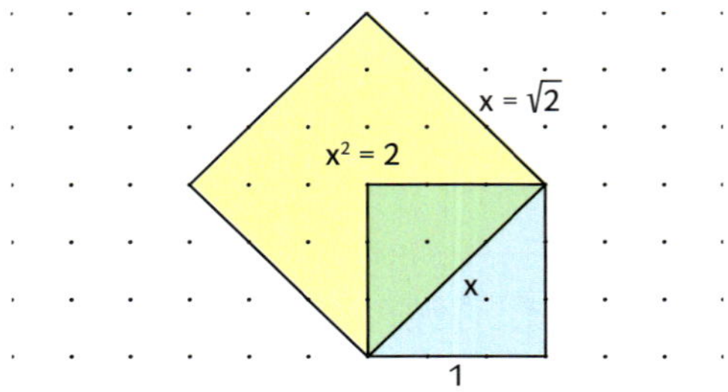

Das große Quadrat hat den doppelten Flächeninhalt des kleinen Quadrats. Es gilt also $x^2 = 2$.
Die Lösung dieser Gleichung ist $\sqrt{2}$.
Da $(\sqrt{2})^2 = 2$ gilt, ist es zweckmäßig, statt des Wurzelzeichens den Exponenten $\frac{1}{2}$ zu schreiben.
Zeige, dass damit das Potenzgesetz „Potenzieren von Potenzen" erhalten bleibt.

Übrigens

Die Gleichung $x^2 = 4$ hat die Lösungen 2 und −2. Mit $\sqrt{4}$ ist die positive Lösung gemeint: $\sqrt{4} = 2$.

Die positive Lösung der Gleichung $x^n = a$ wird mit $\sqrt[n]{a}$ oder mit $a^{\frac{1}{n}}$ bezeichnet. Man liest „n-te Wurzel aus a" bzw. „a hoch $\frac{1}{n}$". Dabei ist a eine positive Zahl und n eine natürliche Zahl. Statt $\sqrt[2]{a}$ schreibt man kurz $\sqrt{a}$.

Beispiele

a) Es gilt $5^3 = 125$, also $\sqrt[3]{125} = 5$, in Potenzschreibweise $125^{\frac{1}{3}} = 5$.

b) $\sqrt[4]{20} = \square$. Löse mit dem Taschenrechner. Gib als Basis 20 ein. Gib als Exponent $\frac{1}{4}$ oder 0,25 ein. Anzeige: 2,114742527. Also gilt $\sqrt[4]{20} \approx 2{,}11$.

1 Berechne im Kopf.

a) $\sqrt{121}$ b) $8^{\frac{1}{3}}$ c) $64^{\frac{1}{3}}$ d) $\sqrt[4]{625}$
e) $\sqrt[3]{216}$ f) $1024^{\frac{1}{2}}$ g) $\sqrt[6]{64}$ h) $1^{\frac{1}{13}}$

2 [🖩] Berechne mit deinem Taschenrechner. Schreibe dir die Tastenfolge für die Teilaufgaben a) und g) auf.

a) $2^{\frac{1}{3}}$ b) $\sqrt[4]{2}$ c) $\sqrt[5]{6}$ d) $\sqrt[3]{1000}$
e) $2^{\frac{2}{3}}$ f) $10^{\frac{2}{3}}$ g) $12^{\frac{5}{7}}$ h) $10\,000^{\frac{1}{3}}$
i) $2^{\frac{1}{10}}$ j) $2^{\frac{1}{100}}$ k) $2^{\frac{1}{1000}}$ l) $2^{\frac{1}{10\,000}}$

3 Berechne die Quadratwurzeln und die dritten Wurzeln der Zahlen 64, 729; 15 625; 117 649; 1 771 561.

4 Berechne die Wurzeln.
$\sqrt[3]{3}, \sqrt[4]{4}, \sqrt[5]{5}, \ldots \sqrt[100]{100} \ldots$
Erkennst du wie es weiter geht?

5 Löse die Gleichung.

a) $x^3 = 7$ b) $x^3 = 9$ c) $x^5 = 2$
d) $x^{10} = 1\,048\,576$ e) $x^{100} = 1$

6 [🖩] Welche Lösung gehört zu welcher Wurzel? Führe zuerst eine Überschlagsrechnung durch.

a) $\sqrt{10}$ b) $\sqrt{15}$ c) $\sqrt{6}$ d) $\sqrt[3]{12}$

≈ 2,2894	≈ 3,8729	≈ 3,1622	≈ 2,4494

7 [●] Aus $(\sqrt[3]{2})^3 = 2$ und $(\sqrt[3]{5})^3 = 5$ folgt

$$(\sqrt[3]{2})^3 \cdot (\sqrt[3]{5})^3 = 2 \cdot 5 = 10$$

Es gilt auch $(\sqrt[3]{10})^3 = 10$

Also: $\sqrt[3]{2} \cdot \sqrt[3]{5} = \sqrt[3]{10}$

Allgemein gilt $\sqrt[n]{a} \cdot \sqrt[n]{b} = \sqrt[n]{a \cdot b}$

und $\frac{\sqrt[n]{a}}{\sqrt[n]{b}} = \sqrt[n]{\frac{a}{b}}$ $(b \neq 0)$

a) Begründe die zweite Regel wie oben für a = 10, b = 5 und n = 3.
b) Gib die Regeln in Potenzschreibweise an.

8 Berechne auf zwei Arten. Wann ergeben sich natürliche Zahlen?

a) $\sqrt{5} \cdot \sqrt{6}$ b) $\sqrt{34} \cdot \sqrt{11}$
c) $\sqrt{15} \cdot \sqrt{51}$ d) $\sqrt[3]{243} : \sqrt[3]{9}$
e) $\sqrt[3]{121} \cdot \sqrt[3]{11}$ f) $\sqrt[3]{16} : \sqrt[3]{2}$

▷ Mathematische Werkstatt, Seite 140, 141

Quadratisches und kubisches Wachstum

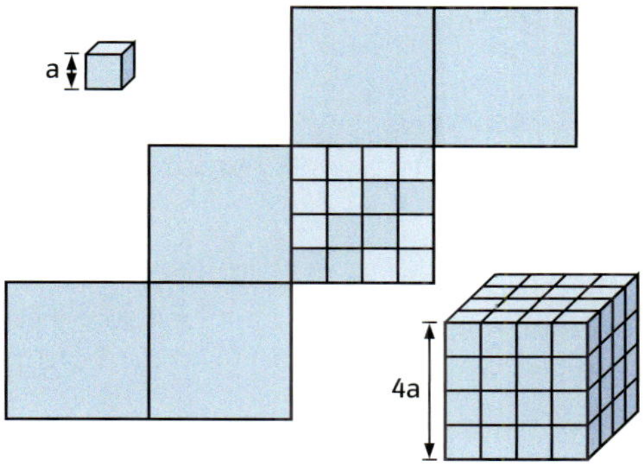

Ein Würfel mit der Kantenlänge 4 a ist in Volumen und Oberfläche mehr als viermal so groß wie ein Würfel mit der Kantenlänge a.
Die Verhältnisse $V_1 : V_2$ und $O_1 : O_2$ kannst du aus der Grafik ablesen.
Zum Vergleich zweier Kugeln mit den Radien r und 3 r helfen Formeln:
$V(r) = \frac{4}{3}\pi r^3$ und $V(3r) = \frac{4}{3}\pi \cdot (3r)^3$,
also $V(3r) = 3^3 \cdot V(r) = 27 \cdot V(r)$.
Um wie viel mal größer ist O(3 r) als O(r)?

Übrigens

Linearabmessungen eines Körpers sind Längen von Strecken, die zum Körper gehören.

Zwei **ähnliche** Körper verhalten sich im **Volumen** wie die **3. Potenz** und in der **Oberfläche** wie die **2. Potenz** ihrer Linearabmessungen.
Vervielfacht man alle Linearabmessungen mit dem Faktor k, so vervielfacht sich das **Volumen** mit dem Faktor $\mathbf{k^3}$ und die **Oberfläche** mit dem Faktor $\mathbf{k^2}$.

Beispiel

Die Radien der zwei Zylinder stehen im Verhältnis 15 cm : 10 cm = 1,5.
Die Höhen stehen im gleichen Verhältnis 24 cm : 16 cm = 1,5.
Die Volumina sind
$V_{groß} = \pi r^2 h = \pi \cdot 15^2 \cdot 24\,cm^3$
$V_{klein} = \pi \cdot 10^2 \cdot 16\,cm^3$
Das Verhältnis ist
$\frac{V_{groß}}{V_{klein}} = \frac{\pi \cdot 15^2 \cdot 24}{\pi \cdot 10^2 \cdot 16} = 1{,}5^3$.

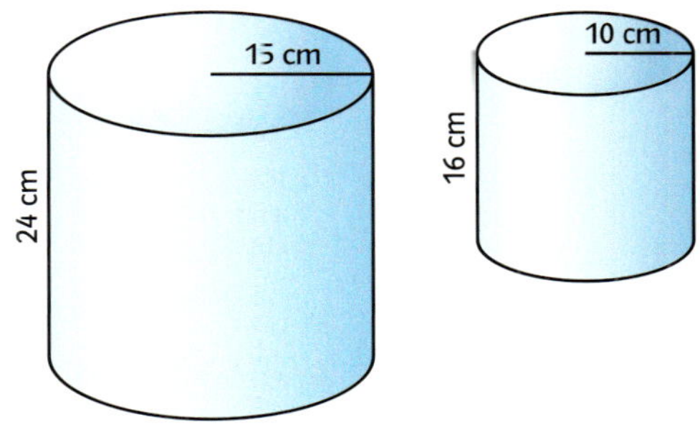

1 Zeichne die Graphen. Nimm auch negative x-Werte.
a) $f(x) = x^3$
b) $f(x) = 0{,}5 \cdot x^3$
c) $f(x) = 2x^2$
d) $f(x) = \frac{1}{2} \cdot x^2$

2 [💻] Untersuche mit einem Funktionsplotter die Graphen der Funktionsfamilie $f(x) = a \cdot x^3$ für verschiedene Werte von a.

3 [💻] a) Erzeuge mithilfe eines Funktionsplotters die Graphen zu den Funktionen $f(x) = x^1$ bis $f(x) = x^5$.
b) Beschreibe den Verlauf der Graphen und stelle Vergleiche an.

4 Um wie viel Prozent ändert sich die Oberfläche, um wie viel Prozent das Volumen einer Kugel, wenn der Radius um 10 %, 25 %, 50 %, 100 % wächst?

5 Eine zylinderförmige Dose hat einen Durchmesser von 9,8 cm und eine Höhe von 11,3 cm.
a) Berechne Volumen und Oberfläche.
b) Das Volumen dieser Dose soll um 25 % vergrößert werden, der Radius aber unverändert bleiben. Berechne das neue Volumen und die neue Oberfläche.
c) Bei welcher Dose ist der Materialverbrauch im Verhältnis zum Volumen günstiger?

▻ Mathematische Werkstatt, Seite 160 – 163

6 Lies den Text zu der „Größenregel“ genau durch.

Die **Bergmannsche Regel (Größenregel)**
Die Regel besagt, dass Arten eines Verwandtschaftskreises (Pinguine) in kälterem Klima durchschnittlich größer sind als in wärmerem Klima. Bei den Pinguinen nimmt die Größe von antarktischen Arten (Kaiserpinguin 125 cm) zu den am Äquator lebenden (Galapagospinguin 50 cm) fast kontinuierlich ab.

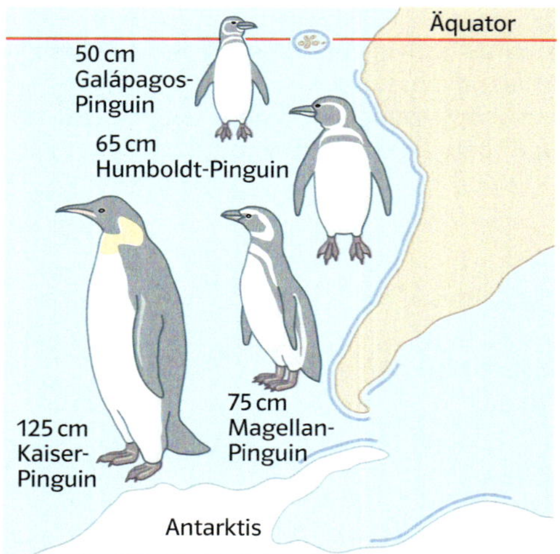

In einem Modellversuch soll die *Bergmannsche Regel* veranschaulicht werden. Dazu werden vier Kugeln (2000 ml, 1000 ml, 500 ml, 250 ml) mit heißem Wasser gleicher Temperatur gefüllt. Die Kugeln werden mit Gummistopfen, in die jeweils ein Thermometer eingesetzt ist, verschlossen. Die Temperaturabnahme wird regelmäßig abgelesen.

a) Bestimme den Radius und die Oberfläche der vier Kugeln. Trage die Werte in eine Tabelle ein.

b) Bestimme auch das Verhältnis Volumen zu Oberfläche. Was stellst du fest?

c) Welche Vermutungen kannst du jetzt über die Temperaturabnahme in den vier Kugeln anstellen?
Welche Bedeutung hat das wohl für den Wärmehaushalt der Pinguine?

7 Gilt für die Maße der drei Wale die folgende Regel?
Gewichtsverhältnis = 3. Potenz der Längenverhältnisse

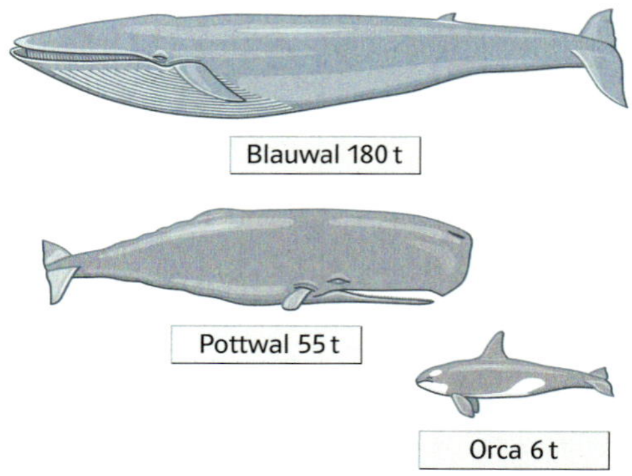

8 [●] Die Körper von Elefanten sind weder Kugeln noch Zylinder, aber das Verhältnis der Volumina und der Gewichte von Mutter und Kind kannst du über den Vergleich ähnlicher Körper bestimmen.

a) [@] Erkundige dich nach den Gewichten und Körpermaßen von neugeborenen und erwachsenen Elefanten.

b) Versuche einen funktionalen Zusammenhang zwischen den ermittelten Größen zu erkennen und zu beschreiben.

Potenzen mit negativem Exponenten

Für Potenzen mit **negativem Exponenten** gilt:

$\mathbf{a^{-n} = \frac{1}{a^n}}$ $(a \neq 0)$

$2^{-5} = \frac{1}{2^5} = 0{,}03125$

Rechenregeln für Potenzen

Multiplizieren und Dividieren von Potenzen mit gleicher Basis

$\mathbf{a^m \cdot a^n = a^{m+n}}$

$\mathbf{a^m : a^n = a^{m-n}}$ $(a \neq 0)$

$7^2 \cdot 7^4 = 7^6$ $\quad 9^5 \cdot 9^{-2} = 9^3$

$3^4 : 3^3 = 3^1 = 3$

Multiplizieren und Dividieren von Potenzen mit gleichem Exponenten

$\mathbf{a^n \cdot b^n = (a \cdot b)^n}$

$\mathbf{a^n : b^n = \left(\frac{a}{b}\right)^n}$ $(b \neq 0)$

$5^3 \cdot 2^3 = (5 \cdot 2)^3 = 10^3$

$5^3 : 2^3 = (5 : 2)^3 = 2{,}5^3$

Potenzieren von Potenzen

$\mathbf{(a^m)^n = a^{m \cdot n}}$

Wurzel und Exponent

$\mathbf{\sqrt[n]{a} = a^{\frac{1}{n}}}$

$(3^2)^4 = 3^{2 \cdot 4} = 3^8$ $\quad (3^{-2})^{-4} = 3^{(-2) \cdot (-4)} = 3^8$

$\sqrt[2]{3} = 3^{\frac{1}{2}}$ $\quad \sqrt[3]{2} = 2^{\frac{1}{3}}$

Quadratisches und kubisches Wachstum bei Oberfläche und Volumen von Körpern

Vervielfacht man alle **Längen eines Körpers** mit dem **Faktor k**, so vervielfacht sich das **Volumen V** um den Faktor **k³** und die **Oberfläche** um den **Faktor k²**.
Das **Verhältnis O : V** verändert sich um den Faktor $\frac{1}{k}$.

Streckfaktor k = 2

$V_{groß} : V_{klein} = 2^3 = 8$

$O_{groß} : O_{klein} = 2^2 = 4$

$O_{groß} : V_{groß} = \frac{1}{2}(O_{klein} : V_{klein})$

Potenzfunktionen

Eine Funktion, die dem Eingabewert x den Ausgabewert **x^r** zuordnet, heißt **Potenzfunktion**.
Die wichtigsten Potenzfunktionen sind $f(x) = x^2$ und $f(x) = x^3$.

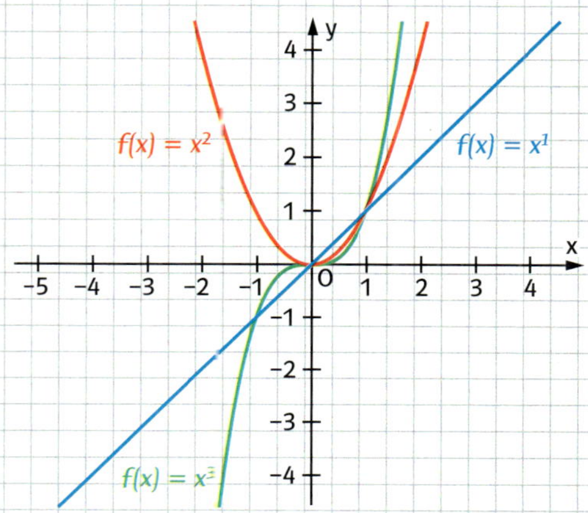

[mittel]

1 Berechne.

a) 5^7 b) 3^{-8} c) $4^{\frac{1}{5}}$

2 Vereinfache.

a) $a^4 \cdot a^5$ b) $c^6 : c^4$
c) $x^{-4} \cdot x^5$ d) $a^5 \cdot b^5$
e) $x^3 : y^3$ f) $(x^3 : x^2) \cdot x$

3 Vereinfache. Schreibe in der Form a^x.

a) $(4^2)^3$ b) $(\sqrt{15})^4$ c) $(12^{\frac{1}{3}})^8$ d) $\sqrt[6]{17^2}$

4 Berechne.

a) $\sqrt[444]{222^{888}}$ b) $(\sqrt[6]{157\,464} + \sqrt[6]{13\,824})^2$

5 Aus einem 60 cm langen Draht soll das Kantenmodell eines Würfels hergestellt werden.

a) Berechne die Oberfläche und das Volumen des entstandenen Würfels.
b) Wie verändern sich die Oberfläche und das Volumen, wenn man den Würfel aus einem doppelt so langen Draht herstellt?

6 Zeichne die Funktionsgraphen.

a) $f(x) = x^3$ b) $f(x) = 0{,}5 \cdot x^2$

[schwieriger]

1 Berechne.

a) $\sqrt[5]{7^3}$ b) $(\sqrt[3]{5})^7$ c) $5^{\frac{3}{7}}$

2 Vereinfache.

a) $a^5 \cdot a^2$ b) $u^4 : u^6$
c) $x^{-4} \cdot x^3$ d) $2^6 a^6$
e) $(x^3 \cdot y^3) : z^3$ f) $(x^7 : x^3) : x^2$

3 Vereinfache. Schreibe in der Form a^x.

a) $((4^2)^3)^2$ b) $\sqrt[3]{17^6}$ c) $(16^{\frac{1}{2}})^{\frac{1}{2}}$

4 Berechne.

a) $\sqrt[178]{269^{534}}$ b) $(\sqrt[5]{1458} + \sqrt[5]{192})^5$

5 Aus einem 72 cm langen Draht soll das Kantenmodell eines Würfels hergestellt werden.

a) Berechne die Oberfläche und das Volumen des entstandenen Würfels.
b) Wie lang musste der Draht sein, damit der entstehende Würfel ein Volumen von 5832 cm³ hat? Wie groß ist seine Oberfläche?

6 Zeichne die Funktionsgraphen.

a) $f(x) = 2 \cdot x^{\frac{1}{2}}$ b) $f(x) = 0{,}25 \cdot x^3$

▻ Lösungen zum Test, Seite 196

Mathematische Werkstatt

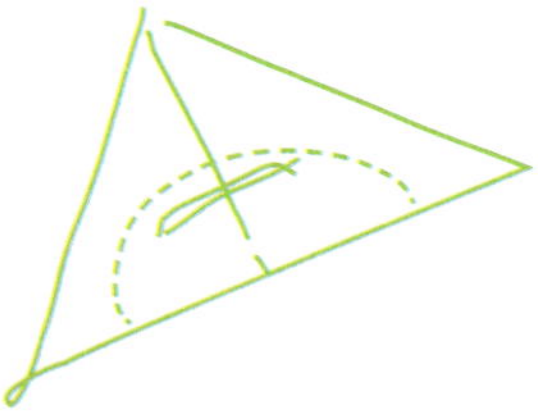

Wie das Handwerkszeug in der Werkstatt, so findet ihr hier all die Rechen- und Zeichentechniken, die ihr immer wieder benötigt. Denn manchmal werdet ihr noch nachschlagen müssen – wie ging das mit der „Prozentrechnung", wie mit den „Termen und Gleichungen", ...?

Im Abschlussband der Sekundarstufe I hat die Werkstatt noch eine weitere Funktion: Sie bietet einen Überblick über wichtige mathematische Themenbereiche, die in den Abschlussprüfungen vorkommen könnten. Hier findet ihr Antworten und Aufgaben, falls ihr etwas noch einmal üben wollt. Ihr könnt auch wichtige Methoden wie z. B. Gruppenpuzzle oder Präsentationstechniken nachschlagen.

Sonderangebote

T-Shirt	19,99 €	-25 %
Hose	59,99 €	-35 %
Kleid	68,89 €	-12 %
Poloshirt	28,98 €	-50 %
Schuhe	98,99 €	-20 %

Thema Kugel

Schätze das Volumen der Kugel.

Anrufe im vorigen Monat

Werte statistisch aus:

Tim	22	Marta	36
Lale	13	Johann	33
Mischa	37	Elka	21
Sandrine	18	Alexander	28
Daniel	12	Mia	32

In dieser Werkstatt findet ihr:

- Brüche, Potenzen und Wurzeln
- Prozent- und Zinsrechnung
- Terme und Gleichungen
- Funktionen
- Zufall und Wahrscheinlichkeit
- Statistik
- Längen, Flächen, Körper
- Tabellenkalkulation und dynamische Geometriesoftware
- Methoden

Brüche, Potenzen und Wurzeln

Brüche addieren und subtrahieren

Gleichnamige Brüche werden **addiert** bzw. **subtrahiert**, indem man ihre Zähler addiert bzw. subtrahiert und den gemeinsamen Nenner unverändert lässt.

Um Brüche mit verschiedenen Nennern zu addieren oder subtrahieren, muss man sie zuerst gleichnamig machen. Dafür bestimmt man zunächst einen gemeinsamen Nenner.

$\frac{1}{4} + \frac{3}{10}$

1. gemeinsamen Nenner bestimmen: 20

(ein gemeinsames Vielfaches von 4 und 10)

2. Brüche gleichnamig machen:

$\frac{1 \cdot 5}{4 \cdot 5} + \frac{3 \cdot 2}{10 \cdot 2} = \frac{5}{20} + \frac{6}{20}$

3. die nun gleichnamigen Brüche addieren:

$\frac{5 + 6}{20} = \frac{11}{20}$

Multiplikation eines Bruches mit einem Bruch

Bei der **Multiplikation** eines Bruches **mit einem Bruch** multipliziert man Zähler mit Zähler und Nenner mit Nenner.
Die Multiplikation von zwei Brüchen kann man mithilfe eines Rechtecks veranschaulichen.

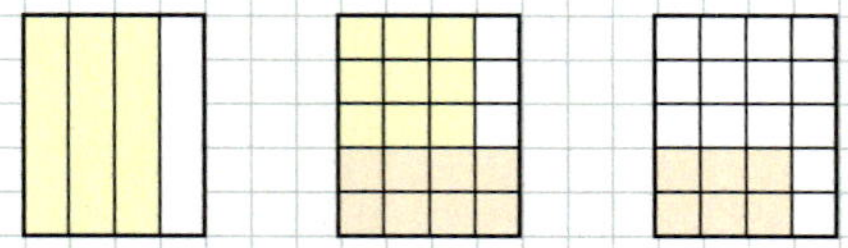

$\frac{3}{4}$ $\quad$ $\frac{2}{5} \cdot \frac{3}{4}$ $\quad$ $\frac{6}{20}$

Kehrwert eines Bruches

Werden in einem Bruch Zähler und Nenner vertauscht, dann wird der **Kehrwert** des Bruches gebildet.

Bruch	Kehrwert
$\frac{2}{3}$	$\frac{3}{2}$
$-\frac{1}{3}$	-3
5	$\frac{1}{5}$

Division eines Bruches durch einen Bruch

Durch einen **Bruch** wird **dividiert**, indem man mit dem Kehrwert multipliziert.

$\frac{2}{5} : \frac{1}{3} = \frac{2}{5} \cdot 3$

Potenzen und Wurzeln

Produkte aus n gleichen Faktoren können als **Potenzen** geschrieben werden: $a \cdot a \cdot a \cdot \ldots \cdot a = a^n$
a ist die **Basis** (Grundzahl), n der **Exponent** (Hochzahl).
Es gilt: $a^1 = a$ und $a^0 = 1$.

$3 \cdot 3 \cdot 3 \cdot 3 = 3^4 = 81$

$0{,}5 \cdot 0{,}5 = 0{,}5^2 = 0{,}25$

$3^1 = 3$

$3^0 = 1$

Potenzen mit der Basis 10 nennt man **Zehnerpotenzen**.
Bei der **wissenschaftlichen Notation** werden Zahlen als Produkt einer Zehnerpotenz und einer Dezimalzahl mit genau einer Ziffer (ungleich Null) vor dem Komma geschrieben.

$10 \cdot 10 \cdot 10 \cdot 10 \cdot 10 = 10^5 = 100000$

$5478000 = 5{,}478 \cdot 10^7$

$0{,}0000689 = 6{,}89 \cdot 10^{-5}$

$0{,}005 = \frac{5}{1000} = \frac{5}{10^3} = 5 \cdot 10^{-3}$

Die **Quadratwurzel** einer positiven Zahl b ($\sqrt{b}$) ist die positive Zahl, die mit sich selbst multipliziert b ergibt.
Rechengesetze: $\sqrt{a} \cdot \sqrt{b} = \sqrt{a \cdot b}$; $\frac{\sqrt{a}}{\sqrt{b}} = \sqrt{\frac{a}{b}}$

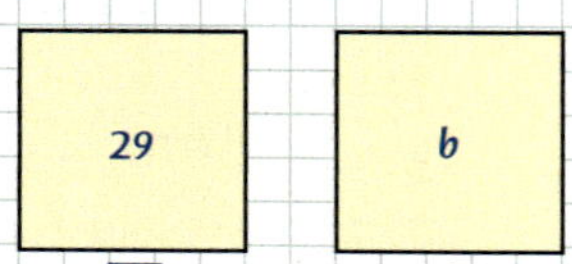

$\sqrt{29}$ $\quad$ $\sqrt{b}$ $\quad$ $\sqrt{0} = 0$

Brüche

1 Ergänze die Tabelle im Heft.

$\frac{3}{4}$	$\frac{2}{5}$			$\frac{7}{25}$		
0,75		0,8				1,75
75 %			11 %		16 %	

2 Rechne im Kopf.

a) Was ist größer: $\frac{1}{5}$ oder 5 %?

b) Was ist kleiner: $\frac{4}{7}$ oder $\frac{5}{8}$?

c) Welcher Bruchteil von 5 € sind 20 Cent?

d) Wie viel sind $\frac{3}{4}$ von 200 g?

3 Vergleiche möglichst ohne zu rechnen. Setze <; > oder = ein.

a) $\frac{2}{3} \square \frac{2}{5}$ b) $\frac{2}{3} \square \frac{3}{4}$

c) $\frac{2}{3} \square \frac{4}{9}$ d) $\frac{3}{5} \square \frac{3}{10}$

e) $\frac{6}{10} \square \frac{3}{5}$ f) $\frac{2}{5} \square \frac{4}{9}$

4 Bilde jeweils die Summe und die Differenz der Brüche.

a) $\frac{2}{3}$ und $\frac{4}{9}$ b) $\frac{5}{6}$ und $\frac{3}{4}$ c) $\frac{5}{11}$ und $\frac{2}{7}$

5 Nach wie vielen Summanden ist die Summe größer als 1 (2)?

a) $\frac{1}{2} + \frac{1}{3} + \frac{1}{4} + \ldots$ b) $\frac{1}{2} + \frac{1}{4} + \frac{1}{6} + \frac{1}{8} + \ldots$

6 Berechne.

a) $\frac{7}{11} \cdot \frac{8}{9}$ b) $\frac{3}{28} \cdot \frac{35}{48}$

c) $\frac{3a}{8b} \cdot \frac{4b}{9a}$ d) $\frac{7}{11} : \frac{8}{9}$

e) $\frac{3}{28} : \frac{35}{48}$ f) $\frac{56\,m}{72\,n} : \frac{8\,m}{12\,n}$

7 Überprüfe, ob richtig gerechnet wurde. Verbessere falsche Aufgaben.

a) $\frac{2}{3} = \frac{4}{12}$ b) $\frac{2}{3} + \frac{3}{5} = \frac{5}{8}$

c) $\frac{8}{9} - \frac{4}{9} = \frac{4}{9}$ d) $\frac{5}{8} - \frac{2}{4} = \frac{3}{8}$

e) $\frac{1}{5} \cdot \frac{2}{5} = \frac{3}{5}$ f) $\frac{5}{8} \cdot \frac{2}{4} = \frac{5}{16}$

g) $\frac{4}{9} : \frac{2}{3} = \frac{2}{3}$ h) $\frac{8}{9} : \frac{4}{9} = \frac{2}{9}$

Potenzen und Wurzeln

8 Berechne im Kopf.

a) 2^5 b) 5^2 c) 3^4

d) 4^3 e) 10^5 f) 12^2

g) 13^1 h) 15^0 i) 100^4

9 Schreibe als Zehnerpotenz.

a) 1 Tausend b) 1 Million c) 1 Billion

d) Milliarde e) 0,01 f) 0,000 01

g) $\frac{1}{1000}$ h) $\frac{1}{1\,000\,000}$ i) 1,00

10 Berechne.

a) 2^8 b) 3^5 c) 4^4

d) 2^{20} e) 3^{10} f) 4^9

g) $1{,}2^3$ h) $1{,}3^4$ i) $1{,}4^5$

11 Welche Hochzahl muss hier eingesetzt werden?

a) $100 = 10^{\square}$ b) $8 = 2^{\square}$

c) $27 = 3^{\square}$ d) $625 = 5^{\square}$

e) $0{,}0001 = 0{,}01^{\square}$ f) $0{,}064 = 0{,}4^{\square}$

g) $1 = 9^{\square}$ h) $10 = 10^{\square}$

12 Ergänze.

a) $1{,}69 = \square^2$ b) $0{,}064 = \square^3$

c) $\frac{2}{3} \cdot \frac{2}{3} \cdot \frac{2}{3} = \left(\frac{\square}{\square}\right)^{\square}$ d) $\frac{\square}{225} = \left(\frac{4}{15}\right)^{\square}$

13 Schreibe in wissenschaftlicher Schreibweise.

a) 3000 b) 534 000 c) 9 870 000

d) 0,0346 e) 0,000 297 f) 0,000 005

g) $\frac{87}{1000}$ h) $\frac{99}{1\,000\,000}$ i) 103,103

14 Ziehe die Wurzeln. Was fällt dir auf?

a) $\sqrt{9}$ b) $\sqrt{1}$ c) $\sqrt{16}$

$\sqrt{0{,}09}$ $\sqrt{121}$ $\sqrt{1156}$

$\sqrt{0{,}0009}$ $\sqrt{12321}$ $\sqrt{111556}$

$\sqrt{0{,}000009}$ $\sqrt{1234321}$ $\sqrt{11115556}$

d) Setze die Reihen fort. Schreibe und berechne die nächsten drei Reihenmitglieder.

Prozent- und Zinsrechnung

Prozentrechnung

Anteile mit dem Nenner 100 nennt man auch **Prozent**.
In der Prozentrechnung rechnet man mit
dem **Prozentsatz (p %)**,
dem **Prozentwert (P)** und
dem **Grundwert (G)**.
Der Grundwert entspricht immer 100 %.

Um Anteile an verschiedenen Grundwerten zur vergleichen, ist es sinnvoll, den **Prozentsatz** zu berechnen.

Der **Prozentwert** lässt sich berechnen, wenn der Grundwert und der Prozentsatz gegeben sind.

Sind der Prozentwert und der Prozentsatz bekannt, so lässt sich der **Grundwert** berechnen.

500 g Erbsen beinhalten ca. 105 g Eiweiß.
Das entspricht einem Anteil von 21 %.

*Berechnung des **Prozentsatzes**:*
Wie viel Prozent sind 35 von 250?

Dreisatz *oder* ***Formel***

$250 \mathrel{\hat{=}} 100\,\%$ — Prozentsatz $= \frac{\text{Prozentwert}}{\text{Grundwert}}$

$1 \mathrel{\hat{=}} \frac{100}{250}\,\%$ — $p\,\% = \frac{P}{G}$

$35 \mathrel{\hat{=}} \frac{100 \cdot 35}{250}\,\% = 14\,\%$ — $p\,\% = \frac{35}{200} = 0{,}14 = 14\,\%$

*Berechnung des **Prozentwerts**:*
Wie viel sind 45 % von 360?

Dreisatz *oder* ***Formel***

$100\,\% \mathrel{\hat{=}} 360$ — Prozentwert = Grundwert · Prozentsatz

$1\,\% \mathrel{\hat{=}} \frac{360}{100}$ — $P = G \cdot \frac{p}{100} = G \cdot p\,\%$

$45\,\% \mathrel{\hat{=}} \frac{360 \cdot 45}{100} = 162$ — $P = 360 \cdot \frac{45}{100} = 162$

*Berechnung des **Grundwerts**:*
29 % sind 348. Wie viel sind 100 %?

Dreisatz *oder* ***Formel***

$29\,\% \mathrel{\hat{=}} 348$ — Grundwert $= \frac{\text{Prozentwert}}{\text{Prozentzahl}} \cdot 100$

$1\,\% \mathrel{\hat{=}} \frac{348}{29}$ — $G = \frac{P}{p} \cdot 100$

$100\,\% \mathrel{\hat{=}} \frac{348 \cdot 100}{29} = 1200$ — $G = \frac{348}{29} \cdot 100$

Darstellung von prozentualen Anteilen

Prozentsätze oder prozentuale Anteile kann man sich besser vorstellen, wenn man sie **grafisch darstellt**. Dazu eignen sich z. B. Kreis- oder Blockdiagramme.

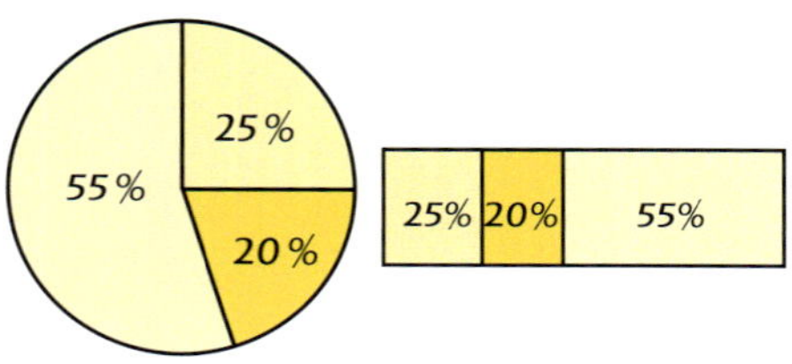

Zinsrechnung

Die Zinsrechnung ist eine Anwendung der Prozentrechnung.

Zinsen Z ≙ Prozentwert — $\mathbf{Z = K \cdot \frac{p}{100}}$

Zinssatz p % ≙ Prozentsatz — $\mathbf{p\,\% = \frac{Z}{K}}$

Kapital K ≙ Grundwert — $\mathbf{K = \frac{Z}{p} \cdot 100}$

Um **Zinsen für Anteile eines Jahres** zu berechnen, wird mit dem entsprechenden Bruchteil des Jahres, dem **Zeitfaktor i**, multipliziert.

$Z = K \cdot \frac{p}{100} \cdot \frac{i}{365}$

Nach 120 Tagen erhält man auf ein Guthaben von 1500 € 3 % Zinsen.

Geg.: Kapital K = 1500 €
Zinssatz p = 3 %
Zinstage = 120

Ges.: Zinsen Z

$Z = K \cdot \frac{p}{100} \cdot \frac{i}{365}$

$= 1500 \cdot \frac{3}{100} \cdot \frac{120}{365}\,€ \approx 14{,}8\,€$

Nach 120 Tagen erhält man ca. 14,80 € Zinsen.

Prozentrechnung

1 Ersetze die Buchstaben.

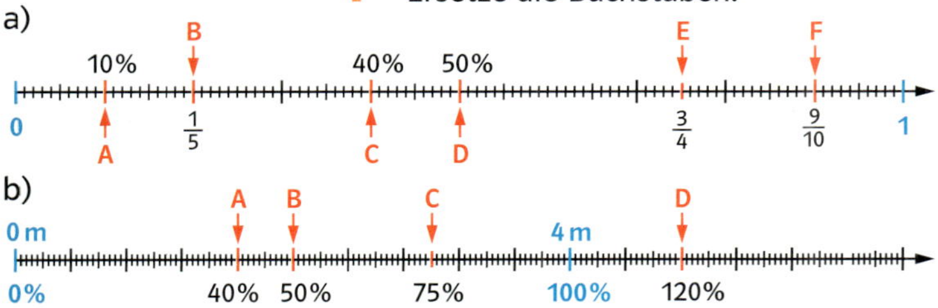

2 Berechne im Kopf.

a) Prozentsatz
7 von 50
15 von 25
18 von 60

b) Prozentwert
25 % von 160 €
40 % von 55 kg
75 % von 1 h

c) Grundwert
4 % sind 24 €
60 % sind 42 l
150 % sind 96 km

3 Berechne den Prozentsatz p % auf zwei Nachkommastellen genau.

a) 0,60 € von 40 €
2,50 € von 70 €
3,45 € von 255 €

b) 20 kg von 205 kg
6 € von 66 €
45 t von 320 t

4 Berechne die fehlende Größe.

	a)	b)	c)	d)
G	840 €	450 g		17,8 t
P		99 g	240 kg	
p %	4 %		80 %	43 %

5 Welche Größe ist hier gesucht?

a) Eine Bäckerei wirbt:

1 Brötchen heute nur 17 Cent statt 23 Cent

b) Zum Geschäftsjubiläum werden alle Preise um 10 % gesenkt. Ein DVD-Player kostet jetzt nur 178 €.

c) An einer Schule mit 1280 Schülern nehmen 65 % am Mensaessen teil.

6 Überschlage, um wie viel Prozent die Preise gesenkt wurden.

Sweatshirt 19,50 € ~~26,00 €~~

Markenjeans 31,85 € ~~49,00 €~~

T-Shirt 12,95 € ~~18,50 €~~

Zinsrechnung

7 Berechne die fehlende Größe.

	a)	b)	c)	d)
K	9000 €	3400 €		2250 €
Z		153 €	28,80 €	
p %	5 %		8 %	6,6 %

8 Lena hat auf ihrem Konto 480 €.

a) Wie viel Zinsen erhält sie nach einem Jahr bei einem Zinssatz von 2,75 %?

b) Wie hoch ist dann ihr Guthaben?

9 [●] Für einen Betrag von 6500 € zahlt die Bank nach sechs Jahren 8962,48 €. Wie hoch ist der Zinssatz?

10 Ist das wirklich so günstig? Berechne den Jahreszinssatz.

!! Günstiger Kredit !!
Für 5000 € zahlen Sie bei uns monatlich nur 50,– € Zinsen

11 [●] Auf welchen Wert wächst ein Kapital von 2000 € in vier Jahren bei einem Zinssatz von 5 %?

12 [●] Wie lange dauert es, bis sich ein Sparbetrag von 20 000 € bei 4 % Zinsen verdoppelt? Stimmt die Aussage: „Bei 1 % mehr Zinsen würde sich das Kapital bereits fünf Jahre früher verdoppeln.“?

13 [●] Marco überzieht sein Girokonto für 21 Tage mit 800 Euro. Der Sollzinssatz seiner Bank beträgt 10,9 %.

Terme und Gleichungen

Terme, Variablen und Koeffizienten

Terme sind Rechenausdrücke, die sich aus Zahlen, Variablen und Rechenzeichen zusammensetzen.

$2+8$; $2 \cdot h$; $7-a^2$; $5+\square$; b
sind Beispiele für Terme. Aber auch einzelne Zahlen und Variablen können als Terme aufgefasst werden.

Die **Variablen** stellen veränderliche Größen in Termen dar und werden meist mit Buchstaben oder Symbolen beschrieben.
Der Zahlenwert, mit dem eine Variable multipliziert wird, heißt **Koeffizient** der Variablen.

Variablen

Term: $7b+5c-3m$

Koeffizienten

Der Koeffizient gibt an, wie oft die Variable vorkommt.
$3m=m+m+m$

Terme mit Klammern

Enthält ein Term **Klammern**, so sind die Vorzeichenregeln zu beachten. Steht ein Pluszeichen vor der Klammer, so kann sie weggelassen werden, steht ein Minus vor der Klammer, so erhalten alle Summanden in der Klammer das umgekehrte Vorzeichen, wenn die Klammer weggelassen wird.

$4m+(3a-6b)=4m+3a-6b$

$12v-(3k-8h)=12v-3k+8h$

Summen- und Produktform von Termen

Stellt der Term eine Summe dar, so spricht man von der **Summenform** des Terms, stellt er ein Produkt dar, von der **Produktform**.

Summenform Produktform

$2b+5b=b\cdot(2+5)$

$2n^2+3n=n\cdot(2n+3)$

$a^2+2a+1=(a+1)\cdot(a+1)$

Ausmultiplizieren und Faktorisieren

Die Umformung eines Terms von der Produktform in die Summenform wird **Ausmultiplizieren** genannt.
Die Umformung eines Terms von der Summenform in die Produktform wird **Faktorisieren** oder Ausklammern genannt.

Ausmultiplizieren: $a\cdot(b+c)=ab+ac$

$(a+b)\cdot(c+d)=ac+ad+bc+bd$

Faktorisieren: $ma+mb=m\cdot(a+b)$

Binomische Formeln

Binomische Formeln beschreiben Spezialfälle des Ausmultiplizierens und Faktorisierens.

1. Binom: $(a+b)^2=a^2+2ab+b^2$

2. Binom: $(a-b)^2=a^2-2ab+b^2$

3. Binom: $(a+b)\cdot(a-b)=a^2-b^2$

Gleichung

Eine **Gleichung** besteht aus zwei Termen, die durch ein Gleichheitszeichen miteinander verbunden sind. Das Gleichheitszeichen sagt aus, dass der linke Term den gleichen Wert hat wie der rechte Term.

$2x+12=30-2$

$u=2a+2b$

$A=l\cdot b\cdot n$

Eine **Gleichung zu lösen** heißt, für die Variable die Zahl zu finden, die man einsetzen muss, damit der Wert der Terme auf beiden Seiten gleich groß ist.

$x\cdot 4-8=32$

$x=10$

Probe: $10\cdot 4-8=32$

$32=32$

Gleichungen lösen durch schrittweises Umformen

Um Gleichungen zu lösen, darf man sie **schrittweise in einfachere Gleichungen umformen**. Dabei darf sich die Lösung nicht verändern. Folgende **Umformungsschritte** sind erlaubt:
- Auf beiden Seiten der Gleichung wird die gleiche Zahl bzw. derselbe Term addiert oder subtrahiert.
- Beide Seiten werden mit derselben Zahl multipliziert oder durch dieselbe Zahl dividiert (außer 0).
- Der Term auf einer Seite der Gleichung wird in seiner Darstellung verändert oder vereinfacht.

Vom Text zur Gleichung

Folgende Schritte können beim **Lösen von Sachaufgaben** hilfreich sein:
1. Benenne die gesuchte Größe.
2. Mache dir eine Skizze oder Zeichnung.
3. Stelle Terme und eine Gleichung auf.
4. Löse schrittweise die Gleichung.
5. Prüfe dein Ergebnis am Text.
6. Formuliere einen Antwortsatz.

Aufgabe:
Ein Rechteck ist 4 cm länger als breit. Der Umfang beträgt 20 cm. Berechne Länge und Breite des Rechtecks.

1. Die kürzere Seite sei x.

2.

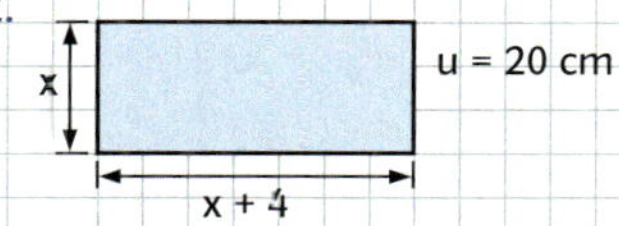

3. $20 = 2x + 2 \cdot (x + 4)$

4. $20 = 2x + 2x + 8 \quad | \text{ vereinfachen}$

$20 = 4x + 8 \quad | -8$

$12 = 4x \quad | :4$

$3 = x$

5. *Probe:*

$2 \cdot 3\,\text{cm} + 2 \cdot 7\,\text{cm} = 20\,\text{cm}$

6. *Die Seiten sind 3 cm und 7 cm lang.*

Gleichungen mit zwei Variablen

Gleichungen wie 2 a + 3 b = 400 mit zwei Variablen haben mehrere Lösungen.

Lösen von linearen Gleichungssystemen

Lineare Gleichungssysteme lassen sich auf unterschiedliche Weise lösen.

Zeichnerische Lösung:
Man zeichnet die zugehörigen Geraden in ein Koordinatensystem. Die **Koordinaten** des **Schnittpunkts** der beiden Geraden stellen die Lösung dar.

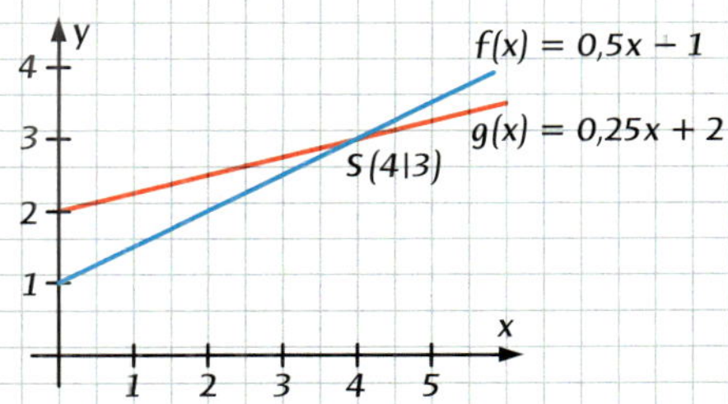

Probe: $3 = 0{,}5 \cdot 4 + 1$

$3 = 0{,}25 \cdot 4 + 2$

Rechnerische Lösung:
Es gibt verschiedene Verfahren.
Beim **Additionsverfahren** werden die Gleichungen so umgeformt, dass durch Addition oder Subtraktion der beiden Gleichungen eine Variable wegfällt.

$$\begin{array}{ll} \text{I)} & 4x + 2y = 8 \\ \text{II)} & 2x - 2y = 4 \end{array} \Big\} +$$

$$6x = 12$$
$$x = 2$$

Beim **Gleichsetzungsverfahren** werden beide Gleichungen nach einer Variablen aufgelöst und dann gleichgesetzt.

$$\begin{array}{ll} \text{I)} & y = 3x - 2 \\ \text{II)} & y = 2x + 8 \end{array}$$

Rechte Terme gleichsetzen:

$$3x - 2 = 2x + 8$$
$$x = 10$$

Ein weiteres Verfahren ist das **Einsetzverfahren** (siehe S. 206).

Terme vereinfachen

1 Vereinfache den Term.

a) $a + a + a + a + a$
b) $b + c + b + c + b$
c) $5d + 6e + 3d - 2e$
d) $8f + 9g - 2f + g$

2 Welche Terme gehören zusammen?

$a + a - a$ | $2a$ | $4a + a$ | $-a$ | $-2a$ | $-a + 3a$ | $5a$ | $-a - a$ | a | $3a - 4a$

3 Stelle einen Term zur Berechnung des Volumens auf.

1)
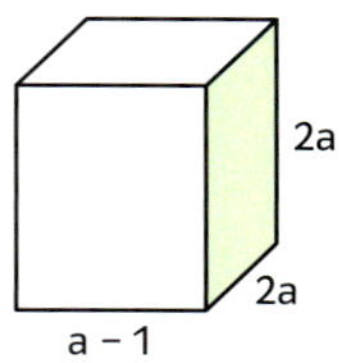

2)
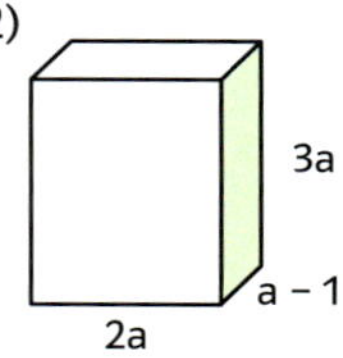

4 Ergänze.

a) $45h + 20h - \square h = 30h$
b) $36k - \square k + 48k = 60k$
c) $17m + 35n + \square m - \square n = 51m + 29n$

5 Welcher Term gehört zu welchem Kantenmodell?

1)
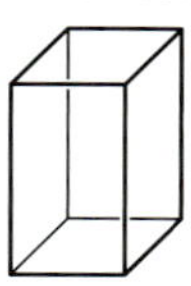

2)
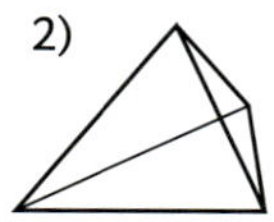

3)
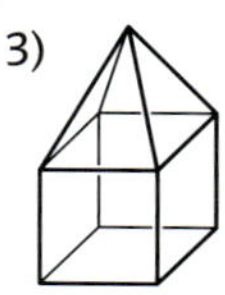

4)
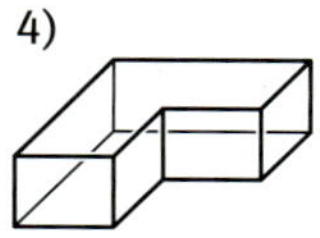

a) $12x + 4y$
b) $4x + 8y + 6z$
c) $8x + 4y$
d) $6x$

6 Fasse die Terme so weit wie möglich zusammen.

a) $5p + 7q + 12p$
b) $32m + 26n + 18mn - 23n$
c) $16r - 43s - 22r - 46s$
d) $-24x - 25 - 45y + 5$

7 Ergänze die Summenbausteine.

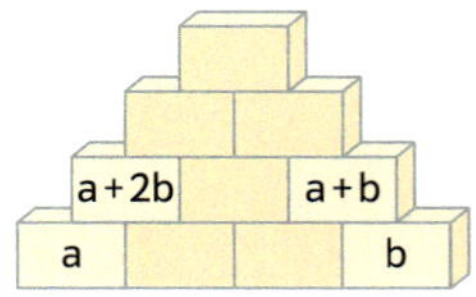

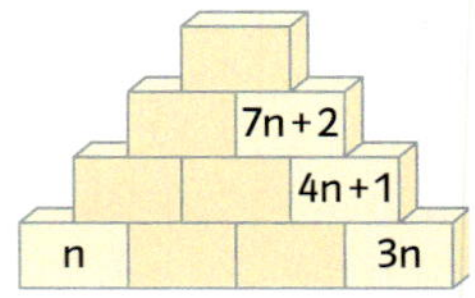

8 Vereinfache den Term so weit wie möglich.

a) $(a + b) \cdot 6 + 4(a - b)$
b) $3a + (2a + 3b) \cdot 2c + 4bc$
c) $\frac{ax + bx}{x}$
d) $\frac{5b}{x} - \frac{3b}{x}$

9 Ergänze.

a) $(x + y)^2 = x^2 + 2xy + \square$
b) $(3m - \square)^2 = 9m^2 - 6mn + n^2$
c) $(a + 2b)^2 = a^2 + 4ab + \square$
d) $(5 - s)^2 = \square - 10s + s^2$
e) $(3z - \square) \cdot (3z + \square) = (9z^2 - 144)$

10 Schreibe in der Summenform.

a) $(r + s)^2$
b) $(c + d) \cdot (c - d)$
c) $(5 - t)^2$
d) $(x + 2y)^2$
e) $(6 + z) \cdot (6 - z)$
f) $(3 - 4m)^2$

11 Welche Kärtchen gehören zusammen?

$2 \cdot x - 12$ | $3 \cdot x + 6$ | $3 \cdot (x + 4)$ | $4 \cdot (x + 1)$ | $4 \cdot x + 4$ | $4 \cdot x + 2$ | $3 \cdot x + 12$ | $3 \cdot (x + 2)$ | $2 \cdot (x - 6)$ | $2 \cdot (2x + 1)$

Quadratische Funktion, Normalparabel

Alle **quadratischen Funktionen** besitzen **Parabeln** als Graphen.

Die Funktion mit der Gleichung **$f(x) = x^2$** ist die einfachste quadratische Funktion. Ihr Graph ist die **Normalparabel**.

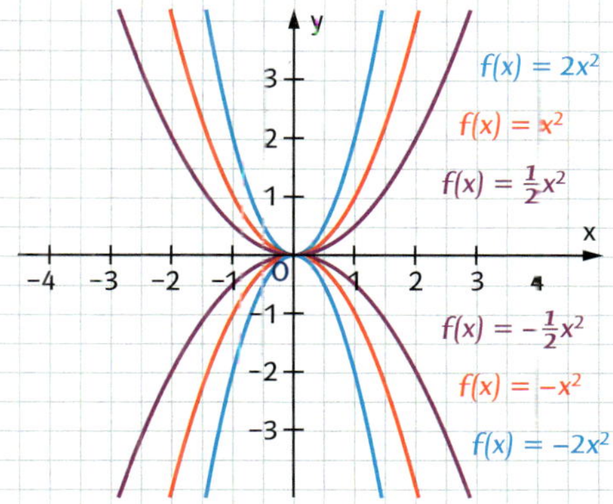

Quadratische Funktionen mit der Gleichung $f(x) = a\,x^2$

Für quadratische Funktionen mit der Gleichung **$f(x) = a\,x^2$** gilt:
Bei **$a > 0$** ist die Parabel nach oben geöffnet, bei **$a < 0$** nach unten.
Bei **$a > 1$** und bei **$a < -1$** ist die Parabel schmaler als die Normalparabel, sonst ist sie breiter.
Der **Scheitelpunkt** ist der **Ursprung** $(0|0)$. Die y-Achse ist die **Symmetrieachse**.

Wertetabelle zu $f(x) = -\frac{1}{2}x^2$

x	-3	-2	-1	0	1	2	3
$-0{,}5\,x^2$	-4,5	-2	-0,5	0	-0,5	-2	-4,5

Ist zu einer quadratischen Funktion der Form $f(x) = a\,x^2$ außer dem Ursprung ein weiterer Punkt gegeben, so kann man a durch Einsetzen der Punktkoordinaten bestimmen.

P liegt auf einer Parabel der Form $f(x) = a\,x^2$.
Punkt $P(10|50)$ in $f(x)$ einsetzen und nach a auflösen: $50 = a \cdot 10^2$; $a = \frac{1}{2}$
$f(x) = \frac{1}{2}x^2$

Quadratische Funktionen mit der Gleichung $f(x) = a\,x^2 + c$

Quadratische Funktionen mit der Gleichung **$f(x) = a\,x^2 + c$** haben Graphen, die gegenüber denen zu $f(x) = a\,x^2$ um c Einheiten nach oben ($c > 0$) oder unten ($c < 0$) verschoben sind. Ihr **Scheitelpunkt** liegt in **$(0|c)$**. Die y-Achse ist die Symmetrieachse.

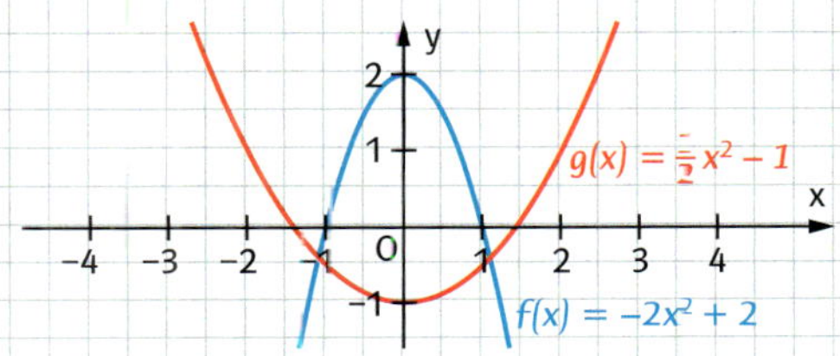

Reaktionsweg, Bremsweg und Anhalteweg

Der **Reaktionsweg** ist eine proportionale Funktion: $s_R = v \cdot t_R$.
Der **Bremsweg** ist eine quadratische Funktion: $s_B = \frac{1}{2b} \cdot v^2$.
Die Summe aus Reaktionsweg und Bremsweg ist der **Anhalteweg**. Er gibt die Strecke (in m) an, die ein Fahrzeug vom Auftauchen des Hindernisses bis zum Stillstand zurücklegt:
$s_A = s_R + s_B$.
Der Anhalteweg ist eine quadratische Funktion.

Vor einem Pkw, der $70\,\frac{km}{h}$ fährt, taucht ein Hindernis auf. Der Fahrer reagiert gut ($t_R = 1{,}3$), der Bremsvorgang ist normal ($b = 7$).
1) Einheiten umrechnen: $v = 70\,\frac{km}{h} \approx 19{,}4\,\frac{m}{s}$
2) $s_R = 19{,}4 \cdot 1{,}3\,m \approx 25{,}2\,m$
3) $s_B = \frac{1}{2 \cdot 7} \cdot 19{,}4^2\,m \approx 26{,}7\,m$
4) $s_A = 25{,}2\,m + 26{,}7\,m = 51{,}9\,m$
Der Pkw braucht rund 52 m bis zum Stillstand.

Lineare Funktionen

1 Stelle die Funktion in verschiedenen Darstellungsformen dar.

a) Jedem x-Wert wird das 4-Fache zugeordnet.

b) $f(x) = 3x + 2$

c)

x	0	1	2	3	4
y	0	2	4	6	8

d)

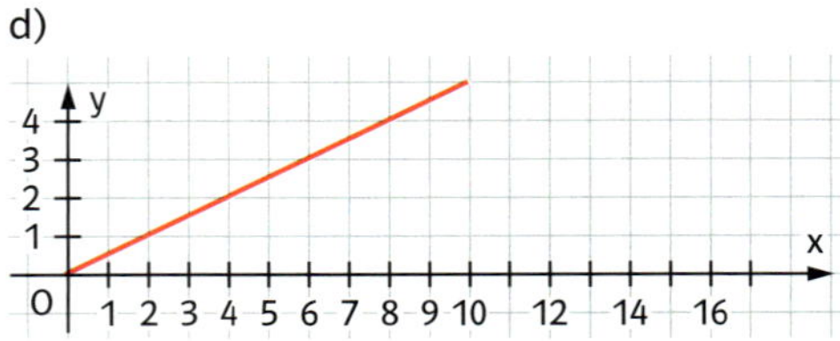

2 Gib die Funktionsgleichung an. Berücksichtige dabei nur die Zahlen ohne die Einheiten.

a)

Menge (l)	1	2	3	4
Preis (€)	1,45	2,90	4,35	5,80

b)

Zeit (min)	1	5	10	20
Preis (€)	0,39	1,95	3,90	7,80

3 Der Graph einer linearen Funktion geht durch die Punkte $P_1(0|2)$ und $P_2(4|3)$. Bestimme die Funktionsgleichung.

4 Ergänze jeweils die fehlende Koordinate, sodass die Punkte auf dem Graphen von $f(x) = -3x + 4$ liegen. Überprüfe deine Ergebnisse durch ein Lösungswort.

a) $P_1(1|\square)$ b) $P_2(\square|0)$
c) $P_3(0|\square)$ d) $P_4(12|\square)$
e) $P_5(\square|12)$ f) $P_6(\square|8{,}5)$
g) $P_7(\square|-191)$ h) $P_8(\square|-396)$
i) $P_9(100|\square)$ j) $P_{10}(\square|20)$

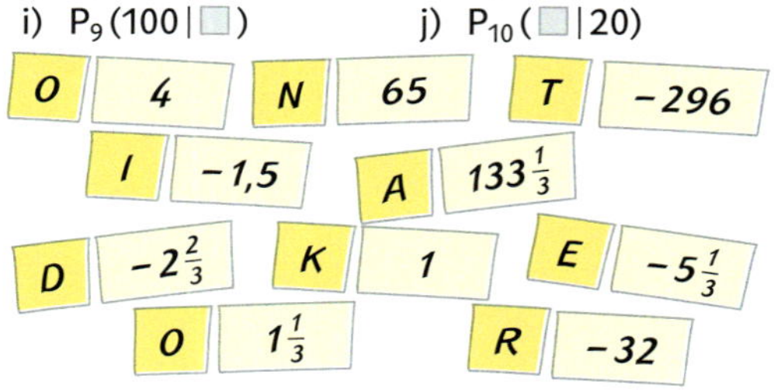

5 Ermittle jeweils die Steigung der Geraden. Notiere dann die Funktionsgleichung.

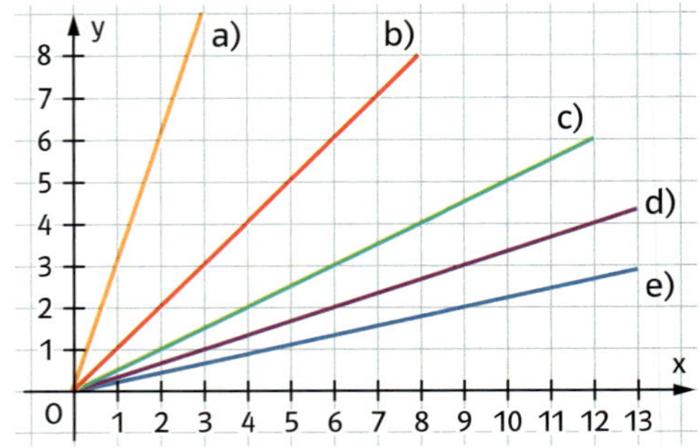

6 Bestimme die Koordinaten des Schnittpunkts mit der y-Achse ohne zu zeichnen.

a) $f(x) = 3x + 7$ b) $f(x) = -5x - 2{,}5$
c) $f(x) = 2\frac{1}{2}x + \frac{1}{4}$ d) $f(x) = -x$

7 Bestimme die Funktionsgleichung.

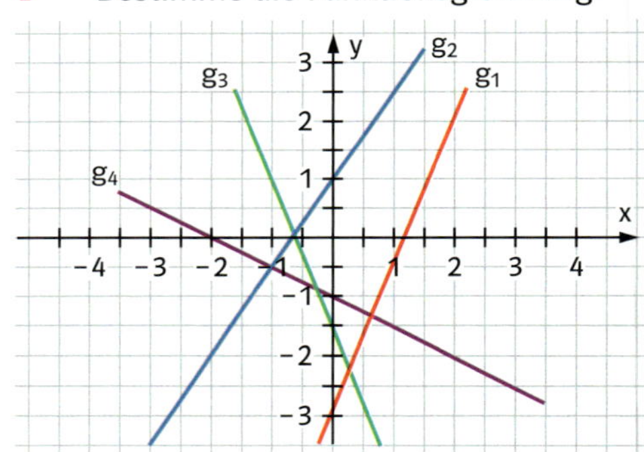

8 Gib die Funktionsgleichungen an und bestimme den Schnittpunkt rechnerisch.

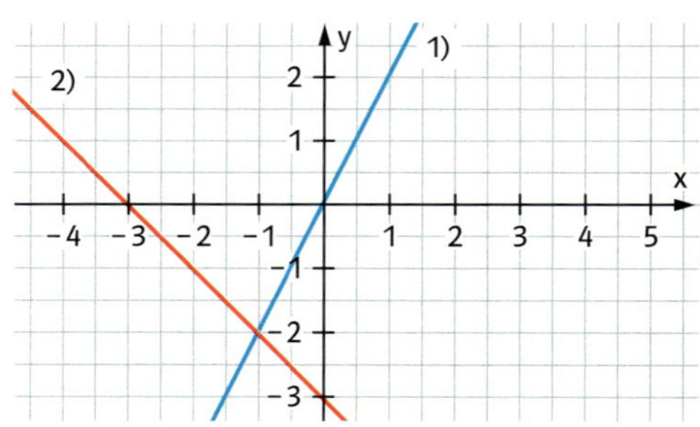

Quadratische Funktionen

9 Ordne jeder Parabel die richtige Funktionsgleichung zu.

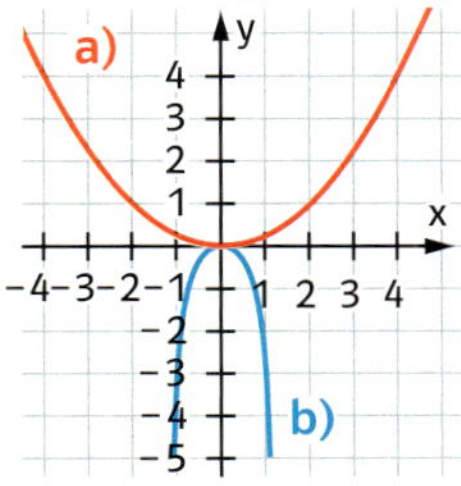

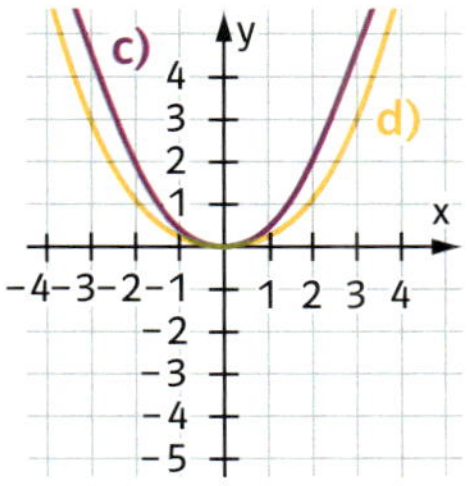

$f(x) = \frac{1}{2}x^2$

$f(x) = -3x^2$

$f(x) = \frac{1}{4}x^2$

$f(x) = -\frac{1}{3}x^2$

$f(x) = -\frac{1}{2}x^2$

$f(x) = \frac{1}{3}x^2$

$f(x) = -4x^2$

10 Entscheide und begründe, ob eine lineare oder eine quadratische Funktion vorliegt.

a) $f(x) = 2x$
b) $f(x) = x^2 + 2$
c) $f(x) = -x + \left(\frac{1}{2}\right)^2$
d) $f(x) = x^2 + 0{,}5$
e) $f(x) = 3x + 22$
f) $f(x) = 3x^2 + 2$

11 Zeichne die Parabel und bestimme die Koordinaten der Nullstellen.

a) $f(x) = x^2 - 1$
b) $f(x) = -\frac{1}{2}x^2 + 4$

12 [●] Entscheide ohne zu zeichnen, ob die Parabel keinen, einen oder zwei Punkte mit der x-Achse gemeinsam hat.

a) $f(x) = x^2 - 4$
b) $f(x) = x^2 + 4$
c) $f(x) = -x^2 + 4$
d) $f(x) = -x^2 - 4$

13 Prüfe rechnerisch, ob der Punkt auf der Parabel liegt.

a) $A(5|18)$ $f_1(x) = x^2 - 7$
b) $B(-4{,}25|0{,}5)$ $f_2(x) = 3x^2 - 5$
c) $C(2|7)$ $f_3(x) = 0{,}5x^2 + 5$

Reagieren, bremsen, anhalten

Der Anhalteweg s_A setzt sich aus dem Reaktionsweg s_R, auf dem noch nicht gebremst wird, und dem Bremsweg s_B zusammen.

$s_A = s_R + s_B = v \cdot t_R + \frac{1}{2 \cdot b} \cdot v^2$

t_R: Reaktionszeit in s;
b: Bremsverzögerung;
v: Geschwindigkeit in m/s

14 a) Um welche Typen von Funktionen handelt es sich bei der Reaktionsweg- und der Bremswegfunktion? Begründe.
b) [●] Wie verändert sich der Reaktionsweg, wie der Bremsweg, wenn sich die Geschwindigkeit verdoppelt (verdreifacht, vervierfacht)?

15 Je nach Reaktionsweise eines Fahrers ergeben sich unterschiedliche Reaktionszeiten t_R.

Reaktionsweise	gut	normal	abgelenkt	alkoholisiert
Reaktionszeit t_R (s)	1,3	1,5	2,0	3,0

Ein Radsportler fährt mit einer Geschwindigkeit von 35 km/h. Berechne seinen Reaktionsweg für die unterschiedlichen Reaktionsweisen.
Achtung: Denke daran, die Geschwindigkeit erst in m/s umzurechnen!

16 Ein Pkw fährt mit 120 km/h auf trockenem Asphalt. Es beginnt zu regnen. Um wie viele Meter erhöht sich der Bremsweg?
Wie viel Prozent entspricht das?

b-Werte für Pkw auf verschiedenen Straßenbelägen	
Asphalt trocken	7
Asphalt nass	6
Pflaster trocken	6
Pflaster nass	5

b-Werte für verschiedene Fahrzeuge auf trockenem Asphalt	
Fahrrad	3
Motorrad	4
Lkw	3,5
Pkw	7

Statistik

Statistische Erhebung

Werden Daten in einer Umfrage gesammelt, so spricht man von einer **statistischen Erhebung**.

Die Daten werden in der Regel zunächst in **Strichlisten** und anschließend in **Häufigkeitslisten** festgehalten oder in einer **Urliste** erfasst. Wird die Liste der Größe nach sortiert, spricht man von einer **Rangliste**.

Bei einer Klassenarbeit im Fach Mathematik wurden die folgenden Noten geschrieben und in einer Urliste festgehalten:

2; 2; 5; 6; 4; 3; 3; 2; 1; 1; 2; 4; 1; 2; 6; 2; 2; 1; 5; 3; 4; 4; 2; 1; 4; 5; 3; 3; 2; 1

Rangliste:

1; 1; 1; 1; 1; 1; 2; 2; 2; 2; 2; 2; 2; 2; 2; 3; 3; 3; 3; 3; 4; 4; 4; 4; 4; 5; 5; 5; 6; 6

absolute und relative Häufigkeit

Die Häufigkeit, mit der ein bestimmter Wert vorkommt, heißt **absolute Häufigkeit**.

Der Anteil, den die absolute Häufigkeit an der Gesamtanzahl der Erhebung hat, heißt **relative Häufigkeit**.

Note	1	2	3	4	5	6
Strichliste	𝍸 I	𝍸 IIII	𝍸	𝍸	III	II
Abs. Häuf.	6	9	5	5	3	2
Rel. Häuf.	$\frac{6}{30}$	$\frac{9}{30}$	$\frac{5}{30}$	$\frac{5}{30}$	$\frac{3}{30}$	$\frac{2}{30}$
	0,2	0,3	0,17	0,17	0,1	0,06

Diagramme

Häufigkeitstabellen können durch Diagramme anschaulich dar gestellt werden. Zum Vergleichen der absoluten Häufigkeit eignen sich besonders **Säulen-** und **Balkendiagramme**. Will man relative Häufigkeiten darstellen, eignen sich **Kreis-** und **Blockdiagramme** gut.

Berechnung des Kreisausschnittes:

Note 1: $\frac{6 \cdot 360°}{30} = 72°$

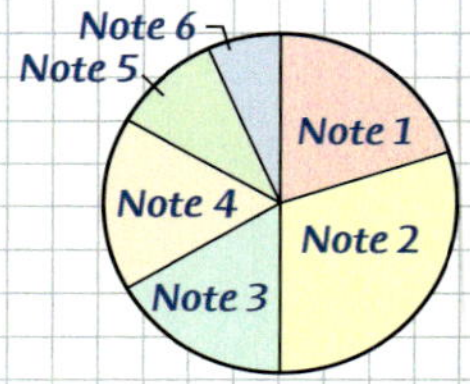

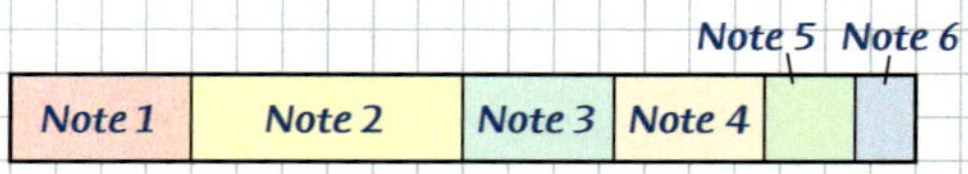

Bei einer Blocklänge von 6 cm entspricht der Anzahl 1 eine Blocklänge von $\frac{6}{30}$ *cm = 0,2 cm.*

Kennwerte

Die Differenz zwischen dem größten und dem kleinsten Wert heißt **Spannweite**.

Um das **arithmetische Mittel** oder den **Durchschnitt** zu berechnen, muss man die Summe aller Werte bilden und durch die Anzahl der Werte dividieren.

Um den **Zentralwert** oder **Median** einer Datenmenge zu bestimmen, muss man die Werte zuerst in einer Rangliste ordnen. Der Wert, der in der Mitte der Rangliste liegt, ist der Zentralwert. Der Zentralwert teilt die Rangliste in eine obere und eine untere Hälfte auf.

Tipp:

Bevor du die Kennwerte bestimmst, ordne die Werte erst in einer Rangliste.

Spannweite:

$6 - 1 = 5$

arithmetisches Mittel:

$\frac{6 \cdot 1 + 9 \cdot 2 + 5 \cdot 3 + 5 \cdot 4 + 3 \cdot 5 + 2 \cdot 6}{30} = 2{,}87$

Zentralwert:

Wert zwischen dem 15. und 16. Wert:

$\frac{2 + 3}{2} = 2{,}5$

Quartile

Wird eine Rangliste in vier gleich große Abschnitte unterteilt, so stellen die Werte der Rangliste, die diese Abschnitte markieren, die **Quartile** dar.

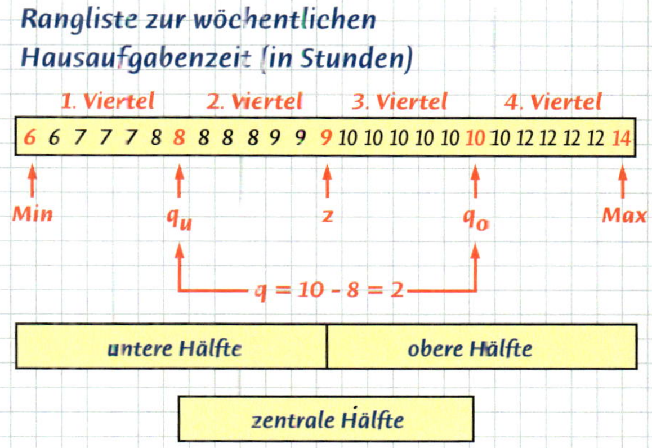

Das **untere Quartil** teilt die untere, das **obere Quartil** die obere Hälfte weiter in zwei gleich große Abschnitte auf.
Liegt der Wert der Rangliste genau in der Mitte zwischen dem Zentralwert und dem Minimum bzw. Maximum, kann das Quartil durch abzählen bestimmt werden. Liegt die Mitte zwischen zwei Werten, muss der Mittelwert berechnet werden.

Alle Werte der Rangliste, die zwischen dem unteren und dem oberen Quartil liegen, bilden die **zentrale Hälfte**.

Der Unterschied zwischen unterem und oberem Quartil heißt **Quartilabstand q**. Er ist ein Maß für die Dichte der Daten in der zentralen Hälfte.

Bestimmung der Quartile (25 Rangplätze)

q_u: $\frac{1}{4} \cdot 25 = 6{,}25 \rightarrow$ 7. Rangplatz, Wert: 8

z: $\frac{1}{2} \cdot 25 = 12{,}5 \rightarrow$ 13. Rangplatz, Wert: 9

q_o: $\frac{3}{4} \cdot 25 = 18{,}75 \rightarrow$ 19. Rangplatz; Wert: 10

|← Spannweite →|

$w = Max - Min = 14 - 6 = 8$

Boxplot

Der **Boxplot** ist eine grafische Veranschaulichung der Quartile. Dabei wird das erste und letzte Viertel zwischen Minimum und q_u bzw. q_o und Maximum als Antenne, das zweite und dritte Viertel als Box über eine Skala gezeichnet. In der Box wird der Zentralwert markiert.

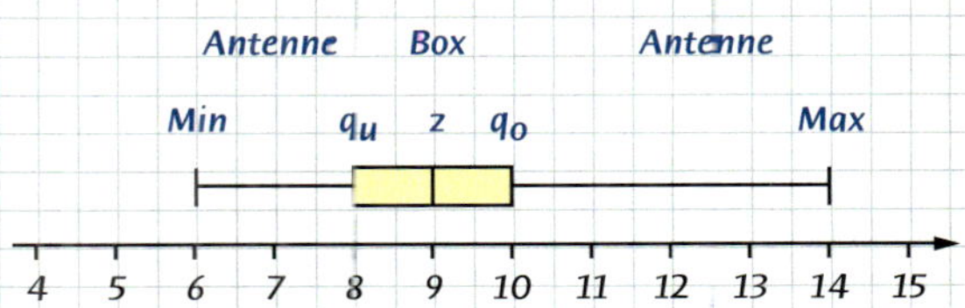

Statistik mit Tabellenkalkulation

Mithilfe eines Tabellenkalkulationsprogramms kann man Daten schnell ordnen, filtern (Menü **Daten → Sortieren** bzw. **Daten → Filtern → Autofilter**) oder in einer Grafik darstellen.

Unter **Einfügen → Funktionen → Statistik** findet man Funktionen, mit denen man Kennwerte zu den Daten berechnen kann.

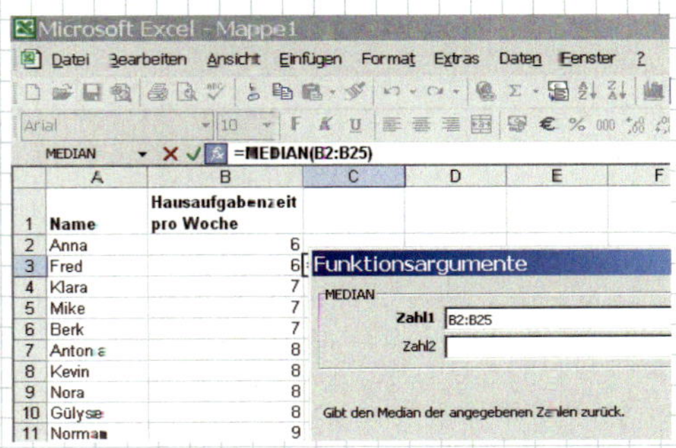

1 In der Tabelle haben Schülerinnen und Schüler die Anzahl der gesendeten SMS im letzten Monat notiert.

Anna	23	Frank	4
Ben	3	Gürhan	23
Celine	12	Hanna	12
Daniel	65	Ilic	7
Ela	43	Jessi	3

a) Stelle eine Rangliste auf.
b) Wie viele SMS wurden durchschnittlich verschickt? Wer hat die meisten, wer die wenigsten SMS verschickt? Wie groß ist der Unterschied zwischen dem größten und dem kleinsten Wert?
c) Stelle die Ergebnisse in einem geeigneten Diagramm dar.

2 Der *Eine-Welt-Laden* einer Schule verkauft Dinge des täglichen Schulbedarfs. In einer Strichliste wird der Wochenverkauf festgehalten.

Heft liniert	Heft kariert	Block DIN A5	Bleistift	Lineal	Radiergummi
卌 卌 卌 III	卌 卌 卌 卌 卌 I	卌 卌 III	卌 卌 卌 II	III	卌 II

Stelle das Ergebnis in einer Häufigkeitsliste dar und zeichne ein Kreisdiagramm.

3 Bestimme, falls möglich, jeweils Spannweite, häufigsten Wert, Mittelwert und Zentralwert und zeichne ein Diagramm wie angegeben.

a)

Wert	4	7	8	9	10	13
abs. H.	3	10	6	7	5	1

Zeichne ein Säulendiagramm.

b)

Wert	5	10	15	20	25	30
rel. H.	18 %	14 %	31 %	24 %	10 %	3 %

Zeichne ein Kreisdiagramm.

c)

Wert	2	4	6	8	10
rel. H.	0,05	0,19	0,13	0,4	0,23

Zeichne ein Blockdiagramm.

4 Die Schulterhöhe eines Schäferhundes liegt zwischen 55 cm und 65 cm. Ein Züchter wirbt damit, dass seine Schäferhunde besonders groß seien. Denn im Durchschnitt haben sie mehr als 60 cm Schulterhöhe. Eine Messung ergab folgende Maße (in cm).

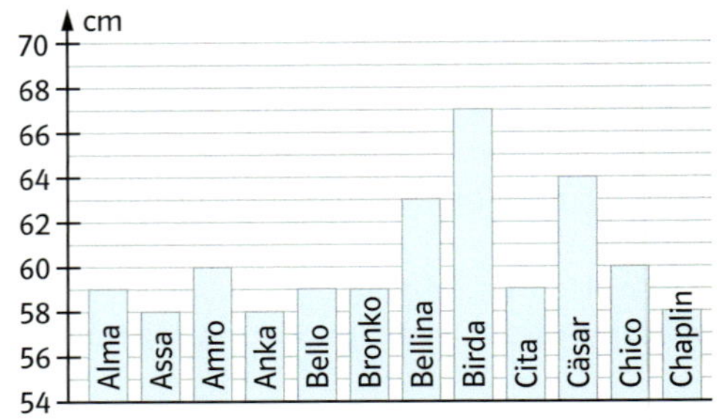

a) Stimmt die Behauptung des Züchters?
b) Wie viele Hunde sind größer als 60 cm?
c) Gibt der Mittelwert oder der Zentralwert eine bessere Auskunft über die Größe? Erkläre.

5 Bei einem Vokabeltest wurden 30 Vokabeln abgefragt.

Anzahl der gewussten Vokabeln
24, 16, 24, 18, 10, 9, 13, 17, 17, 15, 8, 17, 21, 20, 24, 21, 14, 17, 9, 20, 26, 18, 25, 19, 11, 19, 20, 22, 13, 15, 16, 24

a) Wie viele Schüler waren beteiligt?
b) Fertige eine Rangliste an.
c) Berechne Mittelwert, Zentralwert und Spannweite.
d) Bestimme unteres und oberes Quartil sowie den Quartilabstand.

6 [●] In einer Bücherei wird die Anzahl der im Jahr ausgeliehenen Bücher nach Altersgruppen erfasst.

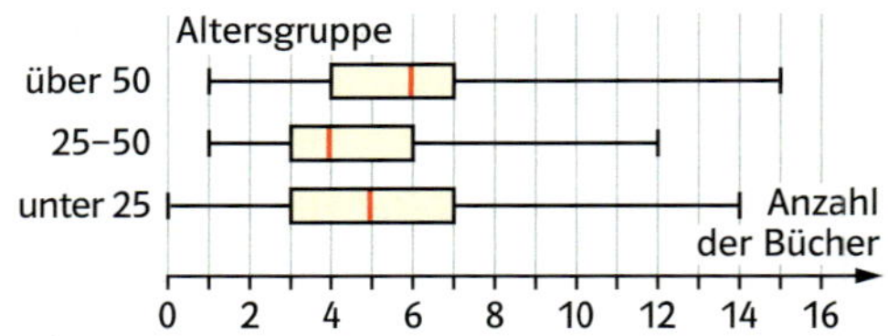

Vergleiche die Boxplots miteinander. Welche Aussagen kannst du machen?

7

Zeichne den Boxplot.

	Min	q_u	z	q_o	Max
a)	3	6	7	12	15
b)	10	64	70	82	124
c)	0	2,4	3,7	5,6	7,1

8

Ergänze die Tabelle in deinem Heft.

	Min	q_u	z	q_o	Max	q	w
a)		13	15		31	7	28
b)	0		8	9,5	12	3,5	
c)	21	45	53	78			117

9

Es wurden 12 Schülerinnen und Schüler nach der Anzahl der versendeten SMS im letzten Monat befragt.

Name	Versendete SMS
Alissa	26
Celine	44
Ersin	47
Frederik	0
Jana	223
Jonas	52
Lea	58
Luca	35
Marie	29
Maxi	73
Nora	18
Sina	61

a) Erstelle eine Rangliste und berechne den Mittel- und den Zentralwert.
b) Trage alle Werte in ein Koordinatensystem ein. Den Mittelwert zeichne als Parallele zur x-Achse ein. Außerdem markiere den Zentralwert. Vergleiche die beiden Kennwerte und erkläre, was sie aussagen.
c) Lasse die Ausreißer weg und bestimme den Mittel- und den Zentralwert neu. Welchen Einfluss hat das Weglassen der Ausreißer auf diese Werte?

10

[●●] Auf das unten angekündigte Streitgespräch sollt ihr euch vorbereiten. Dazu liegt euch eine Statistik über die Pünktlichkeit der Züge des letzten Monats vom *Kölner Hbf* vor. In der Statistik wird zwischen Nah- und Fernzügen unterschieden.

Pünktlich wie die Eisenbahn oder auch nicht!

Wie pünktlich ist die Bahn?

Hbf Köln
Statistik der Zugverspätungen
Mai 2003

Min.	0	1–2	3–5	6–10	11–15
Nah	1639	4737	2541	988	348
Fern	1034	2651	1374	469	393

Min.	16–20	21–25	26–30	31–40	41–50
Nah	250	152	109	47	20
Fern	167	77	38	51	39

Min.	51–60	61–90	90–120	über 120
Nah	14	10	1	2
Fern	27	45	49	9

a) Ihr sollt als Vertreter des Fahrgastverbandes *PRO BAHN e. V.* am Streitgespräch teilnehmen. Deshalb möchtet ihr darlegen, dass die Bahn sehr unpünktlich ist. Wertet die Statistik so aus, dass deine Verärgerung über die Unpünktlichkeit nachvollziehbar ist. Fertigt geeignete Schaubilder an.
Tipp: Wählt jeweils den Mittelwert der angegebenen Minuten, um mit der Häufigkeitsliste rechnen zu können.
Eventuell ist es günstig, mehrere Spalten der Häufigkeitsliste zusammenzufassen.
b) Ihr sollt als Vertreter der Bahn am Streitgespräch teilnehmen. Deshalb möchtet ihr darlegen, dass die Bahn doch relativ pünktlich ist. Wertet die Statistik dahingehend aus und fertigt geeignete Schaubilder an.
Tipp: Denkt an die Ausreißer.

Zufall und Wahrscheinlichkeit

Zufallsversuch

Mithilfe von **Zufallsgeräten** wie Glücksrädern, Würfeln, Losen usw. werden Zufallsversuche durchgeführt. Das Ergebnis eines Zufallsversuchs ist zufällig und nicht vorhersagbar.
Zufallsgeräte, die gleich wahrscheinliche Ergebnisse liefern, werden **Laplace-Zufallsgeräte** genannt.

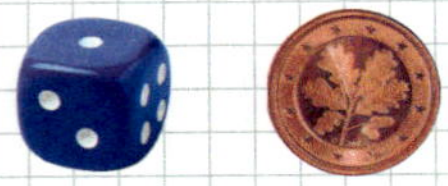

Der Münzwurf hat zwei mögliche Ergebnisse mit der jeweiligen Wahrscheinlichkeit $\frac{1}{2}$.

Wahrscheinlichkeit eines Ergebnisses

Sind alle möglichen Ergebnisse eines Zufallsversuchs gleich wahrscheinlich, so gibt der Bruch $\frac{1}{\text{Anzahl aller möglichen Ergebnisse}}$ die **Wahrscheinlichkeit** eines jeden **Ergebnisses** an.

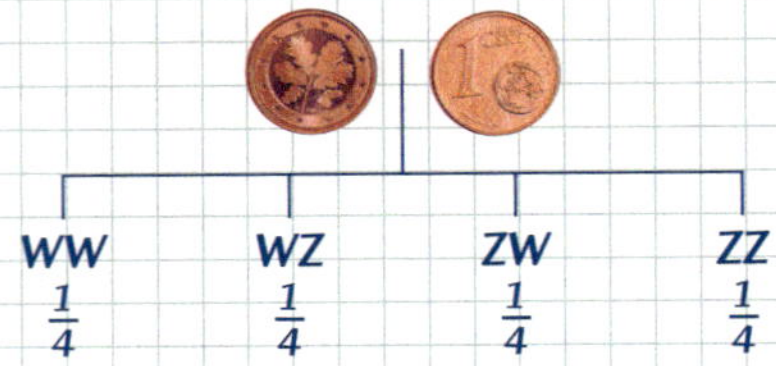

Wahrscheinlichkeit eines Ereignisses

Führen mehrere gleich wahrscheinliche Ergebnisse eines Zufallsversuchs zum Ziel, so nennt man diese Ergebnisse **günstig**.

Der Bruch $\frac{\text{Anzahl der günstigen Ergebnisse}}{\text{Anzahl der möglichen Ergebnisse}}$ stellt die **Wahrscheinlichkeit** eines **Ereignisses** dar.

Das Ereignis „mindestens ein Wappen" hat beim zweifachen Münzwurf die drei günstigen Ergebnisse (WW), (WZ) und (ZW) und somit die Wahrscheinlichkeit $\frac{3}{4}$.

Die Ergebnisse sind

gleich wahrscheinlich

nicht gleich wahrscheinlich

Relative Häufigkeit und Wahrscheinlichkeit

Sind die Ergebnisse eines Zufallsversuchs nicht gleich wahrscheinlich, so muss die Wahrscheinlichkeit eines Ergebnisses geschätzt werden. Dazu führt man den Versuch möglichst oft durch und berechnet die **relative Häufigkeit**. Diese stabilisiert sich nach vielen Versuchen bei einer Zahl, der **statistischen Wahrscheinlichkeit**.

Zahl der Würfe	Zahl der Einsen	relative Häufigkeit
100	37	37,0 %
500	141	28,2 %
1500	462	30,8 %
5000	1485	29,7 %

Die Wahrscheinlichkeit für eine 1 beträgt rund 30 %. Nach 500 Würfen lässt sich die Wahrscheinlichkeit auf etwa 28 % bis 32 % schätzen.

Deutungen von Wahrscheinlichkeiten

Wahrscheinlichkeitsangaben sind zur Vorhersage von Einzelergebnissen nicht geeignet. Nur in langen Versuchsserien ist eine Wahrscheinlichkeitsaussage brauchbar.

Richtig: In 1000 Würfen bekomme ich mit einem fairen Würfel in rund $\frac{1}{6}$ der Fälle eine 6.

Falsch: In 6 Würfen ist eine 6 dabei.

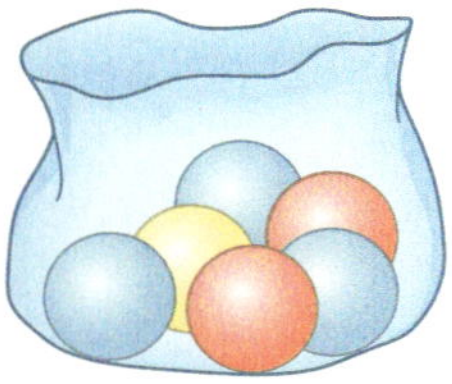

1 Wie groß ist die Wahrscheinlichkeit, aus dem links abgebildeten Säckchen eine gelbe (rote, blaue) Kugel zu ziehen?

2 Die Wahrscheinlichkeit, ein Gewinnlos zu ziehen, beträgt $\frac{7}{24}$.
a) Wie viele Lose könnten sich in der Lostrommel befinden? Wie viele davon sind Gewinnlose? Nenne mehrere Möglichkeiten.
b) Mit welcher Wahrscheinlichkeit zieht man kein Gewinnlos?

3 In einem Behälter befinden sich zwölf Kugeln. Die Hälfte der Kugeln ist blau. Die restlichen Kugeln sind rot oder grün, wobei es zwei rote Kugeln mehr gibt als grüne.
a) Skizziere den Behälter mit den Kugeln.
b) Mit welcher Wahrscheinlichkeit wird eine rote Kugel gezogen?
c) Wie groß ist die Wahrscheinlichkeit, keine grüne Kugel zu ziehen?
d) Es wurden bereits alle grünen und eine rote Kugel gezogen. Wie groß ist die Wahrscheinlichkeit, beim nächsten Zug eine rote Kugel zu ziehen?

4 a) Mit welcher Wahrscheinlichkeit fällt der 1. April auf einen Sonntag?
b) Wie groß ist die Wahrscheinlichkeit, dass Heiligabend und Silvester auf den gleichen Wochentag fallen?

5 [●] In einer Lostrommel befinden sich 60 % Nieten, 26 % Trostpreise, 13 % große Gewinne und drei Hauptgewinne.
a) Wie groß ist die Wahrscheinlichkeit, einen Hauptgewinn zu ziehen?
b) Wie viele Lose sind in der Lostrommel?

6 Wie groß ist die Wahrscheinlichkeit mit einem Dodekaederwürfel (Würfel mit 12 Flächen)

a) eine 6 zu würfeln?
b) eine gerade Zahl zu würfeln?
c) eine Primzahl zu würfeln?
d) eine durch 3 teilbare Zahl zu würfeln?

7 [ååå] Ein Legostein mit vier Noppen wird als Würfel benutzt.
a) Welche möglichen Ergebnisse hat das Werfen mit dem Legostein?
b) Schätzt die Wahrscheinlichkeiten für die verschiedenen möglichen Ergebnisse. Überprüft eure Schätzung. Werft dazu einen Legostein mindestens 100-mal.

8 Luca fällt auf, dass in seiner Tüte mit Gummibärchen keine grünen Bärchen enthalten sind.

Die Fabrik behauptet aber, von jeder Farbe gleich viele Gummibärchen herzustellen. Die folgende Zählung soll dies bestätigen. Nimm Stellung.

Farbe	Gummibärchen (Anzahl)		
	100	1000	10 000
gelb	24	194	1986
grün	18	209	2005
orange	27	181	2012
rot	12	223	1994
weiß	19	193	2003

Längen und Flächen

Längeneinheiten

Längen werden üblicherweise angegeben in

Kilometer	km	**1 km** = 1000 m			
Meter	m		**1 m** = 10 dm		
Dezimeter	dm			**1 dm** = 10 cm	
Zentimeter	cm				**1 cm** = 10 mm
Millimeter	mm				

$5{,}408\ km = 5408\ m$

$36{,}29\ m = 362{,}9\ dm = 3629\ cm$

Flächeninhalte, Umfang

Dreieck

$A = \frac{c \cdot h_c}{2}$ $\qquad u = a + b + c$

c: Länge der Grundseite

h_c: Länge der zugehörigen Höhe

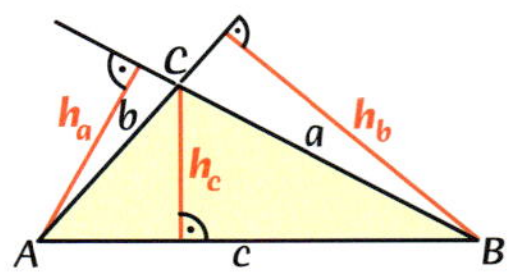

Rechteck

$A = a \cdot b$ $\qquad u = 2 \cdot a + 2 \cdot b$

a, b: Länge der Rechteckseiten

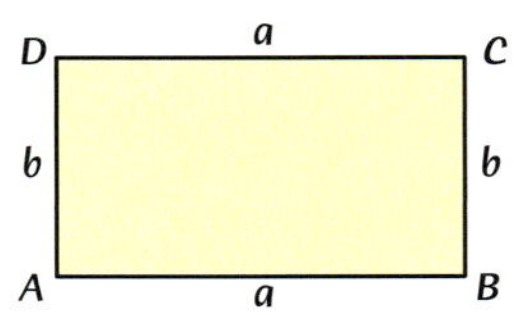

Parallelogramm

$A = a \cdot h_a = b \cdot h_b$ $\qquad u = 2 \cdot a + 2 \cdot b$

a: Länge der Parallelogrammseite

h_a: Länge der zugehörigen Höhe

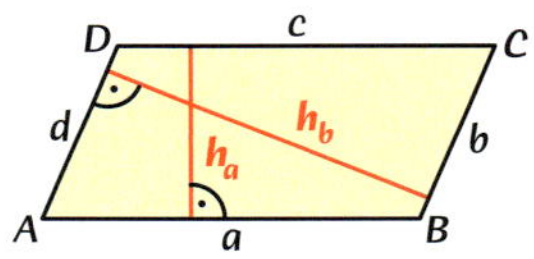

Trapez

$A = \frac{(a + c) \cdot h_a}{2}$ $\qquad u = a + b + c + d$

a, c: Länge der parallelen Seiten

h_a: Abstand der parallelen Seiten

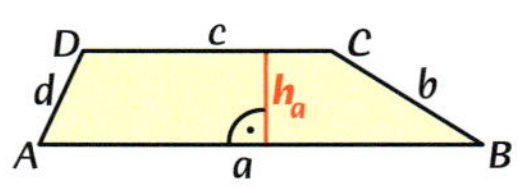

Kreis

$A = \pi r^2 = \frac{\pi d^2}{4}$ $\qquad u = 2 \pi r = \pi d$

$b = \frac{u}{360°} \cdot \alpha$ $\qquad A_S = \frac{A}{360°} \cdot \alpha$

r: Radius

A_S: Flächeninhalt des Kreisausschnittes

b: Länge des Kreisbogens

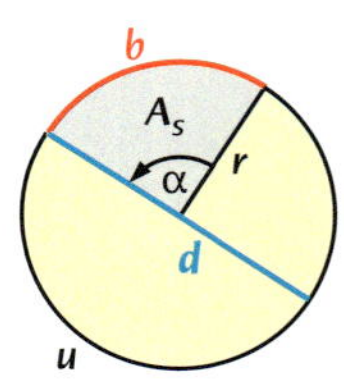

Berechnung des Flächeninhalts des Vieleckes

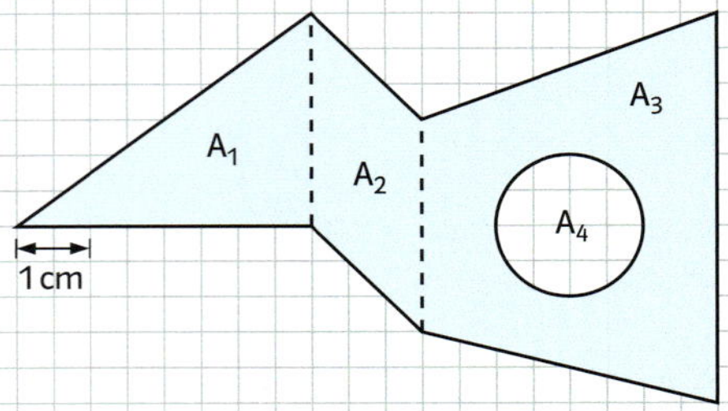

Der Flächeninhalt kann durch Zerlegen in berechenbare Teilflächen berechnet werden, z. B.:

$A_1 + A_2 + A_3 - A_4$

$A_1 = \frac{4 \cdot 3}{2} cm^2 = 6\ cm^2$

$A_2 = 3 \cdot 1{,}5\ cm^2 = 4{,}5\ cm^2$

$A_3 = \frac{(5{,}5 + 3)}{2} \cdot 4\ cm^2 = 17\ cm^2$

$A_4 = \pi \cdot 1\ cm^2 \approx 3{,}14\ cm^2$

$A_1 + A_2 + A_3 - A_4 \approx 24{,}36\ cm^2$

Flächeneinheiten

Die Einheiten, mit denen **Flächengrößen** üblicherweise angegeben werden, sind mm², cm², dm², m², a (Ar), ha (Hektar) und km².

1 km² = 100 ha

1 ha = 100 a

1 a = 100 m²

1 m² = 100 dm²

1 dm² = 100 cm²

1 cm² = 100 mm²

Bei der Umrechnung einer Flächeneinheit in die nächst kleinere (größere) verschiebe das Komma um zwei Stellen nach rechts (nach links).

$8{,}45\ m^2 = 845\ dm^2$

$56{,}1\ mm^2 = 0{,}561\ cm^2$

Ähnlichkeit

Wird eine Originalfigur maßstäblich vergrößert oder verkleinert, so sind Bildfigur und Originalfigur zueinander **ähnlich**. Das Längenverhältnis zwischen den Strecken der Bild- und der Originalfigur wird durch den **Maßstab k** festgelegt, der auch Ähnlichkeitsfaktor genannt wird.

$$\mathbf{k} = \frac{\textbf{Länge der Bildstrecke}}{\textbf{Länge der Originalstrecke}}$$

Die Winkel der Bildfigur sind genauso groß wie die Winkel der Originalfigur.

$k = \frac{2}{3}$

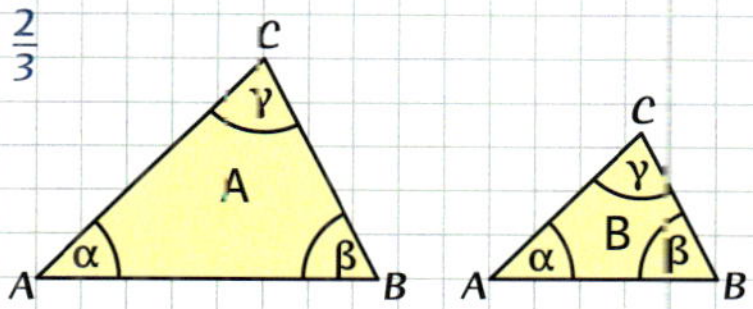

Alle Seiten wurden auf $\frac{2}{3}$ verkleinert.
Entsprechende Winkel stimmen in ihren Größen überein. Also gilt:
Figur A ist zu Figur B ähnlich.
kurz: A ~ B.

Strahlensätze

Werden zwei Strahlen oder zwei Geraden von zwei Parallelen geschnitten, so gilt:

1. Strahlensatz (entsprechende Abschnitte auf den Strahlen oder Geraden)

$\frac{a_1}{a_2} = \frac{b_1}{b_2}$ und $\frac{a_1}{a_3} = \frac{b_1}{b_3}$ und …

2. Strahlensatz (entsprechende Abschnitte auf den Parallelen und einem Strahl oder einer Geraden von S aus gemessen)

$\frac{c_1}{c_2} = \frac{a_1}{a_2}$ und $\frac{c_1}{c_2} = \frac{b_1}{b_2}$.

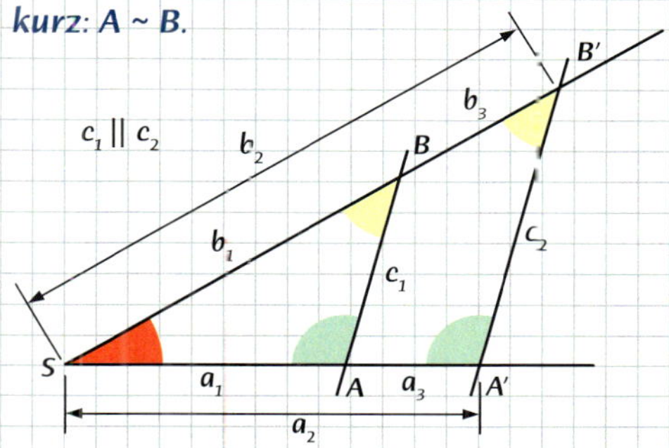

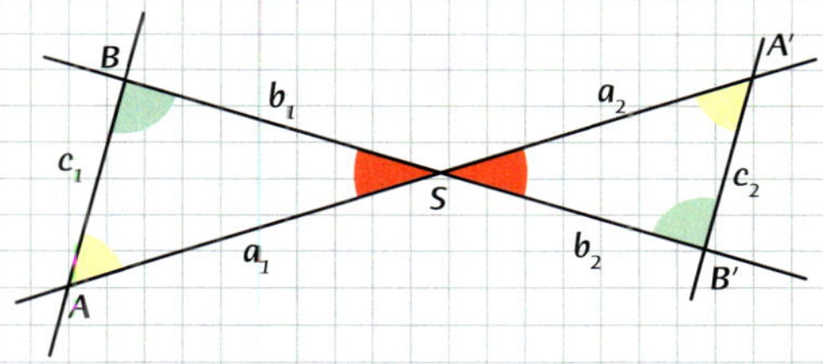

Kongruente Dreiecke

Zwei Dreiecke von gleicher Form und Größe heißen deckungsgleich oder **kongruent**.

Zwei Dreiecke sind kongruent, wenn sie übereinstimmen in

- sss drei Seiten
- sws zwei Seiten und den eingeschlossenen Winkeln oder
- wsw einer Seite und den beiden anliegenden Winkeln.

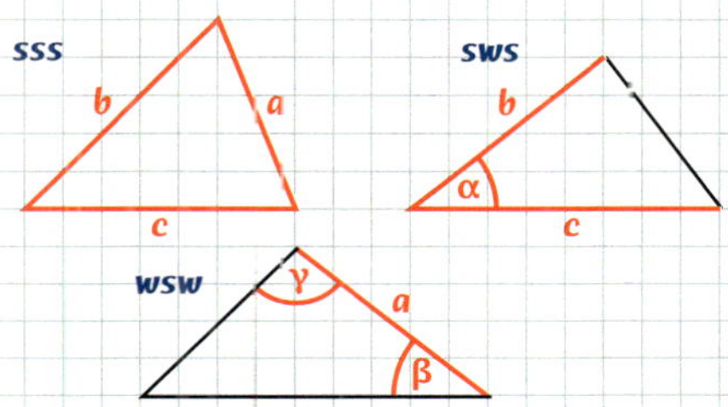

Satz des Pythagoras

In einem rechtwinkligen Dreieck gilt:

Das **Quadrat über der Hypotenuse** (der längsten Seite) hat den **gleichen Flächeninhalt** wie die **Summe der Flächeninhalte der beiden Quadrate über den Katheten**. Der rechte Winkel liegt gegenüber der Hypotenuse.

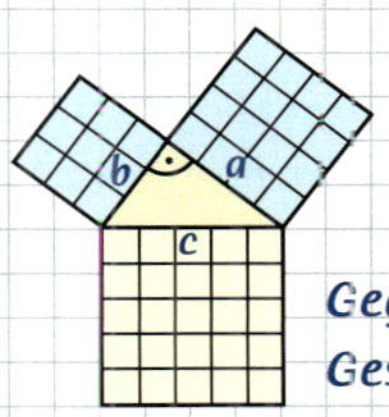

$a^2 + b^2 = c^2$

Geg.: $a = 4{,}8\,cm$, $c = 6{,}3\,cm$
Ges.: b

$b^2 = c^2 - a^2 = 6{,}3^2 - 4{,}8^2 = 16{,}65$

$b = \sqrt{16{,}65}\,cm \approx 4{,}08\,cm$

Körper

Volumen und Oberfläche von Körpern

Quader
$V = a \cdot b \cdot c$
$O = 2(ab + ac + bc)$
a, b, c: Seitenkanten

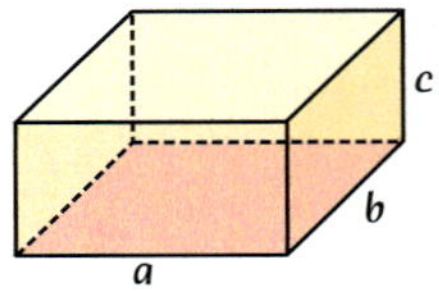

Prisma
$V = G \cdot h$
$O = 2 \cdot G + M$
G: Grundfläche, M: Mantelfläche
h: Höhe

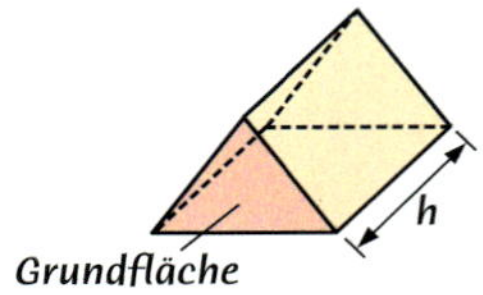

Zylinder
$V = G \cdot h = \pi r^2 \cdot h$
$O = 2 \cdot G + M = 2\pi r^2 + 2\pi r \cdot h$
G: Grundfläche, M: Mantelfläche
r: Radius, h: Höhe

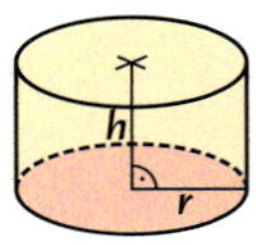

Rauminhalte

Rauminhalte werden üblicherweise angegeben in mm^3, cm^3, dm^3, m^3, ml, l und hl.

$1\,m^3$ = $1000\,dm^3$
$1\,dm^3$ = $1000\,cm^3$
$1\,cm^3$ = $1000\,mm^3$
1 l = $1\,dm^3$ **1 hl** = 100 l

Oberfläche

Die Oberfläche eines Körpers berechnet sich aus der Summe der Flächeninhalte aller Begrenzungsflächen des Körpers.

$O = 2 \cdot G + M$

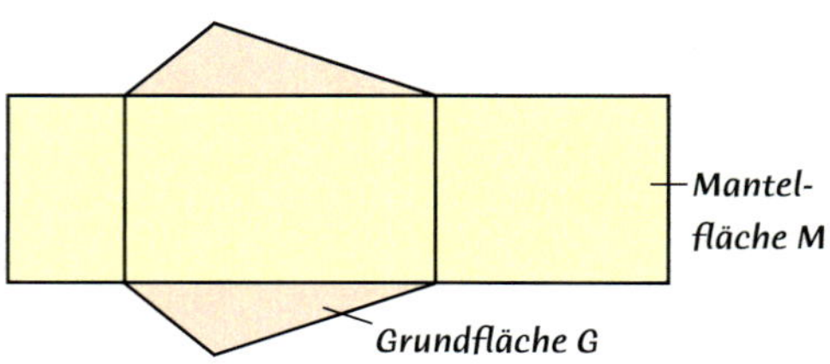

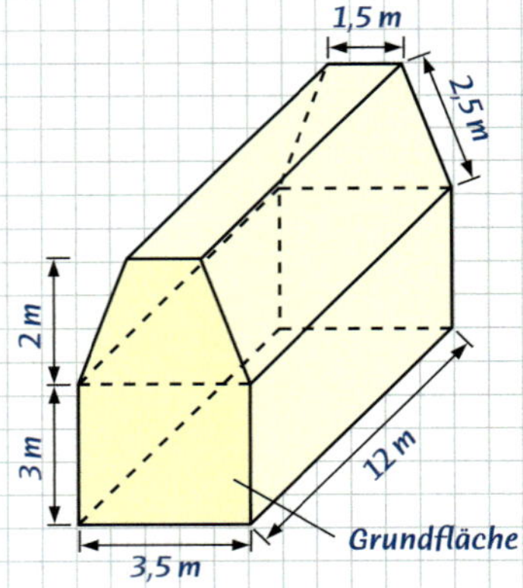

Berechnung des Volumens

$V = G \cdot h$

Die Grundfläche kann in ein Rechteck und ein Trapez zerlegt werden.

$G = A_R + A_T$

$A_R = 3{,}5 \cdot 3\,m^2 = 10{,}5\,m^2$

$A_T = \frac{3{,}5 + 1{,}5}{2} \cdot 2\,m^2 = 5\,m^2$

$G = 10{,}5\,m^2 + 5\,m^2 = 15{,}5\,m^2$

$V = 15{,}5\,m^2 \cdot 12\,m = 186\,m^2$

Das Volumen beträgt 186 m^2.

Berechnung der Oberfläche

$O = 2 \cdot G + M$

$= 2 \cdot 15{,}5\,m^2 + (3 + 3{,}5 + 3 + 2{,}5 + 1{,}5 + 2{,}5)\,m \cdot 12\,m$

$= 31\,m^2 + 192\,m^2$

$= 223\,m^2$

Der Oberflächeninhalt beträgt 223 m^2.

Flächenberechnung

1 Berechne die Flächeninhalte.

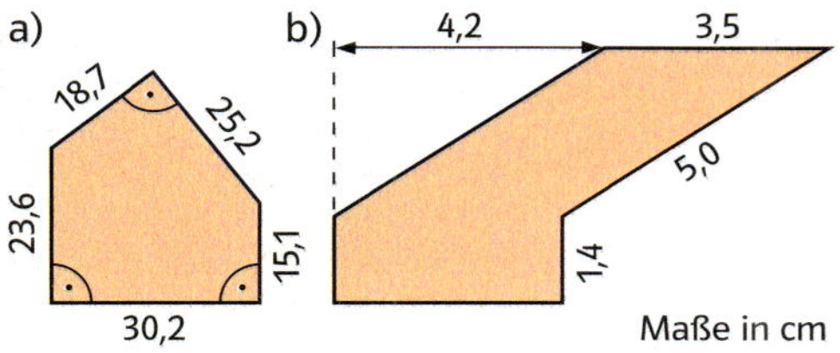

2 [●] Welche Fläche ist größer? Schätze bevor du berechnest.

a)

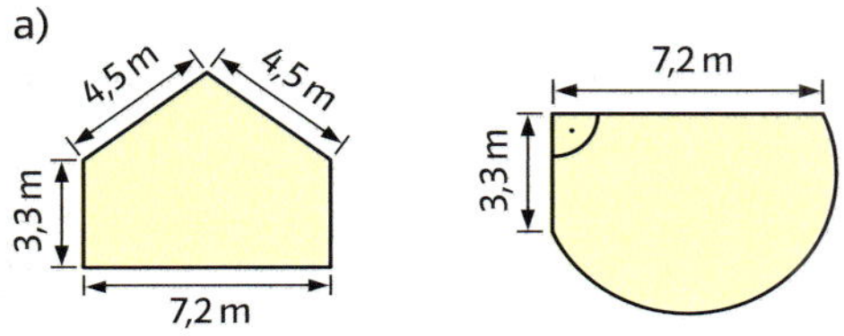

b)

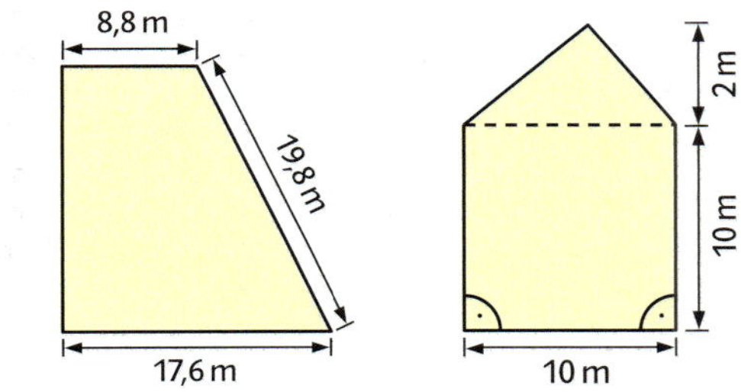

c) [●●]

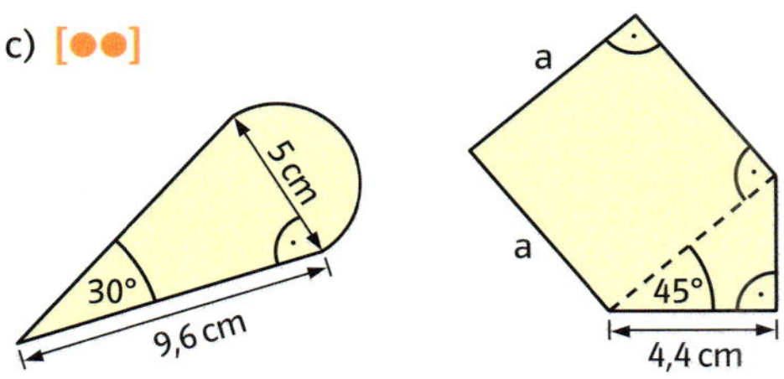

3 a) Die Ein- und Zwei-Eurostücke bestehen jeweils aus einem silber- und einem goldfarbenen Teil. Welche Fläche ist jeweils größer – der Rand oder das Innenteil?

b) [●] Wie muss man Außen- und Innenradius wählen, wenn bei einem Kreisring die Innenkreisfläche und die Fläche des Rings gleich groß sein sollen?

4 a) Bestimme jeweils Umfang und Flächeninhalt der Figuren (a = 2 cm).

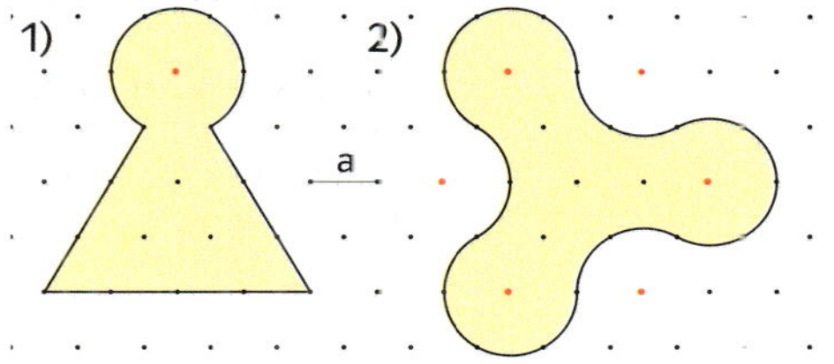

b) [●] Berechne den Flächeninhalt in Abhängigkeit von a.

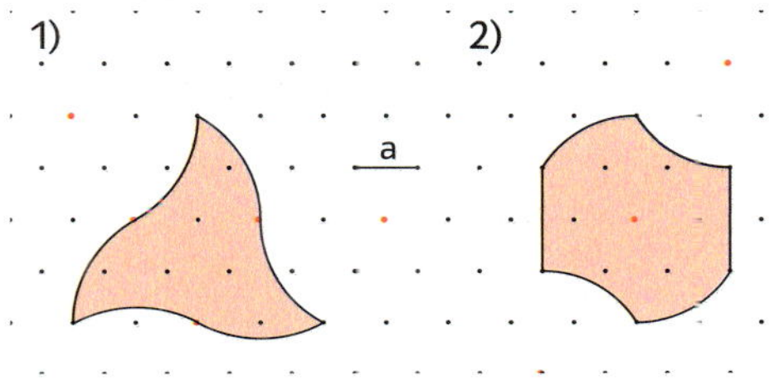

5 Die spanischen Inseln *Mallorca* und *Ibiza* locken jedes Jahr viele tausende Urlauber.
Bestimme näherungsweise die Größe der Inseln.

Körperberechnung

6 Kerzen (d = 2,2 cm) werden in einer Fabrik als

a) Zweierpack,

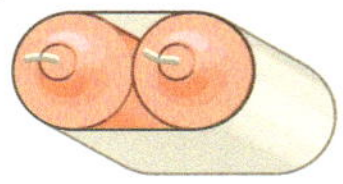

b) Dreierpack,

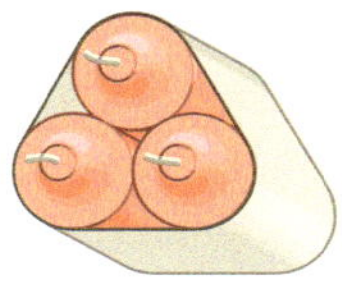

c) Viererpack gebündelt.

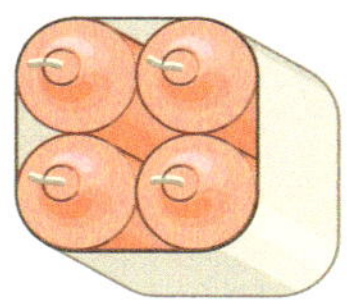

Dazu werden sie mit einer Banderole umschlossen. Die Höhe der Banderole ist immer gleich. Wie lang muss die Banderole jeweils mindestens sein (ohne Klebefalz)?

7 a) Welches Prisma hat die kleinste (die größte) Oberfläche?

1)

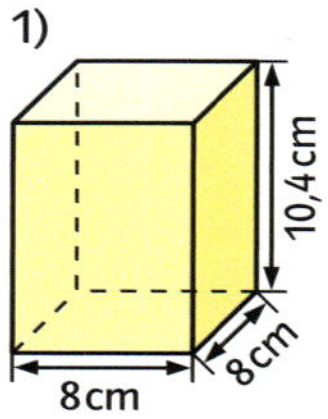

2)

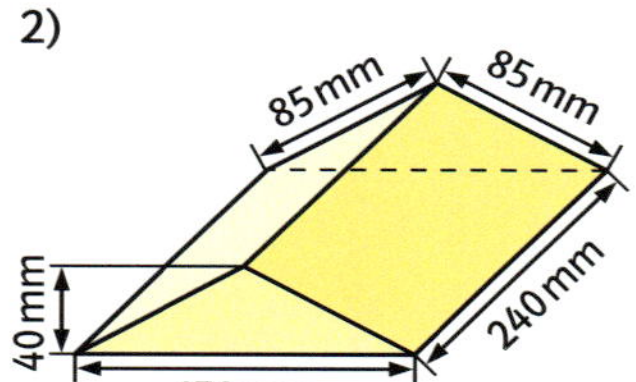

3)

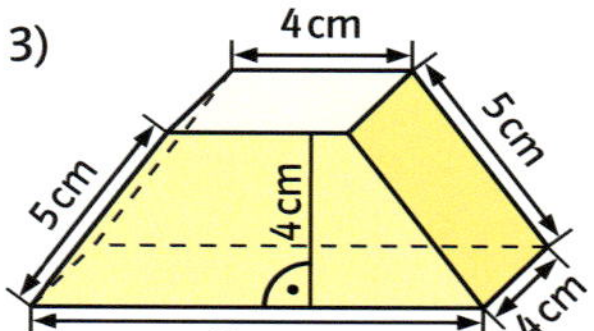

b) Berechne die Rauminhalte.

8 Vergleiche die Oberflächen. Gib den Unterschied in Prozent an.

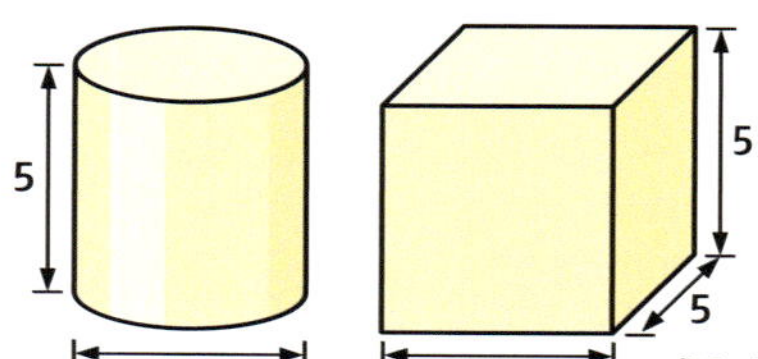

(Maße in cm)

9 Schätze: welcher der beiden Körper hat das größere Volumen? Überprüfe deine Vermutung durch Rechnung.

a)

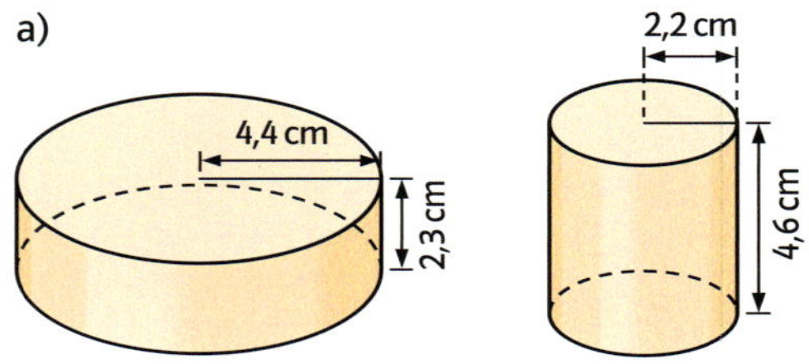

b)

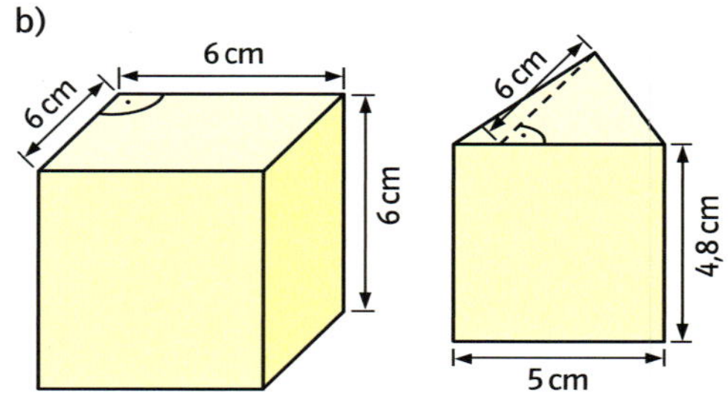

10 Notiere zunächst die Formel zur Berechnung des Volumens und stelle dann um. Runde sinnvoll.

a) Quadratische Säule:
V = 484 cm³; a = 5,5 cm. Berechne h.

b) Quadratische Säule:
h = 10 cm; V = 11 560 cm³. Berechne a.

c) Zylinder:
V = 760 cm³; r = 22 cm; Berechne h.

d) Zylinder:
h = 30 cm; V = 1000 cm³. Berechne r.

e) [●] Trapezprisma:
a = 14 cm; c = 19,5 cm; h = 26 cm;
V = 9581 cm³. Berechne h_a.

f) [●] Trapezprisma:
a = 3,3 cm; h_a = 14 cm; h = 12,5 cm;
V = 962,5 cm³. Berechne c.

11 [●] Ein Körper hat eine Oberfläche von etwa 800 cm².

a) Welche Maße könnte ein entsprechendes Dreieckprisma haben? Finde mehr als eine Lösung.

b) Welche Maße könnte ein entsprechender Zylinder haben? Suche auch hier nach mehr als einer Lösung.

12 [●●] Berechne die Oberfläche und das Volumen.

a)

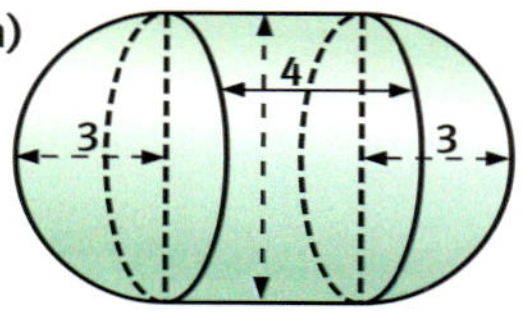

b)

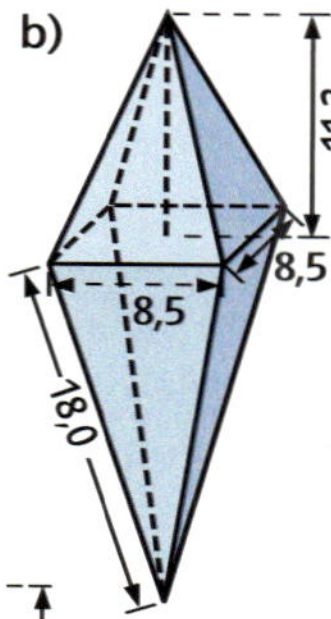

c)

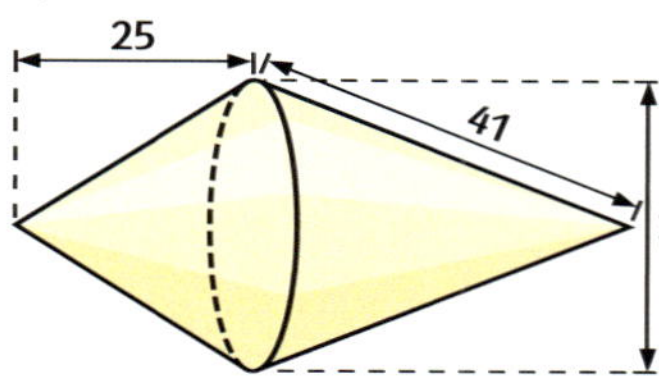

(Maße in cm)

Berechnung am Dreieck

13 Eine Erbse von 6 mm Durchmesser verdeckt gerade den Vollmond, wenn sie 66 cm vom Auge entfernt gehalten wird. Berechne den Monddurchmesser.

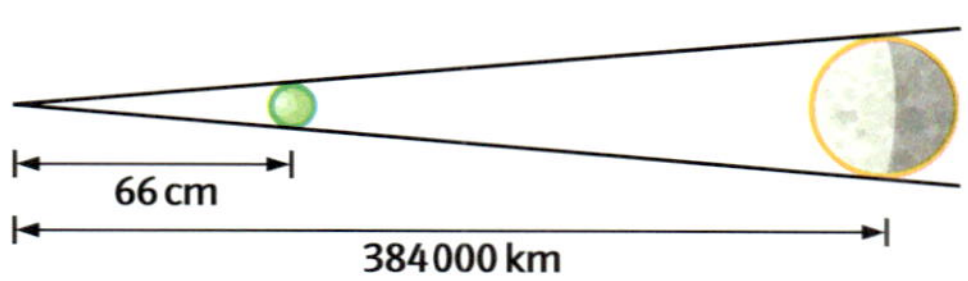

14 Berechne die Länge der Linie vom Start bis zum Ziel. (Maße in m)

a)

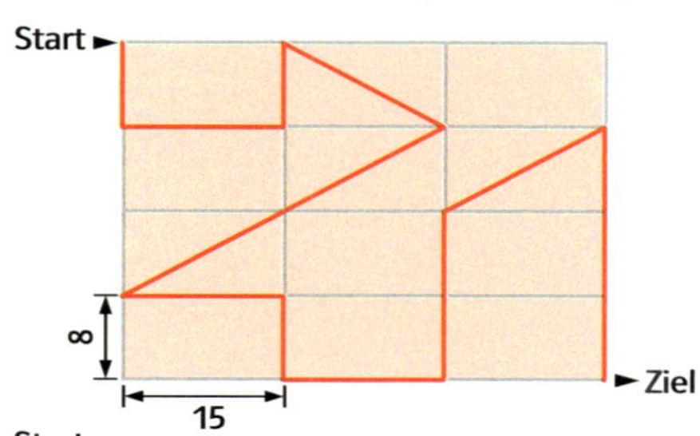

b)

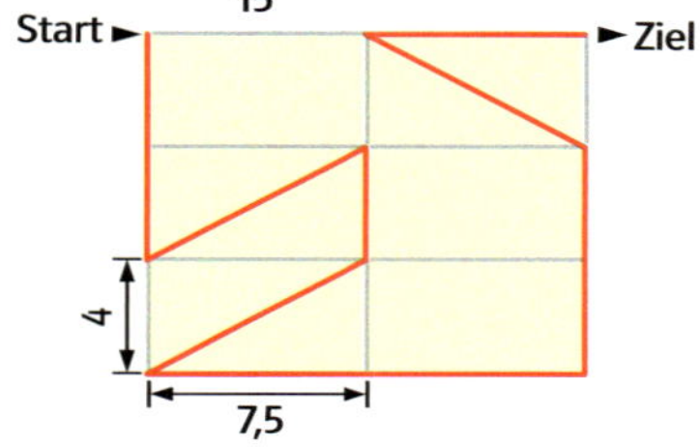

15 Die Strecke von B nach C kann wegen des Teiches nicht gemessen werden. Statt dessen wurden $\overline{AB} = 235\,m$ und $\overline{AC} = 370\,m$ gemessen.

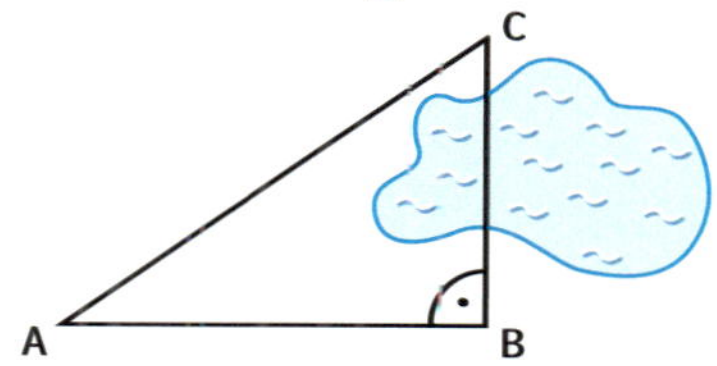

Wie lang ist dann die Strecke $\overline{BC}$?

16 [●] Wie tief ist der Graben?

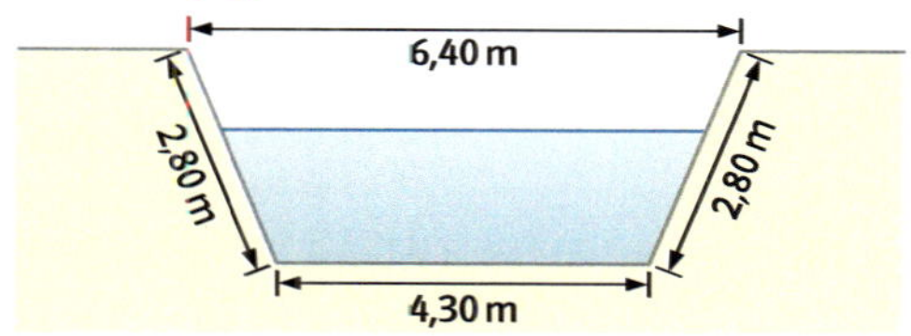

17 Die Breite des Flusses soll bestimmt werden. Die Strecken an Land können gemessen werden mit a = 15 m, b = 60 m und c = 48 m. Beschreibe das Messverfahren.

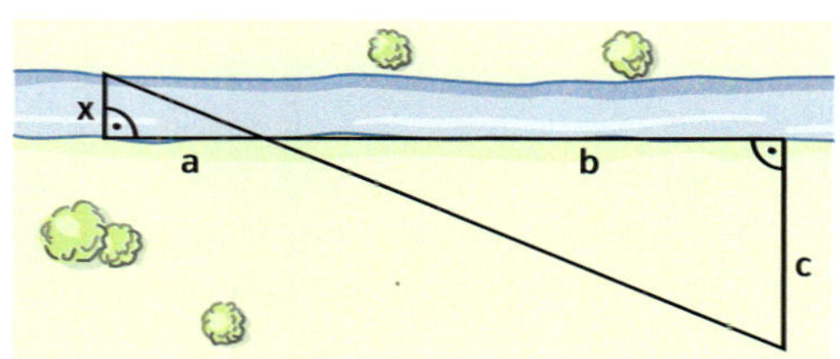

18 [●] Wie lang ist die rot eingezeichnete Raumdiagonale durch den Laderaum des Kleinlasters?

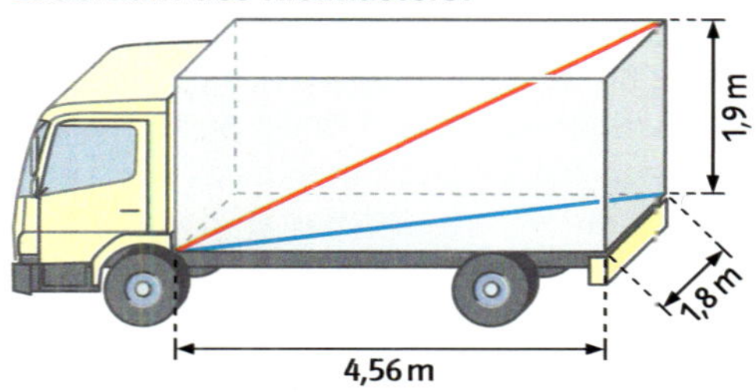

Tipp: Berechne erst die Diagonale der Bodenplatte.

Tabellenkalkulation

Zellen formatieren

Jede Zelle eines Tabellenblattes kann bei Bedarf verbreitert werden (Menü **Format** → **Spalte** → **Breite** oder mit dem Cursor die Spalte in der A/B/C-Leiste auf die gewünschte Breite ziehen).
Wie bei einem Textverarbeitungsprogramm können Zellen in der gewünschten Schriftart, Schriftgröße, ... formatiert werden (Menü **Format** → **Zellen formatieren** → **Schrift** bzw. **Zahlen**).
Zahlen können unterschiedlich dargestellt werden: als Dezimalzahlen mit einer bestimmten Anzahl an Stellen hinter dem Komma, als Währung (z. B. €, $, ...), als Prozentsatz, als Datum, ...

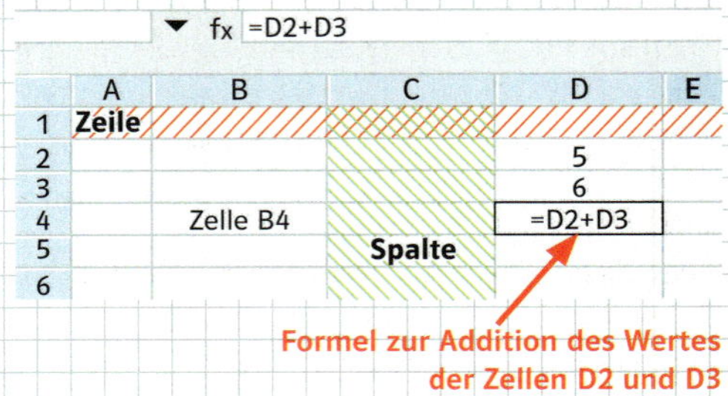

Rechnen

Jede Zelle kann mit einem Rechenausdruck **(Formel)** belegt werden. Das Programm berechnet dann für diese Zelle automatisch den Wert für die eingegebene Größe.
Jede Formel beginnt mit einem Gleichheitszeichen, dahinter steht der Rechenweg. Damit der Rechenweg auch noch bei Änderung der Zahlenwerte gültig ist, gibt man statt der Zahlen die Zellennamen ein, auf die sich der Rechenausdruck bezieht (z. B. =D2+D3).
Sollen größere Bereiche addiert werden, erfasst man z. B. mit =Summe(B4:B9) alle Zellen von B4 bis B9.
Unter dem Menü **Einfügen** → **Funktionen** befinden sich außerdem verschiedene Funktionen (z. B. zur Statistik, wie Median, Mittelwert, ...).

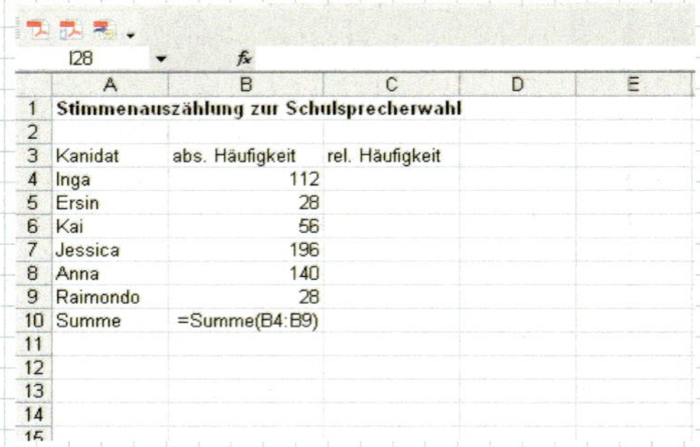

Zufallszahlen erzeugen

Mit einer Tabellenkalkulation lassen sich auch Zufallszahlen erzeugen. Die Funktion **ZUFALLSZAHL()** liefert Zahlen zwischen 0 und 1, während mithilfe der Funktion **ZUFALLSZAHL()*(b-a)+a** auch Zahlen zwischen beliebig festzusetzenden Zahlen a und b erzeugt werden können (z. B. liefert =ZUFALLSZAHL()*9+1 zufällig Zahlen zwischen 1 und 10).

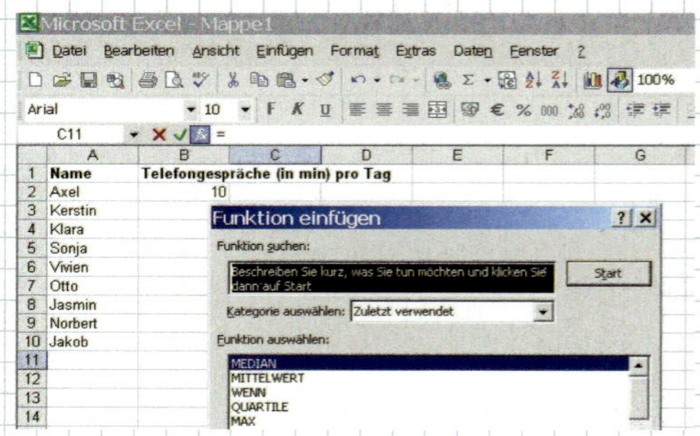

Diagramme erstellen

Um Daten in einem Diagramm zu veranschaulichen, markiert man zuerst die Zeilen und Spalten, die grafisch dargestellt werden sollen. Dann wählt man unter Menü **Einfügen** → **Diagramm** den gewünschten Diagrammtyp aus. In den weiteren Einstellungen können die Daten, die Überschriften und die **Eigenschaften des Diagramms** eingestellt bzw. verändert werden.

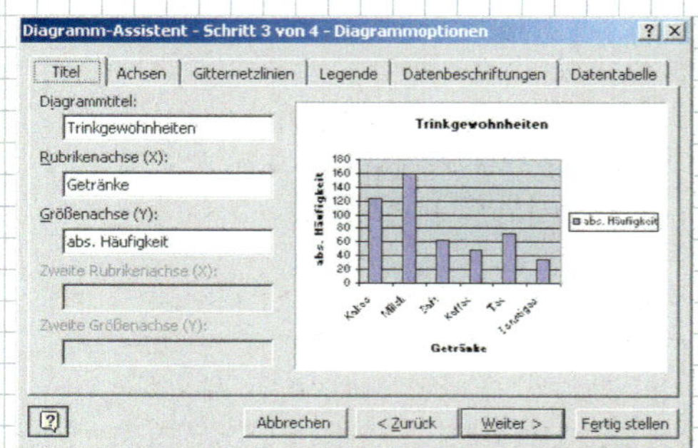

Dynamische Geometriesoftware

Fast alles, was man auf einem Blatt zeichnen kann, kann man auch mit einer **dynamischen Geometriesoftware (DGS)** zeichnen. Die Programme dazu funktionieren ähnlich. Hier wird der Umgang mit einem dynamischen Geometrieprogramm am Beispiel von **GeoGebra** gezeigt, das man kostenlos aus dem Internet laden kann (www.geogebra.org).

Aufbau

Über der Zeichenfläche befindet sich eine **Symbolleiste mit Icons** zu verschiedenen Befehlen zum Konstruieren, Zeichnen und Messen. Mit jedem Icon können verschiedene Befehle aufgerufen werden. In der **Menüleiste** oberhalb der Icons können die Grundeinstellungen vorgenommen werden.
Am unteren Rand befindet sich die **Eingabeleiste**, in der Funktionen (z. B. $f(x) = 3x + 2$) und Variablen (z. B. $a = 12$; $x = 3b$) definiert werden. GeoGebra zeichnet dann z. B. den Funktionsgraphen.
Im **Algebrafenster** werden alle erstellten Objekte angezeigt. Es wird zwischen freien und abhängigen Objekten unterschieden. Abhängige Objekte können sich ändern, wenn man z. B. freie Objekte verschiebt.

Nützliche Befehle

Verschieben des Zeichenbereichs

Vergrößern/Verkleinern

Messen von Längen

Berechnen von Flächen

Falsche Eingaben können rückgängig gemacht werden.

Bewegen eines Objektes
Damit kann z. B. jeder Punkt einer Figur an eine andere Stelle auf dem Arbeitsblatt verschoben werden.

Mit einem **Schieberegler** kann man Variablen unterschiedliche Werte zuweisen. Bei der Erstellung öffnet sich ein Menü, in dem man alle benötigten Werte eintragen kann.

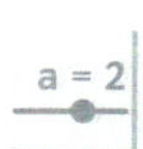

Konstruktion und Untersuchung von Mittelsenkrechten im beliebigen Dreieck.

1. Drei Punkte einzeichnen.

2. Verbindungsstrecken zeichnen.

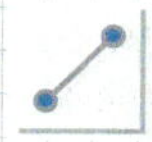

3. Kreise um je zwei Endpunkte einer Stecke zeichnen.

4. Schnittpunkte zweier Kreise festlegen.

5. Gerade durch die Schnittpunkte der Kreise zeichnen.

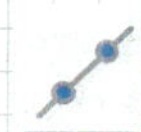

6. Konstruktion der anderen Mittelsenkrechten wie im Punkt 1. bis 4. beschrieben.

*Nach Schritt 2 kann alternativ mit dem Befehl **Mittelsenkrechte** automatisch eine Mittelsenkrechte konstruiert werden.*

*Nun kann man mit dem Icon **Bewegen** einen oder mehrere Punkte des Dreiecks verschieben.*

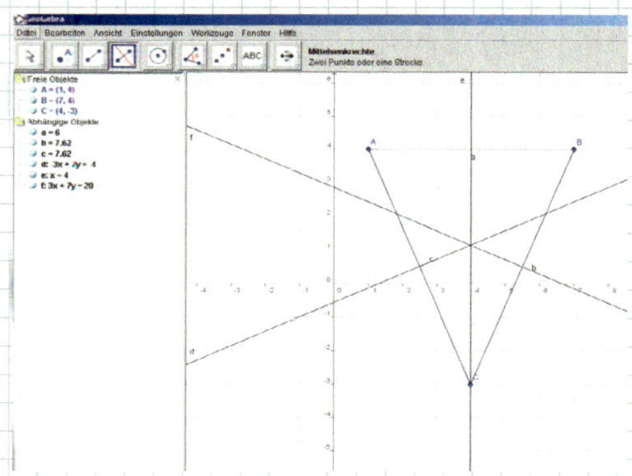

Achtung
Gib vor der gestrichelten Linie ein Anführungszeichen ein, damit sie als Text und nicht als Zahl erkannt wird.

1 [💻] a) Eine Firma kalkuliert ihre Waren mit 30 % Geschäftskosten (Fertigungskosten, Löhne, …) und 35 % Gewinn.

	A	B	C
1	**Preiskalkulation**		
2	Einkaufspreis		80,00 €
3	Geschäftskosten	35 %	28,00 €
4			-------
5	Selbstkosten		108,00 €
6	Gewinn	30 %	32,40 €
7			-------
8	Nettoverkaufspreis ohne MwSt.		140,40 €
9	Mehrwertsteuer	19 %	26,68 €
10			-------
11	Bruttoverkaufspreis mit MwSt.		167,08 €

Übertrage die Preisberechnung in eine Tabellenkalkulation. Gib in die Zellen, in denen Werte berechnet werden, die entsprechende Formel ein.
b) Wie verändert sich der Bruttoverkaufspreis, wenn du Prozentsätze veränderst?
c) Eine Firma kalkuliert die Geschäftskosten mit 30 % und den Gewinn mit 75 %. Berechne die Bruttoverkaufspreise für die Einkaufspreise 30 €; 75 €; 257 €.

2 [● 💻] a) Gib den Kreditplan in eine Tabellenkalkulation ein. Nach wie vielen Monaten ist der Kredit abbezahlt?
b) Stelle den Kreditplan grafisch dar.

	A	B	C	D	E	F
1		Ratenkredit (Zahlung der Rate am Monatsende)				
2		Kreditsumme	3500 €			
3		Zinssatz (monatlich)	0,55 %			
4						
5	Monat	Kredit	Zinsen	Tilgung	Rate	Restschuld
6	1	3500,00 €	19,25 €	280,75 €	300,00 €	3219,25 €
7	2	3219,25 €	17,71 €	282,29 €	300,00 €	2936,96 €
8	3	2936,96 €	16,15 €	283,85 €	300,00 €	2653,11 €
9	4	2653,11 €	14,59 €	285,41 €	300,00 €	2367,70 €

3 [💻] Ada hat von ihren Großeltern zur Geburt ein Sparbuch mit 300 € bekommen. Es wird zu einem Zinssatz von 3,5 % bis zu ihrem 18. Geburtstag angelegt. Erstelle ein geeignetes Rechenblatt.

4 [💻] Bei einem Spielewettbewerb wurden folgende Punktzahlen erreicht.

Anna	48	Holger	78	Margret	84
Aggi	77	Hanno	43	Malte	55
Andreas	34	Iris	44	Nora	21
Anton	80	Igor	57	Nick	81
Birgit	80	Ismail	51	Onno	63
Babsi	36	Jannis	63	Patrik	32
Celim	40	Kerstin	35	Rachel	56
Cilly	38	Karin	69	Siggy	58
Daniel	42	Luca	82	Tim	79
Freddy	81	Lisa	0	Viktor	17

Gib die Daten aus der Tabelle in eine Tabellenkalkulation ein.
a) Ermittle den Median. Es gibt verschiedene Möglichkeiten, ihn mit der Tabellenkalkulation zu bestimmen. Findest du sie heraus?
b) Ermittle den Mittelwert und die Spannweite.
c) Stelle die Daten in einem geeigneten Diagramm dar. Welcher Diagrammtyp ist dafür geeignet, welcher nicht?

5 [💻] Felix und Benjamin möchten ein Würfelexperiment simulieren.
a) Es soll 120-mal mit einem Würfel gewürfelt werden. Simuliere am Computer.
b) Vermute, wie häufig Zahlen bis einschließlich 3 gewürfelt wurden.
Prüfe anhand der Simulation nach.
Tipp: Sieh dir unter *Einfügen → Funktionen* die Funktion „WENN" und die Erläuterung dazu an.
c) Wie ändert sich die relative Häufigkeit für die Zahlen bis 3, wenn die Anzahl der Würfe erhöht wird?

6 [💻] Ein Glashersteller hat den Auftrag bekommen, ein Glas anzubieten, das ein Volumen von mindestens 100 cm^3 besitzt. In der Abbildung unten siehst du eine Konstruktion, mit dynamischer Geometriesoftware in der die Aufsicht auf das Glas und der Längsschnitt durch das Glas zu sehen sind.

a) Konstruiere diese Ansichten mit einem Geometrieprogramm. Die Weite der Öffnung und die Höhe des Glases sollen mit Schiebereglern veränderbar sein.

b) Berechne mit einer geeigneten Formel das jeweilige Volumen des Glases und lasse dieses auf dem Arbeitsblatt anzeigen.

c) Welchen Durchmesser muss das Glas mindestens haben, wenn es eine Höhe von 8 cm hat?

d) Finde verschiedene Höhen bzw. Durchmesser, mit der der Glashersteller den Auftrag erfüllen kann.

e) [👥✎] Findet Konstruktionen für andere Glasformen und präsentiert sie euch gegenseitig.

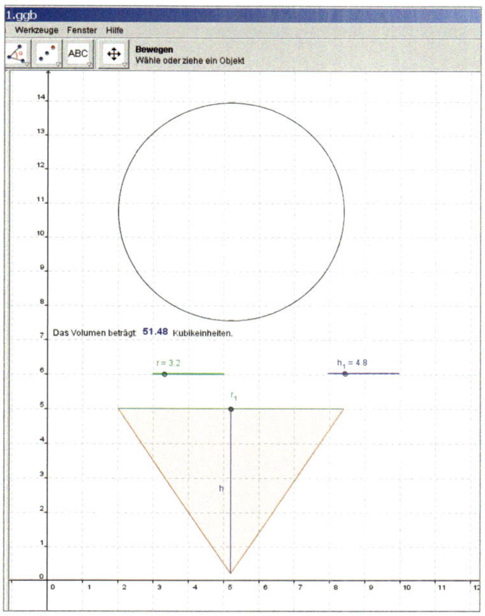

7 [💻] Mit dynamischer Geometriesoftware lassen sich auch Funktionen darstellen.
In der Abbildung unten ist ein Bild einer Brücke auf dem Zeichenblatt eingefügt.

a) Besorge dir ein Bild einer Brücke z. B. aus dem Internet und lege es auf das Zeichenblatt. Beachte, dass die Brücke möglichst von vorne fotografiert ist.

b) Erzeuge nun mit drei Schiebereglern drei Variablen. Benutze diese Variablen für eine allgemeine Parabelgleichung in Scheitelpunkt- oder in Normalform.

c) Versuche nun den Graphen der quadratischen Funktion so mit den Schiebereglern zu verändern, dass er sich dem Bogen der Brücke anpasst. Das gelingt allerdings nur bei parabelförmigen Brücken.

d) Verschiebe das Bild der Brücke zum Koordinatensystem so, wie in der Abbildung. Passe die Funktionsgleichung mit den Schiebereglern an und bestimme dann mit dem Befehl Nullstelle die Nullstellen der quadratischen Funktion.

e) Die *Rialto-Brücke* hat eine maximale Durchfahrtshöhe von 7,40 m. Berechne die Weite der Brücke.

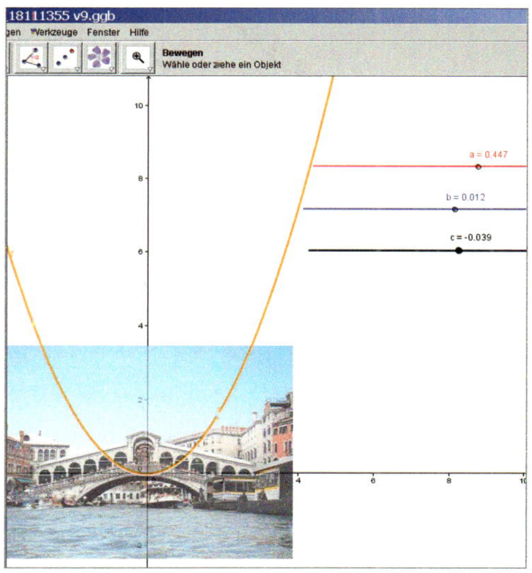

Online Link
Zu Aufgabe 7
720370-1671

Methode: Ordnen und sortieren

Oft ist es hilfreich, Gedanken, Ideen und Begriffe zu einem Thema zu sammeln und zu ordnen, um sie schneller erfassen oder in einen Zusammenhang bringen zu können.

Gedanken sammeln

Brainstorming
Bei dieser Methode werden innerhalb kurzer Zeit möglichst viele Ideen und Begriffe zu einem Thema gesammelt und notiert. Dabei wird alles aufgeschrieben, auch „Unsinn"! Danach wird das Geschriebene sortiert, verworfen oder ergänzt.
Das Brainstorming kann auch in der Gruppe durchgeführt werden.

Kartenabfrage
Bei der Kartenabfrage schreibt jeder seine Gedanken zum Thema in Stichpunkten auf eine Karte. Danach werden alle Karten kurz vorgestellt und z. B. an einer Pinnwand ausgehängt, um dann damit weiterzuarbeiten.

Blitzlicht
Ein Blitzlicht ist eine schnelle Meinungsrunde, bei der jeder reihum einen kurzen Kommentar zum Thema abgibt. Dieser darf von den anderen weder kommentiert noch bewertet werden.

Mindmap

Bei einer Mindmap werden Ideen und Begriffe zu einem Thema übersichtlich in Haupt- und Nebenästen um dieses Thema herum angeordnet. Diese Methode eignet sich um Gedanken zu einem Thema übersichtlich zu strukturieren.

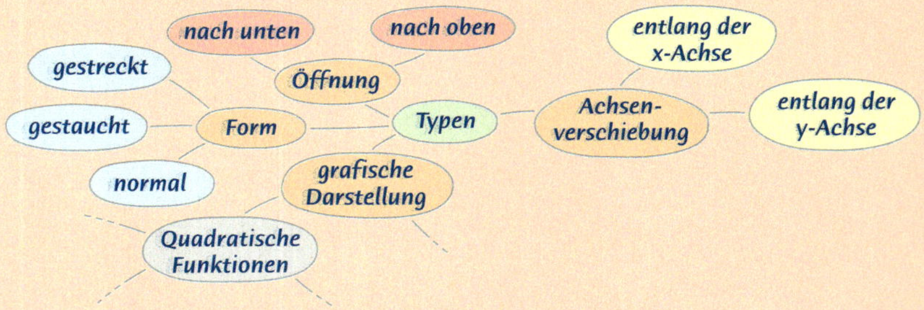

Beim **Erstellen einer Mindmap** gehe so vor:
1. Nimm ein leeres DIN-A4-Blatt (Querformat) und notiere dein Thema in der Mitte.
2. Schreibe die wichtigsten Unterpunkte gleichmäßig um dein Thema herum. Zeichne dazu die Hauptäste.
3. Von diesen Hauptästen aus zeichne Verzweigungen zu Nebenästen und notiere dort Unterbegriffe zu den Begriffen der Hauptäste.

Tipps:
- Damit die Mindmap übersichtlich bleibt, versuche möglichst, nicht mehr als sechs Hauptäste anzulegen.
- Um die Übersichtlichkeit optisch zu unterstützen, kannst du auch Bilder zu deinen Begriffen zeichnen.
- Benutze farbige Stifte, um z. B. besonders wichtige Verzweigungen zu kennzeichnen.

Methode: Arbeit in Gruppen

Das Lernen in einer Gruppe ist manchmal interessanter und effektiver als das Lernen alleine. Bei der Bearbeitung eines Themas ist es zwar wichtig, dass du eigene Überlegungen anstellst, die Ideen deiner Mitschülerinnen und Mitschüler können dich aber zusätzlich auf neue, andere Gedanken bringen.

Gruppenarbeit

1. Vorbereitung

▻ **Gruppenbildung**
Bildet eine Gruppe. Optimal ist eine Gruppengröße von 4 Personen – je größer die Gruppe wird, desto schwieriger ist die Zusammenarbeit.
▻ **Gemeinsame Ziele**
Welche Ziele habt ihr? Lest euch gegebenenfalls euren Arbeitsauftrag noch einmal genau durch und formuliert mit eigenen Worten, was zu tun ist.
▻ **Aufgaben in der Gruppe**
Besprecht, wer was wie und bis wann macht.
Vereinbart auch, wer die Gesprächsführung übernimmt, wer auf die Zeit achtet, wer Arbeitsergebnisse auf ein Plakat überträgt und wer das Gruppenergebnis später vorstellt.
▻ **Arbeitsmittel**
Überlegt, was ihr für eure Arbeit braucht (z. B. Taschenrechner, Zeichenwerkzeug, Stifte und Papier zum Ausprobieren und Berechnen von Lösungen, ...) und legt alles bereit.

2. Durchführung

▻ **Aufgaben bearbeiten**
Löst eure Aufgaben. Jeder ist für das Gruppenergebnis mit verantwortlich. Vergleicht und diskutiert gegebenenfalls unterschiedliche Ergebnisse. Gespräche zum Thema innerhalb der Gruppe sind erwünscht. Achtet aber auf ein ruhiges Gesprächsklima.
▻ **Ergebnis festhalten**
Haltet euer Gruppenergebnis schriftlich fest (Hefte, Plakat, ...).

3. Nachbereitung

Überlegt nach der Gruppenarbeit gemeinsam, ob alles gut geklappt hat:
▻ **Vorbereitung**
War die Gruppenzusammensetzung sinnvoll?
Wusste jeder, was er tun sollte?
Waren alle Arbeitsmittel vorhanden?
▻ **Durchführung**
Hat jedes Gruppenmitglied seinen Arbeitsauftrag erfüllt?
War die Teamarbeit in Ordnung?
Sind Fragen offen geblieben?

Gab es Probleme? In diesem Fall überlegt gemeinsam, was ihr beim nächsten Mal besser machen wollt und wie ihr das erreicht.

Denken-Austauschen-Vorstellen (auch Ich - Du - Wir oder Think - pair - share)

Arbeiten nach dem Prinzip **Ich - Du - Wir** bedeutet, sich selbst über ein Thema im Klaren zu sein, bevor es gemeinsam besprochen wird. Dabei wird so vorgegangen:

Beispiel: Eine dünne, 24 cm lange Kerze wird in jeder Stunde Brenndauer um 1 cm kürzer. Eine dicke, 15 cm lange Kerze nimmt bei jeder Stunde Brenndauer 0,4 cm ab. Nach wie vielen Stunden Brenndauer sind beide Kerzen gleich lang?

1. Denken
Macht euch erst einmal alleine zu einer bestimmten Aufgabe Gedanken.

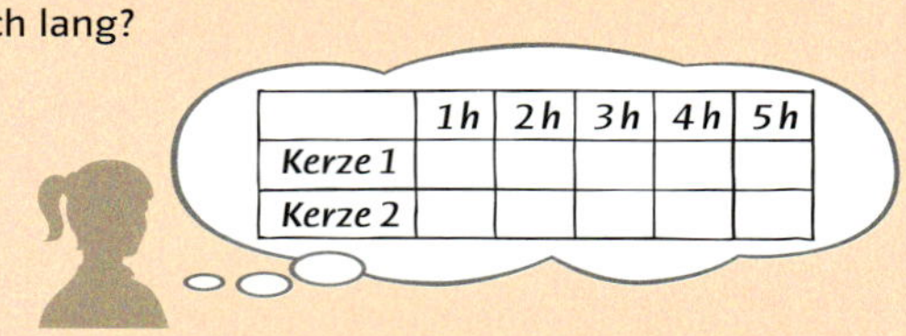

2. Austauschen
Tauscht dann eure Überlegungen z. B. mit den Tischnachbarn aus. Bereitet eure Präsentation vor.

3. Vorstellen
Tragt zum Schluss das Ergebnis der eigenen Überlegungen und des Austausches vor und besprecht dies in der gesamten Lerngruppe.

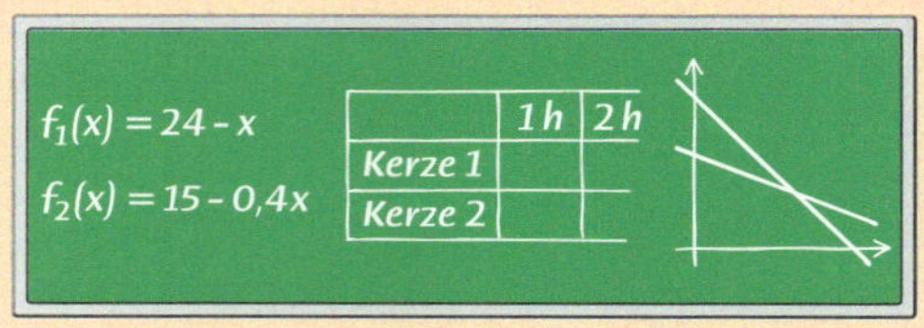

Platzdeckchen (auch Placemat)

Diese Methode ist für die Arbeit in einer Tischgruppe sehr gut geeignet. Dazu wird ein großes Blatt benötigt, auf dem für jeden ein Feld zum Schreiben und in der Mitte ein Feld für die gemeinsame Arbeit eingezeichnet wird.

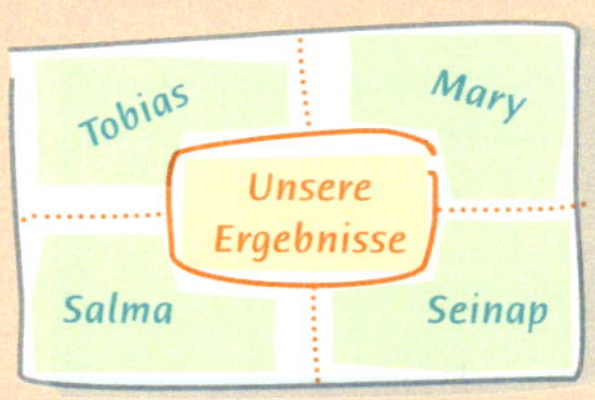

Blatteinteilung: 4 Gruppenmitglieder

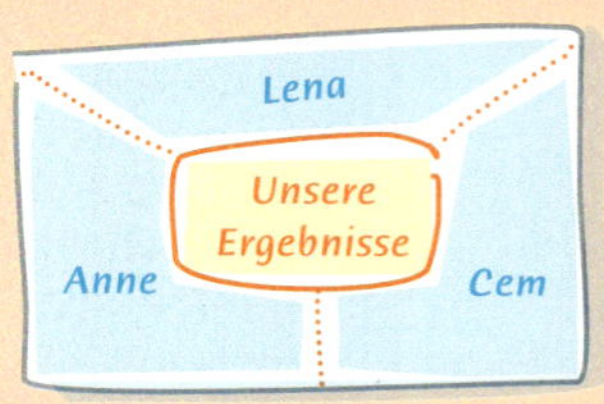

Blatteinteilung: 3 Gruppenmitglieder

1. Jeder schreibt seine Ideen in sein Feld.
2. Dreht nach einer vereinbarten Zeit das Plakat. Kommentiert, ohne zu reden, die Gedanken der anderen schriftlich. Dreht dann jeweils ein Feld weiter, bis ihr alle Ideen kommentiert habt.
3. Wenn das Plakat wieder wie am Anfang liegt, diskutiert in der Gruppe. Formuliert ein gemeinsames Arbeitsergebnis und notiert es im Feld in der Mitte.

Partnerpuzzle

Bei dieser Methode erarbeitet ihr in einer Tischgruppe zusammen z. B. zwei Teilgebiete eines Themas. Bildet zuerst zwei Expertenteams für jedes Teilgebiet:

1. Alleine denken
Arbeitet euch in eurem Expertenteam zunächst allein – jeder für sich – in euer Teilgebiet ein.

2. Arbeit in Expertenteams
Tauscht eure Ergebnisse im Team miteinander aus. Weil jeder als Experte dafür verantwortlich ist, sein Teilgebiet danach einem anderen erklären zu können, bereitet euch darauf vor.

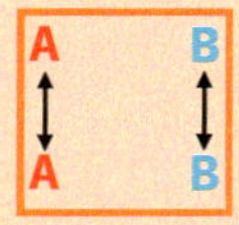

3. Austausch der Experten
Jetzt arbeiten Experten der beiden Themengebiete zusammen. Jeder trägt dem anderen das Ergebnis aus der ersten Phase vor und beantwortet gegebenenfalls Fragen dazu.

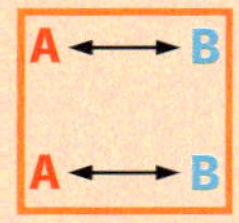

Es können weitere Phasen folgen, in denen weitere Aufgaben bearbeitet werden, die Partner wieder tauschen und auf Grundlage des Erarbeiteten weiterarbeiten.

Gruppenpuzzle

Diese Methode ist eine arbeitsteilige Gruppenarbeit, bei der jeder als Experte gefragt ist. Bildet zuerst Expertengruppen, in denen ihr z. B. zu verschiedenen Teilgebieten eines Themas arbeitet.

1. Alleine denken
Arbeitet euch in der Expertengruppe zunächst allein – jeder für sich – in das jeweilige Teilgebiet ein.

2. Arbeit in Expertengruppen
Danach tauscht euch innerhalb der Expertengruppe untereinander aus und bereitet euch darauf vor, eure Ergebnisse den anderen zu präsentieren.

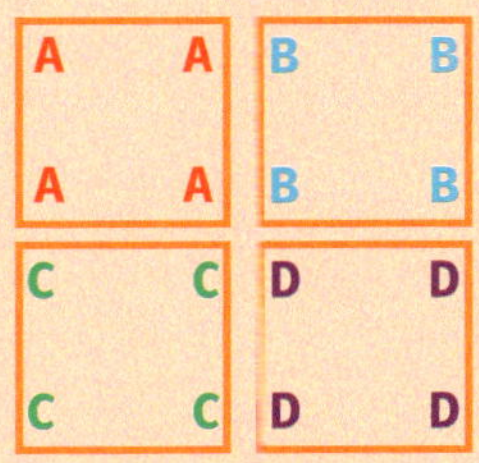

3. Austausch der Experten
Jetzt werden neue Gruppen gebildet, in denen Experten für alle Teilgebiete zusammenkommen. Jeder Experte trägt den anderen das Ergebnis aus der ersten Runde vor und beantwortet entstehende Fragen dazu.
Wenn ihr eure Ergebnisse später präsentieren wollt, besprecht gemeinsam, was wer wie präsentiert.

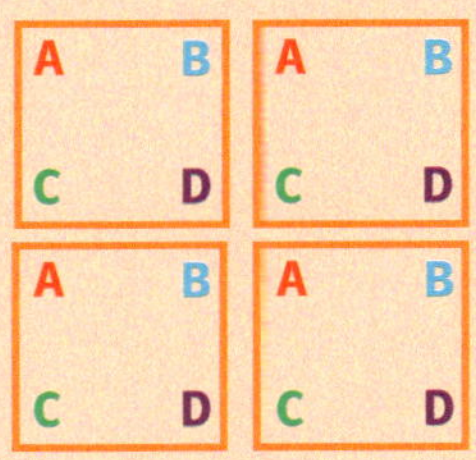

Methode: Dokumentieren und präsentieren

Präsentation

In der Schule, aber auch später im Beruf, kann es wichtig sein, dass Arbeitsergebnisse und die Wege dorthin vorgestellt (präsentiert) werden.

1. Vorüberlegungen
Überlege dir zuerst und halte schriftlich fest:
▻ **Inhalt:** Was möchte ich darstellen?
(eine Aufgabenbearbeitung, eine Sammlung von interessanten Ergebnissen, einen Arbeitsprozess, ...)
▻ **Ziel:** Wozu soll die Darstellung dienen?
(Präsentation von Arbeitsergebnissen, Darstellung meiner Arbeit, Wecken der Aufmerksamkeit für ein Problem, ...)
▻ **Zielgruppe:** Wer soll an der Präsentation teilnehmen?
(Klasse, Schule, Lehrer, Eltern, Öffentlichkeit, ...)
▻ **Medien:** Welche Hilfsmittel sollen eingesetzt werden?
(Plakat, Overhead-Folien, Computerpräsentation, Kopien, ...)

2. Ausarbeitung
Wenn du deine Präsentation ausarbeitest, halte deine Vorüberlegungen im Hinterkopf.
▻ **Aufbau:** Bringe die Inhalte deiner Präsentation in eine sinnvolle und nachvollziehbare Reihenfolge. (Der „rote Faden" soll erkennbar sein.)
▻ **Einstieg:** Überlege dir einen interessanten Einstieg, z. B. eine Geschichte, ein Rätsel oder ein Experiment.
▻ **Medien:** Plane genau, welche Informationen enthalten sein sollen und wie du diese durch Bilder, Tabellen, Diagramme, ... untermalen möchtest.
▻ **Schluss:** Ebenso wichtig wie ein gelungener Einstieg ist der Schluss deiner Präsentation. Man sagt: Der letzte Eindruck bleibt. Deshalb fasse zum Schluss deine Ergebnisse zusammen und beantworte entstandene Fragen.
Oft hilft es, um sich selbst sicherer zu fühlen, vor der Präsentation eine Generalprobe mit Freunden oder der Familie durchzuführen.

3. Präsentieren
Nun ist es endlich soweit. Die Präsentation kann beginnen.
▻ Tritt ruhig vor deine Zuhörer.
Wenn du gut vorbereitet bist, hast du keinen Grund nervös zu sein.
▻ Erkläre deinen Zuhörern, was du bei deiner Präsentation vorhast.
▻ Sieh deine Zuhörer während deiner Präsentation an.
▻ Sprich laut und deutlich. Deine Sätze sollten nicht zu lang werden und den Inhalt auf den Punkt bringen.
▻ Bedanke dich zum Schluss für die Aufmerksamkeit.
Biete an, noch Fragen zu beantworten.

Zu vielen Themen im Mathematik-Unterricht lohnt es sich, die Wege und Ergebnisse festzuhalten. Manche nur für sich selbst – manche auch für andere.

Lerntagebuch

Ein Lerntagebuch stellt die persönliche Entwicklung dar. Wie in ein richtiges Tagebuch werden alle Gedanken, Ideen, Entdeckungen, Erfahrungen, Probleme, Ergebnisse usw. regelmäßig hineingeschrieben – auch Irrwege und Kritik.

In regelmäßigen Abständen solltest du auch einen **Arbeitsrückblick** schreiben. Dabei geht es darum, dass du dir die Inhalte der vorangegangenen Tage noch einmal vor Augen führst und überlegst, was du als nächstes erledigen musst, z. B.

„Ich habe gelernt, …“
„Besonders interessant fand ich …“
„Noch nicht verstanden habe ich …“
„Deshalb werde ich …“
„Als Nächstes werde ich …“

Das Lerntagebuch kann dabei helfen, das eigene Lernen zu planen, Fragen zu formulieren und Schwierigkeiten zu überwinden.

Themenmappe (auch Portfolio)

Zu manchen Themen im Mathematik-Unterricht lohnt es sich, eine Themenmappe zu erstellen, z. B. zum Thema „Verpackungen“. In dieser Mappe wird alles gesammelt und geordnet, was rund ums Thema interessant erscheint.

- Auf dem **Titelblatt** notierst du das Thema – vielleicht zusammen mit einem Bild, deinem Namen und deiner Klasse.
- Das **Inhaltsverzeichnis** gibt einen Überblick über alle deine Arbeitsergebnisse in geordneter Reihenfolge.
- Die Seiten mit deinen Arbeitsergebnissen müssen **nummeriert** werden. Achte darauf, dass sie **vollständig**, Aufgaben und Zeichnungen **richtig** und **sauber** sind (evtl. verbessern!).

Wenn die Mappe später bewertet wird, achtet die Lehrerin bzw. der Lehrer auf das äußere Erscheinungsbild und die Inhalte der einzelnen Seiten, aber auch auf Mitarbeit. Manchmal ersetzt eine Mappe auch eine Klassenarbeit.

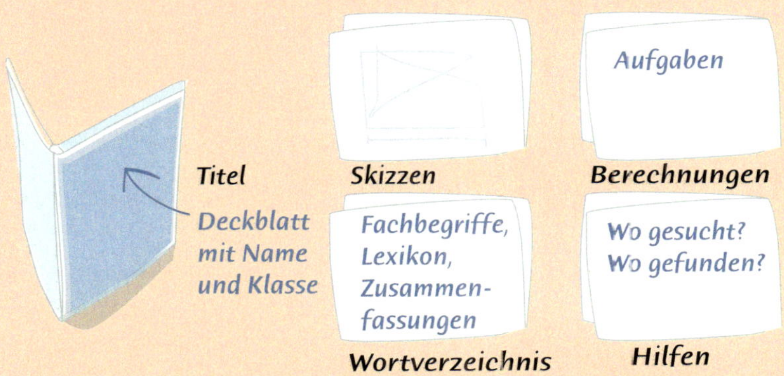

Plakat

Bei der Gestaltung eines Plakates ist folgendes zu beachten:
▻ **Größe:** Wähle ein großes Plakat, damit es wahrgenommen wird. Gut geeignet sind z. B. DIN-A1-Bögen (ca. 60 cm x 80 cm).

▻ **Schrift:** Die Schrift sollte gut lesbar sein. Schreibe Überschriften etwas größer oder dicker als den übrigen Text. Du kannst sie auch unterstreichen. Verwende grundsätzlich möglichst Druckbuchstaben, längere Texte kannst du auch mit dem Computer schreiben.

▻ **Eyecatcher:** Jedes Plakat sollte einen sogenannten Eyecatcher (deutsch: Blickfang) haben. Dieser sollte auffällig und deutlich erkennbar sein, z. B. ein interessantes Foto zum Thema oder ein Logo. Der Eyecatcher sollte das erste sein, das man auf dem Plakat sieht. Deshalb sollte der Eyecatcher zusammen mit dem Thema, dem Ziel der Präsentation und dem Namen des Verfassers abgebildet werden.

▻ **Inhalt:** Sortiere wichtige Informationen unter verschiedenen Überschriften. Formuliere kurze Sätze, die den Inhalt auf den Punkt bringen. Klebe evtl. Bilder, Tabellen, Diagramme … zu deinen Texten.

Ausstellung

Zu manchen Themen des Mathematikunterrichts entstehen viele interessante Ergebnisse, die in einer **Ausstellung** auch anderen vorgestellt werden könnten.
Dazu muss überlegt werden:

▻ **Was soll präsentiert werden?** Nur die Ergebnisse oder auch die Wege dorthin?
▻ **Wie soll präsentiert werden?** (Plakate, Schaukästen, Computerpräsentation, Homepage, …)
▻ **An wen soll sich die Ausstellung richten?** (Schüler, Eltern, Öffentlichkeit, …)
▻ **Wo soll präsentiert werden und wie viel Platz steht zur Verfügung?** (Schule, Öffentliche Gebäude, …)

Nachdem diese Punkte geklärt worden sind, könnt ihr so weiter vorgehen:
▻ Stellt alle Ergebnisse, Unterlagen, Medien zusammen, die ihr habt.
▻ Legt eine Gliederung fest, die alle Inhalte eurer Ausstellung umfasst.
▻ Klärt, wie und wo die einzelnen Ausstellungsstücke gut zur Wirkung kommen.
▻ Verfasst leicht verständliche, erklärende Texte zu euren Ausstellungsstücken. Denkt dabei daran, an wen sich die Ausstellung richtet.
▻ Eine Einladung und/oder ein Plakat muss entworfen, vervielfältigt und verteilt werden.

In einem **Zeit- und Arbeitsplan** mit den jeweils Verantwortlichen könnt ihr alle Phasen von der Vorbereitung über Durchführung bis zum Abbau der Ausstellung genau festlegen.

Fit für den Abschluss

Du hast jetzt alle wichtigen Inhalte im Fach Mathematik gelernt und stehst kurz vor der **Abschlussprüfung.** Mit den Aufgaben in diesem Kapitel, kannst du dich gut auf die Prüfung vorbereiten und dich anhand der Lösungen selbst kontrollieren.

Die Aufgaben sind in zwei Kategorien unterteilt:
Der **erste Teil** enthält Aufgaben, die das **Basiswissen** abfragen.
Der **zweite Teil** enthält **komplexere Aufgaben** zu einem bestimmten Thema.
Hier musst du vernetzt denken und mehr als einen mathematischen Inhalt im Blick behalten.

Arbeite konzentriert.

Liegt alles bereit?

Bilde Lerngruppen.

Am Besten du bearbeitest die Aufgaben wie in der Prüfungssituation: Wähle dazu einen Basiswissen-Test und eine komplexe Aufgabe. Stelle dir dann eine Uhr auf 90 Minuten.
Lies die Aufgaben sorgfältig durch. Wenn du eine Aufgabe nicht kannst, beiße dich nicht solange daran fest, sondern stelle diese zurück. Wenn möglich, überprüfe deine Ergebnisse durch eine kurze Probe.
Bei den komplexeren Aufgaben helfen dir oft Hilfsskizzen, Tabellen oder Überschlagsrechnungen weiter.

Tipps zur Prüfungsvorbereitung

- ▹ Beginne frühzeitig mit der Prüfungsvorbereitung.
- ▹ Erstelle einen Lern- und Zeitplan für die letzten Wochen vor der Prüfung.
- ▹ Bilde mit anderen eine Lerngruppe. So könnt ihr euch gegenseitig unterstützen.
- ▹ Lege dir einen Tag vor der Prüfung alle Materialien und Hilfsmittel (z. B. Bleistift, Taschenrechner, Geodreieck …) für die Prüfung zurecht und kontrolliere, ob alles intakt ist.

Test 1 Basiswissen

Hinweis

Bei diesem Test sollten keine Formelsammlung oder Taschenrechner verwendet werden.

1

Fülle die Tabelle aus.

Dezimalzahl	Bruch	Prozent
	$\frac{1}{8}$	
0,701		
		120 %
1,05		
		0,5 %
	$\frac{9}{40}$	

2

Ordne die Zahlen der Größe nach. Beginne mit der kleinsten Zahl.

a) $-7;\ -\frac{1}{7};\ 1{,}7;\ -7{,}7;\ \frac{3}{7};\ \frac{7}{3}$

b) $\frac{1}{5};\ \frac{3}{5};\ \frac{5}{3};\ \frac{3}{4};\ \frac{4}{3};\ \frac{4}{6}$

3

Setze das Komma richtig.

a) $3{,}4 \cdot 6{,}8 = 2\,3\,1\,2$

b) $3{,}4 : 6{,}8 = 5$

c) $\sqrt{6{,}8} \approx 2\,6\,1$

d) $(3{,}4 + 6{,}8)^2 = 1\,0\,4\,0\,4$

4

a) Das Diagramm zeigt eine Straßenbahnfahrt. Beschreibe sie mit Worten.

b) Wann hatte die Bahn die größte Geschwindigkeit? Begründe.

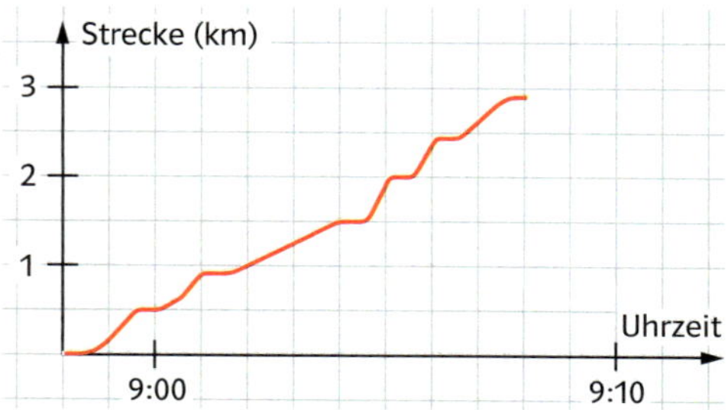

5

Schätze den Flächeninhalt ab. Beschreibe, wie du vorgegangen bist.

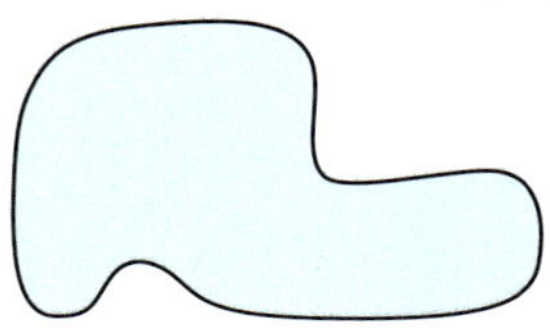

6

Ordne die Graphen den Funktionsgleichungen oder Wertetabellen zu.

a) $f(x) = x^2 + 2$ b) $f(x) = 2^x$

c) $f(x) = (x-1)^2 + 2$ d) $f(x) = \frac{1}{2}x^2$

e) $f(x) = x + 2$ f) $f(x) = 2x$

A)

x	−2	−1	0	1	2
f(x)	2	0,5	0	0,5	2

B)

x	−2	−1	0	1	2
f(x)	11	6	3	2	3

C)

x	−2	−1	0	1	2
f(x)	6	3	2	3	6

D)

x	−2	−1	0	1	2
f(x)	−4	−2	0	2	4

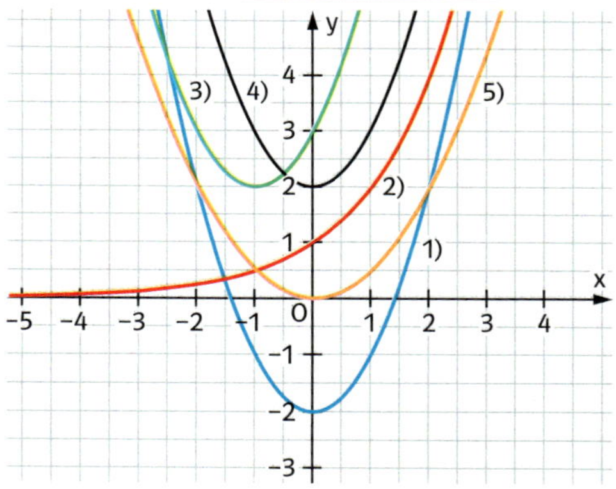

7

a) Trage die Punkte A(−4|−5) und B(−6|2) in ein Koordinatensystem ein.

b) Spiegele A und B an der Achse, die durch die Punkte C(2|4) und D(2|−8) verläuft.

c) Verbinde die Punkte A, B, A′ und B′ zu einem Viereck. Berechne den Flächeninhalt.

8

Berechne x.

a) $2{,}5x - 12 = 12 - 1{,}5x$

b) $4(3x + 6) = 4x + 8$

c) $x^2 + 5 = 41$

▻ Lösungen, Seite 197

Test 2 Basiswissen

Hinweis
Bei diesem Test sollten keine Formelsammlung oder Taschenrechner verwendet werden.

1 Schätze ab, wie viel Prozent die farbigen Teile jeweils sind.
a) b)

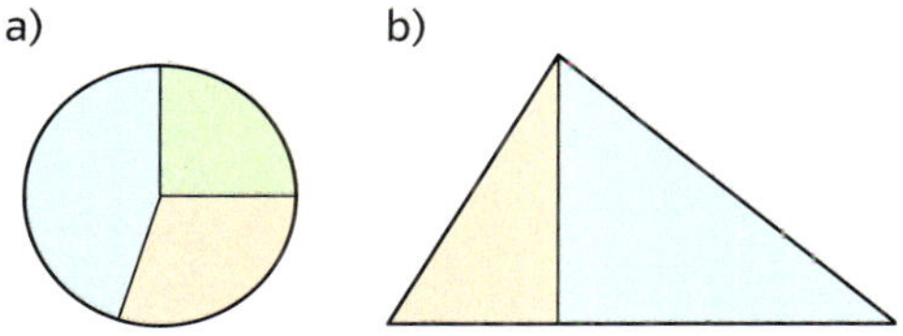

2 Gib den ungefähren Wert der Wurzeln an.
a) $\sqrt{20}$ b) $\sqrt{200}$ c) $\sqrt{413}$ d) $\sqrt{0{,}74}$

3 Betrachte die Abbildung unten.
a) In welcher Region haben
– etwa $\frac{1}{3}$ der Bevölkerung weniger als einen Dollar pro Tag zur Verfügung?
– etwa die Hälfte der Bevölkerung zwischen ein und zwei Dollar zur Verfügung?
– etwa 75 % mehr als zwei Dollar?
b) Schätze in Prozent, wie viele Menschen in Nordafrika zwischen 1 und 2 Dollar pro Tag besitzen.
c) Welche Grafik verdeutlicht die Aussage „Die Hälfte der Menschen hat weniger als 2 Dollar pro Tag"? Wie viele Menschen sind das? Wie viele Menschen lebten 2006 etwa in den Entwicklungsländern?

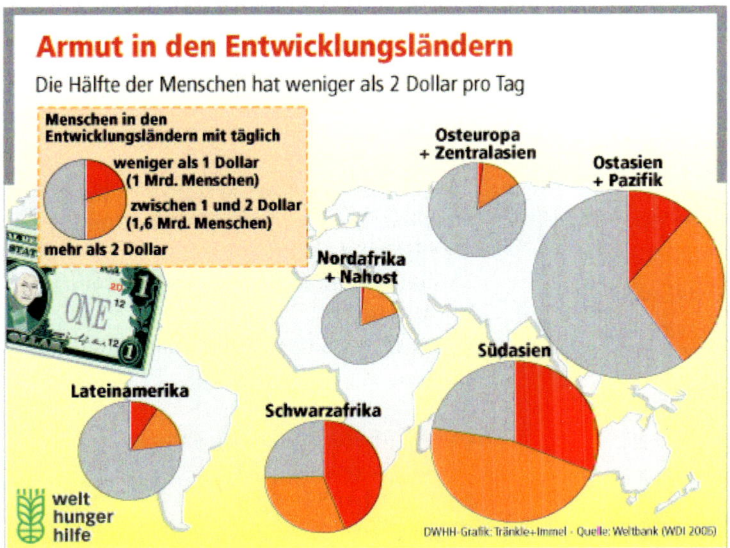

4 Setze >, < oder = ein.
a) $0{,}3 \;\square\; \frac{3}{10}$ b) $0{,}03 \;\square\; \frac{3}{10}$
c) $3{,}0 \;\square\; \frac{10}{3}$ d) $3{,}0 \;\square\; \frac{30}{10}$

5 Wie viel sind 100 %?
a) 2 % sind 35 € b) 25 % sind 2300 €
c) 90 % sind 810 m d) 120 % sind 84 kg

6 Setze ein und berechne den fehlenden Wert.
a) $u = 2a + 2b$ mit $u = 23$ cm und $b = 4{,}5$ cm
b) $A = \pi \cdot r^2$ mit $r = 4$ m und $\pi = 3$
c) $f(x) = x^2 + 3$ mit $x = 12$

7 Berechne das Volumen des Prismas.

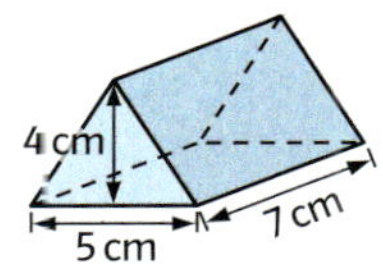

8 a) Welche Angaben sind Flächenmaße?
b) Welche Angaben sind Raummaße?
c) Ordne die Flächenangaben der Größe nach.

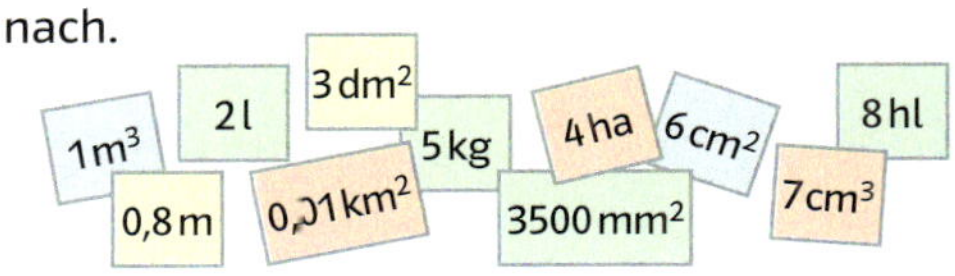

9 a) Zeichne das Viereck ABCD mit A(4 | −1), B(0 | 3), C(−4 | 1) und D(0 | −3) in ein Koordinatensystem.
b) Welche Figur ist entstanden?
A) Parallelogramm B) Rechteck
C) Quadrat D) Raute

10 Wo ist $\frac{1}{3}$ falsch markiert? Warum?
a) b)

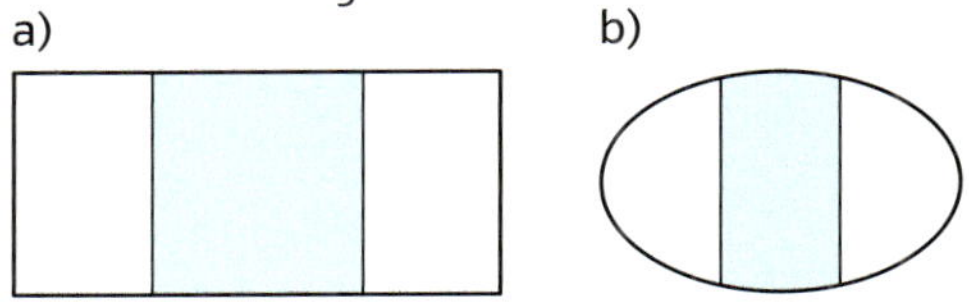

▻ Lösungen, Seite 197/198

Test 3 Basiswissen

Hinweis
Bei diesem Test sollten keine Formelsammlung oder Taschenrechner verwendet werden.

1 Welcher Bruchteil ist schraffiert? Beschreibe für Teilaufgabe a) deinen Rechenweg.

a)

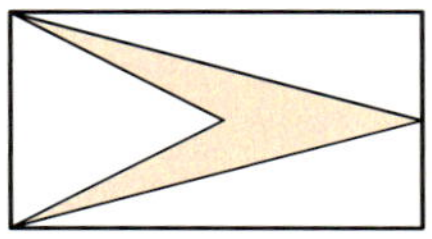

b)

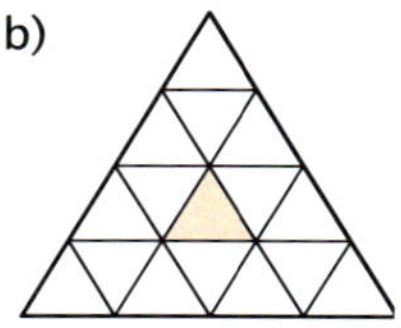

c)

2 Ordne die Zahlen der Größe nach. Beginne mit der kleinsten Zahl.

a) 0,4; 0,44; 0,04; 4,04; 0,404

b) −0,1; −0,101; 1,01; 0,001; −0,11

3 Welche Zahl könnte jeweils für den Platzhalter stehen?

a) $-3 > \square$ b) $\frac{4}{9} > \square > \frac{2}{7}$

c) $-0{,}03 < \square < 0{,}03$ d) $-\frac{3}{8} < \square < -0{,}1$

4 a) Berechne 12 % von 750 €.

b) Berechne $\frac{5}{6}$ von 240 m.

c) Wie viel Prozent sind 75 von 1500?

d) Wie viel Prozent sind 7 von 1400?

e) Schätze den Prozentsatz: 4 von 60.

f) Schätze den Prozentsatz: 0,8 von 30.

5 a) Wie viele Kronen erhält man für 120 € ungefähr?

b) Wie viele Euro erhält man für 300 australische Dollar ungefähr?

c) Wie viele Euro erhält man für 100 Schweizer Franken ungefähr?

d) Man tauscht 200 Pfund in japanische Yen. Wie viele Yen erhält man etwa?

Stand 28.1.2009	Für 1 € erhält man …
Schweiz	1,5159 Franken
Schweden	10,626 Kronen
Großbritannien	0,9272 Pfund
USA	1,3268 Dollar
Australien	1,9799 Dollar
Japan	118,52 Yen

6 Stelle jeweils eine Wertetabelle für $x = -3$ bis $x = 3$ auf und zeichne die Graphen.

a) $f(x) = \frac{1}{3}x - 4$ b) $g(x) = -3x - 4$

7 Schätze den Flächeninhalt ab. Zeige, wie du vorgegangen bist.

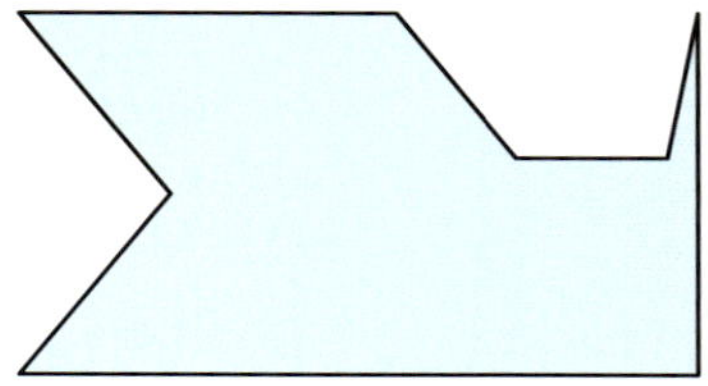

8 Berechne den Flächeninhalt. Rechne mit $\pi = 3$.

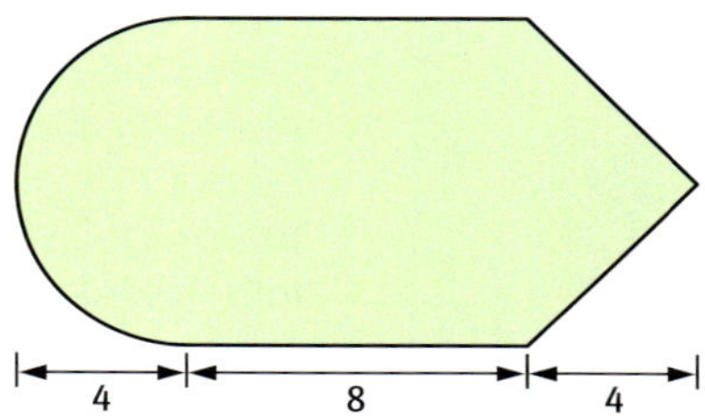

9 a) Gib für jede Aussage an, ob sie richtig oder falsch ist. Gehe von sechsseitigen, fairen Würfeln aus.

1) Wenn man mit sechs Würfeln gleichzeitig würfelt, ist immer eine 1 oder 5 dabei.

2) Mit sieben Würfeln ist die Wahrscheinlichkeit, eine 1 zu würfeln, siebenmal so groß wie mit einem Würfel.

3) Die Wahrscheinlichkeit, zweimal eine 4 zu würfeln ist genau so groß wie die Wahrscheinlichkeit, erst eine 6 und danach eine 4 zu würfeln.

b) Du würfelst mit zwei sechsseitigen fairen Würfeln.
Wie groß ist die Wahrscheinlichkeit, mindestens eine 1 zu würfeln?

10 Berechne im Gleichungssystem a und b.

I) $3a + 4b = 53$

II) $2a + b = 22$

▻ Lösungen, Seite 198

Test 4 Basiswissen

Hinweis

Bei diesem Test dürfen Formelsammlung und Taschenrechner verwendet werden.

1
a) Berechne 31 % von 23 €.
b) Berechne $\frac{6}{5}$ von 240 m.
c) Wie viel Prozent sind 400 von 400 000?
d) Wie viel Prozent sind 400 von 40?
e) Wie viel sind 100 %? 2 % sind 35 €.
f) Wie viel sind 100 %? 120 % sind 84 kg.

2 Wo ist $\frac{1}{3}$ falsch markiert? Warum?

a)

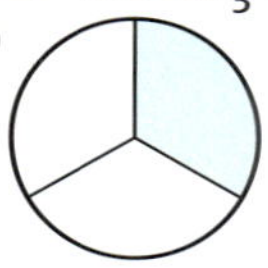

b)

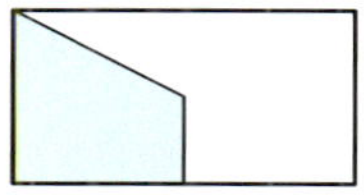

c)

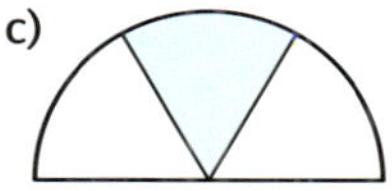

3 Betrachte die unten stehende Grafik zu den Nebenkosten.
a) Was bedeuten die Zahlen 0,69 und 0,76 bei den Heizkosten (unterster Balken)?
b) Im Jahr 2004 betrugen die gesamten monatlichen Nebenkosten durchschnittlich 2,44 € pro m^2. Wie viel Euro musste man 2004 für eine 75-m^2-Wohnung ungefähr an Nebenkosten bezahlen?
c) 2005 betrugen die monatlichen Nebenkosten 2,74 €. Um rund wie viel Prozent lagen sie 2005 höher als im Jahr 2004?
d) Welche Nebenkosten sind prozentual stärker gestiegen, die für Warmwasser oder die für den Hausmeister? Begründe.

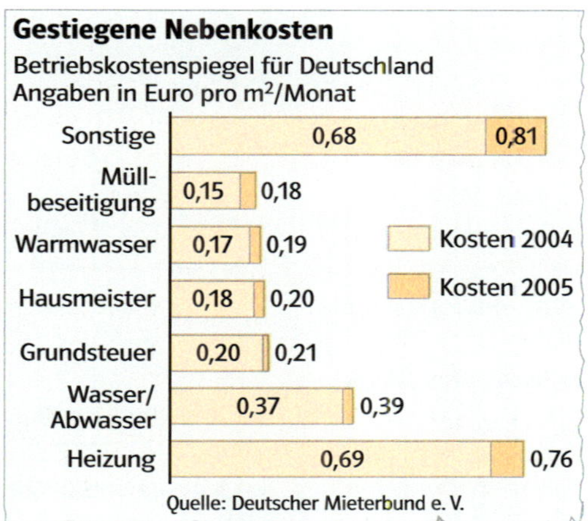

4 Berechne den fehlenden Wert.
a) $u = 2a + 2b$ mit $a = 3\,cm$ und $b = 4{,}5\,cm$
b) $A = \pi \cdot r^2$ mit $A = 7{,}5\,m^2$
c) $f(x) = 2x^2 - x + 1$ mit $x = 2$

5 Konstruiere ein symmetrisches Trapez mit $a = 11{,}2\,cm$, $h = 5\,cm$ und $\alpha = 75°$. Berechne den Flächeninhalt.

6 Berechne jeweils das Volumen.

a)

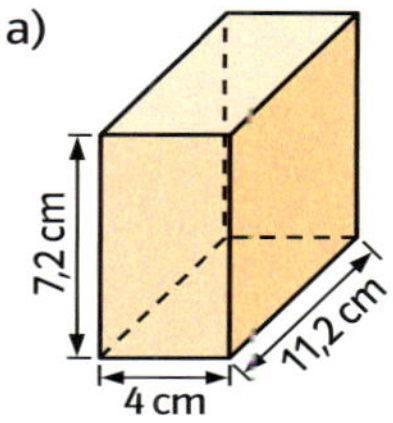

b)

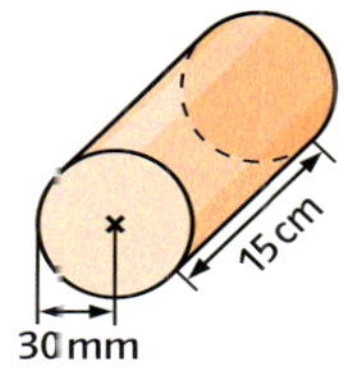

7 In dieser Ferienwohnung soll im Wohnzimmer Teppichboden verlegt werden (Preis: 15 €/m^2).

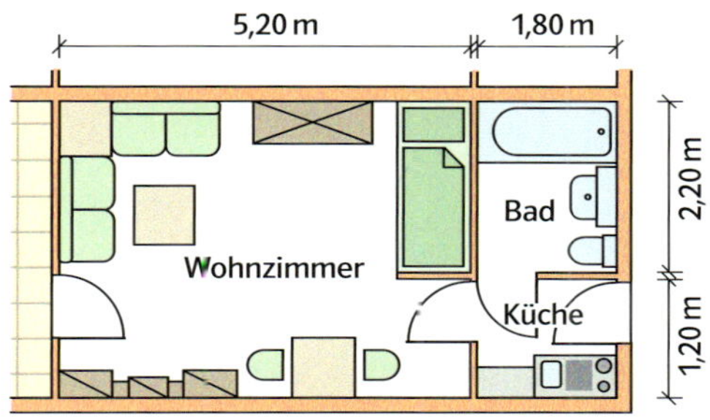

a) Wie groß ist diese Fläche ungefähr?
A) 9 m^2 B) 12 m^2 C) 15 m^2 D) 18 m^2
b) Wie viel kostet das Material für die gesamte Wohnfläche ungefähr?

8 Stelle einen Term für den Umfang auf. Vereinfache dann den Term so weit wie möglich.

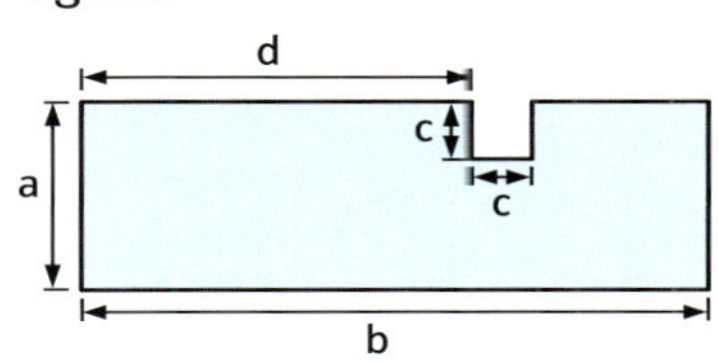

Test 5 Basiswissen

Hinweis
Bei diesem Test dürfen Formelsammlung und Taschenrechner verwendet werden.

1 Was gehört zusammen?

$\frac{1}{2}$; $\frac{3}{4}$; $\frac{4}{5}$; $\frac{3}{8}$; $\frac{9}{10}$

0,25; 0,8; 0,5; 0,375; 0,08

50 %; 30 %; 75 %; 90 %; 9 %

2 Sind Großpackungen günstiger? Überprüfe.

a) 1,3 kg Waschmittel kosten 3,99 €.
5,4 kg Waschmittel kosten 9,79 €.

b) 0,7 l Fruchtsaft kosten 0,69 €.
1 l Fruchtsaft kostet 1,09 €.

3 Berechne das Volumen und die Oberfläche.

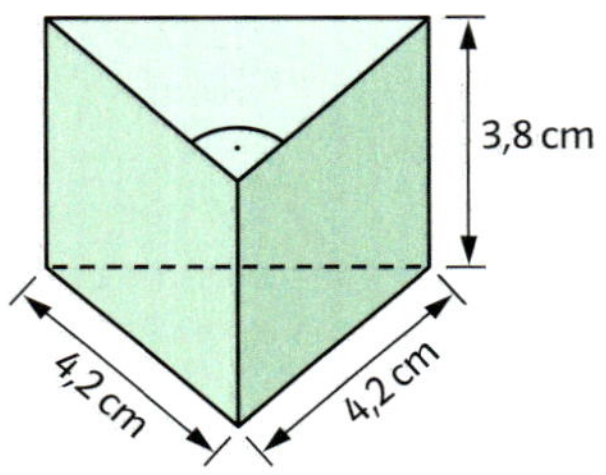

4 Berechne die markierte Seite.

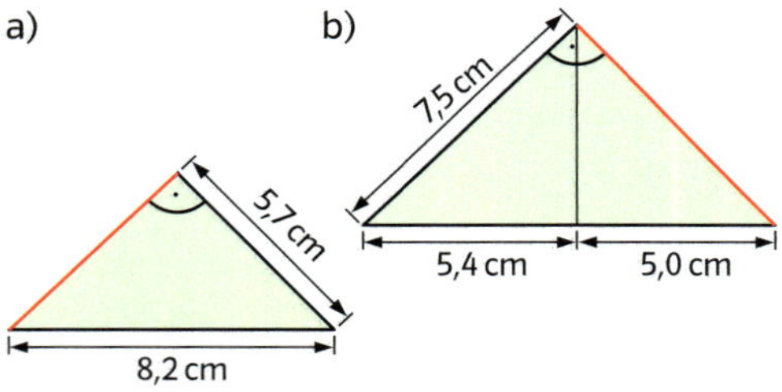

5 In der Tabelle links sind die Einwohnerzahlen der Bundesländer (Stand: 2008) abgebildet.

a) Gib den Mittelwert, den Median und die Spannweite an.

b) Warum weichen Mittelwert und Median so stark voneinander ab?

c) Mit welcher Diagrammart könnte man die Zahlen darstellen? Gib mehrere Möglichkeiten an. (Nicht zeichnen!)

Bundesland	Einwohner
Baden-Württemberg	10,7 Mio
Bayern	12,5 Mio.
Berlin	3,4 Mio.
Brandenburg	2,6 Mio.
Bremen	0,7 Mio.
Hamburg	1,7 Mio.
Hessen	6,1 Mio.
Mecklenburg-Vorpommern	1,7 Mio.
Niedersachsen	8,0 Mio.
Nordrhein-Westfalen	18,0 Mio.
Rheinland-Pfalz	4,1 Mio.
Saarland	1,0 Mio.
Sachsen	4,3 Mio.
Sachsen-Anhalt	2,5 Mio.
Schleswig-Holstein	2,8 Mio.
Thüringen	2,3 Mio.

6 Was ist bei den Umformungen falsch gemacht worden? Schreibe auch die richtigen Rechenwege auf.

a)
$V = \frac{1}{3} \cdot \pi \cdot r^2 \cdot h \quad | \cdot 3$

$3 \cdot V = \pi \cdot r^2 \cdot h \quad | : \pi : h$

$\frac{3 \cdot V}{\pi : h} = r^2 \quad | \sqrt{}$

$\sqrt{\frac{3 \cdot V}{\pi : h}} = r$

b)
$\frac{g \cdot h}{2} = A \quad | \cdot 2 : g$

$h = \frac{A \cdot g}{2}$

7 Skizziere die Parabeln in einem Koordinatensystem.

a) $f(x) = x^2$
b) $f(x) = x^2 + 2$
c) $f(x) = 2x^2$
d) $f(x) = -2x^2 + 1$

8 a) Ein quaderförmiges Schwimmbecken fasst 2600 m^3 Wasser. Es ist 50 m lang und 20 m breit. Wie tief ist es?

b) Wenn das Becken gefüllt wird, fließen 8 m^3 Wasser pro Minute zu.
Nach welcher Zeit ist das Becken voll? Welcher Rechenweg beschreibt die Aufgabe?

A) $2600 \cdot 8$
B) $50 \cdot 20 \cdot 8$
C) $2600 : 8$
D) $\frac{2600 \cdot 8}{50 \cdot 20}$
E) $\frac{8}{2600}$
F) $\frac{2600}{8}$

9 Abgebildet sind die Netze zweier Würfel.

A)
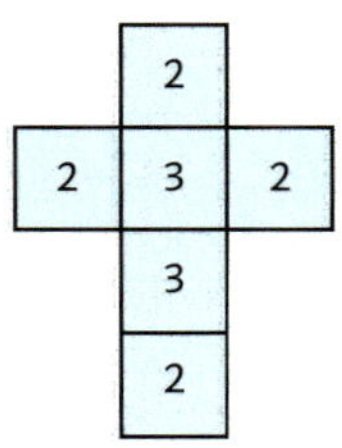

B)

a) Wie groß ist die Wahrscheinlichkeit mit Würfel A) eine 2 zu würfeln?

b) Mit welchem Würfel ist es wahrscheinlicher, eine 3 zu würfeln? Warum?

▻ Lösungen, Seite 199

Test 6 Hauptteil

Fahrradverleih in Paris

1 Bürgern und Besuchern stehen in Paris 10 000 Leihfahrräder zur Verfügung. Pro Tag bezahlt man einen Euro Grundgebühr (Tagesabo), die erste halbe Stunde mit den Fahrrädern ist dann kostenlos. Die nächsten 30 Minuten schlagen mit einem Euro zu Buche. Danach wird es teuer: Die nächste halbe Stunde kostet schon zwei Euro, alle darauf folgenden vier Euro.
Bis zum Jahresende soll die Zahl der Leihfahrräder auf 20 000 erhöht werden. Mit den ansteigenden Tarifen will die Stadt die Fahrräder für Kurzzeitnutzer bereithalten und verhindern, dass sie stunden- oder tagelang vergeben sind.

a) Pierre leiht sich ein Fahrrad mit einem Tagesabo und stellt es nach einer Stunde und 45 Minuten zurück.
Wie viel muss er bezahlen?

b) Ist es möglich, dass jemand genau 23,00 € bezahlen muss? Begründe.

c) Entscheide und begründe, welcher der beiden Graphen rechts den Verlauf der Kosten für ein Tagesabo und für die ersten 2,5 Stunden beschreibt.

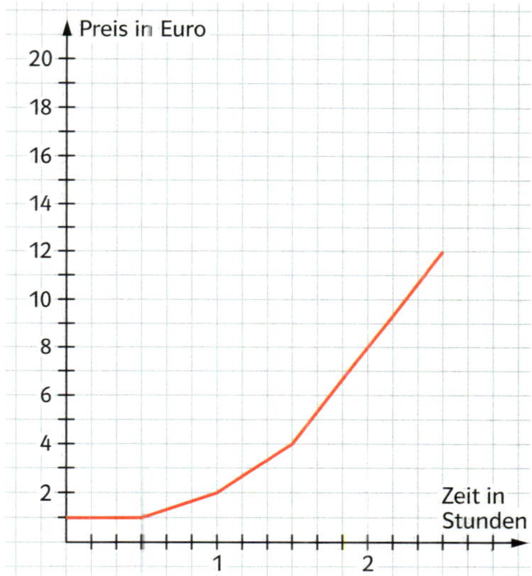

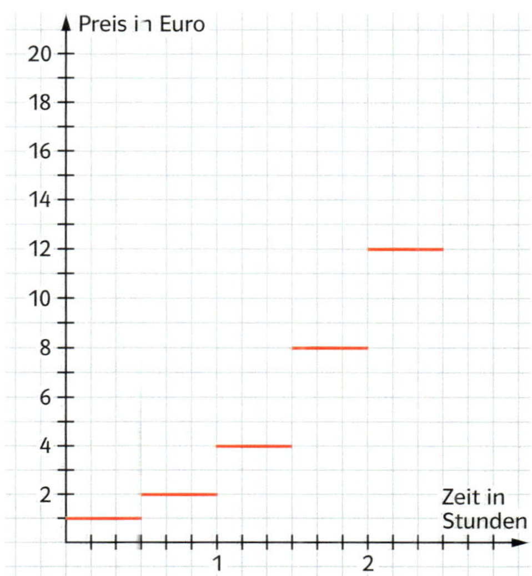

d) Ein Fahrradhändler bietet selbst Leihfahrräder zu folgendem Tarif an:

> **Leihfahrräder**
>
> *Grundgebühr incl. 1 Stunde: 4,50 Euro*
> *Danach 5 ct pro Minute*

Für welchen Zeitraum wäre der Tarif des Fahrradhändlers günstiger?
Gib eine Begründung für deine Lösung an.

e) Wie könnte ein Tarif aussehen, der längere Ausleihzeiten (zwischen einem und fünf Tagen) begünstigt? Beschreibe den Tarif, fertige einen Graph dazu an und entwirf einen Werbeslogan.

f) In einem Zeitungsartikel ist davon die Rede, dass die Kosten für die Anschaffung der Fahrräder rund 250 000 € betragen. Kann das stimmen? Nimm dazu Stellung.

▻ Lösungen, Seite 199

Test 7 Hauptteil

Rund um die goldene Kugel

Eine Schokoladenfabrik ist berühmt für ihre goldenen Schokokugeln. Eine 200-g-Packung (Nettogewicht) beinhaltet 16 Kugeln. Die quaderförmige Packung hat eine Länge von 140 mm, Breite und Tiefe der Schachtel messen jeweils 70 mm. Eine Schokokugel hat einen Durchmesser von 3,4 cm.

1 a) Die Kugeln erkennt man sofort an ihrem goldenen Einwickelpapier. Diese quadratische Goldfolie hat eine Seitenlänge von 85 mm.
Bestimme die Fläche der benötigten Goldfolie für eine Packung.
b) Jede Kugel liegt in einem kleinen kreisförmigen Tortenförmchen aus braunem Papier. Der Durchmesser eines in der Ebene ausgebreiteten Törtchenpapiers beträgt 58 mm.
Berechne die Gesamtfläche des Törtchenpapiers in einer Packung.
c) Die quaderförmige Schachtel ist von einer durchsichtigen Schutzfolie umgeben. Da die Folie an den Rändern übereinandergefaltet wird, benötigt man 40 % mehr Folie als die Schachtel an Oberfläche hat. Berechne, wie viel Folie (in cm^2) für die Verpackung einer Schachtel benötigt wird.

2 Leider gibt die Firma keine Auskunft, wie groß die tägliche Produktionsmenge ist. Man kann nur auf Schätzungen zurückgreifen. Nimm an, dass in der Schokoladenfirma drei Maschinen zur Herstellung der Schokokugeln eingesetzt werden. In fünf Stunden produzieren sie insgesamt 10 800 Kugeln.
a) Wie lange dauert die Herstellung einer Kugel?
b) Die Maschinen laufen 12 Stunden täglich. Wie viele Kugeln werden in einem Monat (26 Tage) produziert?
c) Wenn eine Maschine ausfällt, müssen die anderen länger laufen, um die Produktion aufrecht zu erhalten.
Wie viel länger ist das?

3 a) Wie viel wiegt eine Kugel?
b) Berechne die Dichte einer Kugel.
$$\text{Dichte} = \frac{\text{Gewicht in g}}{\text{Volumen in cm}^3}$$
c) Schwimmt die Kugel im Wasser? Begründe deine Antwort.

4 Berechne den prozentualen Volumenanteil an Luft in einer 200-g-Packung. Nimm dazu an, dass die Verpackung ein Quader ist.

▻ Lösungen, Seite 200

Test 8 Hauptteil

Die Wülzburg

1 Auf der Bergfestung *Wülzburg* in *Mittelfranken* findet sich einer der tiefsten von Hand gegrabenen Festungsbrunnen Europas. Die heutige Hebeanlage stammt aus der Mitte des 17. Jahrhunderts. Die große Tretradwinde wurde von der Besatzung oder Häftlingen betrieben. Es dauerte etwa 35 Minuten, einen mit Wasser gefüllten Kübel heraufzuziehen. Lässt man einen Stein in den Brunnen fallen, hört man seinen Aufschlag erst nach 5,5 Sekunden.

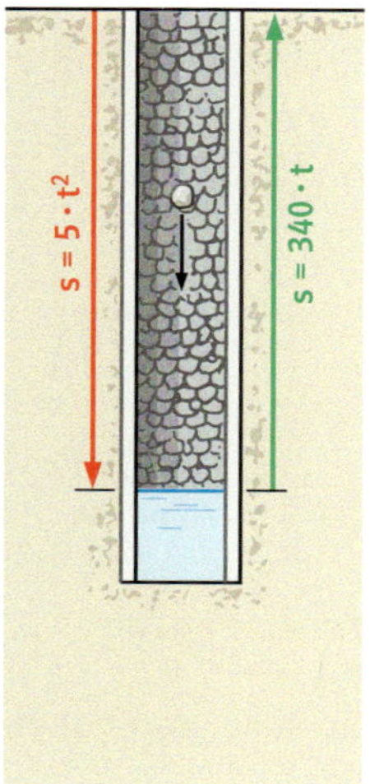

a) Der Brunnen ist rund 130 m tief. Mit welcher Geschwindigkeit wurde der Wasserkübel nach oben befördert?

b) Zeige durch eine Rechnung, dass der Brunnen rund 130 m tief ist. Die Zeit, die vom Loslassen des Steins bis zum Hören des Aufschlags vergeht, setzt sich so zusammen: Zunächst fällt der Stein nach unten, dann braucht der Schall eine gewisse Zeit, um nach oben zu gelangen. Der Schall legt 340 m pro Sekunde zurück. Für den Fallweg des Steins gilt die Formel $s = 5 \cdot t^2$.

c) Wie lange braucht ein Stein bis zum Aufschlag, der in einen 37 Meter tiefen Brunnen fällt?

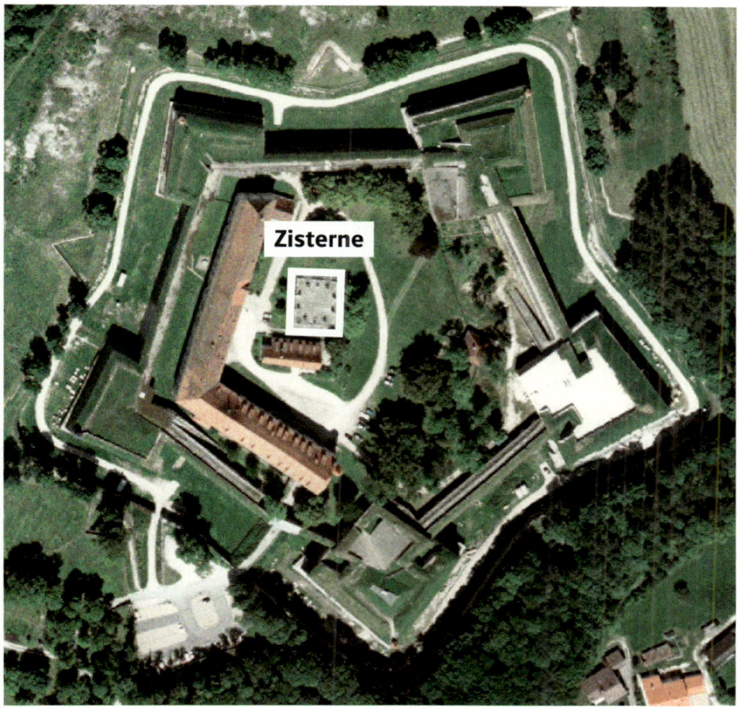

2 Auf der Website der Stadt *Weißenburg* findet sich diese Beschreibung über die Wülzburg.

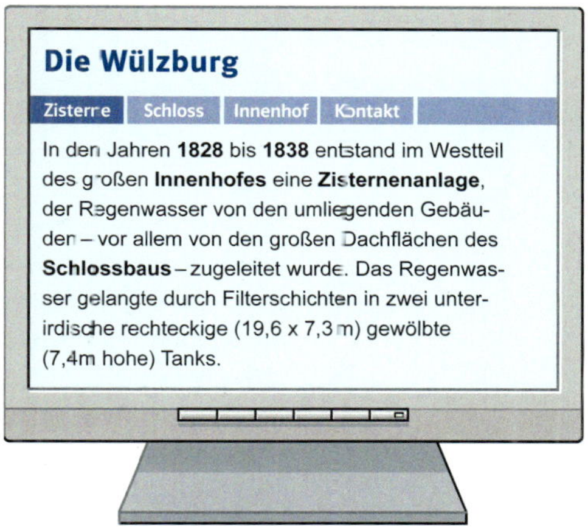

Die Wülzburg

Zisterne | Schloss | Innenhof | Kontakt

In den Jahren **1828** bis **1838** entstand im Westteil des großen **Innenhofes** eine **Zisternenanlage**, der Regenwasser von den umliegenden Gebäuden – vor allem von den großen Dachflächen des **Schlossbaus** – zugeleitet wurde. Das Regenwasser gelangte durch Filterschichten in zwei unterirdische rechteckige (19,6 x 7,3 m) gewölbte (7,4 m hohe) Tanks.

a) Schätze ab, wie viel Wasser in den Zisternen gelagert werden konnte.

b) Welche Maße hat die Burganlage etwa?

c) In welchem Maßstab ist das Luftbild links etwa dargestellt?

▻ Lösungen, Seite 200

Test 9 Hauptteil

Losglück! Losglück?

1 In der Grafik siehst du drei Losbuden mit Angaben zu ihren Gewinnchancen.

a) Zu welcher Losbude würdest du gehen? Begründe.
b) Petra behauptet: „Ich habe an der Losbude Gewinne, Gewinne fünf Lose gekauft und vier Gewinne erzielt."
Klaus stellt enttäuscht fest: „Ich habe an der Losbude Glückspilz drei Lose gekauft und nur Nieten gezogen."
Nimm zu den beiden Aussagen Stellung.
c) Der Besitzer der Losbude Mega-Los öffnet einen Losbeutel mit tausend Losen. Wie viele Gewinnlose sind in dem Beutel enthalten?
Können bei der Losbude Mega-Los tatsächlich immer 17 Gewinne bei 50 Losen garantiert werden? Begründe deine Antwort.

Medizinische Untersuchungen

2 Die Tabelle zeigt das Ergebnis einer Blutuntersuchung. Zur Vereinfachung sind die untersuchten Substanzen hier mit A bis H bezeichnet.
Deutliche Abweichungen vom Richtwert deuten auf Erkrankungen hin.

Substanz	Messwert	Richtwert
A	6,4	3,5 – 7,3
B		
C	1,9	0,5 – 2,4
D	7,9	5,3 – 7,0
E	4,7	5,0 – 6,0
F	31	0 – 23
G	10,7	7,0 – 12,0
H	105	0 – 180

a) Welche Untersuchungswerte liegen außerhalb des Richtwerts?
b) Wie viel Prozent liegen diese Werte über (unter) dem oberen (unteren) Richtwert?
c) Bestimme mithilfe der Abbildung den Messwert und den Richtwert für die Substanz B.

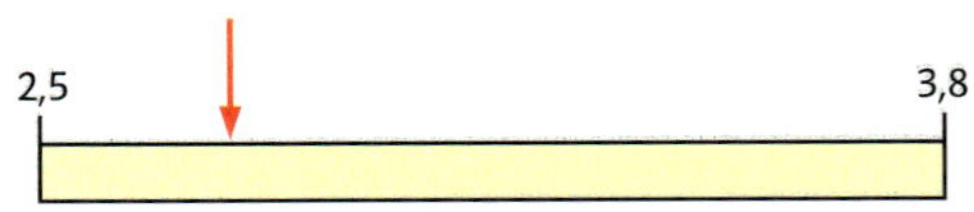

3 Nimm an, dass von 1000 Personen 25 Personen an einer bestimmten Krankheit leiden.
a) In Nordrhein-Westfalen leben rund 18 Millionen Menschen.
Wie viele Nordrhein-Westfalener sind von dieser Krankheit betroffen?
b) Ein solcher Test ist nicht immer genau. Nimm an, dass eine tatsächlich erkrankte Person mit einer Wahrscheinlichkeit von 95 % erkannt wird. Bei Gesunden zeigt der Test in 2 % der Fälle eine Krankheit an. Stelle die Situation mit einem zweistufigen Baumdiagramm dar. Berechne die Wahrscheinlichkeit, dass eine Person das Testergebnis „krank" erhält.

▻ Lösungen, Seite 200

Check-in Seite 21

1 Es gehören zueinander:
- Wertetabelle a, Funktionsgleichung B), Graph 3)
- Wertetabelle b, Funktionsgleichung A), Graph 1)
- Wertetabelle c, Funktionsgleichung C), Graph 2)

2 a) Der Graph zu $f(x) = 1{,}5\,x^2$ ist gegenüber der Normalparabel gestreckt, er ist schmaler.
b) Der Graph zu $f(x) = -x^2$ ist gegenüber der Normalparabel nach unten gespiegelt.
c) Der Graph zu $f(x) = 0{,}5\,x^2 + 1$ ist gegenüber der Normalparabel gestaucht, er ist breiter und um eine Einheit nach oben verschoben.
d) Der Graph zu $f(x) = -0{,}5\,x^2 - 1$ ist gegenüber der Normalparabel gestaucht, er ist breiter, nach unten geöffnet und um eine Einheit nach unten verschoben.

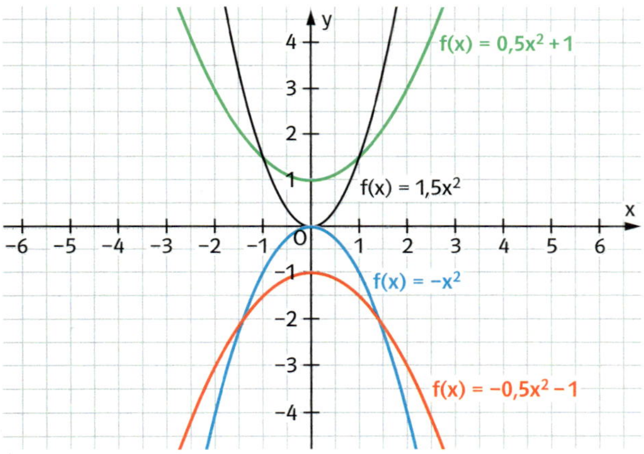

3 a) Zeichne die Graphen mit einem Geometrieprogramm. Mit GeoGebra kannst du für die Variablen a und c einen Schieberegler konstruieren und die Veränderungen gut beobachten.
b) Setzt man größere Werte für c in $f(x) = ax^2 + c$ ein, so wird der Graph entsprechend weiter nach oben verschoben. Entsprechendes gilt für negative Werte von c und die Verschiebung nach unten.
Setzt man größere Werte für a in $f(x) = ax^2 + c$ ein, so wird der Graph schmaler oder nach oben gestreckt. Entsprechendes gilt für negative Werte von a, nur ist dann der Graph nach unten geöffnet.

4 a) $x_1 = 3$ oder $x_2 = -3$
b) Die gesuchte Seite ist rund 7,1 cm lang. Da eine Länge gefragt ist, spielt die negative Lösung hier keine sinnvolle Rolle.
c) $x_1 = -2{,}2$; $x_2 = 2{,}2$

5 a) 1. Schritt: Gleichung I) wird mit 5, Gleichung II) mit 3 multipliziert.
2. Schritt: Die beiden Gleichungen werden voneinander subtrahiert. Aus den zwei Gleichungen mit zwei Variablen ist jetzt eine Gleichung mit einer Variablen geworden. Die Variable y kann berechnet werden.
3. Schritt: y wird in Gleichung I) eingesetzt und x wird berechnet.
b)
I) $5a + 2c = 16$ | $\cdot 8$
II) $8a - 3c = 7$ | $\cdot 5$

I) $40a + 16c = 128$
II) $40a - 15c = 35$ } −

$31c = 93$ | $:31$
$c = 3$

c in I) $5a + 2 \cdot 3 = 16$ | $-6 : 5$
$a = 2$

6 a) 1) $(a + b)^2 = a^2 + 2ab + b^2$
2) $(2p - 3q)^2 = 4p^2 - 12pq + 9q^2$
3) $(5a + z)^2 = 25a^2 + 10az + z^2$
b) 1) $4a^2 + 4ab + b^2 = (2a + b)^2$
2) $4a^2 - 4ab + b^2 = (2a - b)^2$
3) $x^2 - 6x + 9 = (x - 3)^2$
c) 1) $(3a + b) = 9a^2 + 6ab + b^2$
2) $(2a - 2b)^2 = 4a^2 - 8ab + 4b^2$
3) $(2a + 3b)^2 = 4a^2 + 12ab + 9b^2$

Check-in Seite 43

1 a) 1) Prisma mit fünfeckiger Grundfläche
2) Pyramide mit quadratischer Grundfläche
b) Würfel: Der Körper hat 6 quadratische Flächen, 12 Kanten und 8 Ecken, die Flächen stehen senkrecht aufeinander
Prisma: Der Körper hat 6 rechteckige Seitenflächen, die Grundfläche ist ein regelmäßiges Sechseck, Grund- und Deckfläche sind parallel zueinander.
Zylinder: Grund- und Deckfläche sind Kreisflächen, die parallel zueinander sind. Die Mantelfläche ist ein Rechteck.

2 a) 1) $2400\,mm^2$; $0{,}24\,dm^2$, $0{,}0024\,m^2$
2) $570\,cm^3$; $570\,000\,mm^3$; $0{,}00057\,m^3$
3) $1\,248\,600\,cm^2$; $0{,}0125$ ha; $124\,860\,000\,mm^2$
b) Falsch sind:
2) $35\,cm^2 = 0{,}0035\,m^2$
5) $35\,cm^3 = 0{,}035\,dm^3$
7) $35\,cm^3 = 0{,}035\,l = 35\,ml$

3 a) Flächeninhalt eines Dreiecks; $A = 49{,}305\,cm^2$
b) Umfang eines Rechtecks; $a = 13{,}7\,cm$
c) Volumen eines Würfels; $V = 42{,}875\,mm^3$
d) Volumen eines Würfels; $a \approx 5{,}17\,m$
e) Flächeninhalt eines Parallelogramms; $a \approx 2{,}36\,dm$
f) Flächeninhalt eines Trapezes; $h \approx 13{,}04\,m$

4 a) $x \approx 7{,}7\,cm$ b) $x \approx 23{,}5\,cm$
c) $x \approx 21{,}7\,cm$ d) $x \approx (5{,}6 + 2{,}5)\,cm \approx 8{,}1\,cm$

5 a) 1) $V = 612\,cm^3$ 2) $V = 2475\,cm^3$
b) $V \approx 9500{,}18\,cm^3$ c) Der Quader ist 8 cm hoch.

6 a) 1) $O \approx 1028{,}2\,cm^2$ 2) $O \approx 13\,473{,}86\,cm^2$
b) $M \approx 10{,}02\,m^2$; $O \approx 17{,}62\,m^2$
c) Nein, z. B. Würfel mit a = 2 cm und Quader mit a = b = 1 cm und c = 8 cm.

Check-in Seite 61

1 a) 1) 0,12 2) 25 % 3) 1 4) 110 %
5) 0,982 6) 46,5 % 7) 2,1 8) 5 %
b) 1) 131,3 2) 430 3) 855,6 4) 190,4
c) 1) 50 % 2) 85 % 3) 132,5 %
d) 1) Zunahme: 3,125 % 2) Abnahme: ca. 10,7 %

2 a) 1) $0{,}8^3$ 2) 2^7 3) $1{,}2^6$ 4) 4^5 5) 3^3
b) 1) x = 2 2) x = 16 3) x = 15 4) x = 6

3
a)

x	−2	−1	0	1	2
y	2	−0,25	0	−0,25	2

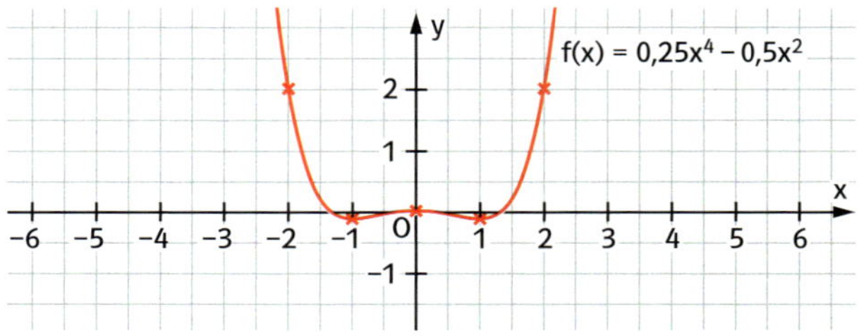

b) Individuelle Lösung mit dem Computer

4 a) $-\frac{1}{4}$
b) 1) $f(x) = 0{,}5\,x$ 2) $f(x) = -2x + 3$
3) $f(x) = 1{,}8\,x + 1{,}1$ 4) $f(x) = -0{,}5\,x + 4$

5 Individuelle Lösung
Beispiel: $f(x) = x^2 - 2x$

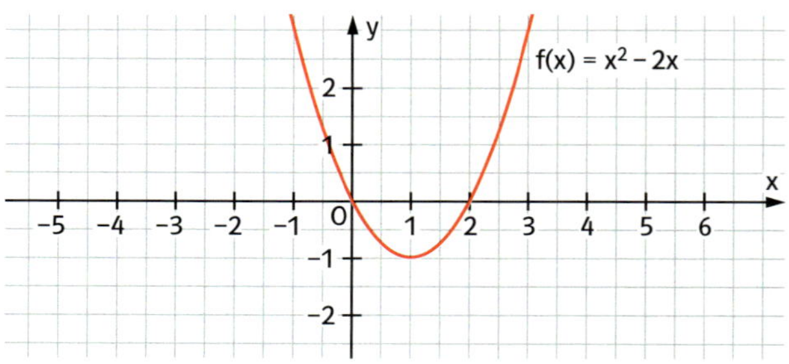

6 Individuelle Lösung
Beispiele:
Frage 1: Wie viel Prozent der Pflanzen- und Tierarten sind noch nicht beschrieben? Lösung 1: 88 %
Frage 2: Wie viele Arten sterben in einem Jahr aus?
Lösung 2: 54 750 Arten
Frage 3: Wie viele Tier- und Pflanzenarten gab es 1970?
Lösung 3: ca. 19,5 Mio.

Check-in Seite 93

1 a) 50 %; 75 %; ≈ 23,5 %; 60 %
b) $\frac{3}{24}$ = 12,5 %; $\frac{9}{35}$ ≈ 25,7 %; $\frac{6}{16}$ = 37,5 %; $\frac{5}{21}$ ≈ 23,8 %

2 a) $\frac{2}{5}$; $\frac{1}{6}$; $\frac{1}{4}$; $\frac{7}{40}$
b) 40 %; ≈ 16,7 %; 25 %; 17,5 %

3 a) Nr. 2 und 3 sind Laplace-Zufallsgeräte, weil alle Würfel-Seiten gleich häufig zu erwarten sind.
b) Beispiel: Ein Skatspiel mit 32 Karten, von denen jeweils 8 Karten zu einer Sorte gehören.
Oder: Vier auf der Rückseite gleich aussehende Plättchen oder Zettel, die auf der Vorderseite die Zahlen 1 bis 4 tragen. In allen Fällen wird gut gemischt und eine Karte gezogen.

4 a) $P = \frac{3}{20} = 15\,\%$
b) $P = \frac{10}{20} = 50\,\%$

5 a) $P = 1 - P(\text{Kugel mit 6 oder 8}) = 1 - \frac{2}{20} = 90\,\%$
b) $P = 1 - P(\text{Kugel mit der Zahl 1}) = 1 - \frac{3}{20} = 85\,\%$

6
a)

Zahl der Würfe	2000	2500	3000
rel. Häufigkeit	62 %	61,6 %	61,8 %

Die Wahrscheinlichkeit ist rund 62 %.
b)

Zahl der Würfe	2000	5000	10 000
rel. Häufigkeit	17,5 %	18,5 %	18,3 %

Die Wahrscheinlichkeit liegt über 18 %. Der Würfel ist nicht in Ordnung. Die 6 müsste mit rund 16,7 % Wahrscheinlichkeit erscheinen.

7 1) ist falsch. Richtig wäre z. B.: Langfristig kommt im Durchschnitt bei 6 Würfen eine 6.
2) ist falsch. Das „immer“ trifft nicht zu und das „durchschnittlich“ fehlt.
3) ist richtig.

Check-in Seite 109

1 a) $\delta = 60°$; $\varepsilon = 52°$
b) Nein, beim rechtwinkligen Dreieck bleiben für die beiden anderen Winkel zusammen 90° übrig, d. h. ein Winkel kann allein nicht größer als 90° sein.

2 a)

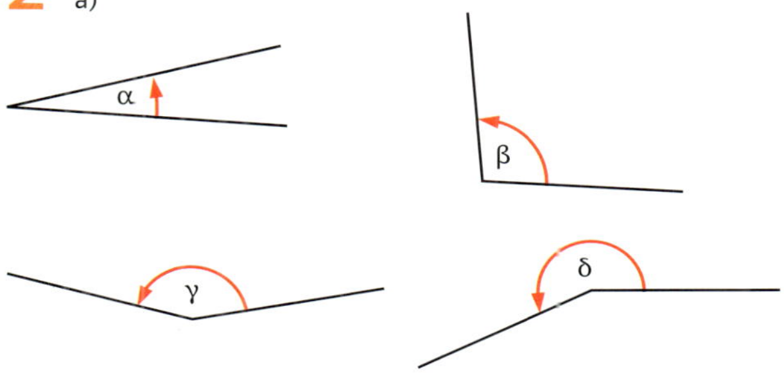

b) $\alpha = 105°$; $\beta = 60°$; $\gamma = 107°$; $\delta = 88°$

3 Individuelle Lösung

4
a) b)

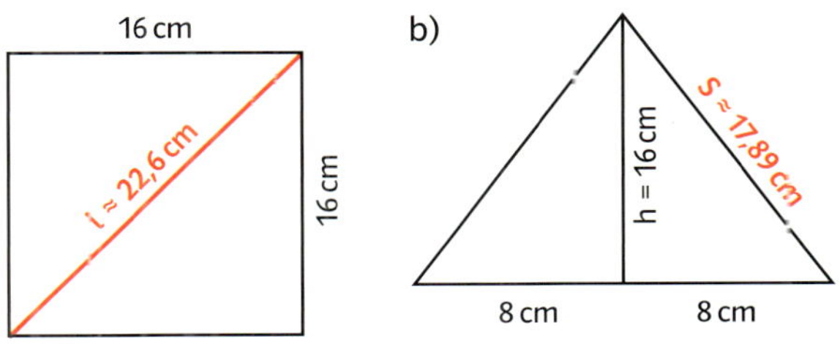

5 a) ≈ 18,03 cm b) ≈ 7,94 cm

6 a) Ja, da die Dreiecke in allen drei Winkeln übereinstimmen.
b) Die Dreiecke in 2) sind zueinander ähnlich, da ihre Seitenverhältnisse gleich sind.

7 a) und b) Konstruiere ein Dreieck mit zwei Punkten als Fixpunkte, den dritten Punkt frei beweglich.
c) Individuelle Lösung

Check-in Seite 129

1 a) $5 \cdot 5 = 25$ b) $5^4 = 625$
$3 \cdot x = 3x$ $y^3 = y^3$
$4 \cdot a = 4a$ $a^4 = a^4$
c) In a) handelt es sich um eine Addition gleicher Summanden. In b) werden immer gleiche Faktoren multipliziert.
d) $7^4 = 7 \cdot 7 \cdot 7 \cdot 7$
$m^7 = m \cdot m \cdot m \cdot m \cdot m \cdot m \cdot m$
$12^2 = 12 \cdot 12$
$0^8 = 0 \cdot 0 \cdot 0 \cdot 0 \cdot 0 \cdot 0 \cdot 0 \cdot 0$
$c^5 = c \cdot c \cdot c \cdot c \cdot c$
$1{,}5^3 = 1{,}5 \cdot 1{,}5 \cdot 1{,}5$
$0{,}2^6 = 0{,}2 \cdot 0{,}2 \cdot 0{,}2 \cdot 0{,}2 \quad 0{,}2 \cdot 0{,}2$

2 a) $O = (2 \cdot 3 \cdot 5) : 2 + 3 \cdot 6 + 4 \cdot 6 + 5 \cdot 6$
$= 15 + 18 + 24 + 30 = 87\,cm^2$
$V = (3 \cdot 5) : 2 \cdot 6 = 45\,cm^3$
b) $O = 2 \cdot 18 \cdot 21 + 2 \cdot 20 \cdot 21 + 2 \cdot 18 \cdot 20$
$= 2316\,cm^2$
$V = 18 \cdot 21 \cdot 20 = 7560\,cm^3$

3
a)

Flächeninhalt	$60\,m^2$	$126\,cm^2$	$5\,m^2$	3 ha
Länge 1. Seite	12 m	21 cm	5 dm	60 m
Länge 2. Seite	5 m	6 cm	10 m	500 m

b) $V_{Trapezsäule} = (21\,cm + 7\,cm) : 2 \cdot 28\,cm \cdot 28\,cm$
$= 10\,976\,cm^3$
$V_{Dreiecksäule} = (16\,cm \cdot 16\,cm) : 2 \cdot 12{,}5\,cm$
$= 1600\,cm^3$

4 a) 1) 32 768 2) 2197 3) $2{,}853116706 \cdot 10^{11}$
4) 7807,4896 5) 5 766 503,906 6) 12,8
7) 67,937 289 64 8) 3,151 757 295
b) Genau bestimmen lassen sich:
2) 11 4) 0,4 aus 5): $\sqrt{0{,}04} = 0{,}2$; $\sqrt{4} = 2$;
$\sqrt{400} = 20$
aus 6): $\sqrt{9} = 3$; $\sqrt{0{,}09} = 0{,}3$;
$\sqrt{0{,}0009} = 0{,}03$

Nur näherungsweise Bestimmung möglich:
1) $\sqrt{90} \approx 9{,}4868\ldots$ 3) $\sqrt{111} \approx 10{,}5356\ldots$
aus 5): $\sqrt{0{,}4} \approx 0{,}63245\ldots$; $\sqrt{40} \approx 6{,}3245\ldots$
aus 6) : $\sqrt{0{,}9} \approx 0{,}9486\ldots$; $\sqrt{0{,}09} \approx 0{,}094868\ldots$
c) Steht unter einer Wurzel eine ganze Zahl mit einer geraden Anzahl von Nullen bzw. an einer geradzahligen Stelle hinter dem Komma, dann ist die Wurzel „glatt" zu ziehen.

5 a) $10^{-4} = 1 : 10\,000 = 0{,}0001$;
$10^{-2} = 1 : 100 = 0{,}01$;
$3 \cdot 10^{-3} = 3 \cdot 0{,}001 = 0{,}003$;
$\frac{1}{2} \cdot 10^{-4} = 0{,}5 \cdot 0{,}0001 = 0{,}00005$
b) 10^{-3}; 10^{-5}; $4 \cdot 10^{-2}$; $\frac{1}{4} \cdot 10^{-4}$
c) Der negative Exponent bedeutet, dass die Potenz gleichbedeutend ist mit einer gleichen Potenz mit positivem Exponenten, die im Nenner eines Bruches mit dem Zähler 1 steht.

6 a) Ich gebe zuerst die Basis ein, drücke dann die Taste für beliebige Potenzen, und gebe dann den Exponenten ein.
1) $\approx 5{,}4976 \cdot 10^{11}$
2) $\approx 1{,}0040 \cdot 10^{12}$
3) $\approx 5{,}4192 \cdot 10^{11}$
4) $1{,}5625 \cdot 10^{-5}$
5) $\approx 5{,}1585 \cdot 10^{-11}$
6) $\approx 1{,}2193 \cdot 10^{11}$
7) $3{,}90625 \cdot 10^{-3}$
8) $\approx 1{,}3169 \cdot 10^{-1}$
b) Es gehören zusammen:
0,000 1 m und $1 \cdot 10^{-4}\,m$ = 100 Mikrometer
0,001 m und $1 \cdot 10^{-3}\,m$ = 1 Millimeter
0,000 001 m und $1 \cdot 10^{-6}\,m$ = 1 Mikrometer
0,000 01 m und $1 \cdot 10^{-5}\,m$ = 10 Mikrometer
Regel:
Der negative Exponent weist auf die Anzahl der Stellen hinter dem Komma hin.

[mittel]

Test Seite 40

1 a) $f(x) = x^2 + 4$ b) $f(x) = (x - 3)^2 + 1$
c) $f(x) = -2x + 2$

Tipp: Lies hierzu S. 23 und S. 25. Bearbeite auf S. 23, Nr. 2.

2 a), b)

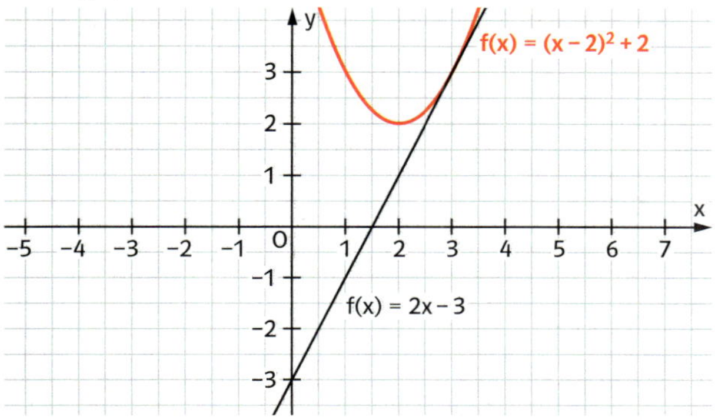

Tipp: Lies hierzu auf S. 23 und S. 24 den roten Kasten. Bearbeite auf S. 23, Nr. 1 und auf S. 24, Nr. 4.

3 In die Scheitelpunktform $f(x) = a \cdot (x - 3)^2 + 4$ werden die Koordinaten des Punktes (1 | 0) eingesetzt:

$a \cdot (1 - 3)^2 + 4 = 0$
$4a + 4 = 0$
$a = -1$

Also ergibt sich: $f(x) = -(x - 3)^2 + 4$

Tipp: Lies hierzu S. 39 unten und S. 149 mitte. Bearbeite auf S. 26, Nr. 5.

[schwieriger]

1 d) $f(x) = -x^2 - 2$ e) $f(x) = -(x + 4)^2 + 4$
f) $f(x) = 2x + 1$

Tipp: Lies hierzu S. 23 und S. 25. Bearbeite auf S. 23, Nr. 2.

2 Nullstellen:

$2x^2 - 2x - 4 = 0$
$x^2 - x - 2 = 0$
$x_{1,2} = 0{,}5 \pm \sqrt{0{,}5^2 + 2}$
$x_{1,2} = 0{,}5 \pm \sqrt{2{,}25}$
$x_1 = 0{,}5 + 1{,}5 = 2$ oder $x_2 = 0{,}5 - 1{,}5 = -1$

Scheitelpunkt:
$x_S = 0{,}5$; $y_S = f(0{,}5) = 2 \cdot 0{,}5^2 - 2 \cdot 0{,}5 - 4 = -4{,}5$; also S (0,5 | −4,5)

Schnittpunkt mit der y-Achse: $f(0) = -4$

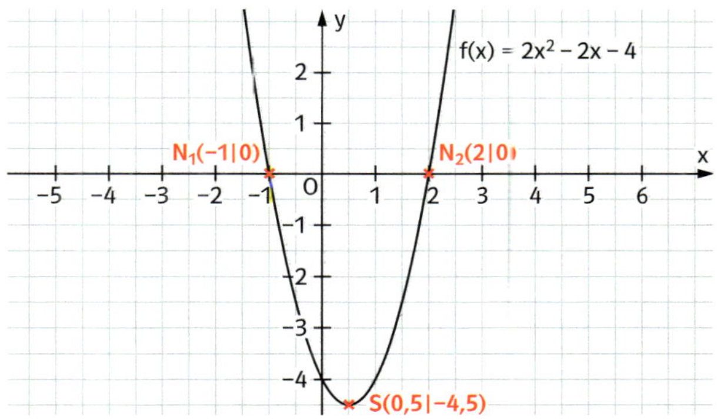

Tipp: Lies hierzu die Kästen auf S. 30 bis S. 35. Bearbeite auf S. 35, Nr. 22.

3 $f(x) = ax^2 + bx + c$
$P_1(0 | -3)$ einsetzen liefert $c = -3$.

Der Wert für c wird sofort in den folgenden Gleichungen benutzt.

I): $P_2(2 | -3)$ einsetzen: $a \cdot 2^2 + b \cdot 2 - 3 = -3$ bzw. $4a + 2b = 0$
II): $P_3(-2 | 13)$ einsetzen: $a \cdot (-2)^2 + b \cdot (-2) - 3 = 13$
bzw. $4a - 2b = 16$

II) − I): $-4b = 16$ und $b = -4$
b in I): $4a + 2 \cdot (-4) = 0$
$4a = 8$
$a = 2$

Der Graph zu $f(x) = 2x^2 - 4x - 3$ verläuft durch die 3 Punkte.

Tipp: Lies hierzu S. 28 und bearbeite auf S. 28, Nr. 1.

[mittel]

4 a) $4x^2 - 16 = 0$
$4x^2 = 16$
$x^2 = 4$
$x_1 = 2$ oder $x_2 = -2$
b) $x^2 - 3x = 0$
$x(x - 3) = 0$
$x_1 = 0$ oder $x_2 = 3$
Tipp: Das kannst du auch mit der quadratischen Ergänzung ($+ 1{,}5^2$ auf beiden Seiten) oder mit der p-q-Formel mit $p = -3$ und $q = 0$ lösen.

c) $5(x - 5)^2 + 4 = 0$
$5(x - 5)^2 = -4$
$(x - 5)^2 = -0{,}8$
Die Gleichung hat keine Lösung, da aus $-0{,}8$ keine Wurzel gezogen werden kann.
d) $4x^2 - 20x + 9 = 0$
$x^2 - 5x + 2{,}25 = 0$
$x_{1,2} = 2{,}5 \pm \sqrt{2{,}5^2 - 2{,}25}$
$x_{1,2} = 2{,}5 \pm \sqrt{4}$
$x_1 = 2{,}5 + 2 = 4{,}5$ oder $x_2 = 2{,}5 - 2 = 0{,}5$
Tipp: Lies hierzu die Kästen auf S. 31, 32 und 34. Bearbeite auf S. 30, Nr. 3 und auf S. 32, Nr. 12.

5 a) $f(0) = 242$
Er ist 2,42 m hoch gesprungen. Die Latte liegt 5 cm tiefer auf der Höhe 2,37 m. Folglich hat er sie übersprungen.
b) $g(x) = -0{,}0124(x - 100)^2 + 242$, da der Scheitelpunkt in dem neuen Koordinatensystem S(100|242) lautet. Die Parabelöffnung und damit a hat sich nicht geändert.
c) In der Beschreibung mit Ursprung im Punkt A hat der Absprungpunkt den x-Wert 0:
$g(0) = -0{,}0124(0 - 100)^2 + 242 = 118$.
Oder: In der Beschreibung mit dem Ursprung im Punkt B hat der Absprungpunkt den x-Wert −100:
$f(-100) = -0{,}0124(-100)^2 + 242 = 118$
Der Schwerpunkt hat beim Absprung die Höhe 1,18 m.
Tipp: Bearbeite auf S. 37, Nr. 5 und 6.

[schwieriger]

4 a) $1{,}5(x - 2)^2 - 2{,}5 = 0$
$1{,}5(x - 2)^2 = 2{,}5$
$(x - 2)^2 = \frac{5}{3}$
$x - 2 = \sqrt{\frac{5}{3}}$ oder $x - 2 = -\sqrt{\frac{5}{3}}$
$x_1 \approx 2 + 1{,}29 \approx 3{,}3$ oder $x_2 \approx 2 - 1{,}29 \approx 0{,}7$
b) $0{,}5x^2 - 5x + 1 = 0$
$x^2 - 10x + 2 = 0$
$x_{1,2} = 5 \pm \sqrt{25 - 2}$
$x_1 \approx 5 + 4{,}8 = 9{,}8$ oder $x_2 \approx 5 - 4{,}8 = 0{,}2$
c) $5x^2 - 7 = 8x^2 - 6x$
$-3x^2 + 6x - 7 = 0$
$x^2 - 2x + \frac{7}{3} = 0$
$x_{1,2} = 1 \pm \sqrt{1 - \frac{7}{3}}$
Die Gleichung hat keine Lösung, da unter der Wurzel eine negative Zahl steht.
d) $-3x^2 + 7x = -1$
$-3x^2 + 7x + 1 = 0$
$x^2 - \frac{7}{3}x - \frac{1}{3} = 0$
$x_{1,2} = \frac{7}{6} \pm \sqrt{\left(\frac{7}{6}\right)^2 + \frac{1}{3}}$
$x_1 \approx 1{,}17 + 1{,}30 \approx 2{,}5$ oder $x_2 \approx 1{,}17 - 1{,}30 \approx -0{,}1$
Tipp: Lies hierzu die Kästen auf S. 31, 32 und 34. Bearbeite auf S. 30, Nr. 3, auf S. 32, Nr. 12 und auf S. 33, Nr. 14.

5 a) 1) hat einen nach oben geöffneten Graphen.
2) hat als Graphen eine Gerade.
b) 1) Eine Möglichkeit ist, die Scheitelpunktform zu notieren und auszumultiplizieren.
S im Punkt A: $g(x) = -0{,}0124(x - 100)^2 + 242$
$= -0{,}0124(x^2 - 200x + 10\,000) + 242$
$= -0{,}0124x^2 + 2{,}48x - 124 + 242$
$= -0{,}0124x^2 + 2{,}48x + 118$
Oder man überlegt drei Punktkoordinaten, z. B. (0 | 118), (100 | 242), (200 | 118).
c = 118 wird in den folgende Gleichungen eingesetzt.
I): (100 | 242) ergibt: $a \cdot 100^2 + b \cdot 100 + 118 = 242$
II): (200 | 118) ergibt: $a \cdot 200^2 + b \cdot 200 + 118 = 118$
II − 2 · I): $20\,000a = -248$ und $a = -0{,}0124$
a in I): $10\,000 \cdot (-0{,}0124) + 100b = 124$
$100b = 248$
$b = 2{,}48$
Also: $f(x) = -0{,}0124x^2 + 2{,}48x + 118$
2) Man wählt $h(x) = ax^2$ und einen Punkt mit den Koordinaten (−100 | −124), da der Absprungpunkt 118 cm und der gewählte Koordinatenursprung 242 cm über A liegt. Vom höchsten Punkt aus gesehen ist dann zu rechnen $-242 + 118 = -124$.
$a(-100)^2 = -124$
$10\,000a = -124$
$a = -0{,}0124$
$h(x) = -0{,}0124x^2$
Tipp: Bearbeite auf S. 37, Nr. 5 und 6.

[mittel]

Test Seite 58

1 $V \approx 1{,}083 \cdot 10^{12}\,\text{km}^3$; $O \approx 5{,}099 \cdot 10^8\,\text{km}^2$
Tipp: **Schreibe die sehr großen Zahlen als Zehnerpotenz. Lies hierzu S. 52 und bearbeite auf S. 52, Nr. 1 und S. 141, Nr. 9.**

2 a) $h \approx 21{,}0\,\text{m}$ b) $A \approx 410{,}9\,\text{m}^2$ (für 1 Turm)
Tipp: **Die Türme haben die Form von Kegeln. Die Mantellinie ist die „schräge" Kante des Kegels. Zur Berechnung der Höhe mußt du dir ein rechtwinkliges Dreieck rauszeichnen. Lies hierzu S. 46 und bearbeite auf S. 47, Nr. 4 und 8.**

3 Volumen: $V = V_{Quader} + V_{Pyramide}$
$= 980\,\text{cm}^3 + 245\,\text{cm}^3$
$= 1225\,\text{cm}^3$
Materialbedarf: $O_{Quader} = 518\,\text{cm}^2$; $M_{Pyramide} \approx 187{,}7\,\text{cm}^2$;
(mit Satz des Pythagoras: $h_1 \approx 10{,}3\,\text{cm}$; $h_2 \approx 8{,}3\,\text{cm}$)
$\text{Material}_{gesamt} \approx 705{,}7\,\text{cm}^2$
Tipp: **Überlege dir aus welchen Teilkörpern die Schachtel zusammengesetzt ist. Lies hierzu S. 48 und bearbeite auf S. 49, Nr. 2.**

4 $V_{Schachtel} \approx 704{,}5\,\text{cm}^3$; $V_{Kugeln} \approx 329{,}3\,\text{cm}^3$
Es befinden sich rund 53 % Luft in der Packung.
Die Kugeln lassen sich in einer quaderförmigen Verpackung nicht raumsparender anordnen.
Tipp: **Berechne Volumen von Schachtel und Kugeln und vergleiche dann. Bearbeite auf S. 53, Nr. 8 und 9.**

5 a) z. B. $h = 5{,}7\,\text{cm}$
b) Körpernetz:

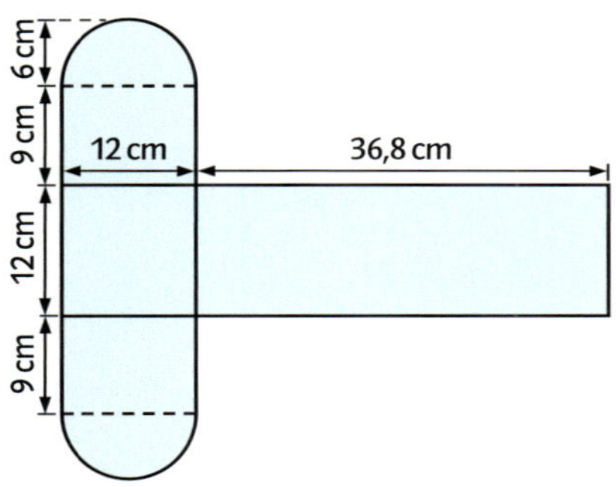

Tipp: **Überlege dir aus welchen Teilkörpern die Schachtel zusammengesetzt ist. Bearbeite auf S. 49, Nr. 3 und 5.**

[schwieriger]

1 a) $V \approx 261{,}8\,\text{dm}^3$; $s \approx 111{,}8\,\text{cm}$; $O \approx 254{,}2\,\text{dm}^2$
b) $V \approx 167{,}6\,\text{dm}^3$
$261{,}8\,\text{dm}^3 \cdot 0{,}8 \approx 209{,}44\,\text{dm}^3$
Nein, der Kegel hat ca. 64 % des Volumens vom Kegel aus a).
Tipp: **Lies hierzu S. 46 und bearbeite auf S. 47, Nr. 4 und 9.**

2 Zylinder: $h = 2r$; $V_{Zylinder} = \pi r^2 \cdot 2r = 2\pi r^3$
Halbkugel: $V_{Halbkugel} = \frac{1}{2} \cdot \frac{4}{3}\pi r^3 = \frac{2}{3}\pi r^3$
$\frac{V_{Halbkugel}}{V_{Zylinder}} = \frac{2\pi r^3}{3 \cdot 2\pi r^3} = \frac{1}{3}$. Nur rund 33 % der Dose sind gefüllt.
Tipp: **Stelle die allgemeine Formel von Zylinder und Halbkugel auf. Vergleiche dann die Anteile. Lies hierzu S. 52 bearbeite auf S. 53, Nr. 6.**

3 Volumen: $V_{Tetraeder} \approx 14{,}7\,\text{cm}^3$; $V_{Prisma} \approx 129{,}9\,\text{cm}^3$;
$V_{gesamt} = 2 \cdot V_{Tetraeder} + V_{Prisma} \approx 159{,}3\,\text{cm}^3$
Materialbedarf: $A_{Dreieck} \approx 10{,}8\,\text{cm}^2$; $M_{Prisma} \approx 130\,\text{cm}^2$;
$O_{gesamt} = 6 \cdot A_{Dreieck} + M_{Frisma} \approx 244{,}8\,\text{cm}^2$
Tipp: **Überlege dir aus welchen Teilkörpern die Schachtel zusammengesetzt ist. Lies hierzu S. 48 und bearbeite auf S. 49, Nr. 3 und 4.**

4 $V_{Schachtel} \approx 873{,}0\,\text{cm}^3$; $V_{Kugeln} \approx 308{,}7\,\text{cm}^3$
Es befinden sich rund 65 % Luft in der Packung.
Die Kugeln lassen sich in einer prismenförmigen Schachtel mit $a \approx 19{,}5\,\text{cm}$ raumsparender anordnen. (Bei der Berechnung von a müssen die Ecken beachtet werden!)
Tipp: **Berechne Volumen von Schachtel und Kugeln und vergleiche dann. Bearbeite auf S. 53, Nr. 8 und 9.**

5 a) z. B. $h = 5{,}7\,\text{cm}$; $O_1 \approx 756{,}9\,\text{cm}^2$ oder $b = 9\,\text{cm}$;
$O_2 \approx 768{,}7\,\text{cm}^2$
b)

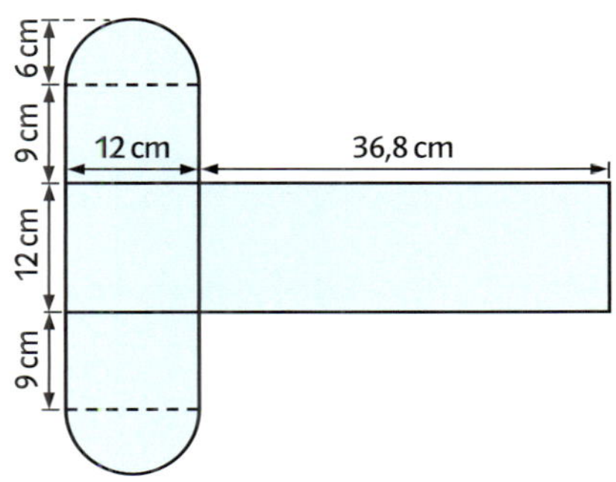

Tipp: **Überlege dir aus welchen Teilkörpern die Schachtel zusammengesetzt ist. Bearbeite auf S. 49, Nr. 3 und 6.**

[mittel]

Test Seite 84

1 a) $a = 1{,}35$; $a = 0{,}88$; $p\,\% = 40\,\%$; $p\,\% = -20\,\%$
b) $f(x) = 10 \cdot 2{,}5^x$

Tipp zu 1 a): Lies auf S. 64 die Erklärung zur Wachstumsrate durch. Bearbeite auf S. 64, Nr. 1 und 2.
Tipp zu 1 b): Sieh dir das Beispiel 2 im Kasten auf S. 67 an. Bearbeite auf S. 67, Nr. 9.

2 a) $944 \cdot a = 966$; $a = 1{,}0233$; $p\,\% = 2{,}33\,\%$
b) Prognose für die Bevölkerung Afrikas im Jahr 2015: ca. 1135 Mio.

Tipp: Sieh dir die Beispiele auf S. 65 und den Kasten auf S. 67, Beispiel 1 an. Bearbeite auf S. 66, Nr. 6 und S. 65, Nr. 1.

3 a) nach 5 Jahren: 7,59 Mio.
nach 10 Jahren: 57,67 Mio.
b) Graph unten
c) **lineares Wachstum:**
Pro Zeitabschnitt ist die absolute Zunahme immer gleich.
Graph: Gerade
exponentielles Wachstum:
Die absolute Zunahme wird hier immer größer. Sie ist abhängig vom momentanen Zustand. Gleich bleibt nur die prozentuale Zunahme.

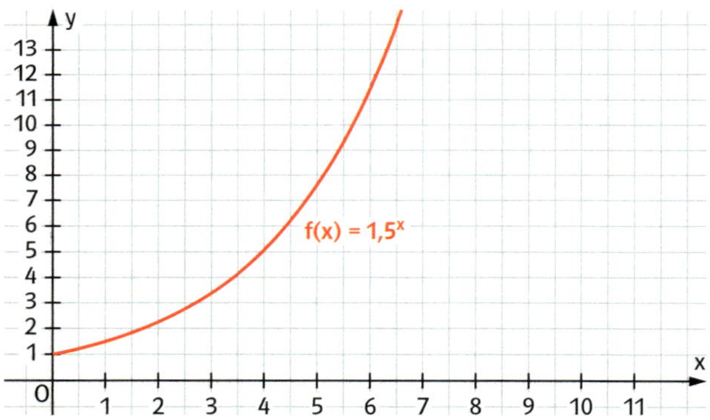

Tipp zu a) und b): Sieh dir S. 65, Beispiel a) an. Bearbeite auf S. 66, Nr. 4 und S. 65, Nr. 2.
Tipp zu c): Lies dir auf S. 68 den Kasten und die Beispiele durch. Bearbeite auf S. 69, Nr. 2 und 3.

[schwieriger]

1 a) $a = 1{,}07$; $a = 0{,}995$; $p\,\% = 240\,\%$; $p\,\% = -75\,\%$
b) $f(x) = 5 \cdot 3^x$

Tipp zu 1 a): Lies auf S. 64 die Erklärung zur Wachstumsrate durch. Bearbeite auf S. 64, Nr. 1 und 2.
Tipp zu 1 b): Sieh dir das Beispiel 2 im Kasten auf S. 67 an. Um den Wachstumsfaktor a zu bestimmen, nutze f (2) als Ausgangswert und überlege, wie viele „Wachstumsschritte“ man von f (2) bis f (8) braucht. Berechne dann den Anfangswert c) zum Zeitpunkt 0. Bearbeite auf S. 74, Nr. 4.

2 a) Prognose für die Bevölkerung Asiens im Jahr 2015: 4,41 Mrd.
b) Von 2007 bis 2025: 18 Jahre
$a = 1{,}0204$, also $p\,\% \approx 2\,\%$

Tipp: Sieh dir die Beispiele auf S. 65 und den Kasten auf S. 67 an. Bearbeite auf S. 65, Nr. 1 und auf S. 67, Nr. 9.

3 **lineares Wachstum:**
- gleiche absolute Zu-(Ab-)nahme pro Zeiteinheit unabhängig vom momentanen Bestand
- Graph: Gerade
- allgemeine Funktionsgleichung: $f(x) = c + a \cdot x$, mit c: Anfangswert und a: absolute Zu-(Ab-)nahme pro Einheit

exponentielles Wachstum:
- gleiche Wachstumsrate, damit ist die absolute Zu-(Ab-)nahme abhängig vom jeweiligen Bestand
- Graph: exponentielle Kurve
- allgemeine Funktionsgleichung: $f(x) = c \cdot a^x$, mit c: Anfangswert und a: Wachstumsfaktor

Tipp: Lies auf S. 68 den Kasten und die Beispiele durch. Bearbeite auf S. 69, Nr. 2 bis 6.

[mittel]

4 a) nach 0,5 Tagen (= 12 Stunden): 25 %
nach 1,5 Tagen (= 36 Stunden): 1,56 %

b) Graph unten; $f(x) = 0{,}5^{\frac{x}{6}}$

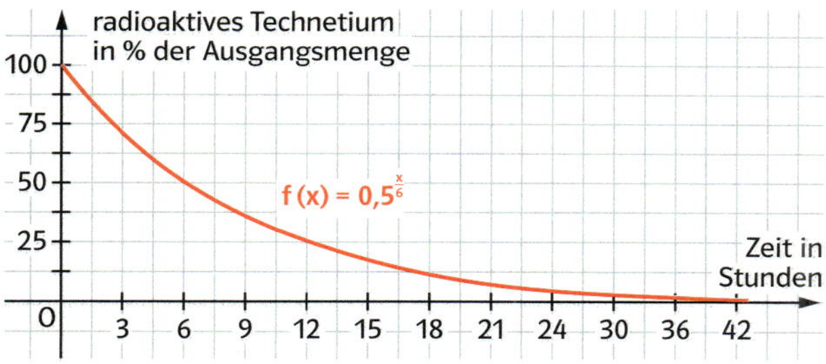

Tipp: **Mach dir klar, was „Halbwertszeit" bedeutet (siehe S. 80). Schau dir das Beispiel a) auf S. 80 an. Bearbeite auf S. 80, Nr. 28.**

5 a) a = 1,0525; p = 5,25 %

b) Verdopplung: x ≈ 13,5 (rechnerisch: $\log_{1{,}0325} 2 \approx 13{,}5$)
Verdreifachung: x ≈ 21,5 (rechnerisch: $\log_{1{,}0523} 3 \approx 21{,}5$)

Tipp zu a): Sieh dir im Kasten auf S. 67 das zweite Beispiel an. Bearbeite auf S. 67, Nr. 9 b) bis d) und S. 76, Nr. 16.

Tipp zu b): Stelle die Gleichung für die Kapitalentwicklung auf und setze die Werte ein, die du kennst. Löse die Gleichung durch Probieren. (Falls du andere Lösungsverfahren wählen willst, sieh dir den Kasten auf S. 75 an.) Bearbeite auf S. 75, Nr. 9 und S. 77, Nr. 22 b) und c).

[schwieriger]

4 a) Graph unten

b) nach knapp 20 Std. (ablesen aus der Grafik oder rechnerisch $\log_{0{,}5}(0{,}1) \cdot 6 \approx 20$)

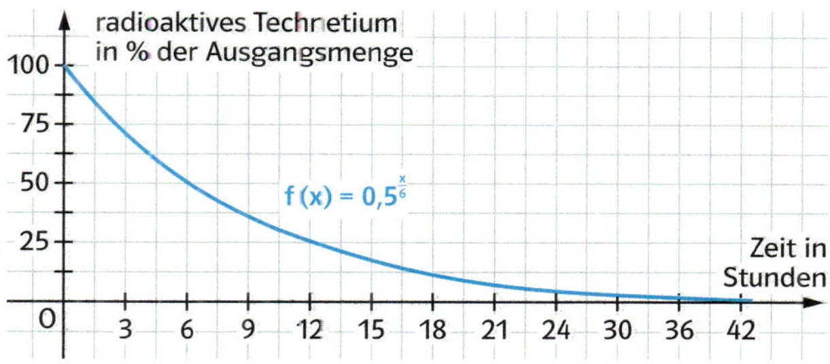

Tipp zu a): Mach dir klar, was „Halbwertszeit" bedeutet (siehe S. 80). Schau dir das Beispiel a) auf S. 80 an. Bearbeite auf S. 80, Nr. 28.

Tipp zu b): Graphische Lösung: Lies den entsprechenden Wert aus der Grafik zu a) ab.
Rechnerische Lösung: Stelle eine Funktionsgleichung zur Abnahme des Technetiums auf und setze die Daten ein, die du kennst. Für die rechnerische Lösung der Gleichung sieh dir den Kasten auf S. 75 an. Bearbeite auf S. 79, Nr. 27.

5 a) Wachstumsfaktor pro Jahr von 1995 bis 1998: a = 1,42, also Wachstumsrate p % = 42 %
Wachstumsfaktor pro Jahr von 1995 bis 2000: a = 1,435, also Wachstumsrate p % = 43,5 %
Wachstumsfaktor pro Jahr von 1995 bis 2001: a = 1,435, also Wachstumsrate p % = 43,5 %
Exponentielles Wachstum bedeutet gleichen Wachstumsfaktor pro Zeiteinheit. Die Wachstumsraten sind ungefähr gleich, also ist dieses Modell angemessen.

Tipp: Überlege, was exponentielles Wachstum bedeutet und untersuche, ob dies hier zutrifft. Bearbeite auf S. 79, Nr. 25.

b) Unter der Annahme einer gleichbleibenden Wachstumsrate von 43 % ergibt sich für 1990 ein Wert von ca. 167 MW.

Tipp: Stelle mit einer aus a) abgeleiteten Wachstumsrate eine Funktionsgleichung für die Gesamtenergieleistung auf. Überlege, welchem Wert für t das Jahr 1990 entspricht.

c) Ausgehend vom Wert für 1990: p % = 19,8 %
Ausgehend vom Wert für 2001: p % = 7,9 %

Tipp: Sieh dir im Kasten auf S. 67 das zweite Beispiel an. Bearbeite auf S. 71, Nr. 10.

[mittel]

Test Seite 106

1 An den Ästen zum 1. Zug muss $\frac{16}{26}$ und $\frac{10}{26}$ stehen, da es jeweils 26 mögliche Fälle gibt und nicht 20. Im zweiten Zug sind an den beiden unteren Ästen die Wahrscheinlichkeiten für rot und schwarz vertauscht.
Tipp: **Lies hierzu S. 95 und bearbeite auf S. 95, Nr. 3.**

2 a) $P(\text{weiß, weiß}) = \frac{8}{20} \cdot \frac{7}{19} \approx 14{,}7\,\%$
b) $P(\text{gelb, gelb}) = \frac{3}{20} \cdot \frac{3}{20} = 2{,}25\,\%$
Tipp: **Lies hierzu S. 95/26 und bearbeite auf S. 96, Nr. 4 bis 7.**

3 Bei zwei Zügen gibt es die Augensumme 2 nur dann, wenn zweimal die 1 gezogen wurde.
$P(\text{keine Augensumme 2}) = P(\text{nicht } (1,1))$
$= 1 - P(1,1)$
$= 1 - \frac{3}{20} \cdot \frac{3}{20} = 97{,}75\,\%$
Tipp: **Berechne die Wahrscheinlichkeit des Gegenereignisses. Lies hierzu S. 97 und den Kasten auf S. 98 und bearbeite auf S. 98, Nr. 16 und 17.**

4
a)
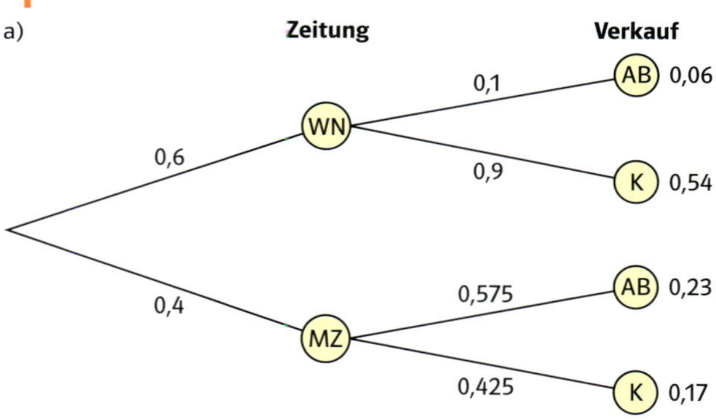

b) $P(\text{Kiosk}) = 0{,}54 + 0{,}17 = 71\,\%$
Tipp: **Lies hierzu S. 100 und bearbeite auf S. 101, Nr. 7.**

[schwieriger]

1 a) $P(\text{rot, rot}) = \frac{16}{26} \cdot \frac{15}{25} \approx 36{,}9\,\%$
b) P(zwei verschiedenfarbige Karten)
$= P(\text{rot, schwarz}) + P(\text{schwarz, rot})$
$= \frac{16}{26} \cdot \frac{10}{25} + \frac{10}{26} \cdot \frac{16}{25} \approx 49{,}2\,\%$
Tipp: **Lies hierzu S. 95/96 und bearbeite auf S. 96, Nr. 4 und 6.**

2 a)
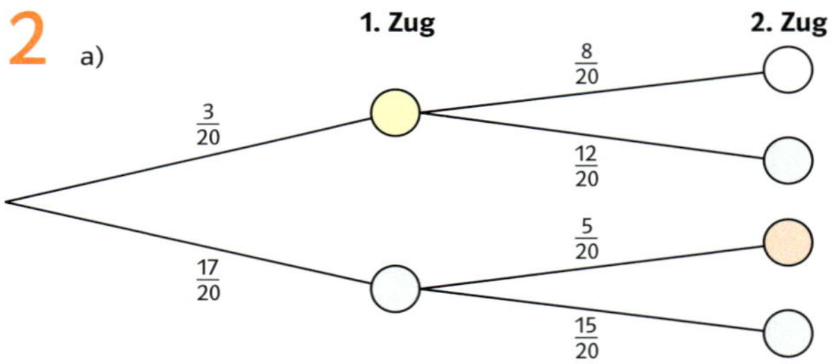

b) Die Kugeln werden zurückgelegt, da sich die Zahl der günstigen Fälle im Nenner, hier die Zahl der 20 Kugeln, nicht ändert.
Tipp: **Lies hierzu S. 95/96 und bearbeite auf S. 96, Nr. 6 bis 8.**

3
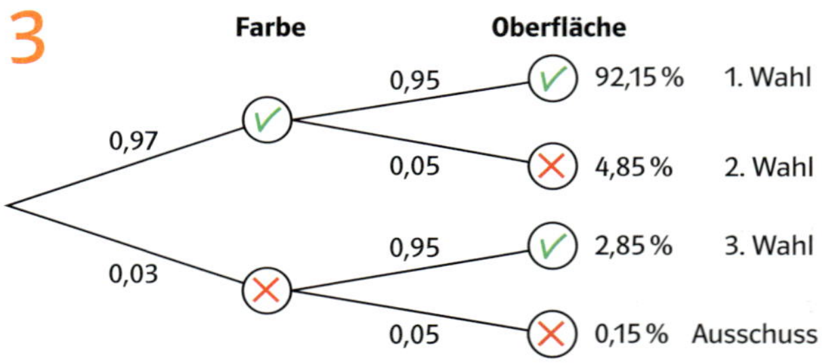

92,15 % der Produktion ist 1. Wahl, 7,7 % 2. Wahl und 0,15 % können nicht verkauft werden.
Tipp: **Lies hierzu S. 97 und bearbeite auf S. 97, Nr. 12.**

4 Betrachte das Baumdiagramm wie bei Aufgabe 4 mittel.
a) Von 100 verkauften Zeitungen gehen im Durchschnitt 6 an WN-Abonnenten, 23 an MZ-Abonnenten. Der Anteil der MZ-Abonnenten beträgt $\frac{23}{29} \approx 79{,}3\,\%$.
b) Von 100 Zeitungen werden im Durchschnitt 54 WN und 17 MZ am Kiosk gekauft. Der Anteil der WN-Kiosk-Verkäufe beträgt $\frac{54}{71}$ $\approx 76{,}1\,\%$. Von 1000 am Kiosk verkauften Zeitungen sind rund 761 WN-Zeitungen.
Tipp: **Lies hierzu S. 100 und bearbeite auf S. 101, Nr. 7.**

[mittel]

[schwieriger]

Test Seite 126

1 In der Berechnung stecken zwei Fehler:
1. Fehler: die erste Äquivalenzumformung der Gleichung muss „ · x" statt „ : 6,0" heißen.
2. Fehler: in der 3. Zeile wurde tan 60° berechnet, statt sin 60°.
Die Rechnung lautet richtig:

$\sin 60° = \frac{6{,}0}{x} \quad | \cdot x$

$x \cdot \sin 60° = 6{,}0 \quad | : \sin 60°$

$x = \frac{6{,}0}{\sin 60°}$

$x = \frac{6{,}0}{0{,}866\,025\,403}$

$x = 6{,}928 \approx 6{,}9\,\text{cm}$

Tipp: **Wenn du noch immer bei Gleichungsumformungen unsicher bist, bearbeite in der Werkstatt auf S. 147, Nr. 12 und 13. Lies hierzu auch S. 112 und bearbeite auf S. 113, Nr. 7 bis 10.**

2 a) Höhe der Sendeantenne = 97,99 m
b) Kurzes Abspannseil = 89,46 m
langes Abspannseil = 118,05 m
Tipp: **Lies hierzu S. 112 und bearbeite auf S. 116 Nr. 2 und 4.**

3 z. B.: Zuerst ergänzt man den Peilwinkel zu 90°:
90° − 63° = 27°
Damit kennt man im Dreieck mit den Seiten „Turmhöhe" – „Blick zu A" – „Entfernung des Turms zu Punkt A" alle drei Winkel. Man kann jetzt z. B. mit dem tan 27° die Entfernung a des Turms zum Flussufer berechnen: $\frac{a}{20\,\text{m}} = \tan 27°$

$a = \tan 27° \cdot 20\,\text{m}$

$a = 10{,}19\,\text{m}$

Tipp: **Lies hierzu S. 112 und bearbeite auf S. 116, Nr. 4 und 6.**

4 y-Koordinate von Punkt A ≈ 0,7313
von Punkt B = 0,5
von Punkt C ≈ −0,9961
Tipp: **Lies hierzu S. 122 und bearbeite Nr. 1 und 2.**

1 Gleich im Ansatz stecken zwei Fehler:
1. Fehler: Als Ankathete darf nur die Hälfte der Seite a genommen werden.
2. Fehler: Man muss tan von 60° statt cos 60° nehmen.
Die Rechnung muss richtig lauten:

$\tan 60° = \frac{h}{2} \quad | \cdot 2$

$h = \tan 60° \cdot 2$

$h = 1{,}73205 \cdot 2 \approx 3{,}46\,\text{m}$

Tipp: **Wenn du noch immer bei Gleichungsumformungen unsicher bist, bearbeite in der Werkstatt auf S. 147, Nr. 12 und 13. Lies hierzu auch S. 112 und bearbeite auf S. 113, Nr. 7 bis 10.**

2 Der untere Steigungswinkel α beträgt ca. 20,35°.
Der obere Steigungswinkel β beträgt ca. 52,94°.
Tipp: **Fertige zuerst eine Skizze an, in die du alle dir bekannten Winkel und Seitenlängen einträgst. Um die Länge des zweiten Schenkels am Winkel β bestimmen zu können, musst du erst die Länge des zweiten Schenkels am Winkel α berechnen. Lies hierzu S. 112 und bearbeite auf S. 116, Nr. 4, 5 und 6.**

3 a) Der Punkt B ist vom Leuchtturm ca. 4,383 sm entfernt.
b) Die Strecke $\overline{AC}$ ist insgesamt ca. 11,848 sm lang.
Tipp: **Hier musst du in beiden Aufgabenteilen den Sinussatz anwenden, da die Dreiecke nicht rechtwinklig sind. Lies hierzu S. 118 und bearbeite auf S. 119, Nr. 17 bis 19.**

4 $\alpha = \frac{t}{\text{Umlaufzeit}} \cdot 360° = \frac{t}{1\,\text{s}} \cdot 360°$

a) α = 180° $P_{180°}(-60\,\text{cm}|0\,\text{cm})$
b) α = 72° $P_{72°}(18{,}5\,\text{cm}|57{,}1\,\text{cm})$ beide Werte gerundet
c) α = 270° $P_{270°}(0\,\text{cm}|-60\,\text{cm})$
Tipp: **Lies hierzu S. 123 und bearbeite Nr. 4 und 6.**

[mittel]

Test Seite 138

1 a) 78 125 b) $\approx 1{,}5242 \cdot 10^{-4}$ c) $\approx 1{,}3195$

Tipp: **Bei einigen Taschenrechnern muss man bei der Eingabe von gebrochenen Exponenten diesen in eine Klammer setzen. Lies hierzu S. 7 und 8 und bearbeite auf S. 7, Nr. 2 und 3 und auf S. 8, Nr. 2.**

2 a) a^9 b) c^2 c) x
d) $(a\,b)^5$ e) $(x : y)^3$ f) x^2

Tipp: **Lies hierzu S. 5 und bearbeite Nr. 7 und 8.**

3 a) $4^6 = 4096$ b) $15^2 = 225$
c) $12^{(8\,:\,3)} \approx 754{,}7735$ d) $17^{(1\,:\,3)} \approx 2{,}5713$

Tipp: **Mithilfe der Potenzgesetze müssen die Doppelpotenzen zunächst in eine Potenz vereinfacht werden.**
Lies hierzu S. 6 und S. 8 und bearbeite dazu S. 6, Nr. 22 und 23 und auf S. 8, Nr. 1, 2 und 7.

4 a) $222^2 = 49\,284$
b) $\left(157\,464^{\frac{1}{6}} + 13\,824^{\frac{1}{6}}\right)^2 = 150$

Tipp: **Beachte bei Teilaufgabe b), dass die Summanden vor dem Potenzieren nicht zusammengefasst werden dürfen.**
Lies hierzu S. 8 und bearbeite Nr. 7 und 8.

5 a) a = 5 cm $O = 5^2 \cdot 6 = 150\,cm^2$
$V = 5^3 = 125\,cm^3$
b) a = 10 cm $O = 10^2 \cdot 6 = 600\,cm^2$
$V = 10^3 = 1000\,cm^3$

Die Oberfläche vervierfacht sich und das Volumen wird achtmal größer.

Tipp: **Um die Seitenlänge a aus der Drahtlänge zu berechnen, muss man die Drahtlänge durch 12 teilen.**
Lies hierzu S. 9 und bearbeite Nr. 4 und 5.

6

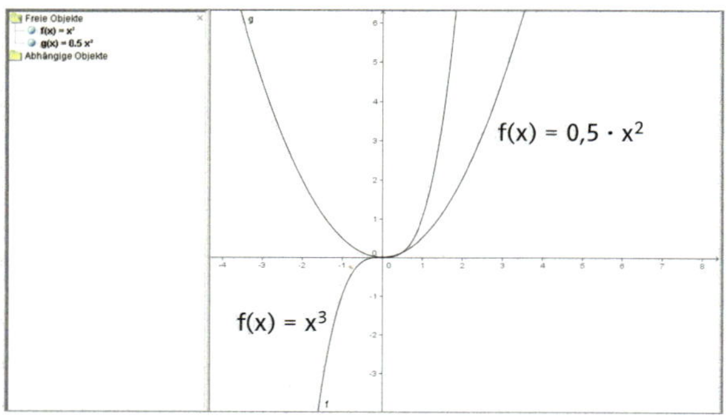

Tipp: **Trainiere die Eingabe und Darstellung von Funktionsgraphen mit einem Funktionsplotter.**
Lies hierzu S. 9 und bearbeite Nr. 1 und 2.

[schwieriger]

1 a) $7^{\frac{3}{5}} \approx 3{,}2141$
b) $5^{\frac{7}{3}} \approx 42{,}7494$
c) $5^{\frac{3}{7}} \approx 1{,}9932$

Tipp: **Bei einigen Taschenrechnern muss man bei der Eingabe von gebrochenen Exponenten diesen in eine Klammer setzen. Lies hierzu S. 8 und bearbeite Nr. 7 und 8.**

2 a) a^7 b) u^{-2} c) x^{-1}
d) $(2\,a)^6$ e) $\left(\frac{xy}{z}\right)^3$ f) x^2

Tipp: **Lies hierzu S. 5 und bearbeite Nr. 7 und 8.**

3 a) $4^{12} = 16\,777\,216$
b) $17^{\frac{6}{3}} = 17^2 = 289$
c) $16^{\frac{1}{4}} = 2$

Tipp: **Mithilfe der Potenzgesetze müssen die Doppelpotenzen zunächst in eine Potenz vereinfacht werden.**
Lies hierzu S. 6 und S. 8 und bearbeite dazu S. 6, Nr. 22 und 23 und auf S. 8, Nr. 1, 2 und 7.

4 a) $269^3 = 19\,465\,109$
b) $\left(1458^{\frac{1}{5}} + 192^{\frac{1}{5}}\right)^5 = 18\,750$

Tipp: **Beachte bei Teilaufgabe b), dass die Summanden vor dem Potenzieren nicht zusammengefasst werden dürfen.**
Lies hierzu S. 8 und bearbeite Nr. 7 und 8.

5 a) a = 6 cm $O = 6 \cdot 6^2 = 216\,cm^2$
$V = 6^3 = 216\,cm^3$
b) $5832\,cm^3 = a^3$ $a = \sqrt[3]{5832} = 18\,cm$
$O = 6 \cdot 18^2 = 1944\,cm^2$

Tipp: **Um die Seitenlänge a aus der Drahtlänge zu berechnen, muss man die Drahtlänge durch 12 teilen.**
Lies hierzu S. 9 und bearbeite Nr. 4 und 5.

6

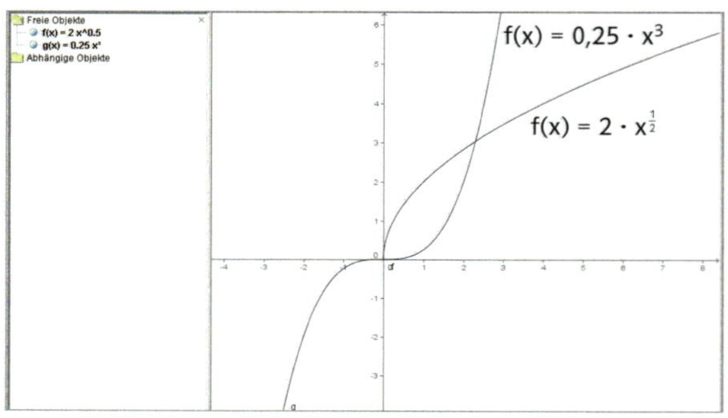

Tipp: **Trainiere die Eingabe und Darstellung von Funktionsgraphen mit einem Funktionsplotter.**
Lies hierzu S. 9 und bearbeite Nr. 1 und 2.

Querbeet Test 1 Seite 176

1

Dezimalzahl	Bruch	Prozent
0,125	$\frac{1}{8}$	12,5 %
0,701	$\frac{701}{1000}$	70,1 %
1,2	$\frac{6}{5}$	120 %
1,05	$\frac{21}{20}$	105 %
0,005	$\frac{1}{200}$	0,5 %
0,225	$\frac{9}{40}$	22,5 %

2

a) $-7{,}7 < -7 < -\frac{1}{7} < \frac{3}{7} < 1{,}7 < \frac{7}{3}$ b) $\frac{1}{5} < \frac{3}{5} < \frac{4}{6} < \frac{3}{4} < \frac{4}{3} < \frac{5}{3}$

3

a) 23,12 b) 0,5 c) 2,61 d) 104,4

4

a) Die Straßenbahn startet um 8:58 Uhr und erreicht ihr Ziel in fast 3 km um 9:08 Uhr.
Auf der Strecke hält die Bahn 5-mal für ca. 30 s. Den längsten Streckenabschnitt legt die Bahn zwischen der 2. und 3. Haltestelle zurück. Die kürzeste Stecke befindet sich zwischen der 1. und 2. Haltestelle (ca. 0,5 km).
b) Die Bahn fährt zwischen der 3. und 4. Haltestelle am schnellsten, da der Graph dort die größte Steigung aufweist.

5

Flächeninhalt: ca. 5,5 cm²
Berechnungsvorschlag: $\text{Fläche}_{\text{Quadrat}} + \text{Fläche}_{\text{Rechteck}}$

6

Funktionsgleichung	Tabelle/Graph
f(x)	Tabelle C), Graph 4)
f(x)	Graph 2)
f(x)	Tabelle B)
f(x)	Tabelle A), Graph 5)
f(x)	Tabelle D)

7

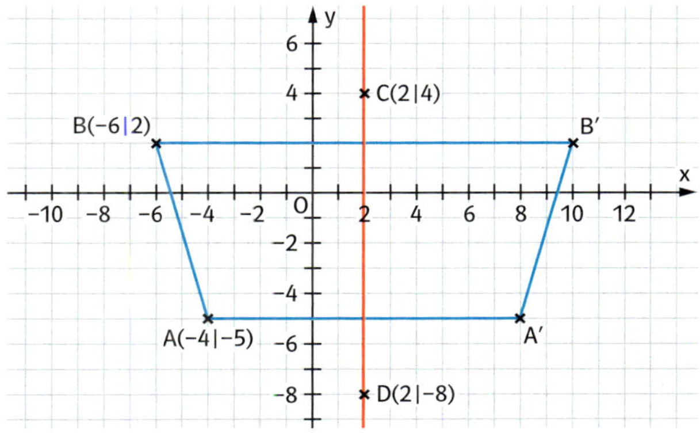

A = 98 cm² bei 1 Einheit ≙ 1 cm

8

a) x = 6 b) x = −2 c) $x_1 = 6$ und $x_2 = -6$

Querbeet Test 2 Seite 177

1

a) 25 %, 30 %, 45 %
b) 33 %, 67 %

2

a) ≈ 4,47 b) ≈ 14,14 c) ≈ 20,32 d) ≈ 0,86

3

a) In Südasien haben etwa $\frac{1}{3}$ der Bevölkerung weniger als einen Dollar pro Tag zur Verfügung.
In Südasien hat etwa die Hälfte der Bevölkerung zwischen ein und zwei Dollar zur Verfügung.
In Lateinamerika haben etwa 75 % mehr als zwei Dollar zur Verfügung.
b) Etwa 15 % der Menschen in Nordafrika besitzen zwischen 1 und 2 Dollar pro Tag.
c) Der Durchschnitt der dargestellten Regionen besitzt weniger als 2 Dollar pro Tag. Das sind ungefähr 2,6 Mrd. Menschen. Insgesamt lebten 2006 etwa 5,2 Mrd. Menschen in den Entwicklungsländern.

4

a) $0{,}3 = \frac{3}{10}$ b) $0{,}03 < \frac{3}{10}$ c) $3{,}0 < \frac{10}{3}$ d) $3{,}0 = \frac{30}{10}$

5

a) 1750 € b) 9200 € c) 900 m d) 70 kg

6

a) a = 7 cm b) A = 48 m² c) f(12) = 147

7 $V = 70\,cm^3$

8 a) Flächenmaße: $3\,dm^2$; 4 ha; $6\,cm^2$; $0{,}01\,km^2$; $3500\,mm^2$
b) Raumaße: 2 l; $7\,cm^3$; 8 hl; $1\,m^3$
c) $6\,cm^2 < 3500\,mm^2 < 3\,dm^2 < 0{,}01\,km^2 < 4$ ha

9 a)

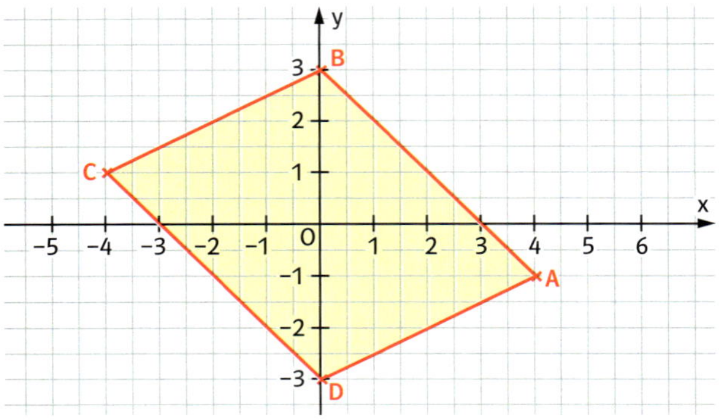

b) Parallelogramm

10 a) Falsch, da die Länge der farbigen Fläche mehr als $\frac{1}{3}$ der Gesamtlänge darstellt.
b) Falsch, da die Halbkreisflächen kleiner als die Rechteckfläche sind.

Querbeet Test 3 Seite 178

1 a) $\frac{1}{4}$, da die rechtwinkligen nicht schraffierten Dreiecke zusammengelegt die Hälfte des Rechtecks ausmachen und das gleichschenklige nicht schraffierte Dreieck gleich groß ist, wie die schraffierte Fläche ist.
b) $\frac{1}{16}$ c) $\frac{3}{7}$

2 a) 0,04; 0,4; 0,404; 0,44; 4,04
b) −0,11; −0,101; −0,1; 0,001; 1,01

3 a) z. B. $-2; \frac{1}{2}; 5; 100$
b) z. B. $\frac{1}{5}; 0{,}3; \frac{2}{5}$
c) z. B. −0,02; 0; 0,01
d) z. B. $-\frac{1}{5}; -\frac{1}{8}; -\frac{1}{4}$

4 a) 90 € b) 200 m c) 5 %
d) 0,5 % e) ca. 7 % f) ca. 3 %

5 a) ca. 1275 Kronen b) ca. 151,5 €
c) ca. 66 € d) ca. 25 560 Yen

6

x	−3	−2	−1	0	1	2	3
f (x)	−5	−4,6	−4,3	−4	−3,6	−3,3	−3
g (x)	5	2	−1	−4	−7	−10	−13

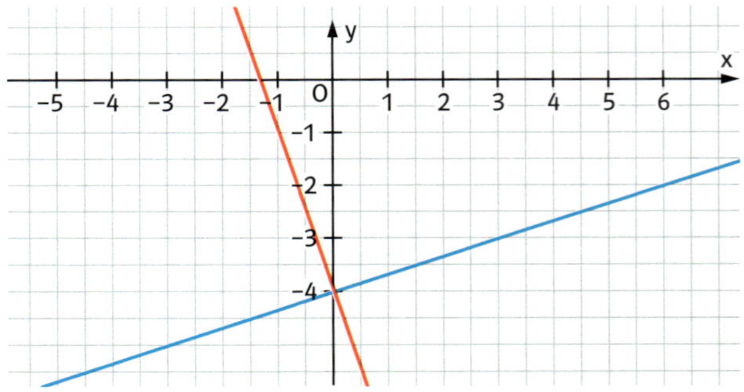

7 $A_{Rechteck} - A_{Trapez} - A_{Dreieck}$
$A \approx 2{,}5 \cdot 4{,}5 - \frac{1}{2} \cdot 2 \cdot 1 - \frac{1}{2} \cdot 3 \cdot 1 = 8{,}75\,cm^2$

8 $A = 8 \cdot 8 + \frac{1}{2} \cdot 4^2 \cdot 3 + \frac{1}{2} \cdot 8 \cdot 4 = 104$

9 a) 1) Falsch 2) Falsch 3) Richtig
b) $\frac{1}{6}$

10 a = 7 und b = 8

Querbeet Test 4 Seite 179

1 a) 7,13 € b) 288 m c) 0,1 %
d) 1000 % e) 1750 € f) 70 kg

2 a) Richtig
b) Falsch. Wenn man das Rechteck erst viertelt und dann durch die Diagonalen in 8 gleichgroße Dreiecke teilt, ist der markierte Teil $\frac{3}{8}$.
c) Richtig

3 a) 2004 wurde für Heizung 0,69 € pro m^2 gezahlt. Im Jahr 2005 waren es 0,76 € pro m^2.
b) 183 €
c) rund 12,3 %
d) Warmwasser: Anstieg um ca. 11,8 %
Hausmeister: Anstieg um ca. 11,1 %
Bei niedrigeren Preisen wirkt sich eine Erhöhung um 0,02 € pro m^2 stärker aus.

4 a) 15 cm b) $r \approx 1{,}5$ m c) $f(2) = 7$

5

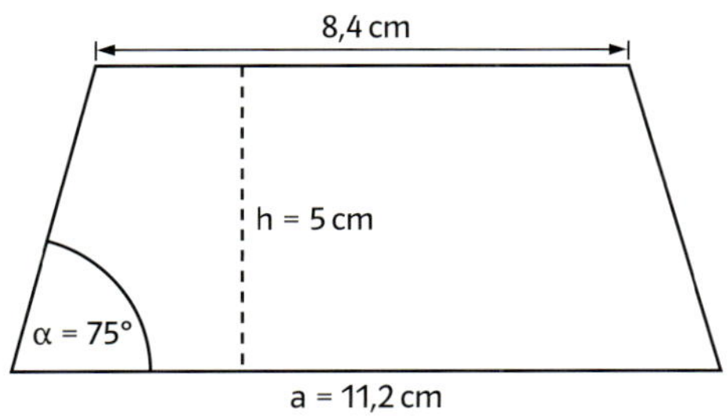

$A = 49\ \text{cm}^2$

6 a) $V \approx 322{,}56\ \text{cm}^3$ b) $V \approx 424{,}12\ \text{cm}^3$

7 a) C) $18\ \text{m}^2$
b) 270 €

8 $u = b + 2a + d + 3c + (b - d) = 2a + 2b + 3c$

Querbeet Test 5 Seite 180

1 $\frac{1}{2} = 0{,}5 = 50\,\%$; $\frac{3}{8} = 0{,}375$; $\frac{3}{4} = 75\,\%$;
$\frac{9}{10} = 90\,\%$; $\frac{4}{5} = 0{,}8$

2 a) Die Großpackung ist günstiger.
b) Die Großpackung ist teurer, da 1 Liter nur rund 0,99 € kosten dürfte.

3 $V \approx 33{,}52\ \text{cm}^3$; $O = 72{,}13\ \text{cm}^2$

4 a) 5,9 cm b) h = 5,2 cm; s = 7,2 cm

5 a) Mittelwert $\overline{m} = 5{,}15$ Mio.
Median $z = 3{,}1$ Mio.
Spannweite $w = 17{,}3$ Mio.
b) Es gibt einige Länder mit sehr vielen Einwohnern und viele Länder mit wenigen Einwohnern.
c) z. B. Balkendiagramm, Säulendiagramm, Bilddiagramm.

6 a) Ab der 3. Zeile müsste die Rechnung lauten:

$\frac{3 \cdot V}{\pi \cdot h} = r^2 \quad | \sqrt{\ }$

$\sqrt{\frac{3 \cdot V}{\pi \cdot h}} = r$

b) $\frac{2 \cdot A}{g}$

7

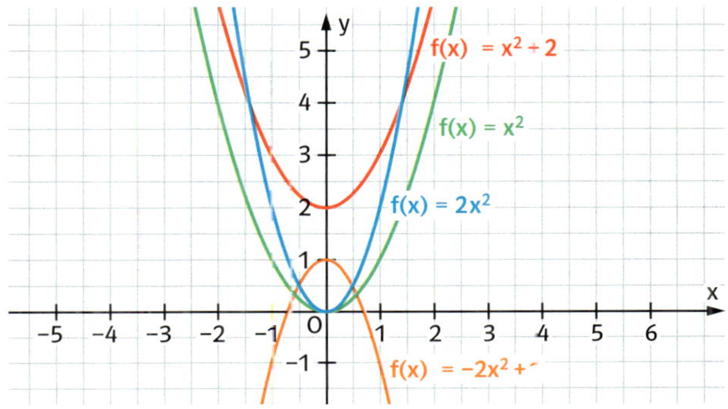

8 a) 2,6 m b) $\frac{2600}{8}$

9 a) $\frac{2}{3} = 60\,\%$
b) Mit Würfel A), da hier die Wahrscheinlichkeit bei $\frac{1}{3}$ liegt (für B) $\frac{1}{6}$).

Querbeet Test 6 Seite 181

1 a) 8 €
b) Dieser Betrag ist nicht möglich, da nach Abzug des Tagesabo und der ersten $1\frac{1}{2}$ Stunden (4 €) eine durch 4 teilbare Zahl übrig bleiben muss (hier: 19 €).
c) Graph 2, da die Kosten innerhalb von einer Stunde gleichbleiben (der Graph stellenweise parallel zur x-Achse verläuft).
d) Nach $1\frac{1}{2}$ Stunden ist der Tarif günstiger.
Kosten nach $1\frac{1}{2}$ Stunden bei der Stadt: 8 € (dann jede angefangene Stunde 4 €); beim Fahrradhändler: 6 € (dann für jede halbe Stunde: 1,50 €).
e) Individuelle Lösung, z. B. Tagesabo: 5 €; Leihpreis pro halbe Stunde: 50 ct.
f) Bei 10 000 Fahrrädern würde 1 Rad 25 € kosten. Dieser Preis ist wohl etwas sehr billig.

Querbeet Test 7 Seite 182

1 a) $A = 11{,}56\,dm^2$
b) $A \approx 42{,}27\,dm^2$
c) $O = 686\,cm^2$ (nur Schachtel)
$O = 960{,}4\,cm^2$ (mit Folie)

2 a) 5 s
b) 224 640 Kugeln pro Maschine; 673 920 Kugeln bei 3 Maschinen.
c) Eine Maschine müsste am Tag 18 Stunden laufen (1,5-mal mehr).

3 a) 12,5 g
b) $V \approx 20{,}58\,cm^3$; Dichte: ca. $0{,}61\,g/cm^3$
c) Die Kugel schwimmt da ihre Dichte etwas geringer ist als die Dichte von Wasser ($1g/cm^3$).

4 $V_{Quader} = 686\,cm^3$
$V_{Kugeln} \approx 329{,}28\,cm^3$
Volumenanteil an Luft: ca. 52 %

Querbeet Test 8 Seite 183

1 a) $v = \frac{\text{Weg}}{\text{Zeit}}$
$= \frac{130\,m}{2100\,s} \approx 0{,}062\,m/s$
b) Fallzeit: x; Zeit des Schalls: 5,5 − x
$s_{Stein} = 5 \cdot x^2$; $s_{Schall} = 340 \cdot (5{,}5 - x)$
$5x^2 = 340 \cdot (5{,}5 - x)$
$x^2 + 68x - 375 = 0$
$x_1 = 5{,}12$ und $x_2 = 73{,}12$
x_1 eingesetzt:
$s_{Stein} = 131{,}1\,m$; $s_{Schall} \approx 129{,}2\,m$
c) $t = \sqrt{\frac{s}{5}}$
$t = \sqrt{\frac{37}{5}} \approx 2{,}72\,s$

2 a) ca. $2000\,m^3$ Wasser
b) Eine Seite der fünfeckigen Anlage ist ca. 160 m lang.
c) Maßstab: 1 : 40 000

Querbeet Test 9 Seite 184

1 a) Zur Losbude „Mega-Los", da dort die Gewinnchancen am höchsten sind (34 %).
b) Die Gewinnchancen sind Wahrscheinlichkeiten, die bei häufigen Ziehungen im Durchschnitt eintreten.
c) 340 Lose
d) Nein, denn die Gewinnchancen sind Wahrscheinlichkeiten, die bei häufigen Ziehungen im Durchschnitt eintreten.

2 a) Substanz D, E und F
b) D: ≈ 12,86 %; E: ≈ 6 %; F: ≈ 34,78 %
c) Messwert B: 2,76 Richtwert B: 2,5 – 3,8

3 a) 450 000 Personen
b) Wahrscheinlichkeit „krank": $\frac{1}{40} \cdot \frac{24}{25} + \frac{39}{40} \cdot \frac{2}{975} = 2{,}6\,\%$

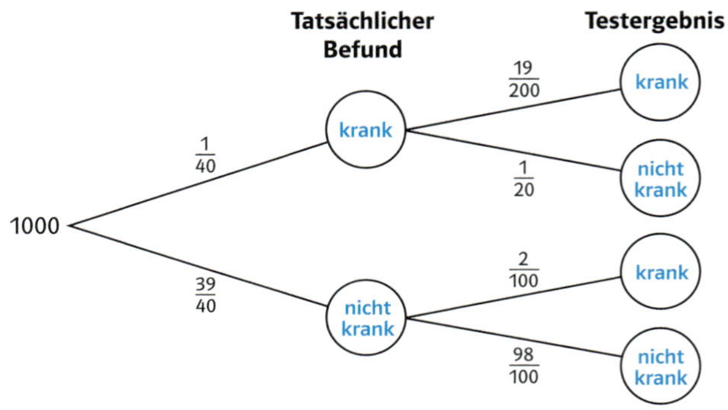

Bezeichnungen und Symbole

Mathematische Zeichen und Abkürzungen

=	gleich	~	proportional, ähnlich (geom.)
≠	nicht gleich, ungleich	∥	parallel zu
<	kleiner als	⊥	rechtwinklig zu, senkrecht auf
≦	kleiner oder gleich	∢	Winkel
>	größer als	∢ ASB	Winkel ASB mit dem Scheitel S
≧	größer oder gleich	⊾	rechter Winkel (90°)
≈	ungefähr gleich, rund, etwa	$\overline{AB}$	Strecke mit den Endpunkten A und B
≙	entspricht	|a|	Betrag von a

Griechisches Alphabet

α	Alpha	η	Eta	ν	Ny	τ	Tau
β	Beta	ϑ	Theta	ξ	Xi	υ	Ypsilon
γ	Gamma	ι	Jota	ο	Omikron	φ	Phi
δ	Delta	κ	Kappa	π	Pi	χ	Chi
ε	Epsilon	λ	Lambda	ϱ	Rho	ψ	Psi
ζ	Zeta	μ	My	σ	Sigma	ω	Omega

Altgriechische Zahlwörter

1	Mono	5	Penta	9	Nona	20	Ikosa
2	Di	6	Hexa	10	Deka	Viele	Poly
3	Tri	7	Hepta	11	Undeka		
4	Tetra	8	Okta	12	Dodeka		

Zahlen und Zahlengerade

Natürliche Zahlen ℕ sind 0; 1; 2; 3; 4; …

Ganze Zahlen ℤ sind … −3; −2; −1; 0; 1; 2; 3; 4; …

Rationale Zahlen ℚ sind z. B. $\frac{1}{2}$; −1,3; $\frac{4}{3}$; 0,02; 0,3. Rationale Zahlen lassen sich als Bruch, als abbrechende oder als periodische Dezimalzahl schreiben.

Die kleinere von zwei rationalen Zahlen liegt weiter links auf der Zahlengerade.

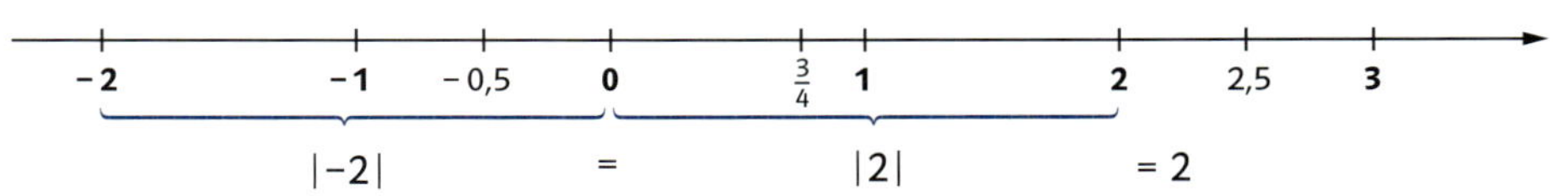

Zahlen mit demselben **Betrag** sind auf der Zahlengeraden gleich weit von der Null entfernt.

Irrationale Zahlen sind z. B. $\sqrt{2}$ oder π. Sie sind nicht abbrechende, nicht periodische Dezimalzahlen.
Alle rationalen und irrationalen Zahlen sind **reelle Zahlen** ℝ.

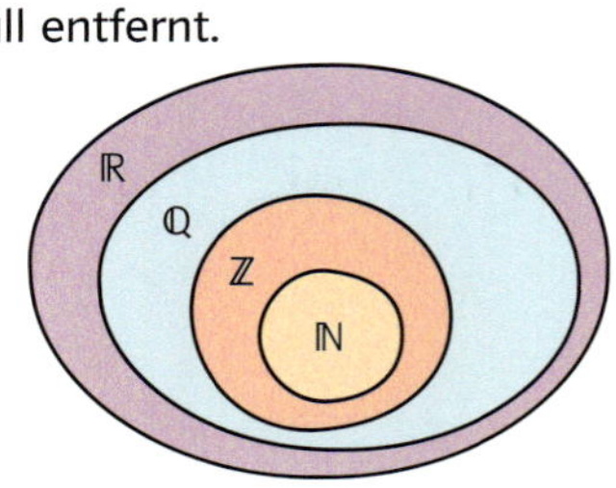

Rechenarten (Bezeichnung und Sprechweisen)

Rechenart		Der Term heißt	a heißt	b heißt
Addition	$a + b$	Summe	1. Summand	2. Summand
Subtraktion	$a - b$	Differenz	Minuend	Subtrahend
Multiplikation	$a \cdot b$	Produkt	1. Faktor	2. Faktor
Division	$a : b \quad (b \neq 0)$	Quotient	Dividend	Divisor
Potenzieren	a^b	Potenz	Basis	Exponent
Wurzelzeichen	$\sqrt[b]{a}\ (a \geqq 0)$	b-te Wurzel	Radikand	Wurzelexponent

Rechengesetze

Kommutativgesetz
Addition $a + b = b + a$

Multiplikation $a \cdot b = b \cdot a$

Assoziativgesetz
Addition $a + (b + c) = (a + b) + c$

Multiplikation $a \cdot (b \cdot c) = (a \cdot b) \cdot c$

Distributivgesetz
$a \cdot (b + c) = a \cdot b + a \cdot c$

$(a + b) : c = a : c + b : c$

Zuordnung

Proportionale Zuordnungen
Dem Doppelten (Dreifachen, ...) der einen Größe entspricht das Doppelte (Dreifache,...) der anderen Größe.
Beispiel: 3 kg kosten 12,60 €, wie viel kosten 7 kg?

Lösung mit **Dreisatz**:

:3 | 3kg ≙ 12,60 € | :3

·7 | $1\text{kg} \mathrel{\widehat{=}} \frac{12{,}60}{3}$ € | ·7

$7\text{kg} \mathrel{\widehat{=}} \frac{12{,}60 \cdot 7}{3}$ € = 29,40 €

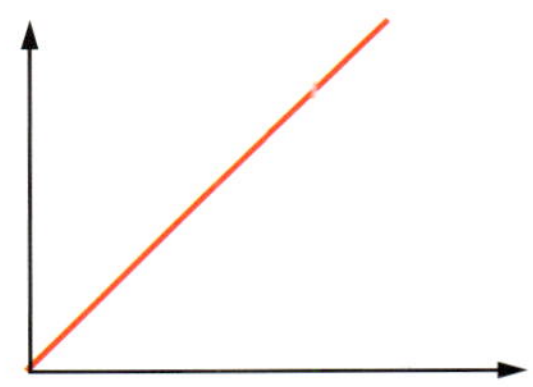

Antiproportionale Zuordnungen
Dem Doppeltem (Dreifachen, ...) einer Größe entspricht die Hälfte (der dritte Teil, ...) der anderen Größe.
Beispiel: 24 Schüler zahlen jeweils 15 €. Wie viel müssen 25 Schüler zahlen?

Lösung mit **Dreisatz**:

:24 | 24 Schüler ≙ 15 € | ·24

·25 | 1 Schüler ≙ 14 · 24 € | :25

25 Schüler ≙ $\frac{15 \cdot 24}{25}$ € = 14,40 €

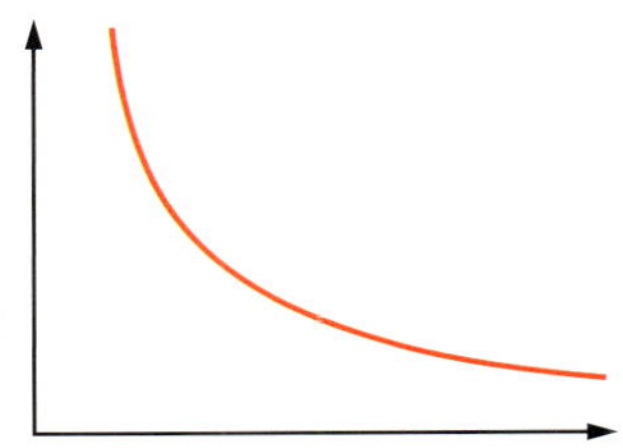

Termumformungen

Ausklammern
$ab + ac - ad = a(b + c - d)$

Ausmultiplizieren
$a(-b + c - d) = -ab + ac - ad$

Multiplizieren von Summen
$(a + b) \cdot (c + d) = ac + ad + bc + bd$

Binomische Formeln
$(a + b)^2 = a^2 + 2ab + b^2$ $\quad (a - b)^2 = a^2 - 2ab + b^2$ $\quad (a - b)(a + b) = a^2 - b^2$

Wurzeln und Potenzen

Die **Quadratwurzel** $\sqrt{b}$ einer positiven Zahl b, ist die positive Zahl, die mit sich selbst multipliziert b ergibt.
$(\sqrt{b})^2 = b$

Rechnen mit Wurzeln $\sqrt{a} \cdot \sqrt{b} = \sqrt{a \cdot b}$ $\quad \frac{\sqrt{a}}{\sqrt{b}} = \sqrt{\frac{a}{b}}$ $\quad \sqrt{a^2 b} = a\sqrt{b}$

Produkte aus gleichen Faktoren kann man kürzer als **Potenz** schreiben $\underbrace{a \cdot a \cdot a \cdot a \cdot \ldots \cdot a}_{\text{n-Faktoren}} = a^n$

$a^n = \underbrace{a \cdot a \cdot a \cdot \ldots \cdot a}_{\text{n-Faktoren}}$; a heißt **Basis** oder **Grundzahl**, n **Exponent** oder **Hochzahl**.

$a^0 = 1$; $\quad a^{-n} = \frac{1}{a^n}$ $(a \neq 0)$

Potenzgesetze

$a^m \cdot a^n = a^{m+n}$

$\frac{a^m}{a^n} = a^{m-n}$ $(a \neq 0)$

$(a^m)^n = a^{m \cdot n}$

$a^n \cdot b^n = (a \cdot b)^n$

$\frac{a^n}{b^n} = \left(\frac{a}{b}\right)^n$ $(b \neq 0)$

Terme und Gleichungen

Term
Terme sind mathematisch sinnvolle Ausdrücke, die aus Zahlen, Rechenzeichen und Variablen bestehen können.

$2x + 5$; $(b - 156)^2$; $z : 32$

Werden für die Variable Zahlen eingesetzt, dann kann jeweils der **Wert des Terms** berechnet werden.

Wert von $2x + 5$ für $x = 2$
$2 \cdot 2 + 5$, also 9

Gleichung
Werden zwei Terme durch ein Gleichheitszeichen verbunden, dann entsteht eine Gleichung.

Term 1:	Term 2:
$3x + 5$	$7 - 2x$

$3x + 5 = 7 - 2x$

Winkel

Winkelgrößen
Winkelgrößen werden im Gradmaß angegeben.

Spitzer Winkel

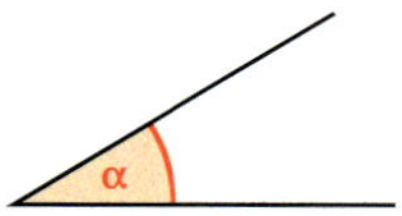

$0° < \alpha < 90°$

Rechter Winkel

$\alpha = 90°$

Stumpfer Winkel

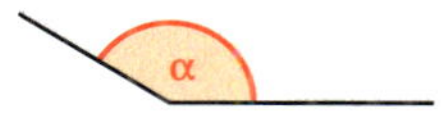

$90° < \alpha < 180°$

Überstumpfer Winkel

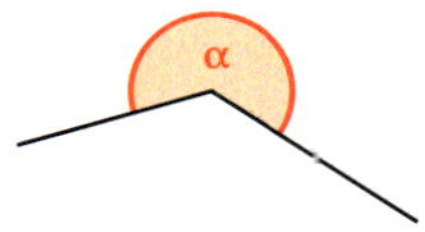

$180° < \alpha < 360°$

Ein **gestreckter Winkel** entspricht 180°; ein **Vollwinkel** entspricht 360°.

Winkel an sich schneidenden Geraden

Scheitelwinkel
sind gleich groß:
$\alpha = \beta$

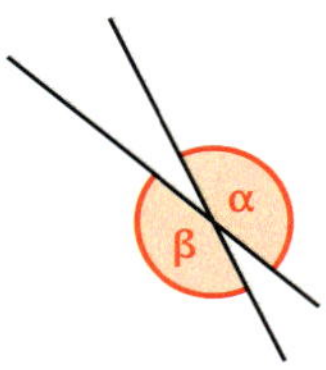

Nebenwinkel
ergeben zusammen 180°:
$\alpha + \beta = 180°$

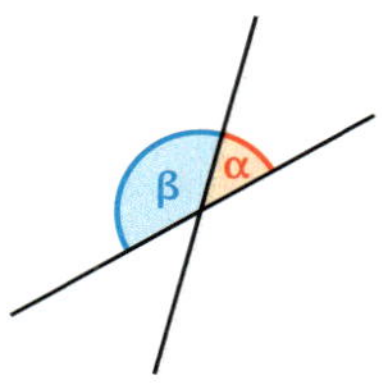

Stufenwinkel
$\alpha = \beta$ und $\gamma = \delta$

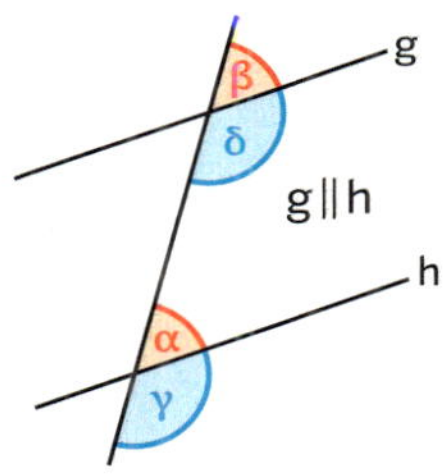

Wechselwinkel
$\alpha = \beta$ und $\gamma = \delta$

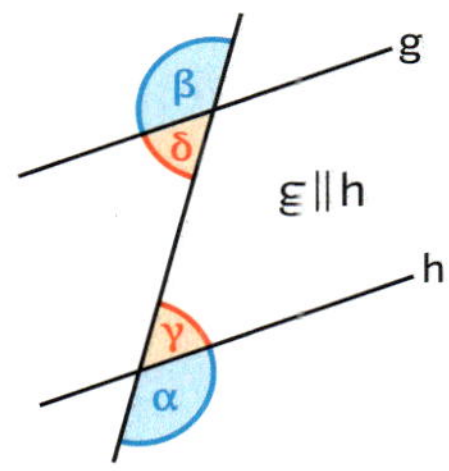

Satz des Thales
Liegt der Punkt C eines Dreiecks ABC auf dem Halbkreis über der Strecke $\overline{AB}$, dann ist der Winkel bei C ein rechter Winkel.

Umkehrung: Hat ein Dreieck bei C einen rechten Winkel, dann liegt der Punkt C auf dem Halbkreis über der Strecke $\overline{AB}$.

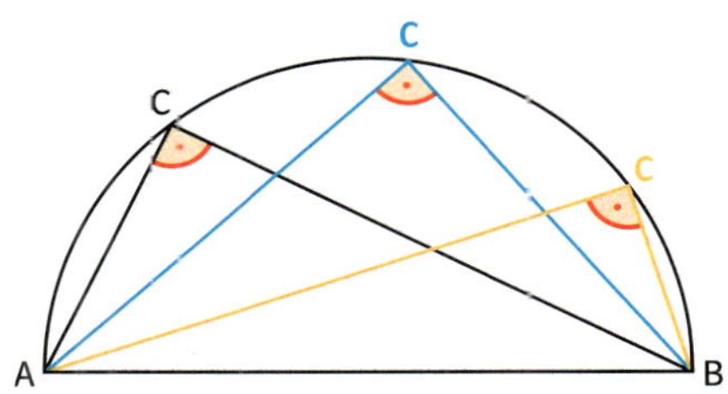

Lineare Funktion, Gerade

Funktionsgleichung: $f(x) = ax + b$
a **Steigung** der Geraden
b **y-Achsenabschnitt**
Die Steigung lässt sich berechnen, wenn die Punktkoordinaten zweier Punkte auf der Geraden bekannt sind.
$a = \frac{y_2 - y_1}{x_2 - x_1}$

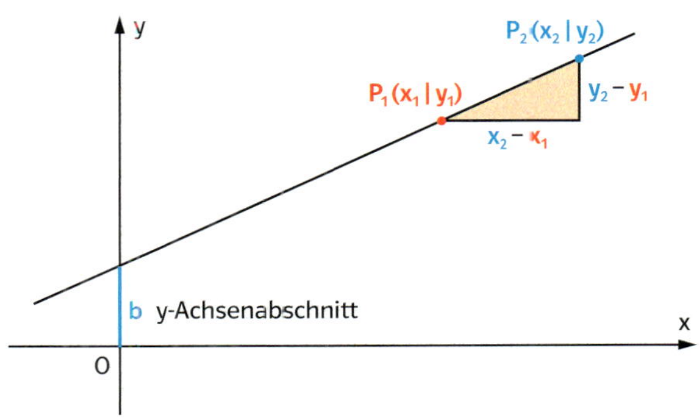

Lineare Gleichungssysteme mit zwei Variablen

Ein lineares Gleichungssystem besteht aus zwei linearen Gleichungen.
Rechnerische Lösungen sind:

Das **Einsetzverfahren**

I) $y = 2x + 4$
II) $x = -3y + 1{,}5$
II) in I) $y = 2(-3y + 1{,}5) + 4$
I´) $y = 1$
I´) in II) $x = -1{,}5$

Das **Gleichsetzungsverfahren**

I) $y = 2x + 4$
II) $y = -3x - 6$ } rechte Terme gleichsetzen
$2x + 4 = -3x - 6$
I´) $x = -2$
I´) in I) $y = 0$

Das **Additions-** bzw. **Subtraktionsverfahren**

I) $y = 2x + 4$
II) $y = -2x - 6$ } +
I´) $2y = -2$
$y = -1$
I´) in I) $x = -2{,}5$

Zur zeichnerischen Lösung werden die beiden Gleichungen als Geraden dargestellt.
Man unterscheidet drei Möglichkeiten:

Die Geraden schneiden sich in S.	Die Geraden sind zueinander parallel	Die Geraden sind identisch
genau eine Lösung	keine Lösung	unendlich viele Lösungen

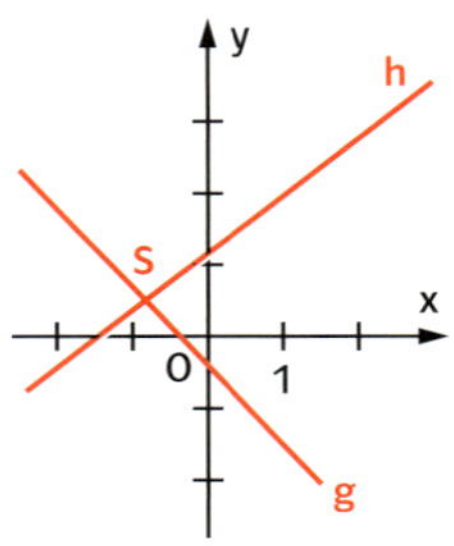

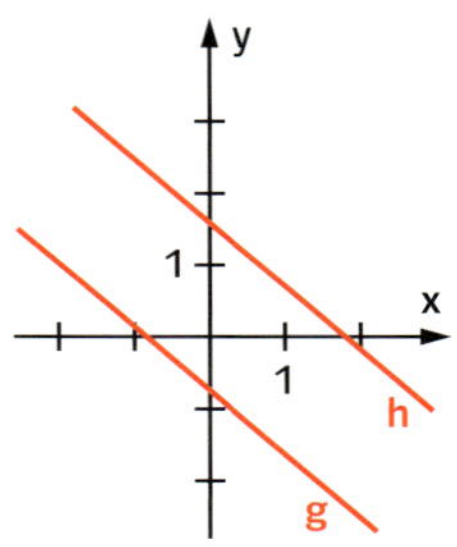

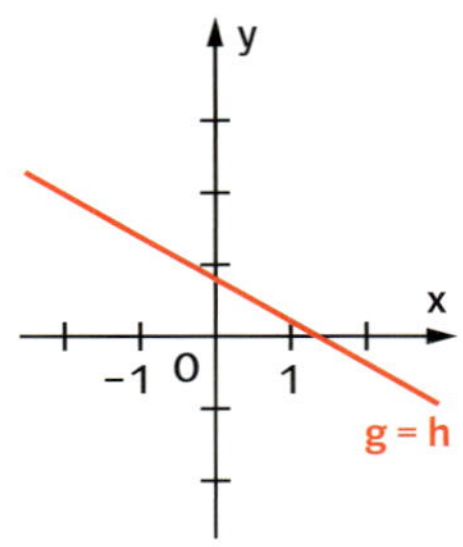

Quadratische Funktion, Parabel

Normalparabel
Funktionsgleichung: $f(x) = x^2$; Scheitelpunkt: $S(0|0)$
Auf y-Achse verschobene Parabel, z. B. $f(x) = x^2 + 2$
Scheitelpunkt: $S(0|2)$

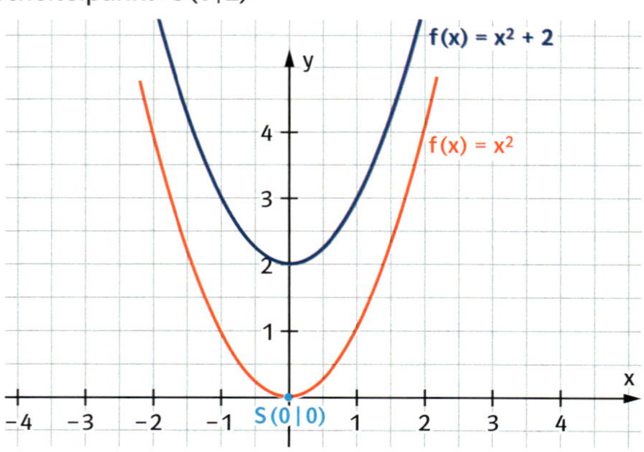

Schmale und breite Parabeln
Funktionsgleichung: $f(x) = ax^2$; Scheitelpunkt: $S(0|0)$

a bestimmt die Öffnung der Parabel:
$a > 0$: nach oben offen
$a < 0$: nach unten offen
$a > 1$ und $a < -1$: schmaler als die Normalparabel
$0 < a < 1$ und $-1 < a < 0$: breiter als die Normalparabel

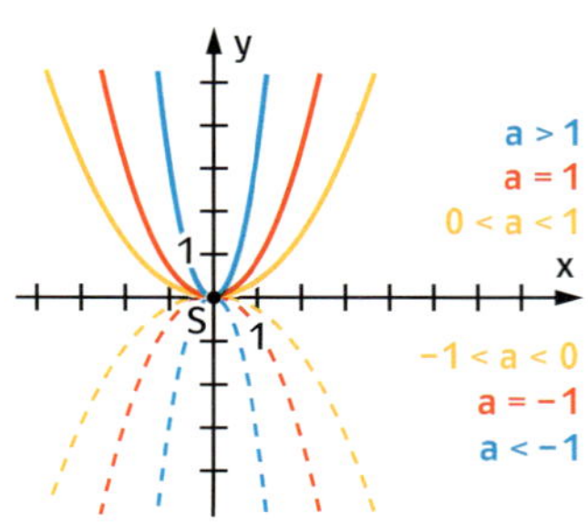

Verschobene Normalparabeln
Funktionsgleichung (Scheitelform)
$f(x) = (x - x_s)^2 + y_s$
Scheitelpunkt: $S(x_s \mid y_s)$

Nullstellen: zwei, eine oder keine Nullstelle

Normalform
$f(x) = ax^2 + bx + c$

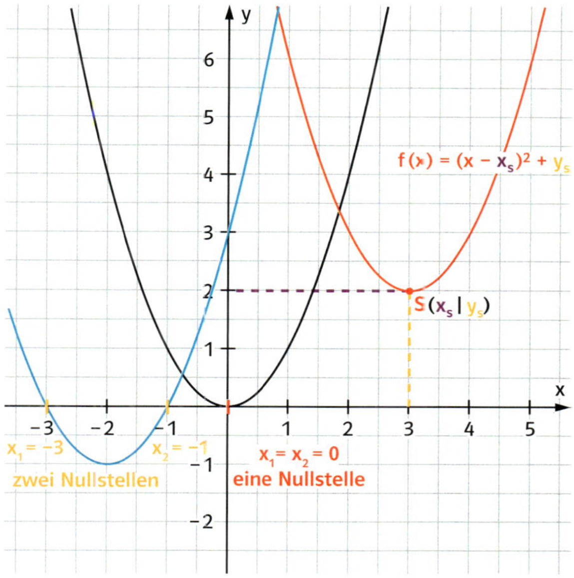

Potenzfunktion

Funktionsgleichung: $f(x) = x^n$ $(n \in \mathbb{N},\ n > 1)$
Nullstellen: $x_0 = 0$
Symmetrie: Der Graph ist achsensymmetrisch zur y-Achse, wenn n gerade ist; punktsymmetrisch zum Ursprung, wenn n ungerade ist.

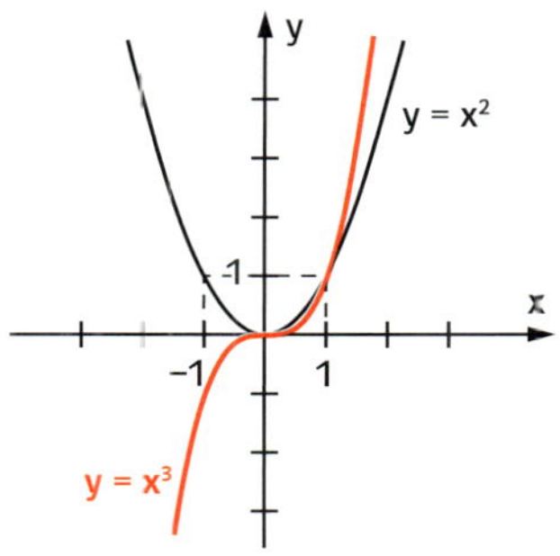

Wachstumsprozesse

c Anfangswert

a Wachstumsfaktor — Zunahme für $a = 1 + \frac{p}{100}$

n Anzahl der Schritte — Abnahme für $a = 1 - \frac{p}{100}$

Exponentielles Wachstum

$f(n) = c \cdot a^n$

Exponentialfunktion

Funktionsgleichung: $f(x) = a^x$

$a > 0, a \neq 1$

Graph: gemeinsamer Punkt der Graphen aller Exponentialfunktionen: S (0|1)

Nullstellen: keine

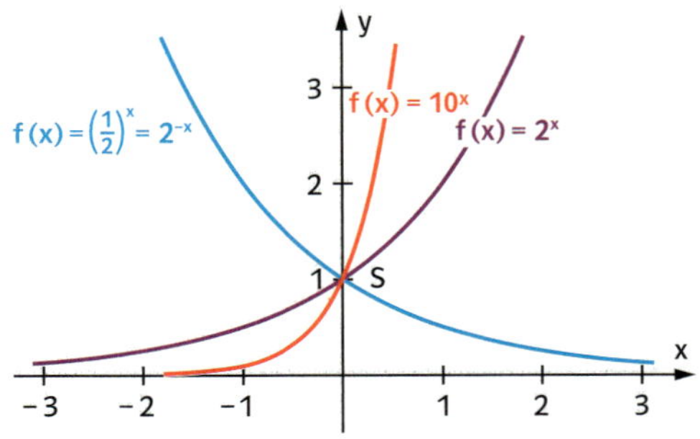

Quadratische Gleichungen

Normalform	allgemeine Form
Dividiert man die allgemeine Form einer quadratischen Gleichung durch a, dann erhält man die **Normalform** der quadratischen Gleichung: $x^2 + px + q = 0$ **Lösungsformel**: $x_{1,2} = -\frac{p}{2} \pm \sqrt{\left(\frac{p}{2}\right)^2 - q}$	Jede quadratische Gleichung kann stets in folgender Form dargestellt werden: $ax^2 + bx + c = 0 \quad (a \neq 0)$ Man nennt diese Form **allgemeine Form** einer quadratischen Gleichung.

Ähnlichkeit und zentrische Streckung

Eine zentrische Streckung ist durch ein **Streckzentrum Z** und den **Streckfaktor k** = $\frac{\text{Länge der Bildstrecke}}{\text{Länge der Originalstrecke}}$ festgelegt.

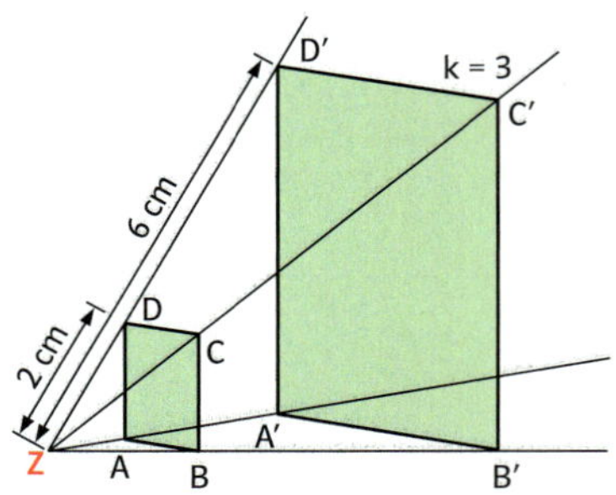

Strahlensätze

Werden zwei Strahlen oder zwei Geraden von zwei Parallelen geschnitten, so gilt:

1. Strahlensatz (entsprechende Abschnitte auf den Strahlen oder Geraden) $\frac{a_1}{a_2} = \frac{b_1}{b_2}$ und $\frac{a_1}{a_3} = \frac{b_1}{b_3}$ und …

2. Strahlensatz (entsprechende Abschnitte auf den Parallelen und einem Strahl oder einer Geraden von S aus gemessen) $\frac{c_1}{c_2} = \frac{a_1}{a_2}$ und $\frac{c_1}{c_2} = \frac{b_1}{b_2}$.

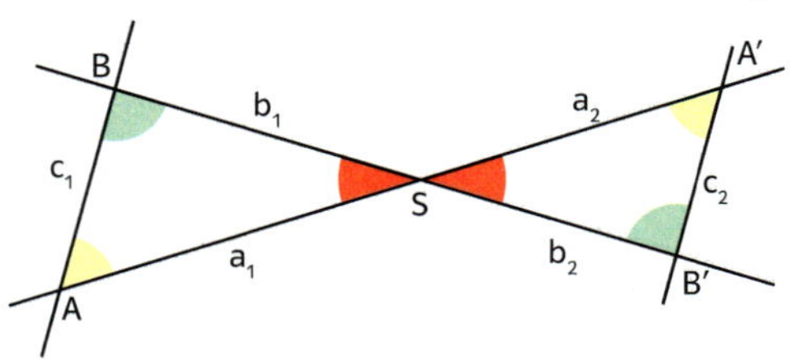

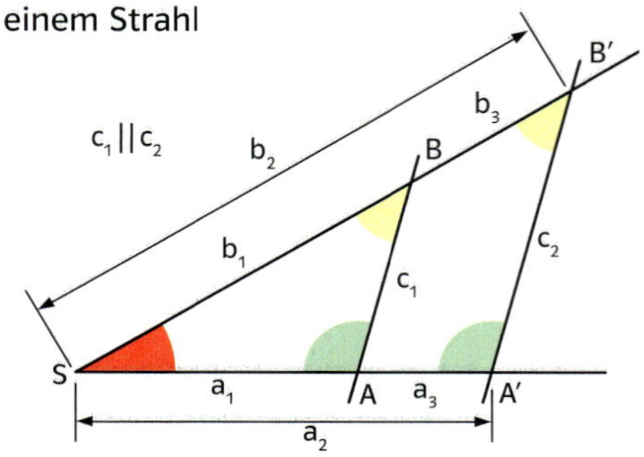

Dreiecke

Winkelsumme

$\alpha + \beta + \gamma = 180°$

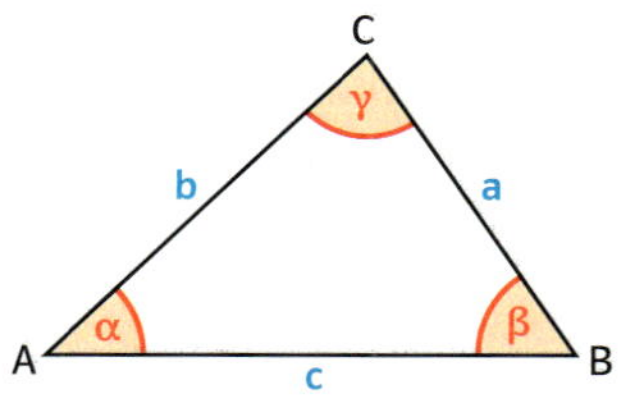

Allgemeines Dreieck

Flächeninhalt

$A = \frac{g \cdot h}{2}$

g: Grundseite

h: Höhe zur Grundseite

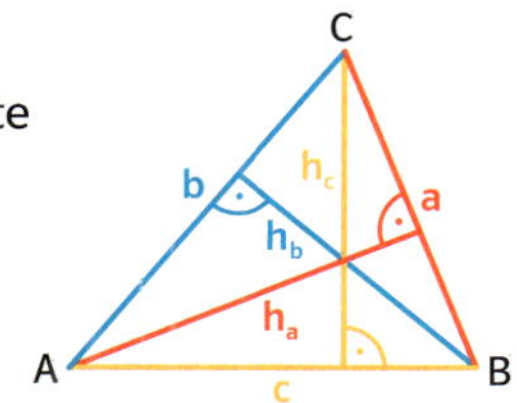

$A = \frac{a \cdot h_a}{2}$ oder

$A = \frac{b \cdot h_b}{2}$ oder

$A = \frac{c \cdot h_c}{2}$

Gleichschenkliges Dreieck

Zwei Seiten (die **Schenkel**) sind gleich lang: $a = b$

Die **Basiswinkel** sind gleich groß: $\alpha = \beta$

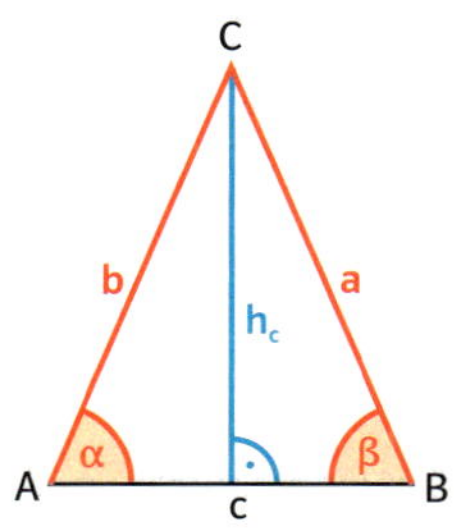

Gleichseitiges Dreieck

Alle Seiten sind gleich lang: $a = b = c$

Alle Winkel sind gleich groß: $\alpha = \beta = \gamma = 60°$

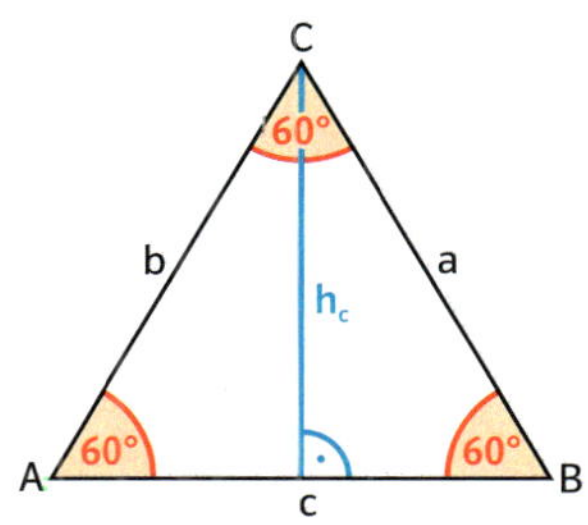

Rechtwinkliges Dreieck

Die dem rechten Winkel (90°) gegenüberliegende Seite heißt **Hypotenuse**.

Die beiden anderen Seiten heißen **Katheten**.

Ist $\gamma = 90°$, dann gilt für den Flächeninhalt

$A = \frac{a \cdot b}{2}$ oder auch $A = \frac{c \cdot h_c}{2}$.

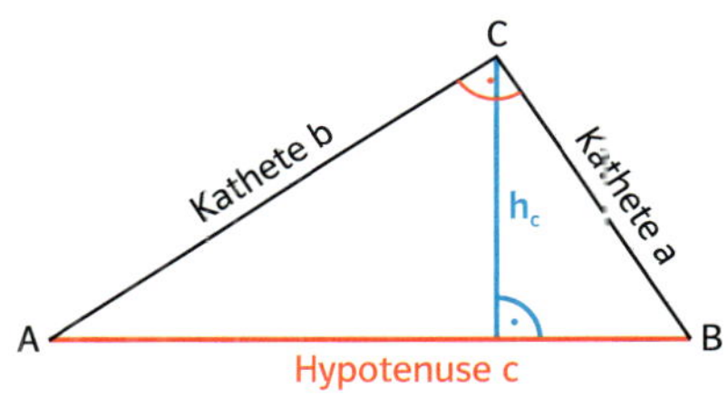

Satz des Pythagoras

Im rechtwinkligen Dreieck ist das Quadrat über der Hypotenuse gleich der Summe der Quadrate über den beiden Katheten:

$a^2 + b^2 = c^2$.

Umkehrung

Gilt bei einem Dreieck $a^2 + b^2 = c^2$, dann ist das Dreieck rechtwinklig.

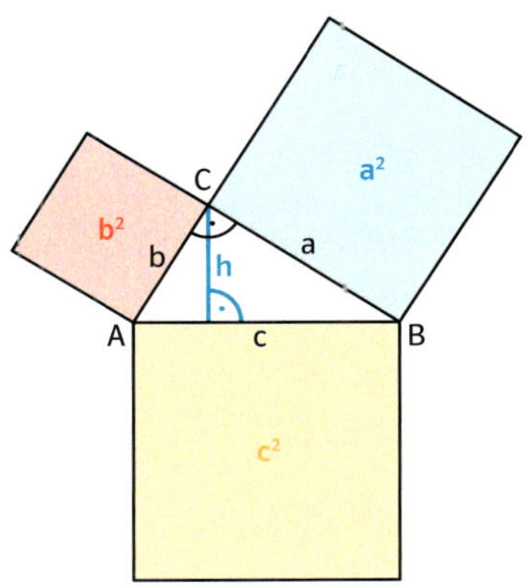

Kongruenzsätze für Dreiecke

Zwei Dreiecke sind **kongruent** (**deckungsgleich**), wenn eine der vier Bedingungen erfüllt ist:

Kongruenzsatz sss:	Die Dreiecke stimmen in drei entsprechenden Seiten überein.
Kongruenzsatz sws:	Die Dreiecke stimmen in zwei entsprechenden Seiten überein und die von diesen Seiten jeweils eingeschlossenen Winkel sind gleich groß.
Kongruenzsatz Ssw:	Die Dreiecke stimmen in zwei entsprechenden Seiten überein und die Gegenwinkel der längeren Seite sind gleich groß.
Kongruenzsatz wsw oder wws:	Die Dreiecke stimmen in einer Seite und zwei entsprechend gleichliegenden Winkeln überein.

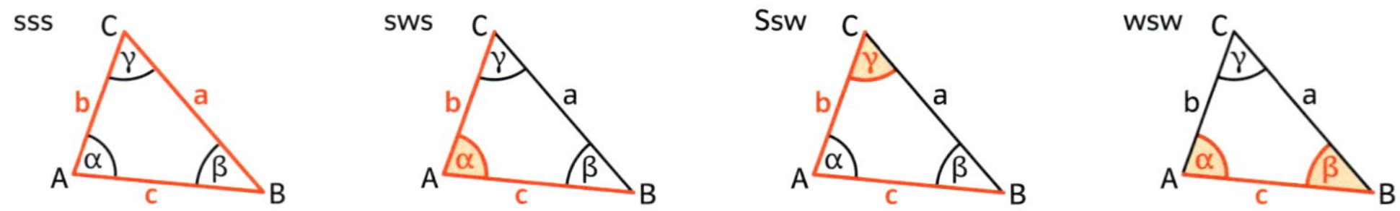

Besondere Linien und Punkte im Dreieck

Mittelsenkrechte und Umkreis
Die drei Mittelsenkrechten schneiden sich in einem Punkt, dem Umkreismittelpunkt M.
M ist von allen drei Ecken gleich weit entfernt.

r ist der Umkreisradius.

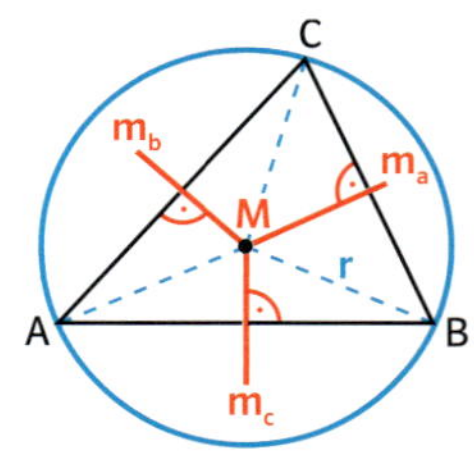

Winkelhalbierende und Inkreis
Die drei Winkelhalbierenden schneiden sich in einem Punkt, dem Inkreismittelpunkt W.
Der **Inkreis** berührt alle drei Seiten.

ϱ ist der Inkreisradius.

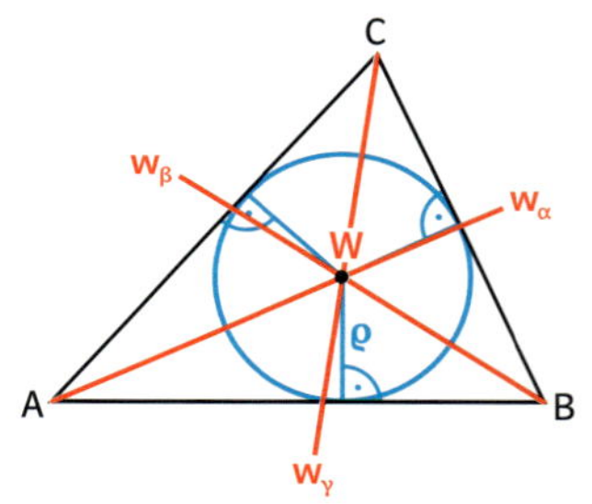

Seitenhalbierende und Schwerpunkt
Die drei Seitenhalbierenden schneiden sich in einem Punkt, dem Schwerpunkt S.

Der Schwerpunkt teilt jede Seitenhalbierende im Verhältnis 2 : 1

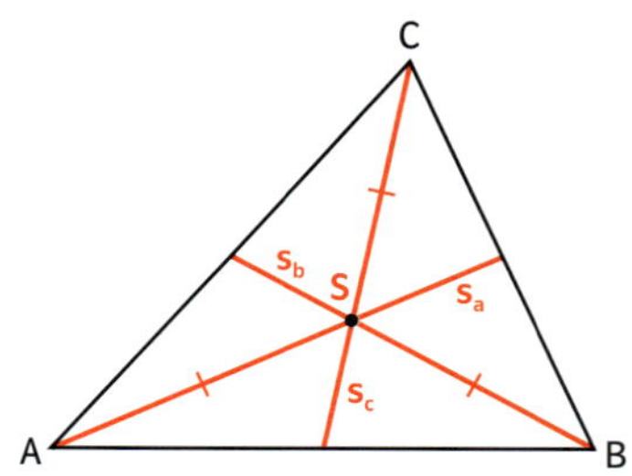

Vierecke

Winkelsumme

$\alpha + \beta + \gamma + \delta = 360°$

Quadrat

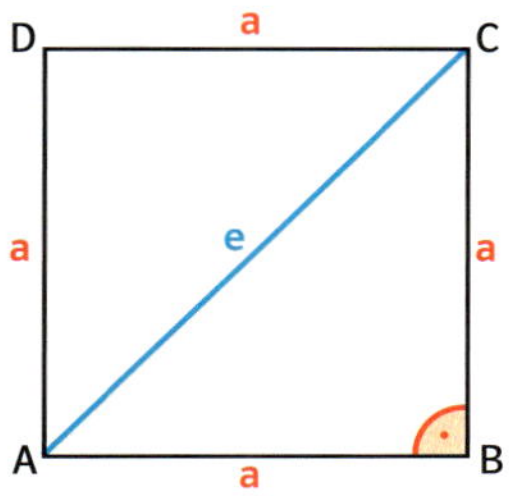

Flächeninhalt

$A = a^2$

Umfang

$u = 4a$

Rechteck

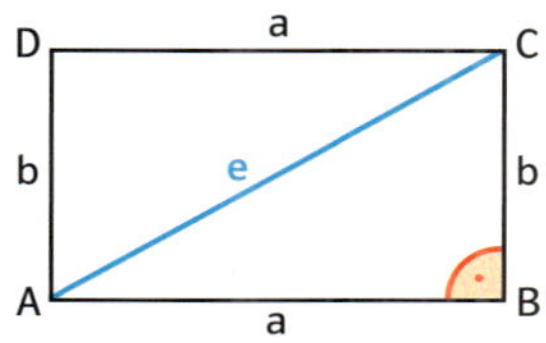

Flächeninhalt

$A = a \cdot b$

Umfang

$u = 2a + 2b$

Raute (Rhombus)

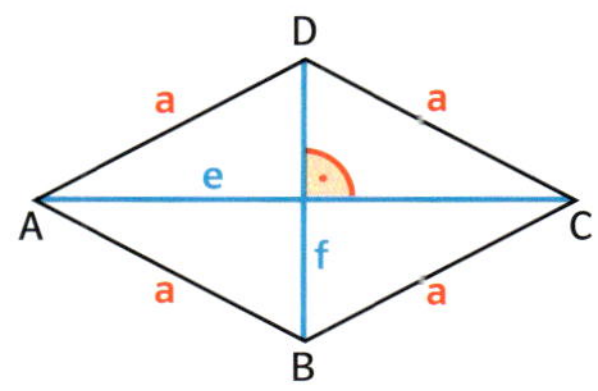

Flächeninhalt

$A = \frac{e \cdot f}{2}$

Umfang

$u = 4a$

Parallelogramm

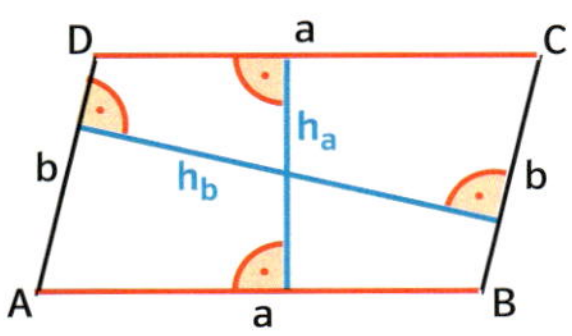

Flächeninhalt

$A = a \cdot h_a = b \cdot h_b$

Umfang

$u = 2a + 2b$

Drachenviereck

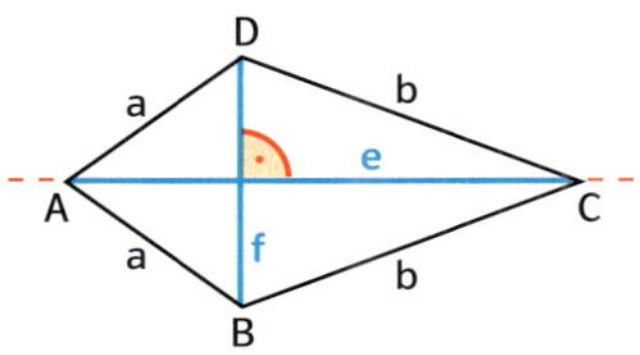

Flächeninhalt

$A = \frac{e \cdot f}{2}$

Umfang

$u = 2a + 2b$

Trapez

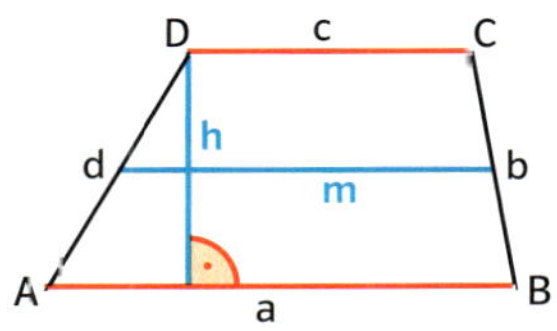

Flächeninhalt

$A = \frac{(a + c)}{2} \cdot h;\ A = m \cdot h$

Umfang

$u = a + b + c + d$

Kreis und Kreisteile

Kreis

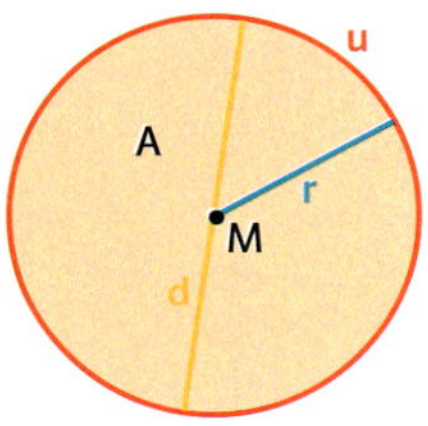

$A = \pi \cdot r^2;\ A = \frac{\pi}{4} \cdot d^2$

$u = 2 \cdot \pi \cdot r;\ u = \pi \cdot d$

Kreisring

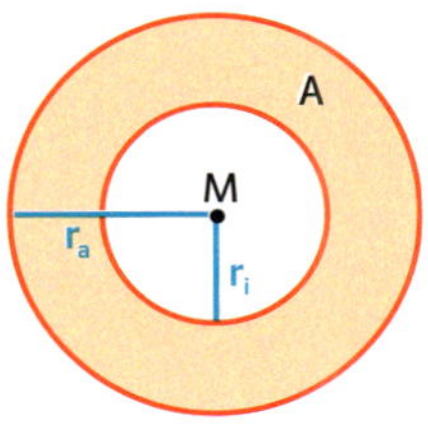

$A = \pi \cdot (r_a^2 - r_i^2)$

Kreisausschnitt (Sektor) und Kreisbogen

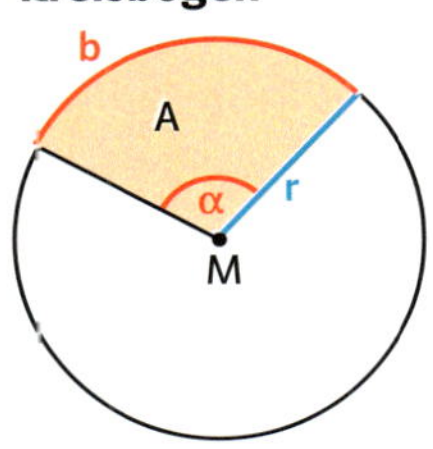

$A = \pi \cdot r^2 \cdot \frac{\alpha}{360°};\ A = \frac{b \cdot r}{2}$

$b = 2 \cdot \pi \cdot r \cdot \frac{\alpha}{360°}$

Prozentrechnung

G **Grundwert**
P **Prozentwert**
p% **Prozentsatz**

$1\% = \frac{1}{100} = 0{,}01$

Prozentsatz

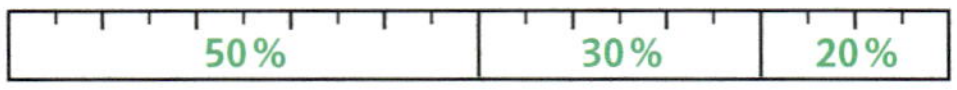

Prozentwert

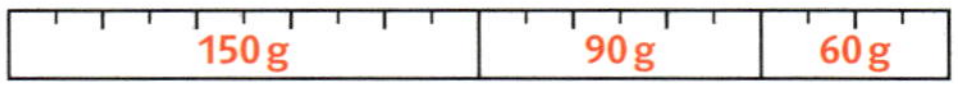

Grundwert

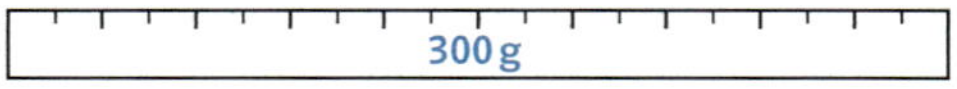

Berechnung des **Grundwerts**:
29% sind 348. Wie viel sind 100%?

Dreisatz oder **Formel**

Dreisatz	Formel
$29\% \mathrel{\hat{=}} 348$	$\text{Grundwert} = \frac{\text{Prozentwert}}{\text{Prozentzahl}} \cdot 100$
$1\% \mathrel{\hat{=}} \frac{348}{29}$	$G = \frac{P}{p} \cdot 100$
$100\% \mathrel{\hat{=}} \frac{348 \cdot 100}{29} = 1200$	$G = \frac{348}{29} \cdot 100$

Berechnung des **Prozentsatzes**:
Wie viel Prozent sind 35 von 250?

Dreisatz oder **Formel**

Dreisatz	Formel
$250 \mathrel{\hat{=}} 100\%$	$\text{Prozentsatz} = \frac{\text{Prozentwert}}{\text{Grundwert}}$
$1 \mathrel{\hat{=}} \frac{100}{250}\%$	$p\% = \frac{P}{G}$
$35 \mathrel{\hat{=}} \frac{100 \cdot 35}{250}\% = 14\%$	$p\% = \frac{35}{200} = 0{,}14 = 14\%$

Berechnung des **Prozentwerts**:
Wie viel sind 45% von 360?

Dreisatz oder **Formel**

Dreisatz	Formel
$100\% \mathrel{\hat{=}} 360$	Prozentwert = Grundwert · Prozentsatz
$1\% \mathrel{\hat{=}} \frac{360}{100}$	$P = G \cdot \frac{p}{100} = G \cdot p\%$
$45\% \mathrel{\hat{=}} \frac{360 \cdot 45}{100} = 162$	$P = 360 \cdot \frac{45}{100} = 162$

Promillerechnung

ein Promille: $1‰ = \frac{1}{1000} = 0{,}001$ $\quad p‰ = \frac{p}{1000}$

Zinsrechnung

K **Kapital** Grundformel
Z **Zinsen** $Z = K \cdot p\%$ $\quad Z = K \cdot \frac{p}{100} \cdot \frac{i}{365}$
p% **Zinssatz** $p\% = \frac{p}{100}$ $\quad$ i Anzahl der Zinstage

Zinsen gesucht

K = 600 €; p% = 2,5%; 300 Zinstage

1. Schritt: Jahreszinsen berechnen

$Z = 600\,€ \cdot 0{,}025 = 15\,€$

2. Schritt: Zinsen für 300 Tage berechnen

$365 \text{ Tage} \mathrel{\hat{=}} 15\,€$

$1 \text{ Tag} \mathrel{\hat{=}} \frac{15}{365}\,€$

$300 \text{ Tage} \mathrel{\hat{=}} \frac{15 \cdot 300}{365}\,€ \approx 12{,}33\,€$

Würfel, Quader und Prisma

Volumen bei diesen Körpern $V = G \cdot h$ (G **Grundfläche**; h **Höhe**; M **Mantelfläche**; u **Umfang der Grundfläche**)

Würfel

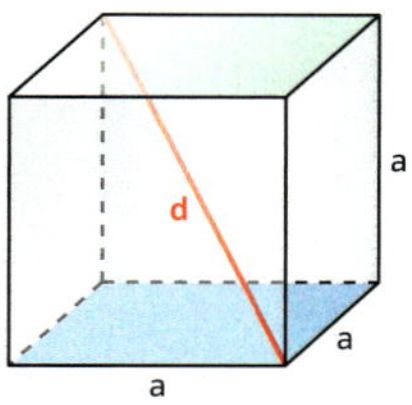

Volumen
$V = a^3$

Oberfläche
$O = 6a^2$

Raumdiagonale
$d = \sqrt{3}\,a$

Quader

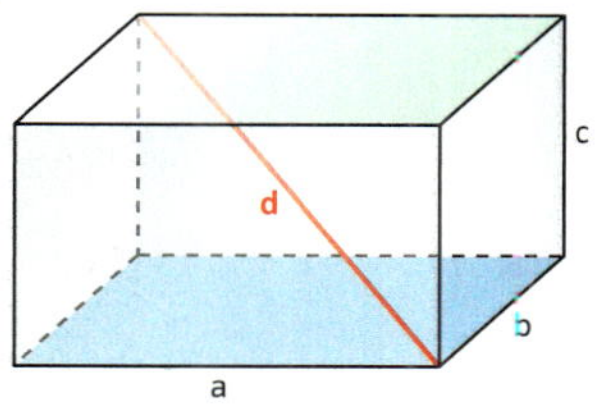

Volumen
$V = a \cdot b \cdot c$

Oberfläche
$O = 2ab + 2ac + 2bc$

Raumdiagonale
$d = \sqrt{a^2 + b^2 + c^2}$

Prisma

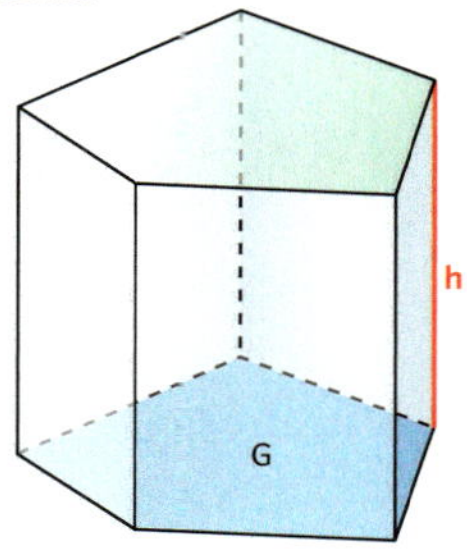

Volumen
$V = G \cdot h$

Mantelfläche
$M = u \cdot h$

Oberfläche
$O = 2G + M$

Körper

(G **Grundfläche**; h **Höhe**; M **Mantelfläche**)

Oberfläche $O = G + M$

Volumen $V = \frac{1}{3} \cdot G \cdot h$

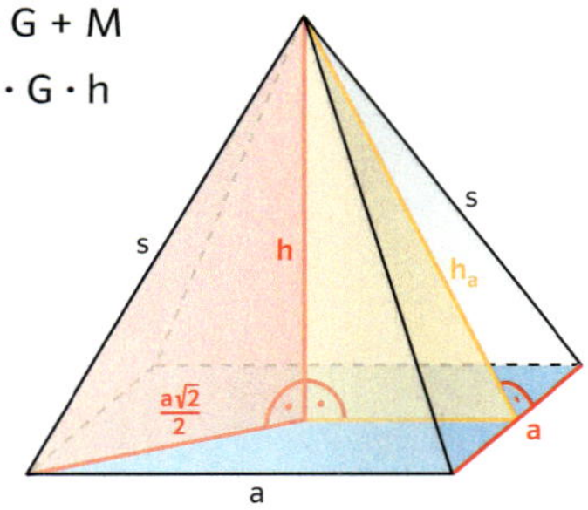

z. B. Quadratische Pyramide
Mantelfläche

$M = 2ah_a$

Oberfläche

$O = a^2 + 2ah_a$

Volumen

$V = \frac{1}{3}a^2h$

Zylinder

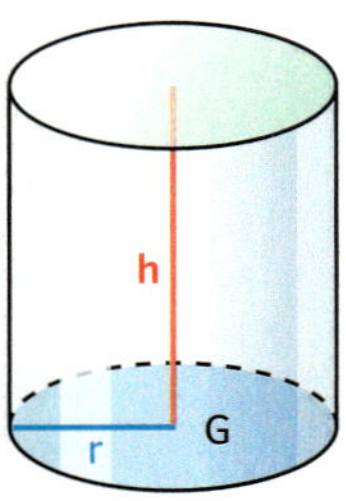

Netz eines Zylinders

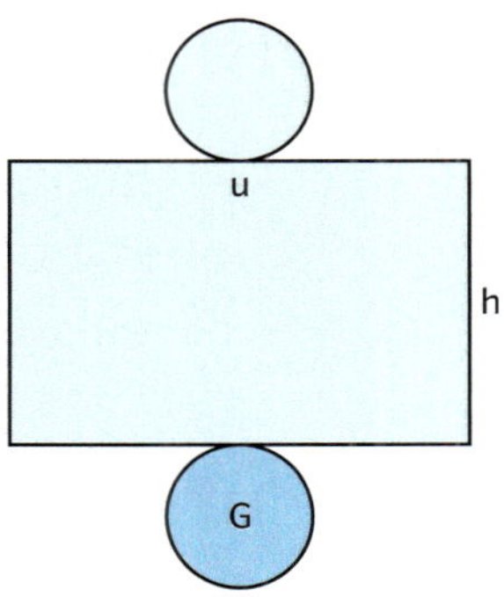

Volumen
$V = G \cdot h$
$V = \pi r^2 \cdot h$

Mantelfläche
$M = u \cdot h$
$M = 2\pi r \cdot h$

Oberfläche
$O = 2G + M$
$O = 2\pi r^2 + 2\pi rh$

Kegel

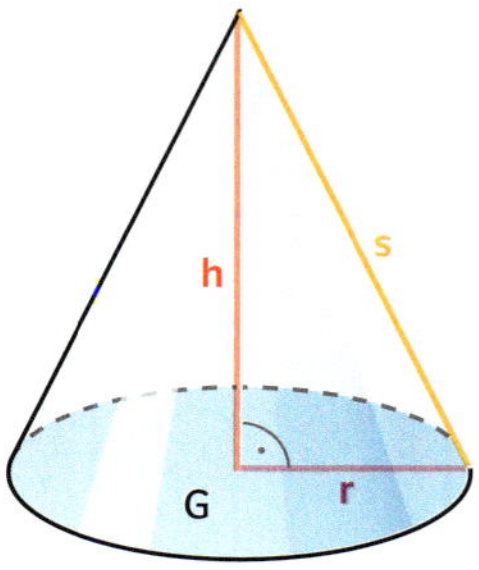

Netz des Kegels

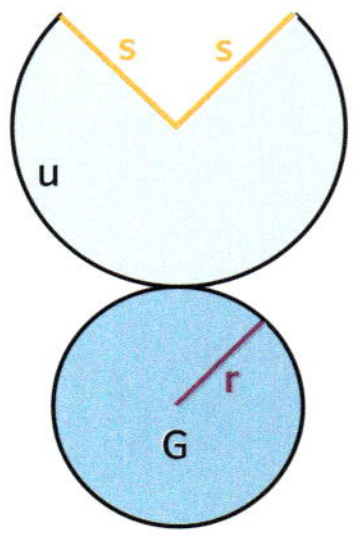

Mantelfläche
$M = \pi \cdot r \cdot s$

Oberfläche
$O = G + M$
$O = \pi\, r^2 + \pi\, r s$

Volumen
$V = \frac{1}{3} \cdot G \cdot h$

$V = \frac{1}{3} r^2 \pi h$

Kugel

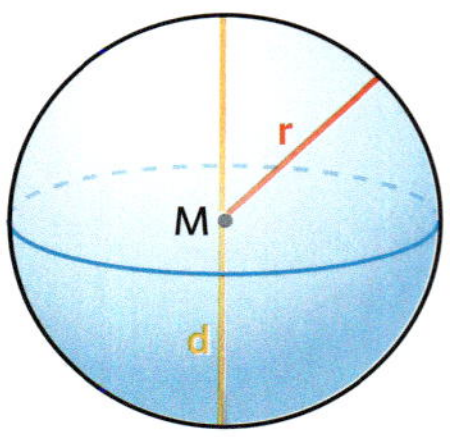

Volumen
$V = \frac{4}{3} \pi r^3$

Oberfläche
$O = 4 \pi r^2$

Sinus, Kosinus und Tangens

Definition am **rechtwinkligen Dreieck**
($0° < \alpha < 90°$)

Sinus: $\sin\alpha = \dfrac{\text{Gegenkathete}}{\text{Hypotenuse}} = \dfrac{a}{c}$

Kosinus: $\cos\alpha = \dfrac{\text{Ankathete}}{\text{Hypotenuse}} = \dfrac{b}{c}$

Tangens: $\tan\alpha = \dfrac{\text{Gegenkathete}}{\text{Ankathete}} = \dfrac{a}{b}$

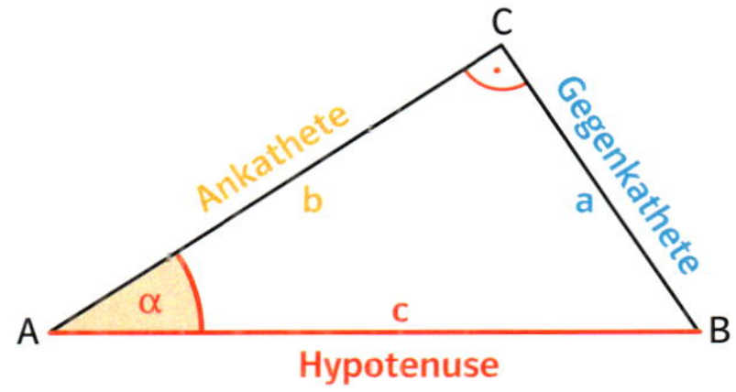

Allgemeines Dreieck

Flächeninhalt

$A = \frac{1}{2}ab \cdot \sin\gamma,\ A = \frac{1}{2}ac \cdot \sin\beta,\ A = \frac{1}{2}bc \cdot \sin\alpha$

Sinussatz

$\frac{a}{b} = \frac{\sin\alpha}{\sin\beta} \qquad \frac{a}{c} = \frac{\sin\alpha}{\sin\gamma} \qquad \frac{b}{c} = \frac{\sin\beta}{\sin\gamma}$

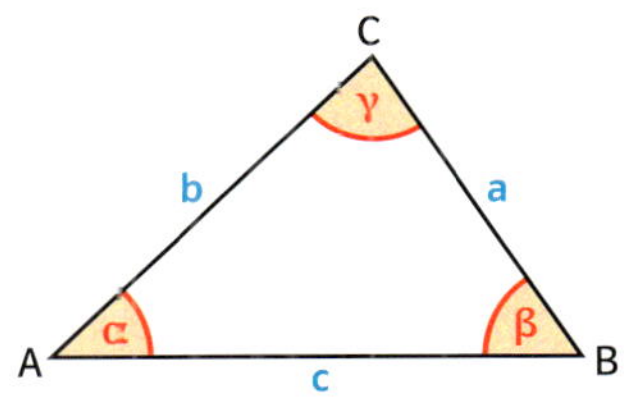

Einheitskreis

$\sin\alpha = y$

$\cos\alpha = x$

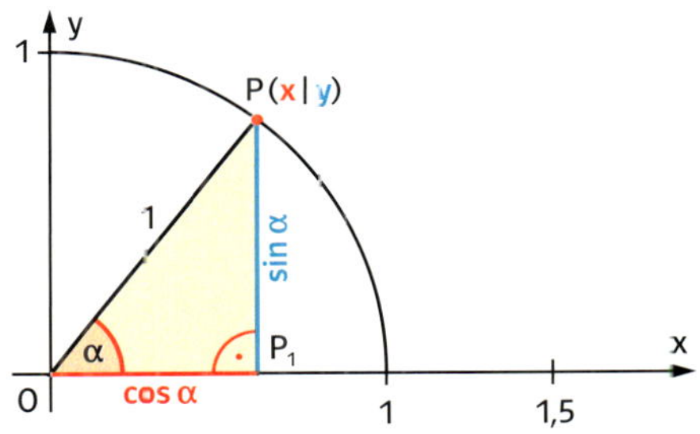

Sinusfunktion

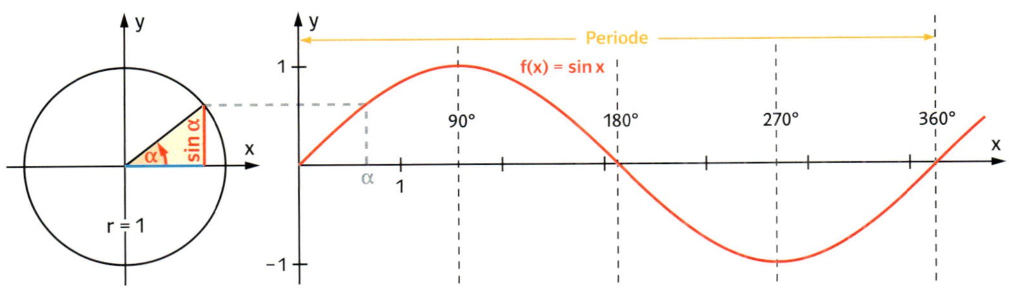

Mehrstufige Zufallsversuche
Werden mehrere nacheinander ablaufende Zufallsversuche zu einem einzigen Zufallsversuch zusammengefasst, so spricht man auch von einem **mehrstufigen Zufallsversuch**.

Baumdiagramm
Ein **Baumdiagramm** veranschaulicht die möglichen Ergebnisse eines mehrstufigen Zufallsversuchs und deren Wahrscheinlichkeit.
Jedem **Pfad** im Baumdiagramm entspricht genau ein Ergebnis. Ein Ereignis besteht aus einem oder mehreren Ergebnissen, die durch die entsprechenden Pfade dargestellt werden.
Produktregel (Pfadregel)
(Wahrscheinlichkeit eines Ergebnisses):
Die Wahrscheinlichkeit eines Ergebnisses in einem mehrstufigen Zufallsexperiment ist gleich dem Produkt der Wahrscheinlichkeiten entlang des zugehörigen Pfades im Baumdiagramm.

Summenregel
(Wahrscheinlichkeit eines Ereignisses):
Die Wahrscheinlichkeit eines Ereignisses in einem mehrstufigen Zufallsexperiment ist gleich der Summe der Wahrscheinlichkeiten aller zu diesem Ereignis gehörenden Pfade im Baumdiagramm.

Der aufeinander folgende Wurf zweier durch ihre Körpernetze beschriebenen Würfel A und B ist ein **zweistufiges Zufallsexperiment**.

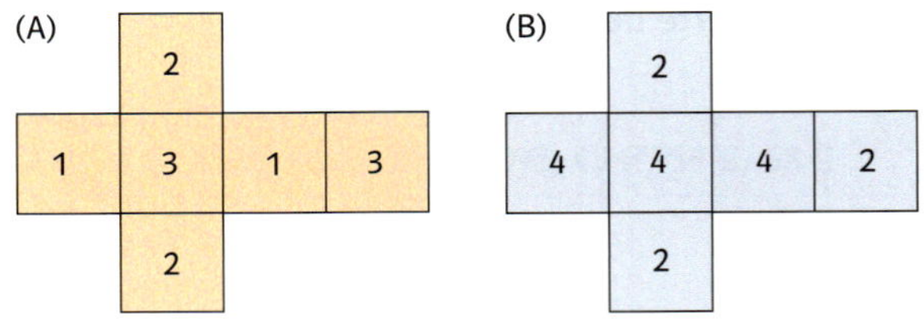

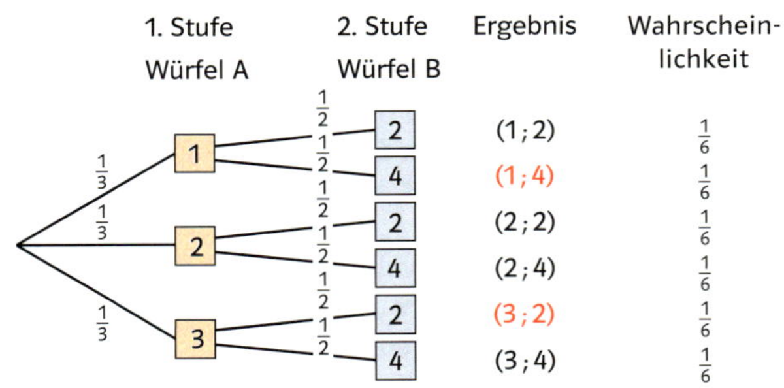

Ereignis: **Augensumme 5**.
$P(E) = \frac{1}{6} + \frac{1}{6} = \frac{1}{3}$

Ziehen mit und ohne Zurücklegen
Beim Ziehen von Kugeln aus einem Behälter kann die gezogene Kugel behalten oder wieder zurückgelegt werden, bevor eine weitere Kugel gezogen wird.
Die möglichen Ergebnisse der beiden Ziehungsarten können sich unterscheiden; gleiche Ergebnisse müssen nicht die gleiche Wahrscheinlichkeit haben.

Die gezogene Kugel wird zurückgelegt:

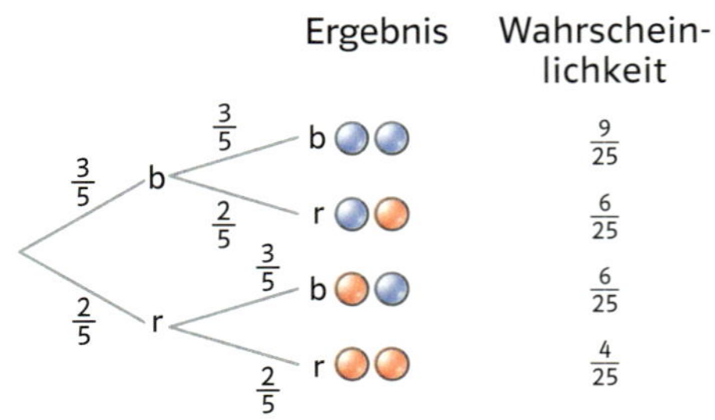

Die gezogene Kugel wird nicht zurückgelegt:

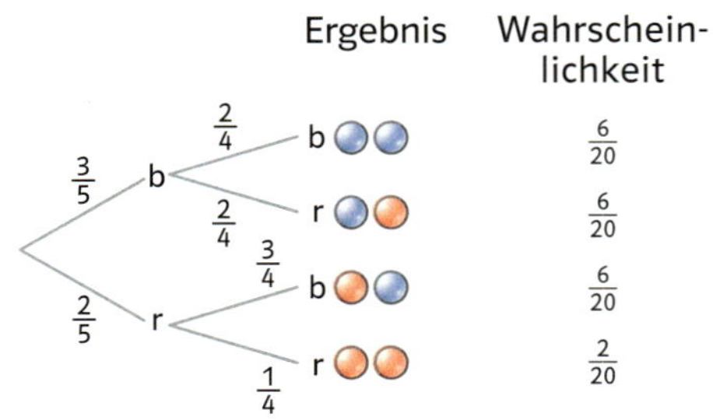

Einheiten von Größen

Länge

$1\,km = 1000\,m \longrightarrow 1\,m = 0{,}001\,km$

$1\,m = 10\,dm \longrightarrow 1\,dm = 0{,}1\,m$

$1\,dm = 10\,cm \longrightarrow 1\,cm = 0{,}1\,dm$

$1\,cm = 10\,mm \longrightarrow 1\,mm = 0{,}1\,cm$

Fläche

$1\,km^2 = 100\,ha \longrightarrow 1\,ha = 0{,}01\,km^2$

$1\,ha = 100\,a \longrightarrow 1\,a = 0{,}01\,ha$

$1\,a = 100\,m^2 \longrightarrow 1\,m^2 = 0{,}01\,a$

$1\,m^2 = 100\,dm^2 \longrightarrow 1\,dm^2 = 0{,}01\,m^2$

$1\,dm^2 = 100\,cm^2 \longrightarrow 1\,cm^2 = 0{,}01\,dm^2$

$1\,cm^2 = 100\,mm^2 \longrightarrow 1\,mm^2 = 0{,}01\,cm^2$

Rauminhalt oder Volumen

$1\,km^3 = 1\,000\,000\,000\,m^3 \longrightarrow 1\,m^3 = 0{,}000\,000\,001\,km^3$

$1\,m^3 = 1000\,dm^3 \longrightarrow 1\,dm^3 = 0{,}001\,m^3$

$1\,dm^3 = 1000\,cm^3 \longrightarrow 1\,cm^3 = 0{,}001\,dm^3$

$1\,cm^3 = 1000\,mm^3 \longrightarrow 1\,mm^3 = 0{,}001\,cm^3$

Besondere Raummaße

1 Hektoliter = 100 Liter ⟶ 1 Liter = 0,01 Hektoliter

1 Liter = 1 dm^3 = 100 Zentiliter ⟶ 1 Zentiliter = 0,01 Liter

1 Zentiliter = 10 Milliliter = 10 cm^3 ⟶ 1 Milliliter = 0,1 Zentiliter

Masse

$1\,t = 1000\,kg \longrightarrow 1\,kg = 0{,}001\,t$

$1\,kg = 1000\,g \longrightarrow 1\,g = 0{,}001\,kg$

$1\,g = 1000\,mg \longrightarrow 1\,mg = 0{,}001\,g$

Besondere Einheiten der Masse

1 Zentner = 50 kg

1 kg = 2 Pfund

Zeit

1 Jahr = 365 Tage

1 Tag = 24 h

1 h = 60 min

1 min = 60 s

Geschwindigkeit:

$1\,\frac{m}{s} = 3{,}6\,\frac{km}{h} \longrightarrow 1\,\frac{km}{h} \approx 0{,}28\,\frac{m}{s}$

Bruchteile und Vielfache von Einheiten

Vorsilbe	Exa (E)	Peta (P)	Tera (T)	Giga (G)	Mega (M)	Kilo (k)	Hekto (h)	Deka (da)
bedeutet	10^{18}	10^{15}	10^{12}	10^{9}	10^{6}	10^{3}	10^{2}	10^{1}

Vorsilbe	Dezi (d)	Zenti (c)	Milli (m)	Mikro (µ)	Nano (n)	Piko (p)	Femto (f)	Atto (a)
bedeutet	10^{-1}	10^{-2}	10^{-3}	10^{-6}	10^{-9}	10^{-12}	10^{-15}	10^{-18}

Bildquellenverzeichnis

Umschlag: Getty Images (Photographer's Choice/Richard Elliott), München; 4.1 Alamy Images RM (david pearson), Abingdon, Oxon; 4.2 Klett-Archiv (Simianer & Blühdorn), Stuttgart; 4.3 Okapia, Frankfurt; 4.4 Getty Images (Gregor Schuster), München; 5.1 A1PIX, Taufkirchen; 5.2 iStockphoto (David T Gomez), Calgary, Alberta; 7.1 VISUM Foto GmbH (Michael Klein), Hamburg; 7.2 Stefan Boness/IPON, Berlin; 7.3 Getty Images (Richard Elliott), München; 7.4 Argus (Mike Schroeder), Hamburg; 8.1 laif (Horst Dieter Zinn), Köln; 9.1 Ullstein Bild GmbH (Wecker), Berlin; 12.1 Ingram Publishing, Tattenhall Chester; 13.2 Keystone (Jochen Zick), Hamburg; 14.1 Fotolia LLC (Thaut Images), New York; 15.2 shutterstock (Cornel Achirei), New York, NY; 16.2 Ullstein Bild GmbH (Imagebroker.net), Berlin; 18.2 Klett-Archiv (Ingo Lämmerhirt), Stuttgart; 18.4 Klett-Archiv (Ingo Lämmerhirt), Stuttgart; 19.1 plainpicture GmbH & Co. KG (R. Schönebaum), Hamburg; 19.2 Getty Images (Ingemar Aourell), München; 19.3 Getty Images RF (John Cumming), München; 22.1 Corel Corporation Deutschland, Unterschleissheim; 22.2 Getty Images RF (mediacolor's), München; 26.4 Alamy Images RM (Gary Crabbe), Abingdon, Oxon; 29.1 iStockphoto (Martin Kawalski), Calgary, Alberta; 29.2 Ullstein Bild GmbH (Reuters), Berlin; 36.2 Alamy Images RM (david pearson), Abingdon, Oxon; 37.1 Ministerium für Schule und Weiterbildung des Landes Nordrhein-Westfalen, Zentrale Prüfungen 10, Mathematik Gymnasium, Soest/Düsseldorf 2008, S. 4; 37.3 Ullstein Bild GmbH (Wodicka), Berlin; 41.1 Getty Images (Adam Jones), München; 41.2 Getty Images (Andy Crawford), München; 41.3 Getty Images (Joos Mind), München; 44.1 Getty Images (Gen Nishino), München; 44.2 – 5 Klett-Archiv (KOMA AMOK ®), Stuttgart; 45.1 Klett-Archiv (KOMA AMOK ®), Stuttgart; 45.2 Dieter Gebhardt, Asperg; 45.3 Klett-Archiv (Simianer & Blühdorn), Stuttgart; 48.1 – 8 Klett-Archiv (Simianer & Blühdorn), Stuttgart; 49.3 Klett-Archiv (Simianer & Blühdorn), Stuttgart; 50.3 + 5 Kreye, Eckardt, Bremen; 53.1 Fotolia LLC (elemental imaging), New York; 54.3 – 6 Klett-Archiv (Simianer & Blühdorn), Stuttgart; 54.7 B. Braun Melsungen AG, Melsungen; 54.8 Helga Lade (E. Bergmann), Frankfurt; 58.1 Wikimedia Foundation Inc. (Glenn Strong), St. Petersburg FL; 59.1 Getty Images (Peter Beavis), München; 59.2 Okapia, Frankfurt; 59.3 Getty Images (Willie Maldonado), München; 62.1 + 2 Kreye, Eckardt, Bremen; 63.1 plainpicture GmbH & Co. KG (Lubitz + Dorner), Hamburg; 63.2 plainpicture GmbH & Co. KG (Stuke, K.), Hamburg; 66.2 Deutsche Stiftung Weltbevölkerung, Hannover; 67.2 Klett-Archiv (Simianer & Blühdorn), Stuttgart; 71.1 Imago Stock & People, Berlin; 75.1 Mauritius Images (Dr. Gary D. Gaugler/Phototake), Mittenwald; 75.2 Klett-Archiv, Stuttgart; 77.2 Corbis (Zimmerman), Düsseldorf; 78.1 Picture Press (Tips), Hamburg; 79.1 Corbis (Stephen Frink), Düsseldorf; 80.2 Ullstein Bild GmbH (dpa), Berlin; 81.1 Projektwerkstatt GmbH, Berlin; 82.1 + 2 Ruth Hecker, Lautert; 82.3 AKG, Berlin; 85.1 Getty Images (Garry Wade), München; 85.2 Getty Images (Richard Elliott), München; 86.2 Picture-Alliance (dpa-infografik), Frankfurt; 86.3 iwd - Informationsdienst des Instituts der deutschen Wirtschaft Köln, Nr. 10/2007 © Deutscher Instituts-Verlag, Köln.; 86.4 Picture-Alliance, Frankfurt; 87.1 Frankfurter Rundschau (FR-Infografik, WHO/Unicef), Frankfurt; 88.2 Dagmar Bleiker, Bremen; 89.1 Christian Eckardt, Loxstedt-Bexhövede; 89.2 The Associated Press GmbH (Scott Manchester), Frankfurt am Main; 90.1 Picture-Alliance (ZB), Frankfurt; 90.2 Fotolia LLC (Thening), New York; 90.3 iStockphoto (Brian Jackson), Calgary, Alberta; 91.1 Getty Images (Jamie Grill), München; 91.2 Getty Images (Chris Cheadle), München; 91.3 Getty Images (Gregor Schuster), München; 91.4 Getty Images (Ludsam), München; 91.5 Getty Images (Stock4B/Stefanie Sudek), München; 97.1 Ullstein Bild GmbH (Classen), Berlin; 98.4 AKG, Berlin; 99.1 laif (Hoa-qui), Köln; 107.1 Getty Images RF (Andersen Ross), München; 107.2 Getty Images RF (Chris Sattlberger), München; 107.3 Getty Images (Jean Louis Batt), München; 110.1 Getty Images (altrendo images), München; 117.3 Klett-Archiv (Wolfram Schmidt), Stuttgart; 121.1 plainpicture GmbH & Co. KG (Johner/Alexander Crispin), Hamburg; 123.1 Getty Images (AFP/Roslan Rahman), München; 124.1 A1PIX, Taufkirchen; 127.1 Getty Images, München; 127.2 Getty Images (Kevin Schafer), München; 127.4 Getty Images (Taxi/Nick Daly), München; 130.2 Casio GmbH, Norderstedt; 131.1 Klett-Archiv (Simianer & Blühdorn), Stuttgart; 136.3 iStockphoto (David T Gomez), Calgary, Alberta; 139.1 Getty Images (John Giustina), München; 139.2 Getty Images (Jasper White), München; 139.3 Getty Images (Riser), München; 147.1 Dreamstime LLC (Bcnewell), Brentwood, TN; 156.1 Klett-Archiv (KD Busch Fotostudio GmbH), Stuttgart; 156.2 – 4 EZB, Frankfurt; 157.2 + 3 Klett-Archiv (KOMA AMOK ®), Stuttgart; 157.4 Ullstein Bild GmbH (Simon Belcher), Berlin; 161.1 + 2 EZB, Frankfurt; 161.7 + 8 RB-Deskkart Ralf Brennemann, Hamburg; 167.2 shutterstock (Evgeniapp), New York, NY; 169.1 shutterstock (RF/Damir Karan), New York, NY; 172.1 Klett-Archiv (Jürgen Kalb), Stuttgart; 175.1 Getty Images (Dorling Kindersley), München; 175.2 Getty Images (altrendo images), München; 175.3 Getty Images (STOCK4B), München; 177.1 Deutsche Welthungerhilfe e.V., Bonn; 181.1 José Giribás, Berlin; 182.1 + 2 Klett-Archiv (Simianer & Blühdorn), Stuttgart; 183.2 Stadtarchiv Weißenburg, Weißenburg; 183.3 vormals Foto Nickel, aktuell Foto Munique; 184.2 Corbis (Urban Zintel/Stock4B), Düsseldorf

Nicht in allen Fällen war es uns möglich, den Rechteinhaber der Abbildungen ausfindig zu machen. Berechtigte Ansprüche werden selbstverständlich im Rahmen der üblichen Vereinbarungen abgegolten.